Linux设备驱动开发

（第2版）

Linux Device Driver Development , Second Edition

[法] 约翰·马迪厄（John Madieu）著　陈莉君 谢瑞莲 译

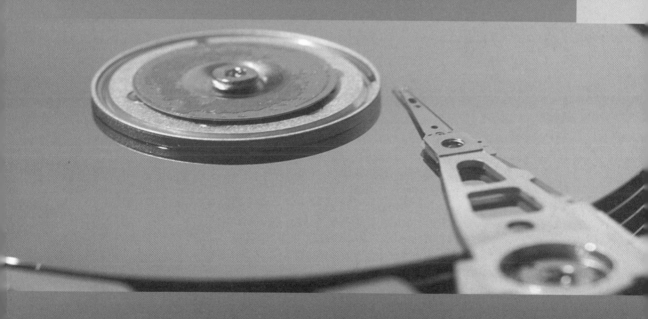

人民邮电出版社

北　京

图书在版编目（CIP）数据

Linux 设备驱动开发：第 2 版 / （法）约翰·马迪厄
(John Madieu) 著；陈莉君，谢瑞莲译. -- 北京：人
民邮电出版社，2025. -- ISBN 978-7-115-66385-6

Ⅰ. TP316.85

中国国家版本馆 CIP 数据核字第 20255S2R71 号

◆ 著　　　　［法］约翰·马迪厄（John Madieu）
　　译　　　　陈莉君　谢瑞莲
　　责任编辑　武少波
　　责任印制　焦志炜

◆ 人民邮电出版社出版发行　　北京市丰台区成寿寺路 11 号
　　邮编　100164　　电子邮件　315@ptpress.com.cn
　　网址　https://www.ptpress.com.cn
　　三河市君旺印务有限公司印刷

◆ 开本：800×1000　1/16
　　印张：34.25　　　　　　　　2025 年 10 月第 1 版
　　字数：626 千字　　　　　　 2025 年 10 月河北第 1 次印刷
　　著作权合同登记号　图字：01-2023-1259 号

定价：169.80 元

读者服务热线：(010)81055410　印装质量热线：(010)81055316
反盗版热线：(010)81055315

内容提要

本书讲解了 Linux 设备驱动开发的基础知识以及所用到的开发环境。全书分为 17 章，内容涵盖了各种 Linux 子系统、内存管理、RTC、IIO 和 IRQ 管理等，还讲解了 DMA 和部分设备驱动程序的使用方法。在学完本书之后，读者将掌握 Linux 设备驱动开发过程中涉及的各种概念，并可以从零开始为嵌入式设备编写驱动程序。

阅读本书需要具备基本的 C 语言编程能力，且熟悉 Linux 基本命令。

译者序

着手翻译这本书时，我不由得想起自己 20 多年的 "Linux 内核之旅"。从带学生撰写第一本书《Linux 操作系统内核分析》，到翻译《深入理解 Linux 内核（第 3 版）》和《Linux 内核设计与实现》，再到撰写博客、录制慕课等，这一路走来，我似乎有一种天然的推动力。不知不觉间，一本本书、一篇篇文章、一个个视频悄然诞生，它们不再属于我，而是飞向广阔的开源社区。受益者薪火相传，将新知播向更遥远的地方。正如 Linux 本身那样经历 "诞生于学生之手，成长于 Internet，壮大于自由而开放的文化" 的迢迢长路，一个个积跬步以至千里的 Linux 爱好者也从开源中获益，年复一年地成长、发展，在内核的星辰大海中得以飞扬游弋。我内心亦与有荣焉。

Linux 内核这片汪洋大海漫无边际，总有热情懵懂的初学者加入社区，希望开启新的征程；那些曾经的书是过往的旧地图，随着时代发展，总该有一张新地图引领大家，标识出风云变幻间前人探索出的新风景。于是，我注意到了 John Madieu 撰写的这本《Linux 设备驱动开发（第 2 版）》。他站在当时最新 Linux 内核版本 5.10 的门口，开启了一扇驱动硬件设备的崭新大门。

John Madieu 不仅是一位嵌入式 Linux 及内核工程师，他还对拳击充满热情。或许得益于此，他的行文兼具工程人的细致与武人的凝练。Madieu 撰写的内容不但详细而且硬核，囊括了内核开发简介、Linux 内核模块的基本概念、内核的核心辅助函数、字符设备驱动程序、设备树、平台设备和驱动程序、I²C 设备驱动程序、SPI 设备驱动程序、Linux 内核内存分配、DMA 支持、内存访问抽象化——Regmap API 简介、内核 IRQ 框架、LDM 简介、IIO 框架、引脚控制器和 GPIO 子系统以及 Linux 内核输入子系统等方面。

我们翻译本书时，ChatGPT 正如日中天。因此，我们在翻译过程中也合理运用了 ChatGPT 的检索功能。在一字一句的校对过程中，念及那些在茫茫书海中按图索骥的学习者，我们常常有加上注释的冲动，但为了尽可能遵循原书的结构和风格，许多地方仍然保留了原书的语言风格和特点。我们在探索 AI 的应用性过程中或有疏漏，恳请读者给予指正。

感谢谢瑞莲老师，她与我共同承担了本书的翻译工作。感谢刘雪艺和赵梦田，她们非常仔细认真地翻译和校对了部分章节，感谢我们 Linux 内核之旅的研究生团队，尤其感谢团队成员刘冰、张子恒、徐东、南帅波、贠可盈、张小航、廉洋洋、杨宁柯、张帆、乔哲、白宇宣、王越、石泉、董旭、杨骏青、张玉哲、孙张品、张子攀、张纪庆和张翔哲。

阅读本书需要一份耐心，更需要一份执着。当你闯过一道道难关，阅读到本书的最后一章时，你会蓦然发现，书仅仅是地图，而渡你走向内核大海深处的方舟则是你的那份坚韧，以及那份不断突破自我认知的力量。

译者　陈莉君

致谢

我要感谢 Jerôme Grard 以审慎的眼光提出的改进建议。我还要感谢 Pacôme Cyprien Nguefack、Claudia ATK、Elsie Zeufack、Loïca，以及所有直接或间接参与本书写作的人，感谢他们的倾力相助，陪伴我走过这段创作旅程。

感谢我的 CEO（创始伙伴）Kyle 在我花时间审阅本书时给予的理解，也感谢整个明斯克市所提供的干净、和平、舒适的学习、工作与生活环境。

关于审校者

Robertino Beniš在嵌入式领域拥有超过 15 年的经验，曾参与过智能家居、移动设备（全球出货量超过 1000 万台）与车载信息娱乐系统等多个项目。他曾在嵌入式 Linux 以及许多实时操作系统，包括裸机（还有人记得高通 Brew 吗?）领域工作过。

目前，他正筹划在加州建立 NFTee 区块链工程公司，同时于白俄罗斯共和国的明斯克国立语言大学学习俄语。

前言

Linux 内核是一个复杂、可移植、模块化的软件，广泛运行在全球约80%的服务器上和过半数设备的嵌入式系统中。设备驱动程序对 Linux 系统的运行效果具有决定性影响。随着 Linux 成为最流行的操作系统之一，人们对开发个人设备驱动程序的兴趣也在稳步增长。

设备驱动程序是连接用户空间和硬件设备的桥梁，是通过 Linux 内核实现的。

本书的前两章会帮助你理解驱动程序的基础知识，为学习 Linux 内核的漫长旅途做准备。之后本书将会涉及 Linux 子系统基础上的驱动开发，比如内存管理、工业输入/输出（Industrial Input/Output，IIO）、通用输入/输出（General-Purpose Input/Output，GPIO）、中断请求（Interrupt Request，IRQ）管理以及集成电路总线（Inter-Integrated Circuit，I²C）和串行外设接口（Serial Peripheral Interface，SPI）。

本书还将介绍直接存储器访问（Direct Memory Access，DMA）和寄存器映射抽象的实用方法。

本书中的源代码已经在 x86 PC 和 SECO 公司的 UDOO QUAD 开发板上进行了测试。本书还提供了一些驱动程序来测试廉价组件，如 MCP23016 和 24LC512，它们分别是 I²C 的 GPIO 控制器和电擦除可编程只读存储器（Electrically-Erasable Programmable Read-Only Memory，EEPROM）。

读完本书以后，你将熟悉设备驱动程序开发的概念，并能够使用 Linux 最新的稳定内核分支（写作本书时为 v5.10.y）自主开发各类设备驱动程序。

目标读者

为了理解本书的内容，读者需要具备基本的 C 语言编程能力和 Linux 命令相关知识。本书涵盖了被广泛使用的嵌入式设备的 Linux 驱动程序开发知识，使用的内核版本是 v5.10。本书主要面向嵌入式工程师、Linux 系统管理员和开发人员。

无论你是系统开发人员、系统架构师或制造商，还是愿意深入研究 Linux 设备驱动程序开发的其他人员，本书都值得你阅读。

主要内容

第 1 章"内核开发简介"介绍 Linux 内核的开发过程，讨论针对 x86 和基于 ARM 的内核的下载、配置和编译步骤。

第 2 章"Linux 内核模块的基本概念"讨论 Linux 内核模块的参数处理以及模块的加载/卸载。

第 3 章"处理内核的核心辅助函数"介绍常用的内核函数和机制，如工作队列、等待队列、互斥锁、自旋锁，以及其他一切有助于提高驱动程序可靠性的机制。

第 4 章"编写字符设备驱动程序"重点介绍如何通过字符设备将数据导出到用户空间，以及利用 ioctl 方法向设备发送特殊命令。

第 5 章"理解和利用设备树"讨论向内核描述设备的机制，解释设备寻址、资源处理，以及设备树（Device Tree，DT）支持的多种数据类型及其内核应用程序接口（Application Program Interface，API）。

第 6 章"设备、驱动程序和平台抽象简介"解释 Linux 内核平台抽象、伪平台总线的概念，以及设备与驱动程序匹配机制。

第 7 章"平台设备和驱动程序的概念"描述平台驱动程序的一般架构，以及如何处理平台数据。

第 8 章"编写 I²C 设备驱动程序"深入探讨 I²C 设备驱动程序的架构、数据结构，以及总线上驱动程序的初始化和注册方法。

第 9 章"编写 SPI 设备驱动程序"描述基于 SPI 的设备驱动程序架构以及相关数据结构，讨论部分设备的访问方法和特性，以及 SPI 与设备树相关的内容。

第 10 章"深入理解 Linux 内核内存分配"首先介绍虚拟内存的概念，描述整个内核内存的布局；然后介绍内核内存管理子系统，讨论内存分配和映射、相关 API 以及涉及的设备。

第 11 章"实现 DMA 支持"介绍 DMA 及其新的内核 API——DMA 引擎 API，讨论不同的 DMA 映射，并描述如何解决缓存一致性问题。本章还用一个通用的例子总结相关的概念。

第 12 章"内存访问抽象化——Regmap API 简介：寄存器映射抽象化"对寄存器映射 API 进行概述，讲解它们如何抽象底层的 SPI 事务，并介绍相关 API。

第 13 章"揭秘内核 IRQ 框架"全面介绍 Linux IRQ 管理，从中断在整个系统中的传播开始，到中断控制器驱动程序，从而使用 Linux IRQ 域 API 解释中断多路复用的概念。

第 14 章"LDM 简介"概述 Linux 的核心设计,描述对象如何在内核中表示,以及 Linux 底层通用设计原理——从 kobject 到设备,再到总线、类和设备驱动程序。

第 15 章"深入了解 IIO 框架"介绍内核数据采集和测量框架,以便处理数模转换器(Digital-to-Analog Converter,DAC)和模数转换器(Analog-to-Digital Converter,ADC)。本章从内核空间和用户空间介绍 IIO API(得益于 libiio),这些 API 用于处理触发的缓冲区和连续的数据捕获。

第 16 章"充分利用引脚控制器和 GPIO 子系统"描述内核引脚控制基础设施和 API,以及 GPIO 芯片驱动程序和 gpiolib(处理 GPIO 的内核 API)。本章将介绍旧的和已弃用的基于整数的 GPIO 接口,以及新引入的基于描述符的 GPIO 接口,讨论在设备树中配置它们的方式。本章还会介绍 libgpiod,这是用于在用户空间中处理 GPIO 的官方库。

第 17 章"利用 Linux 内核输入子系统"提供 Linux 内核输入子系统的全局视图,涉及基于 IRQ 的及轮询的输入设备,并介绍这两种 API。本章将解释并展示用户空间如何处理此类设备。

阅读本书所需的知识

本书假设读者对 Linux 操作系统有中等程度的了解,并具备基本的 C 语言编程知识(至少了解数据结构、指针处理和内存分配)。所有代码示例都已在 Linux 内核 v5.10 中测试通过。

本书涉及的软/硬件	操作系统要求
一台计算机,要求具有良好的网络带宽,以及足够的磁盘空间和 RAM(Random Access Memory,随机存储器),以便下载和构建 Linux 内核	最好是基于 Debian 的 Linux 发行版
市面上的任何 Cortex-A 嵌入式板(如 UDOO QUAD、Jetson Nano、Raspberry Pi 和 BeagleBone)	Yocto/Buildroot 发行版,或者任何嵌入式或特定的操作系统(如树莓派的 Raspbian 操作系统)

其他必要的软件包在本书的专门章节中都有描述。下载内核源代码需要网络连接。

如果使用的是本书的电子版,建议读者自行编写代码,或者从本书的随书资源中获取代码。这样做能帮助你避免因复制和粘贴代码带来的潜在错误。

资源与支持

资源获取

本书提供如下资源：
- 本书源代码；
- 本书思维导图；
- 异步社区 7 天 VIP 会员。

要获得以上资源，您可以扫描下方二维码，根据指引领取。

提交勘误信息

作者、译者和编辑尽最大努力来确保书中内容的准确性，但难免会存在疏漏。欢迎您将发现的问题反馈给我们，帮助我们提升图书的质量。

当您发现错误时，请登录异步社区（https://www.epubit.com），按书名搜索，进入本书页面，单击"发表勘误"，输入勘误信息，单击"提交勘误"按钮即可（见下页图）。本书的作者、译者和编辑会对您提交的勘误信息进行审核，确认并接受后，您将获赠异步社区的 100 积分。积分可用于在异步社区兑换优惠券、样书或奖品。

▌图书勘误　　　　　　　　　　　　　　　　　　　　　　　　✎ 发表勘误

页码：　 1 　　　　　页内位置（行数）：　 1 　　　　　勘误印次：　 1

图书类型： ◉ 纸书　　 电子书

添加勘误图片（最多可上传4张图片）

＋

提交勘误

与我们联系

我们的联系邮箱是 contact@epubit.com.cn。

如果您对本书有任何疑问或建议，请您发邮件给我们，并在邮件标题中注明本书书名，以便我们更高效地做出反馈。

如果您有兴趣出版图书、录制教学视频，或者参与图书翻译、技术审校等工作，可以发邮件给我们。

如果您所在的学校、培训机构或企业想批量购买本书或异步社区出版的其他图书，也可以发邮件给我们。

如果您在网上发现有针对异步社区出品图书的各种形式的盗版行为，包括对图书全部或部分内容的非授权传播，请您将怀疑有侵权行为的链接通过邮件发送给我们。您的这一举动是对作译者权益的保护，也是我们持续为您提供有价值的内容的动力之源。

关于异步社区和异步图书

"**异步社区**"是由人民邮电出版社创办的 IT 专业图书社区，于 2015 年 8 月上线运营，致力于优质内容的出版和分享，为读者提供高品质的学习内容，为作译者提供专业的出版服务，实现作译者与读者在线交流互动，以及传统出版与数字出版的融合发展。

"**异步图书**"是异步社区策划出版的精品 IT 图书的品牌，依托于人民邮电出版社在计算机图书领域四十余年的发展与积淀。异步图书面向各行业的信息技术用户。

目录

第 1 篇　Linux 内核开发基础

第 1 章　内核开发简介 ……………………………………………………………… 3

　1.1　设置开发环境 ……………………………………………………………… 3

　　1.1.1　设置宿主机 ……………………………………………………………… 4

　　1.1.2　获取 Linux 内核源代码 ……………………………………………… 7

　1.2　配置和构建 Linux 内核 ………………………………………………… 10

　　1.2.1　指定编译选项 ………………………………………………………… 10

　　1.2.2　理解内核配置过程 …………………………………………………… 11

　　1.2.3　构建 Linux 内核 ……………………………………………………… 15

第 2 章　Linux 内核模块的基本概念 ……………………………………………… 17

　2.1　模块概念的介绍 …………………………………………………………… 17

　2.2　构建 Linux 内核模块 ……………………………………………………… 21

　　2.2.1　理解 Linux 内核构建系统 …………………………………………… 22

　　2.2.2　树外构建 ………………………………………………………………… 25

　　2.2.3　树内构建 ………………………………………………………………… 27

　2.3　处理模块参数 ……………………………………………………………… 28

　2.4　处理符号导出和模块依赖 ………………………………………………… 30

　2.5　学习 Linux 内核编程技巧 ………………………………………………… 34

　　2.5.1　错误处理 ………………………………………………………………… 34

　　2.5.2　消息打印 ………………………………………………………………… 38

　2.6　总结 ………………………………………………………………………… 40

第 3 章　处理内核的核心辅助函数 ………………………………………………… 41

　3.1　Linux 内核加锁机制和共享资源 ………………………………………… 41

3.1.1 自旋锁···42

3.1.2 互斥锁···46

3.1.3 trylock 方法···48

3.2 处理内核等待、睡眠和延迟机制·······················50

3.2.1 等待队列···50

3.2.2 内核中的简单睡眠···54

3.2.3 内核延迟或忙等待···54

3.3 深入理解 Linux 内核时间管理·························55

3.3.1 时钟源、时钟事件和节拍设备的概念·················55

3.3.2 使用标准内核低精度（low-res）定时器·············67

3.3.3 高精度定时器（hrtimer）·······························73

3.4 实现工作延迟机制·····································77

3.4.1 软中断（softirq）··78

3.4.2 任务微调度（tasklet）·····································82

3.4.3 工作队列（workqueue）··································86

3.4.4 新一代的工作队列···90

3.5 内核中断处理···93

3.6 总结··109

第 4 章 编写字符设备驱动程序·································110

4.1 主设备号和次设备号的概念···························110

4.2 字符设备数据结构介绍·································111

4.2.1 设备文件操作介绍···112

4.2.2 内核中文件的表示···114

4.3 创建设备节点···115

4.3.1 设备识别···115

4.3.2 字符设备号的注册和分配·································115

4.3.3 在系统中初始化和注册字符设备·······················116

4.4 实现文件操作···119

4.4.1 在内核空间和用户空间之间交换数据·················119

4.4.2 实现打开文件操作···120

4.4.3 实现释放文件操作···121

4.4.4 实现写文件操作·····································122

4.4.5 实现读取文件操作·································124

4.4.6 实现 llseek 文件操作·····························126

4.5 总结···135

第 2 篇 Linux 内核平台抽象和设备驱动程序

第 5 章 理解和利用设备树·································139

5.1 设备树机制的基本概念·····························139

5.1.1 设备树命名约定·································140

5.1.2 认识别名、标签、phandle 和路径·················141

5.1.3 理解节点和属性的覆盖·························144

5.1.4 设备树源代码和编译器·························145

5.2 如何表示和寻址设备·································151

5.2.1 如何处理 SPI 和 I²C 设备寻址·················152

5.2.2 内存映射设备和设备寻址·······················153

5.3 处理资源···155

5.3.1 resource 结构体·································155

5.3.2 提取应用程序的特定数据·······················158

5.4 总结···162

第 6 章 设备、驱动程序和平台抽象简介···················163

6.1 Linux 内核平台抽象和数据结构·····················163

6.1.1 device 结构体····································163

6.1.2 device_driver 结构体·····························165

6.1.3 设备/驱动程序匹配和模块（自动）加载·············170

6.1.4 设备声明——填充设备·························172

6.2 设备与驱动程序匹配机制详解·······················173

6.3 总结···176

第 7 章 平台设备和驱动程序的概念·······················177

7.1 Linux 内核中的平台核心抽象·······················178

7.2 处理平台设备·······································180

7.2.1 分配和注册平台设备·······180
7.2.2 在代码中如何避免分配平台设备·······182
7.2.3 使用平台资源·······183

7.3 平台驱动程序抽象和架构·······188
7.3.1 探测和释放平台设备·······188
7.3.2 在驱动程序中对它所支持的设备进行配置·······189
7.3.3 驱动程序的初始化和注册·······191

7.4 从零开始编写平台驱动程序·······193
7.5 总结·······198

第8章 编写 I²C 设备驱动程序·······199

8.1 Linux 内核中的 I²C 框架抽象·······200
8.1.1 struct i2c_adapter 简介·······200
8.1.2 I²C 客户端和驱动程序数据结构·······202
8.1.3 I²C 通信接口·······204

8.2 I²C 设备驱动程序抽象和架构·······208
8.2.1 探测 I²C 设备·······208
8.2.2 实现 i2c_driver.remove 回调函数·······209
8.2.3 驱动程序的初始化和注册·······210
8.2.4 在驱动程序中配置设备·······211
8.2.5 实例化 I²C 设备·······212

8.3 如何避免编写 I²C 设备驱动程序·······213
8.4 总结·······216

第9章 编写 SPI 设备驱动程序·······217

9.1 Linux 内核中的 SPI 框架抽象·······218
9.1.1 struct spi_controller 简介·······218
9.1.2 struct spi_device 简介·······222
9.1.3 struct spi_driver 简介·······224
9.1.4 消息传输数据结构·······224
9.1.5 访问 SPI 设备·······227

9.2 SPI 设备驱动程序抽象和架构·······231
9.2.1 探测 SPI 设备·······231

9.2.2 在驱动程序中提供设备信息·······································233

9.2.3 实现 spi_driver.remove 回调函数·······························234

9.2.4 驱动程序的初始化和注册···235

9.2.5 实例化 SPI 设备···236

9.3 如何避免编写 SPI 设备驱动程序··237

9.4 总结···242

第 3 篇　充分发挥硬件的潜力

第 10 章　深入理解 Linux 内核内存分配······································245

10.1 Linux 内核内存相关术语简介···245

10.1.1 32 位系统中的内核地址空间布局：低端内存和高端内存的概念········247

10.1.2 低端内存的细节···248

10.1.3 理解高端内存···249

10.2 揭开地址转换和 MMU 的神秘面纱·····································255

10.2.1 页查找和 TLB··259

10.2.2 TLB 如何运作··260

10.3 内存分配机制及其 API···261

10.3.1 页分配器···262

10.3.2 Slab 分配器··263

10.3.3 kmalloc 分配器···267

10.3.4 vmalloc 分配器···270

10.3.5 关于进程内存分配的幕后短故事···································272

10.4 使用 I/O 内存与硬件通信··274

10.4.1 PIO 设备访问···275

10.4.2 MMIO 设备访问···276

10.5 内存（重）映射···278

10.5.1 了解 kmap() 的用法···278

10.5.2 将内核内存映射到用户空间···280

10.6 总结···286

第 11 章　实现 DMA 支持··287

11.1 设置 DMA 映射···288

11.1.1　缓存一致性和 DMA 的概念 ··· 288

11.1.2　DMA 的内存映射 ·· 288

11.1.3　创建一致性 DMA 映射 ·· 290

11.1.4　创建流 DMA 映射 ·· 290

11.1.5　单缓冲区映射 ··· 291

11.1.6　分散/聚集映射 ·· 292

11.1.7　流 DMA 映射的隐式和显式缓存一致性 ·· 294

11.2　完成（completion）的概念 ·· 295

11.3　DMA 引擎 API ·· 296

11.3.1　DMA 控制器接口简介 ·· 297

11.3.2　处理设备 DMA 寻址能力 ·· 302

11.3.3　请求 DMA 通道 ··· 304

11.3.4　配置 DMA 通道 ··· 305

11.3.5　配置 DMA 传输 ··· 307

11.3.6　提交 DMA 传输 ··· 308

11.3.7　发出待处理的 DMA 请求并等待回调通知 ·· 309

11.4　综合实例——单缓冲区的 DMA 映射 ··· 310

11.5　关于循环 DMA 的说明 ··· 317

11.6　了解 DMA 和设备树绑定 ·· 321

11.7　总结 ··· 322

第 12 章　内存访问抽象化——Regmap API 简介：寄存器映射抽象化 ····························· 323

12.1　初识 Regmap ··· 324

12.2　Regmap 初始化 ·· 329

12.3　使用 Regmap 寄存器访问函数 ·· 330

12.3.1　批量和多寄存器读写函数 ·· 331

12.3.2　理解 Regmap 缓存系统 ··· 332

12.4　将所有内容整合在一起——基于 Regmap 的 SPI 设备驱动程序示例 ························ 334

12.5　从用户空间利用 Regmap ·· 337

12.6　总结 ··· 340

第 13 章　揭秘内核 IRQ 框架 ·· 341

13.1　中断的简要介绍 ·· 341

13.2 理解中断控制器和中断多路复用 ·· 342

13.3 深入研究高级外设 IRQ 管理 ·· 351

  13.3.1 了解 IRQ 及其传播 ·· 353

  13.3.2 链式 IRQ ··· 354

13.4 揭秘 per-CPU 中断 ·· 355

13.5 总结 ··· 359

第 14 章 LDM 简介 ·· 360

14.1 LDM 数据结构简介 ·· 360

  14.1.1 总线 ·· 361

  14.1.2 驱动程序数据结构 ·· 367

  14.1.3 设备驱动程序注册 ·· 368

  14.1.4 设备数据结构 ·· 369

  14.1.5 设备注册 ·· 370

14.2 深入理解 LDM ·· 371

  14.2.1 了解 kobject 结构体 ·· 371

  14.2.2 了解 kobj_type ·· 375

  14.2.3 了解 kset 结构体 ··· 376

  14.2.4 使用非默认属性 ·· 377

  14.2.5 使用二进制属性 ·· 382

14.3 sysfs 中的设备模型概述 ··· 388

  14.3.1 创建设备、驱动程序、总线和类相关属性 ····························· 389

  14.3.2 使 sysfs 属性 poll 和 select 兼容 ··································· 394

14.4 总结 ··· 395

第 4 篇 嵌入式领域内的多种内核子系统

第 15 章 深入了解 IIO 框架 ·· 399

15.1 IIO 数据结构简介 ··· 401

  15.1.1 了解 struct iio_dev ·· 401

  15.1.2 了解 struct iio_info ·· 405

  15.1.3 IIO 通道的概念 ·· 407

  15.1.4 区分通道 ·· 411

15.1.5　将所有内容整合在一起——编写一个虚拟 IIO 驱动程序·················413

15.2　集成 IIO 触发缓冲区支持·····································417

15.2.1　IIO 触发器和 sysfs（用户空间）·······················420

15.2.2　IIO 缓冲区···424

15.2.3　将所有内容整合在一起·································426

15.3　访问 IIO 数据···432

15.3.1　单次数据采集···432

15.3.2　访问数据缓冲区·······································433

15.4　内核中的 IIO 消费者接口·································436

15.5　编写用户空间的 IIO 应用程序·····························439

15.5.1　扫描和创建 IIO 上下文·································441

15.5.2　遍历和管理 IIO 设备···································445

15.5.3　遍历和管理 IIO 通道···································445

15.5.4　使用触发器进行工作···································447

15.5.5　创建缓冲区并读取数据样本·····························448

15.6　遍历用户空间 IIO 工具·····································455

15.7　总结··455

第 16 章　充分利用引脚控制器和 GPIO 子系统·················456

16.1　硬件术语介绍···456

16.2　引脚控制子系统介绍·······································458

16.3　利用 GPIO 控制器接口····································464

16.3.1　编写 GPIO 控制器驱动程序·····························468

16.3.2　在 GPIO 控制器中启用 IRQ 芯片························470

16.3.3　在 GPIO 芯片中添加 IRQ 芯片支持·····················474

16.3.4　GPIO 控制器绑定方式···································477

16.4　充分利用 GPIO 子系统····································482

16.4.1　基于整数的 GPIO 接口（现已弃用）·····················483

16.4.2　基于描述符的 GPIO 接口（推荐方式）···················486

16.5　学习如何避免编写 GPIO 客户端驱动程序·····················494

16.5.1　告别旧的 sysfs 接口····································494

16.5.2　欢迎使用 GPIO 库 libgpiod·····························495

16.5.3　GPIO 聚合器 ·· 504

16.6　总结 ··· 509

第 17 章　利用 Linux 内核输入子系统 ···································· 510

17.1　Linux 内核输入子系统简介 ······························· 510

17.2　分配和注册输入设备 ·· 513

17.3　使用轮询输入设备 ··· 514

17.4　生成和报告输入事件 ·· 518

17.5　处理来自用户空间的输入设备 ······························ 520

17.6　总结 ··· 524

第 1 篇　Linux 内核开发基础

第 1 篇将帮助你迈出进入 Linux 内核开发的第一步。在第 1 篇中，我们将介绍 Linux 内核的基础设施、编译和设备驱动程序开发。作为必要的步骤，我们将介绍内核开发者必须知道的一些概念，如睡眠、锁、基本的工作调度和中断处理机制。最后，我们将介绍必不可少的字符设备驱动程序，以允许内核空间和用户空间通过标准的系统调用进行交互。

第 1 篇包含如下 4 章：

第 1 章"内核开发简介"；

第 2 章"理解 Linux 内核模块的基本概念"；

第 3 章"处理内核的核心辅助函数"；

第 4 章"编写字符设备驱动程序"。

第 1 章
内核开发简介

Linux 始于 1991 年，是一名芬兰学生 Linus Torvalds 的业余爱好项目。该项目日臻成熟、不断发展，如今在世界各地约有 1000 名贡献者。现在，无论是在嵌入式系统中还是在服务器上，Linux 都是必不可少的操作系统。

内核是操作系统的核心部分，其开发并不简单。与其他操作系统相比，Linux 拥有许多优点：它是免费的，有良好的文档记录，还有一个大型社区，可以在不同的平台间移植，提供对源代码的访问，并且有许多免费的开源软件。

本书将尽可能让描述具有普适性。有一个特殊的主题，称为设备树，它还不是一个完整的 x86 特性。因此这个主题将专门讨论 ARM 处理器，特别是那些完全支持设备树的处理器。为什么采用这些架构？因为它们主要用于台式机和服务器（x86），以及嵌入式系统（ARM）。

本章将讨论以下主题：

- 设置开发环境；
- 配置和构建 Linux 内核。

1.1 设置开发环境

当你在嵌入式系统领域工作时，甚至在设置开发环境之前，你必须熟悉如下专业术语。

- 目标机：生成构建（build）所产生的二进制文件的目标机器。这台机器将运行二进制文件。
- 宿主机：执行构建过程的机器。
- 编译：也称为本地编译或本地构建。当目标机和宿主机相同时，就会发生这种情况。也就是说，当你在机器 A（宿主机）上编译一个二进制文件时，它将在同一台机器 A（目标机）或其他同类机器上执行。原生编译需要一个原生编译器，因此原生编译器的目标机和宿主机是相同的。

- 交叉编译：目标机和宿主机是不同的。在这里，你可以在机器 A（宿主机）构建一个将在机器 B（目标机）上执行的二进制文件。在这种情况下，宿主机（机器 A）必须安装支持目标体系结构的交叉编译器。因此，交叉编译器是目标机和宿主机不同的编译器。

- 由于嵌入式计算机的资源（CPU、RAM、磁盘等）有限或较少，因此宿主机通常是强大得多的 x86 机器，有更多的资源来加速开发过程。然而，在过去几年，嵌入式计算机变得更加强大，它们越来越多地用于本地编译（因此用作宿主机）。一个典型的例子是树莓派 4，它具有强大的四核 CPU 和高达 8GB 的 RAM。

本章将使用 x86 机器作为宿主机，创建本地构建或进行交叉编译。因此，"本地构建"一词将指代"x86 本地构建"。

要快速检查本机信息，可以使用以下命令：

```
lsb_release -a
Distributor ID:  Ubuntu
Description:     Ubuntu 18.04.5 LTS
Release:  18.04
Codename:  bionic
```

笔者的计算机是一台华硕 RoG，它有一颗 16 核的 AMD Ryzen CPU（你可以使用 lscpu 命令获取这些信息）、16GB 的 RAM，以及 256GB 的 SSD（Solid State Disk，固态硬盘）和 1TB 的硬盘驱动器（你可以使用 df -h 命令获取这些信息）。可以说，一个四核 CPU 和 4GB 或 8GB 的 RAM 应该足够了，但会导致构建时间延长。笔者最喜欢的编辑器是 Vim 你也可以自由使用自己最喜欢的编辑器。如果你使用的是台式机，则可以使用目前正被广泛使用的 Visual Studio Code（简称 VS Code）。

现在我们已经熟悉了将要使用的与编译相关的关键字，下面可以开始设置宿主机了。

1.1.1　设置宿主机

在开始开发流程之前，需要设置开发环境。专用于 Linux 开发的环境非常简单——至少在基于 Debian 的系统中是这样。

在宿主机上，需要安装以下几个包：

```
$ sudo apt update
$ sudo apt install gawk wget git diffstat unzip \
    texinfo gcc-multilib build-essential chrpath socat \
```

```
libsdl1.2-dev xterm ncurses-dev lzop libelf-dev make
```

在上面的代码中，我们安装了一些开发工具和一些必要的库，以便在配置 Linux 内核时拥有良好的用户界面。

现在，我们需要安装编译器和工具（链接器、汇编器等），以确保构建过程正常工作并为目标机生成可执行文件。这组工具称为 Binutils，编译器加 Binutils（如果有的话，再加上其他构建时依赖库）的组合称为工具链。因此，你需要理解"我需要（某个）体系结构的工具链"或类似句子的含义。

理解和安装工具链

在开始编译之前，我们需要安装必要的包和工具用于本地编译或 ARM 交叉编译，也就是工具链。GCC（GNU Compiler Collection，GNU 编译器套件）是 Linux 内核支持的编译器。Linux 内核中定义的许多宏都与 GCC 相关。因此，我们使用 GCC 作为（交叉）编译器。

可以使用以下工具链安装命令进行本地编译：

```
sudo apt install gcc binutils
```

当需要进行交叉编译时，必须识别并安装正确的工具链。与本机编译器相比，交叉编译器可执行文件的前缀是目标操作系统、体系结构和（有时候是）库的名称。因此，为了识别特定于体系结构的工具链，我们定义了如下命名约定：arch[-vendor][-os]-abi。下面看看这个命名约定中的字段是什么意思。

- arch 标识架构，即 ARM、MIPS、x86、i686 等。
- vendor 为工具链供应商（公司），即 Bootlin、Linaro、none（如果没有工具链供应商的话）等，或者省略该字段。
- os 是目标操作系统，即 Linux 或 none（裸机）。如果省略，则假定为裸机。
- abi 代表应用程序二进制接口。它指的是底层二进制文件的结构，包括函数调用约定、参数传递方式等。可能的约定包括 eabi、gnueabi 和 gnueabihf。
  - eabi 代表要编译的代码将运行在裸机 ARM 核心上。
  - gnueabi 代表将编译用于 Linux 的代码。
  - gnueabihf 与 gnueabi 相同，但末尾的 hf 表示硬浮点，这表明编译器及其底层库使用的是硬件浮点指令，而不是浮点指令的软件实现，如定点软件实现。如果没有可用的浮点硬件，指令将被捕获并由浮点仿真模块执行。使用软件模拟时，功能上唯一的实际区别是执行速度变慢。

下面是一些工具链的名称，读者可以通过它们来理解工具链的命名约定。

- arm-none-eabi：一个针对 ARM 架构的工具链。它没有供应商，针对裸机系统

（不针对操作系统），并遵循 ARM EABI。

● arm-none-linux-gnueabi 或 arm-linux-gnueabi：我们可以使用这个工具链提供的默认配置（ABI）为运行在 Linux 上的 ARM 体系结构生成对象。请注意，arm-none-linux-gnueabi 与 arm-linux-gnueabi 是相同的，因为当未指定供应商时，我们假定没有供应商。支持硬件浮点的工具链变体是 arm-linux-gnueabihf 或 arm-none-linux-gnueabihf。

现在我们已经熟悉了工具链的命名约定，从而可以确定哪些工具链能够用于目标架构进行交叉编译。

要在 32 位的 ARM 机器上进行交叉编译，可以使用以下命令安装工具链：

```
sudo apt install gcc-arm-linux-gnueabihf binutils-arm-linux-gnueabihf
```

请注意，在 Linux 树和 GCC 中，64 位的 ARM 后端/支持称为 aarch64。因此，交叉编译器必须有类似 gcc-aarch64-linux-gnu* 的名称，而 Binutils 必须有类似 binutils-aarch64-linux-gnu* 的名称。因此，对于 64 位的 ARM 工具链，可以使用以下命令：

```
sudo apt install make gcc-aarch64-linux-gnu binutils-aarch64-linux-gnu
```

注意

aarch64 只支持/提供硬件浮点 aarch64 工具链，因此不需要在末尾指定 hf。

请注意，并非所有版本的编译器都能编译给定的 Linux 内核版本。因此，考虑 Linux 内核版本和编译器（GCC）版本是很重要的。虽然前面的命令安装了你所使用的 Linux 发行版支持的最新版本，但也可以指定特定的版本。要实现这一点，可以使用 gcc-<version>- <arch>-linux-gnu*。

例如，要安装 aarch64 的 GCC 8，可以使用以下命令：

```
sudo apt install gcc-8-aarch64-linux-gnu
```

现在工具链已经安装完毕，我们可以查看分发包管理器选择的版本。例如，要检查安装了哪个版本的 aarch64 交叉编译器，可以使用以下命令：

```
$ aarch64-linux-gnu-gcc --version
aarch64-linux-gnu-gcc (Ubuntu/Linaro 7.5.0-3ubuntu1~18.04)
7.5.0
Copyright (C) 2017 Free Software Foundation, Inc.
[...]
```

对于 32 位的 ARM 变体，可以使用以下命令：

```
$ arm-linux-gnueabihf-gcc --version
arm-linux-gnueabihf-gcc (Ubuntu/Linaro 7.5.0-3ubuntu1~18.04)
7.5.0
Copyright (C) 2017 Free Software Foundation, Inc.
[...]
```

最后，对于本地版本，可以使用以下命令：

```
$ gcc --version
gcc (Ubuntu 7.5.0-3ubuntu1~18.04) 7.5.0
Copyright (C) 2017 Free Software Foundation, Inc.
```

现在已经设置好了开发环境，并确保使用了正确的工具版本，我们可以开始下载Linux 内核源代码并深入研究它们了。

1.1.2　获取 Linux 内核源代码

在内核早期（直到 2003 年），Linux 使用了奇偶版本控制风格，其中奇数表示稳定，偶数表示不稳定。当 2.6 版本发布时，版本控制模式切换为 X.Y.Z。

- X：实际的内核版本，也称为主版本。当向后不兼容的 API 发生更改时，它会递增。
- Y：一个小的修改。在以向后兼容的方式添加功能之后，它会递增。
- Z：一个补丁，表示与错误修复相关的版本。

这被称为语义版本控制，一直持续到版本 2.6.39。后来 Linus Torvalds 决定将版本更新到 3.0，这意味着语义版本控制在 2011 年结束，之后采用了 X.Y 方案。

到了 3.20 版本，Linus 认为不能再增加 Y 了。因此，他决定切换到任意的版本控制方案，每当 Y 大到用手指数不过来的时候，就增加 X。这就是版本从 3.20 直接变化为4.0 的原因。

现在，内核使用任意的 X.Y 版本控制方案，这与语义版本控制无关。

根据 Linux 内核发布模型，内核总有两个最新版本：稳定版本和长期支持（Long-Term Support，LTS）版本。所有的 bug 修复和新特性都由子系统维护者收集和准备，然后提交给 Linus Torvalds，以便将它们包含到 Linux 树中。 Linux 树又称为主线 Linux 树，或者称为 master Git 存储库。每个稳定的版本都起源于此。

每个新的内核版本在发布之前，都会通过发布候选标签提交给社区，以便开发人员测试和完善所有的新功能。根据这个周期内收到的反馈，Linus 会决定最终版本是否可以发布。当 Linus 确信新内核已经准备就绪时，他就会发布最终版本。我们称这个版本为

"稳定"版本,而不是"候选版本":这些版本是 vX.Y 版本。

发布版本没有严格的时间表,但新的主线内核通常每两三个月发布一次。稳定的内核版本基于 Linus 版本,也就是主线树版本。

稳定的内核在由 Linus 发布之后,就会出现在 linux-stable 树中并成为一个分支,可以接收错误修复。之所以被称为稳定树(stable tree),是因为它用于跟踪先前发布的稳定内核。它由 Greg Kroah-Hartman 维护和策划,但所有修复都必须首先进入 Linus 的代码树(后文简称 Linus 树),即主线存储库。一旦在主线存储库中修复了 bug,就可以将其应用于之前发布的内核,这些内核仍然由内核开发社区维护。所有已经向后移植到稳定版本的修复程序,在考虑移植之前都必须满足一组重要的标准,其中之一是它们"必须已经存在于 Linus 树中"。

注意

修正过错误的内核版本被认为是稳定的。

例如,在 Linus 发布 4.9 内核时,稳定内核是基于内核编号方案发布的,即 4.9.1、4.9.2、4.9.3,依此类推。这样的版本称为 bug 修复内核版本(bugfix kernel release),其序列通常缩短为"4.9.Y",表示其在稳定内核发布树中的分支。每个稳定的内核发布树都由其内核开发者维护,该内核开发者将负责为发布选择必要的补丁,并进行审查/发布。通常,在下一个主线内核可用之前,只会发布几个修正过错误的内核版本,除非它被指定为长期维护内核。

在每个子系统和内核维护者存储库中,我们可以找到 Linus 树或稳定树。在 Linus 树中,只有一个分支,也就是主分支。它的标签要么是稳定版本,要么是候选版本。在稳定树中,每个稳定内核版本都有一个分支(名为<A.B>.y,其中<A.B>是 Linus 树中的发布版本),而每个分支则包含其 bug 修复内核版本。

下载并组织源代码

在本书中,我们将使用 Linus 树,可以使用以下命令下载 Linus 树:

```
git clone https: //git.kernel.org/pub/scm/linux/kernel/git/torvalds/linux.git
--depth 1
git checkout v5.10
ls
```

在上面的命令中,我们使用--depth 1 来避免下载历史记录(或者只选择上一次提交的历史记录),这可以显著降低下载文件的大小并节省时间。由于 Git 支持分支和标记,因此 checkout 命令允许你切换到特定的标记或分支。在这个例子中，我们切换到 v5.10 标签。

注意

在本书中，我们将使用 Linux 内核 v5.10。

下面让我们来看看主线内核源代码目录的内容。

- arch/：为了尽可能通用，特定于体系结构的代码会与其他代码分开。该目录包含特定于处理器的代码，这些代码组织在每个体系结构的子目录中，如 alpha/、arm/、mips/、arm64/等。
- block/：该目录包含块存储设备的代码。
- crypto/：该目录包含加密 API 和加密算法的代码。
- certs/：该目录包含证书和签名文件，用于启用模块签名，以便内核加载签名过的模块。
- documentation/：该目录包含用于不同内核框架和子系统的 API 的描述。在公共论坛上提问之前，你应该先查看该目录。
- drivers/：这是内容最繁多的目录，因为随着设备驱动程序的合并，它会不断增长。该目录包含每个设备的驱动程序，它们被组织在不同的子目录中。
- fs/：该目录包含内核支持的不同文件系统的实现，如 NTFS、FAT、ETX{2,3,4}、sysfs、procfs、NFS 等。
- include/：该目录包含内核头文件。
- init/：该目录包含初始化和启动代码。
- ipc/：该目录包含进程间通信（Inter-Process Communication，IPC）机制的实现，如消息队列、信号量和共享内存。
- kernel/：该目录包含基本内核中与体系结构无关的部分。
- lib/：该目录包含库例程和一些辅助函数，比如通用的内核对象（kobject）处理程序和循环冗余码（Cyclic Redundancy Code，CRC）计算函数。
- mm/：该目录包含内存管理代码。
- net/：该目录包含网络协议代码（无论网络类型是什么）。
- samples/：该目录包含各个子系统的设备驱动程序示例。
- scripts/：该目录包含内核使用的脚本和工具，此外还包含其他一些有用的工具。
- security/：该目录包含安全框架代码。
- sound/：该目录包含音频子系统代码。

- tools/：该目录包含 Linux 内核开发和各种子系统的测试工具，如 USB、虚拟宿主机测试模块、GPIO、IIO 和 SPI 等。
- usr/：该目录当前包含 initramfs 实现。
- virt/：这是虚拟化目录，其中包含用于 hypervisor 的内核虚拟机（Kernel-based Virtual Machine，KVM）模块。

为确保可移植性，任何特定于体系结构的代码都应该放在 arch 目录下。此外，与用户空间 API 相关的内核代码（系统调用、/proc、/sys 等）不应更改，因为更改会破坏现有的程序。

在本节中，我们熟悉了 Linux 内核的源代码。在浏览了 Linux 内核的所有源代码之后，将它们配置得能够编译内核似乎是很自然的事情。

1.2　配置和构建 Linux 内核

在 Linux 内核源代码中，有许多可用的驱动程序/特性和构建选项。配置过程包括选择哪些特性/驱动程序，选择的这些选项将成为编译过程的一部分。根据我们是执行本地编译还是交叉编译，有些环境变量必须在配置过程开始之前定义。

1.2.1　指定编译选项

内核的 Makefile 调用的编译器是 $(CROSS_COMPILE)gcc。也就是说，CROSS_COMPILE 是交叉编译工具（gcc、as、ld、objcopy 等）的前缀，必须在调用 make 时指定，或者必须在执行任何 make 命令之前导出。只有 gcc 以及与之相关的 Binutils 可执行文件的前缀是$(CROSS_COMPILE)。

请注意，这里做了各种假设，Linux 内核构建基础设施会根据目标机体系结构启用各种选项/特性/标志。为此，除了交叉编译器前缀，还必须指定目标机的体系结构，这可以通过 ARCH 环境变量来完成。

因此，典型的 Linux 配置或构建命令如下：

```
ARCH=<XXXX> CROSS_COMPILE=<YYYY> make menuconfig
```

也可以使用如下命令：

```
ARCH=<XXXX> CROSS_COMPILE=<YYYY> make <make-target>
```

如果启动命令时不希望指定这些环境变量，则可以将它们导出到当前 shell 中，示例如下：

```
export CROSS_COMPILE=aarch64-linux-gnu
export ARCH=aarch64
```

请记住，如果没有指定这些环境变量，本地宿主机将成为目标机。也就是说，如果省略 CROSS_COMPILE 或未设置 CROSS_COMPILE，$(CROSS_COMPILE)gcc 将得到 gcc，对于调用的其他工具亦如此（例如，$(CROSS_COMPILE)ld 将得到 ld）。

以同样的方式，如果 ARCH（目标体系结构）被省略或没有设置，则默认执行 make 的宿主机，默认为$(uname -m)。

因此，要想使用 gcc 为宿主机体系结构本地编译内核，就应该保持 CROSS_COMPILE 和 ARCH 未定义。

1.2.2　理解内核配置过程

Linux 内核是一个基于 Makefile 的项目，其中包含数千个选项和驱动程序。每个启用的选项都可以使另一个选项可用，或者可以将特定的代码拉入构建。要配置内核，可以对基于 ncurses 的接口使用 make menuconfig 命令，或对基于 X 的接口使用 make xconfig 命令。基于 ncurses 的接口配置如图 1.1 所示。

对于大多数选项，你有 3 个选择。但在配置 Linux 内核时，我们可以列出 5 种类型的选项，具体如下。

- 布尔选项，有两个选择。
  - ➤ (blank)，它禁用此功能。当这个选项在配置菜单中突出显示时，你可以按 N 来省略功能。它等同于 false，当它被禁用时，生成的配置选项会在配置文件中被注释掉。
  - ➤ (*)，它在内核中静态编译。这意味着当内核第一次被加载时，它将始终存在。它等价于 true，你可以在配置菜单中选中一个功能并按 Y。得到的选项将在配置文件中显示为 CONFIG_<OPTION >=y，例如 CONFIG_INPUT_EVDEV=y。

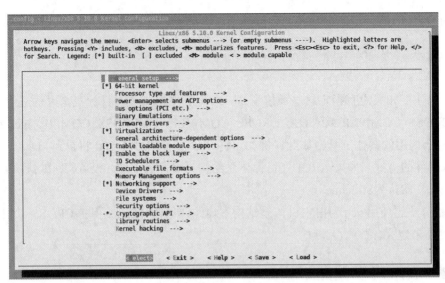

图 1.1　内核配置界面

- 三态选项，即除了可以接受布尔值状态，还可以接受第 3 种状态，它在配置窗口中被标记为(M)。该选项在配置文件中的结果为 CONFIG_<OPTION>=m，例如 CONFIG_INPUT_EVDEV=m。要生成一个可加载的模块（如果这个选项允许的话），你可以按下 M 选择这个特性。
- 字符串选项，接受字符串值，例如 CONFIG_CMDLINE="noinitrd console= ttymxc0, 115200"。
- Hex 选项，接受十六进制值，例如 CONFIG_PAGE_OFFSET=0x80000000。
- Int 选项，接受整数值，例如 CONFIG_CONSOLE_LOGLEVEL_DEFAULT=7。

选中的选项将存储在源代码树的根目录下的.config 文件中。

想要知道哪种配置在你的平台上可以有效运行是很难的。大多数情况下，不需要从头开始配置。每个 arch 目录下都有默认配置文件和功能配置文件，你可以将它们作为起点（重要的是要从已经可用的配置开始）：

```
ls arch/<your_arch>/configs/
```

对于基于 ARM 的 32 位 CPU，这些配置文件可以在 arch/arm/configs/目录中找到。在这种体系结构中，每个 CPU 系列通常只有一个默认配置。例如，对于 i.MX6-7 处理器，默认的配置文件是 arch/arm/configs/imx_v6_v7_defconfig。但是，在基于 ARM 的 64 位 CPU 上，只有一个大的默认配置可以定制。它位于 arch/arm64/configs/目录中，称为 defconfig。类似地，对于 x86 处理器，我们可以在 arch/x86/configs/目录中找到相关文件。

这里有两个默认的配置文件——i386_defconfig 和 x86_64_defconfig，分别用于 32 位和 64 位的 x86 体系结构。

给定一个默认配置文件，内核配置命令如下：

```
make <foo_defconfig>
```

运行该命令将在主目录（根目录）中生成一个新的.config 文件，而旧的.config 文件将被重命名为.config.old。这可以方便地恢复以前的配置更改。然后，可以使用以下命令自定义配置：

```
make menuconfig
```

保存更改将更新.config 文件。虽然你可以与协作者共享此配置，但你最好创建一个与 Linux 内核源代码中提供的配置文件相同的最小格式的默认配置文件。为此，可以使用以下命令：

```
make savedefconfig
```

该命令将创建一个最小的配置文件（因为不存储非默认设置）。生成的默认配置文件称为 defconfig，存储在源代码树的根目录中。你可以使用以下命令将其存储到另一个位置：

```
mv defconfig arch/<arch>/configs/myown_defconfig
```

这样你就可以在 Linux 内核源代码中共享同一个参考配置，其他开发者现在可以通过执行以下命令得到与你相同的.config 文件：

```
make myown_defconfig
```

请注意，对于交叉编译，必须在执行任何 make 命令之前设置 ARCH 和 CROSS_COMPILE，即使对内核配置也是如此；否则，你的配置可能会出现意外更改。

根据目标系统的不同，可以使用以下配置命令。

● 要在 64 位的 x86 处理器上进行本地编译，命令非常简单（可以省略编译选项）：

```
make x86_64_defconfig
make menuconfig
```

● 给定一个基于 ARM i.MX6 的 32 位板，可以执行以下命令：

```
ARCH=arm CROSS_COMPILE=arm-linux-gnueabihf- make imx_v6_v7_defconfig
ARCH=arm CROSS_COMPILE=arm-linux-gnueabihf- make menuconfig
```

使用第一组命令，你可以将默认选项存储在.config 文件中；而使用第二组命令，你可以根据需要更新（添加/删除）各种选项。

对于 64 位 ARM 板，可以执行以下命令：

```
ARCH=aarch64 CROSS_COMPILE=aarch64-linux-gnu- make defconfig
ARCH=aarch64 CROSS_COMPILE=aarch64-linux-gnu- make menuconfig
```

你可能会在使用 xconfig 时遇到 Qt4 错误。在这种情况下，应该直接使用以下命令来安装缺少的包：

```
sudo apt install qt4-dev-tools qt4-qmake
```

注意

你可能正在从旧内核切换到新内核。给定旧的.config 文件，你可以将其复制到新的内核源代码树中，然后执行 make oldconfig 命令。如果新内核中有新选项，系统将提示你是否将这些选项包括进去。但是，你可能希望对这些选项使用默认值。在这种情况下，应执行 make olddefconfig 命令。最后，如果要拒绝所有新选项，应执行 make oldnoconfig 命令。

要找到初始配置文件，也可以有更好的选择，尤其当你的计算机已经在运行时。Linux 发行版 Debian 和 Ubuntu 将.config 文件保存在/boot 目录下，所以可以使用以下命令复制此配置文件：

```
cp /boot/config-`uname -r` .config
```

其他 Linux 发行版可能不会这样做。因此，建议你始终启用 IKCONFIG 和 IKCONFIG_PROC 内核配置选项，这将允许你通过/proc/config.gz 访问.config 文件。这是一个标准方法，适用于嵌入式发行版。

一些有用的内核配置特性

现在可以配置内核了，让我们列举一些有用的内核配置特性，这些内核配置特性可能值得你在内核中启用。

- IKCONFIG 和 IKCONFIG_PROC：笔者认为它们最重要。它们使内核配置在运行时可用，你可以在其他系统中重用此配置，或者只是查找特定功能的启用状态。例如：

```
# zcat /proc/config.gz | grep CONFIG_SOUND
```

```
CONFIG_SOUND=y
CONFIG_SOUND_OSS_CORE=y
CONFIG_SOUND_OSS_CORE_PRECLAIM=y
# CONFIG_SOUNDWIRE is not set
#
```

- CMDLINE_EXTEND 和 CMDLINE：前者是一个布尔值，它允许你从配置中扩展内核命令行；后者是一个包含实际命令行扩展值的字符串，例如 CMDLINE="noinitrd usbcore.authorized_default=0 "。

- CONFIG_KALLSYMS：这是一个布尔选项，用于访问/proc/kallsyms 目录中的内核符号表（其中包含了符号与其地址之间的映射）。这对于跟踪器和其他需要将内核符号映射到地址的工具非常有用。该选项在输出 oops 消息时使用；否则代码清单将产生十六进制输出，会变得很难解读。

- CONFIG_PRINTK_TIME：当输出来自内核的消息时，该选项显示时间信息。这对于运行时发生的事件进行时间戳标记会有所帮助。

- CONFIG_INPUT_EVBUG：允许你调试输入设备。

- CONFIG_MAGIC_SYSRQ：允许你对系统进行一些控制（例如重新启动、转储一些状态信息等），即使在系统崩溃之后，只需要使用一些组合键即可执行。

- DEBUG_FS：允许你启用对调试文件系统的支持，可以在其中调试 GPIO、CLOCK、DMA、REGMAP、IRQ 和许多其他子系统。

- FTRACE 和 DYNAMIC_FTRACE：允许你启用功能强大的 ftrace 跟踪程序，以跟踪整个系统。启用 ftrace 跟踪程序后，它的一些枚举选项也可以启用，具体如下。

  - ➢ FUNCTION_TRACER：允许你跟踪内核中的任何非内联函数。
  - ➢ FUNCTION_GRAPH_TRACER：与前一个枚举选项的功能相同，但它显示了一个调用图（调用函数和被调用函数）。
  - ➢ IRQSOFF_TRACER：该枚举选项使你能够跟踪内核中 IRQ 的周期。
  - ➢ PREEMPT_TRACER：允许你测量抢占关闭的延迟。
  - ➢ SCHED_TRACER：允许你调度延迟跟踪。

现在内核已经配置好了，之后必须构建以生成一个可运行内核。在 1.2.3 节中，我们将描述内核的构建过程，以及预期的构建组件。

1.2.3 构建 Linux 内核

这一步需要你使用与配置步骤相同的 shell，否则就必须重新定义 ARCH 和

CROSS_COMPILE 环境变量。

　　Linux 内核是一个基于 Makefile 的项目。构建这样的项目需要使用 make 工具并执行 make 命令。对于 Linux 内核，make 命令必须以普通用户身份在主内核源目录下执行。

　　默认情况下，如果没有指定，则 make 目标是所有的文件。在 Linux 内核源代码中，对于 x86 体系结构，它指向（或依赖）vmlinux bzImage modules 目标；对于 ARM 或 aarch64 体系结构，它指向 vmlinux zImage modules dtbs 目标。

　　在这些目标中，bzImage 是一个特定于 x86 体系架构的 make 目标，它会生成具有相同名称 bzImage 的二进制文件。Vmlinux 也是一个 make 目标，用于生成一个名为 vmlinux 的 Linux 映像。zImage 和 dtbs 都是 ARM 和 aarch64 体系架构专用的 make 目标：前者生成具有相同名称的 Linux 映像，后者则为目标机 CPU 构建设备树源。Modules 作为一个 make 目标，将构建所有选定的模块（在配置中用 m 标记）。

第 2 章
Linux 内核模块的基本概念

内核模块是一种软件组件，旨在通过添加新功能扩展 Linux 内核。内核模块可以是一个设备驱动程序，在这种情况下，它将控制和管理特定的硬件设备，因此称为设备驱动程序。内核模块还可以添加框架（例如 IIO 框架）支持，扩展现有框架，甚至可以是新文件系统或其扩展。需要记住的是，内核模块并不总是设备驱动程序，但设备驱动程序一定是内核模块。

注意

在 Linux 中，框架指的是一组 API 和库的集合。

除了内核模块，还有简单模块或用户空间模块，它们在用户空间中运行，权限较低。而本书只讨论内核模块，尤其是 Linux 内核模块。

本章将讨论以下主题：

- 模块概念的介绍；
- 构建 Linux 内核模块；
- 处理模块参数；
- 处理符号导出和模块依赖；
- 学习 Linux 内核编程技巧。

2.1　模块概念的介绍

在构建 Linux 内核时，配置文件中所有启用的功能将生成相应的目标文件，所有目标文件链接起来，将生成最终的单一映像文件。一旦内核启动，即使文件系统尚未准备好或不存在，内核映像文件中包含的功能也可以立即使用。这些功能是内置的，相应的模块称为静态模块。内核映像文件中的静态模块是随时可用的，因此无法卸载，这会增加最终的内核映像文件的大小。静态模块也称为内置模块，由于它是最终的内核映像文件输出的组成部分，因此对代码的任何修改都需要重新构建整个内核。

然而，某些功能（如设备驱动程序、文件系统和框架）可以编译为可加载模块。这些模块与最终的内核映像文件各自独立，按需加载。内核模块可在运行时增设或删除内核的功能，因此被视为可动态加载和卸载的插件。由于每个模块都作为单独的文件存放在文件系统中，因此使用可加载模块需要获取文件系统的访问权限。

总而言之，模块对于 Linux 内核就像插件对于用户软件（如 Firefox）一样。当模块静态链接到最终的内核映像文件时，称为内置模块。当模块作为单独的文件（可以加载/卸载）被构建时，模块是可加载的。模块机制甚至可以在不需要重启系统的情况下，动态地扩展内核的功能。

要支持模块的加载，内核的构建就必须启用以下选项：

```
CONFIG_MODULES=y
```

卸载模块是内核的一个功能，可根据 CONFIG_MODULE_UNLOAD 内核配置选项来启用或禁用。如果没有这个选项，将无法卸载任何模块。因此，为了能够卸载模块，必须启用以下选项：

```
CONFIG_MODULE_UNLOAD=y
```

也就是说，内核足够智能可以防止卸载模块对系统造成损害。例如，即使明确地要求卸载正在使用的模块，内核也不会这么做。这是因为内核具有对模块的引用计数，引用计数记录了模块当前是否仍在使用，所以如果内核认为卸载模块是不安全的，它就不会卸载。不过，可以通过以下配置修改这种特性：

```
MODULE_FORCE_UNLOAD=y
```

上述选项允许强制卸载模块。至此，我们已经介绍完模块所涉及的主要概念，现在可以开始动手实践了。作为本章的基础，下面介绍一个模块骨架。

案例学习：模块骨架

考虑以下 hello-world 模块。这将是贯穿本章实践的基础案例。首先把这个可编译的文件命名为 helloworld.c，其内容如下：

```
#include <linux/module.h>
#include <linux/init.h>

static int __init helloworld_init(void){
    pr_info("Hello world initialization!\n");
```

```
    return 0;
}

static void __exit helloworld_exit(void) {
    pr_info("Hello world exit\n");
}

module_init(helloworld_init);
module_exit(helloworld_exit);

MODULE_LICENSE("GPL");
MODULE_AUTHOR("John Madieu <john.madieu@gmail.com>");
MODULE_DESCRIPTION("Linux kernel module skeleton");
```

在上述模块骨架中，头文件只属于 Linux 内核源代码，因此引用时使用 linux/xxx.h。所有的内核模块都必须引用 module.h 头文件，而引用 __init 和 __exit 宏也必须使用 init.h 头文件。要构建这个模块骨架，首先需要编写一个专门的 Makefile，本章稍后将介绍这部分内容。

模块的入口点和退出点

定义一个初始化函数是创建内核模块的最低要求，也是必要条件；而如果要构建可加载模块，则必须提供它的退出函数。前者是入口点，对应于加载模块（modprobe 或 insmod）时调用的函数；后者是清理和退出点，对应于卸载模块（rmmod 或 modprobe -r）时执行的函数。

你只需要告知内核哪些函数在入口点执行，哪些函数在退出点执行即可。你可以自行修改上述例子中的 helloworld_init 和 helloworld_exit 的函数名。唯一的强制要求就是将它们标识为相应的初始化函数和退出函数，并作为参数传递给 module_init()宏和 module_exit()宏。

总而言之，当构建可加载的内核模块时，若使用 insmod 或 modprobe 命令，则会调用 module_init()宏；当模块已经编译进内核，且在内核运行到相应的运行级别时，也会调用 module_init()宏。模块的功能由初始化函数的内容决定。可加载的内核模块只有在使用 rmmod 命令卸载时，才需要调用 module_exit()宏。

当内核模块是设备驱动程序时，无论该模块处理的设备数量是多少，init 或 exit 函数都只需要调用一次。

通常，作为平台（或类似）设备驱动程序的模块会在其初始化函数中注册平台驱动程序和相应的 probe/remove 回调函数。每当在系统中添加或移除该模块处理的设备时，都会调用这些回调函数。这样，模块只需要调用 exit 函数注销平台驱动程序即可。

__init 和__exit 的属性

__init 和__exit 是内核宏，定义在 include/linux/init.h 中，如下所示：

```
#define __init          __section(.init.text)
#define __exit          __section(.exit.text)
```

__init 关键字告诉链接器，以__init 为前缀的变量或函数生成的内核目标文件要放到内核的专用区。该专用区被预先告知给内核，内核会在模块加载和初始化函数执行完后释放它。这个过程仅适用于内置模块，而不适用于可加载模块。在系统依序启动的过程中，内核将首次运行驱动程序的初始化函数。由于驱动程序无法卸载，它的初始化函数直到下次重启前都不会被调用，因此也不再需要保留该函数的相关信息。__exit 关键字与退出函数也是如此。当模块被静态编译到内核中，或内核不支持模块的卸载时，__exit 关键字与退出函数对应的代码被忽略。因为在这两种情况下，退出函数都不会被调用。__exit 关键字对可加载模块没有任何影响。

综上所述，__init 和__exit 是 Linux 指令（宏），它们封装了 GNU C 编译器属性。GNU C 编译器属性在编译时用于指定符号的存储位置。即使内核可以访问目标文件的不同区段，__init 和__exit 也会指示编译器将那些以它们作为前缀的代码分别放置在.init.text 和.exit.text 区段。

模块信息和元数据

即便没有阅读代码，也应该能够获取给定模块的信息（例如模块作者、模块参数描述和许可证）。这些信息存放在模块的.modinfo 区段，可通过给 MODULE_*宏传递参数值来更新.modinfo 区段的内容，这些宏包括 MODULE_DESCRIPTION()、MODULE_AUTHOR()和 MODULE_LICENSE()。不过，内核提供的更底层的宏是 MODULE_INFO(tag, info)，用于向模块的.modinfo 区段添加条目。该宏可以用 tag = "info"的形式添加通用信息。这意味着驱动程序的作者可以添加他想要的任何自定义信息，例如以下信息：

```
MODULE_INFO(my_field_name, "What easy value");
```

除了自定义信息，还需要提供一些标准信息。这些标准信息需要由内核提供相应的宏来支持。

许可证定义了源代码是否与其他开发人员共享，以及如何共享。MODULE_LICENSE()会告诉内核一个模块使用了什么许可证，这会对该模块的行为产生影响。因为不兼容GPL（General Public License，通用公共许可证）的许可证将导致模块无法查看或使用内核通过 EXPORT_SYMBOL_GPL() 宏导出的符号。该宏仅对兼容的 GPL 模块显示符号，这与 EXPORT_SYMBOL() 宏相反，后者可为具有任何许可证的模块导出函数。加载不兼容 GPL 的模块会导致内核被污染，这意味着非开源或不受信任的代码被加载，并且很可能使你得不到来自社区的支持。请记住，没有 MODULE_LICENSE() 的模块不会被视为开源，并且会污染内核。可用的许可证可以在 include/linux/module.h 中找到，该头文件描述了内核支持的许可证。

MODULE_AUTHOR() 用来声明模块作者，比如 MODULE_AUTHOR("John Madieu")。一个模块可能有多个作者，在这种情况下，每个作者都必须使用 MODULE_AUTHOR() 来声明：

```
MODULE_AUTHOR("John Madieu ");
MODULE_AUTHOR("Lorem Ipsum ");
```

MODULE_DESCRIPTION() 用来简要描述模块的功能：

```
MODULE_DESCRIPTION("Hello, world! Module");
```

你可以使用 objdump -d -j .modinfo 命令来转储给定内核模块中 .modinfo 区段的内容。对于需要进行交叉编译的模块，应使用 $(CORSS_COMPILE)objdump 命令。至此，我们已经满足 Linux 内核模块编写的最后两个要求——提供模块信息和元数据，接下来让我们学习如何构建这些模块。

2.2 构建 Linux 内核模块

目前，构建 Linux 内核模块有以下两种解决方案。

- 第一种解决方案是树外构建，用于构建位于内核源代码树之外的模块。模块的源代码位于与内核不同的目录中。以这种方式构建的模块不允许被集成到内核配置/编译过程中，只能被单独构建。需要注意的是，若使用此解决方案，模块无法静态链接到最终的内核镜像中。也就是说，模块不能被内置。树外编译只生成可加载的内核模块。
- 第二种解决方案是树内构建，这种方式允许将代码提交到上游分支（upstream），因为这样可以很好地将代码集成到内核配置/编译过程中。此解决方案允许生成静态模块（也称为内置模块）或可加载的内核模块。

至此，我们已经列举并说明了构建 Linux 内核模块的两种解决方案的特点。在研究每种解决方案之前，让我们先深入学习 Linux 内核构建的过程，这将有助于我们了解不同解决方案的编译先决条件。

2.2.1　理解 Linux 内核构建系统

　　Linux 内核有一套自己的构建系统，叫作 kbuild（注意，k 是小写）。它允许你配置 Linux 内核，并根据已有的配置进行编译。这套构建系统主要依赖 3 个文件来实现，其中 Kconfig 用于功能选择，主要在内核树构建时使用；而 Kbuild（注意， K 是大写）或 Makefile 用于制定编译规则。

Kbuild 或 Makefile

　　在这套构建系统中，makefile 被称为 Makefile 或 Kbuild。如果这两个文件都存在，则只使用 Kbuild。也就是说，makefile 是用于执行一组操作的特殊文件，其中最常见的操作是编译程序。有一个专门解析 makefile 的工具，叫作 make。使用这个工具构建内核模块的命令模式如下：

```
make -C $KERNEL_SRC M=$(shell pwd) [target]
```

　　在上述命令模式中，$KERNEL_SRC 指的是预构建内核目录的路径。-C $KERNEL_SRC 指示 make 在执行时进入指定的目录，并在完成后返回到原目录。M=$(shell pwd)指示内核构建系统返回此目录以查找正在构建的模块。M 所给出的值是模块源代码（或相关的 Kbuild）所在目录的绝对路径。[target]对应构建外部模块时可用的 make 目标文件子集，如下所示。

- modules：这是外部模块的默认目标。无论是否指定目标，作用都是相同的。
- modules_install：用来安装外部模块。默认路径是/lib/modules/<kernel_release>/extra/。该路径可以被覆盖。
- clean：用来删除模块目录中产生的所有文件。

　　然而，我们尚未告知内核构建系统要构建或链接哪些目标文件。我们必须指定所要构建模块的名称，以及所需源文件的列表。这可以用以下简单的一行命令来完成：

```
obj-<X> := <module_name>.o
```

　　在上述例子中，内核构建系统将由<module_name>.c 或<module_name>.S 文件构建出<module_name>.o 文件。链接后将生成<module_name>.ko 内核可加载模块，或将该模块作为单个内核映像文件的一部分。<X>可以是 y、m 或为空。

　　至于如何构建或链接 mymodule.o 文件，则取决于<X>的值。

- 如果<X>设置为 m，则使用 obj-m 变量，mymodule.o 将被构建为可加载的内核模块。
- 如果<X>设置为 y，则使用 obj-y 变量，mymodule.o 将被构建为内核的一部分。此时可以认为"foo 是一个内置的内核模块"。
- 如果<X>未设置，则使用 obj-变量，此时 mymodule.o 根本不会被构建。

然而，obj-$(CONFIG_XXX)模式经常被使用。其中，CONFIG_XXX 是内核配置中一个可设置的配置选项。以下是一个示例：

```
obj-$(CONFIG_MYMODULE) += mymodule.o
```

$(CONFIG_MYMODULE)根据其在内核配置过程中的值（使用 menuconfig 显示）会被计算为 y、m 或空。如果 CONFIG_MYMODULE 不是 y 或 m，则文件不会被编译或链接。y 表示内置模块（在内核配置过程中代表"yes"），而 m 表示可加载模块。$(CONFIG_MYMODULE)会从常规配置过程中提取正确的答案。

到目前为止，我们一直假设模块是由单个.c 源文件构建的。当模块从多个源文件构建时，需要添加一行命令来列出这些源文件，如下所示：

```
<module_name>-y := <file1>.o <file2>.o
```

上述命令行表明<module_name>.ko 将由 file1.c 和 file2.c 两个源文件构建。但是，如果想要构建两个模块，如 foo.ko 和 bar.ko，则 Makefile 中的代码应该如下所示：

```
obj-m := foo.o bar.o
```

如果 foo.o 和 bar.o 由除了 foo.c 和 bar.c 以外的其他源文件构成，则可以指定每个目标文件所对应的源文件，如下所示：

```
obj-m := foo.o bar.o
foo-y := foo1.o foo2.o …
bar-y := bar1.o bar2.o bar3.o …
```

以下是另一个示例，用于列出给定模块所需的源文件：

```
obj-m := 8123.o
8123-y := 8123_if.o 8123_pci.o 8123_bin.o
```

上述示例说明，通过编译和链接，8123_if.c、8123_pci.c 和 8123_bin.c 将构建成 8123 这个可加载的内核模块。

Makefile 不仅可以包含需要构建的文件，也可以包含编译器和链接器的标志（flag），

如下所示:

```
ccflags-y := -I$(src)/include
ccflags-y += -I$(src)/src/hal/include
ldflags-y := -T$(src)foo_sections.lds
```

这里需要特别强调的是,可以自定义这些标志的值,而无须使用例子中设定的值。
obj-<X>的另一种用法如下:

```
obj-<X> += somedir/
```

这意味着内核构建系统会进入名为 somedir 的目录,查找是否有 Makefile 或 Kbuild,
然后进行处理,以确定应该构建哪些对象。

上述内容可以通过以下 Makefile 来总结:

```
# kbuild part of makefile
obj-m := helloworld.o
#the following is just an example
#ldflags-y := -T foo_sections.lds

# normal makefile
KERNEL_SRC ?= /lib/modules/$(shell uname -r)/build

all default: modules
install: modules_install

modules modules_install help clean:
    $(MAKE) -C $(KERNEL_SRC) M=$(shell pwd) $@
```

以下是对 Makefile 极简框架的描述。

- obj-m := helloworld.o:obj-m 列出了所要构建的模块。对于每个<filename>.o,内核构建系统将查找<filename>.c 或<filename>.S 文件进行构建。obj-m 用于构建可加载的内核模块,而 obj-y 用于构建内置的内核模块。

- KERNEL_SRC ?= /lib/modules/$(shell uname -r)/build:KERNEL_SRC 指示了预构建内核的源代码所在的位置。如前所述,构建任何模块都需要有一个预构建内核。如果已经从源代码构建了内核,则应该将这个变量设置为内核源代码目录的绝对路径。-C 会指示 make 工具跳转到该指定路径并读取 Makefile。

- M=$(shell pwd):这与内核构建系统有关。内核中的 Makefile 使用此变量来确定要构建的外部模块所在的目录。.c 文件应放在该目录下。

- all default: modules:此行指示 make 工具将模块目标作为 all 或 default 目标的依赖关系而执行。换句话说,make default、make all 或简单的 make 命令将在执行任何后续命令之前执行 make modules 命令。

- modules modules_install help clean：此行表示 Makefile 中有效的目标列表。
- $(MAKE) -C $(KERNEL_SRC) M=$(shell pwd) $@：这是针对之前列举的每个目标都要执行的规则。$@ 将被替换为传递给 make 的参数，其中包括目标。这种"魔法词"使得我们可以不必为每一个目标都写一行规则。换句话说，如果执行 make modules 命令，$@ 将被替换为 modules，规则将变为 $(MAKE) -C $(KERNEL_SRC) M=$(shell pwd) modules。

至此，我们已经了解了内核构建系统的需求，下面让我们来看看到底如何真正地构建模块。

2.2.2 树外构建

在构建树外模块之前，需要有完整的预编译内核源代码树。预构建的内核版本必须与你将要加载和使用的模块的内核版本相同。以下两种方法可以获得预构建的内核版本。

- 正如之前所提到的，可以自己构建：适用于本地编译以及交叉编译，例如使用 Yocto 或 Buildroot 等构建系统。
- 从发行版软件包源代码中安装 linux-headers-*软件包：这仅适用于 x86 本地编译，除非你的嵌入式目标是运行维护包源的 Linux 分发版（如 Raspbian）。

必须注意的是，树外构建不能构建内置的内核模块，因为树外构建 Linux 内核模块需要一个预构建或准备好的内核。

本地编译以及树外模块编译

对于本地内核模块的构建，最简单的方法是安装预构建的内核头文件并将其目录路径作为 Makefile 中的内核目录。在开始之前，可以使用以下命令安装内核头文件：

```
sudo apt update
sudo apt install linux-headers-$(uname -r)
```

这将在/usr/src/linux-headers-$(uname -r)中安装预配置和预构建的内核头文件（并非整个源代码树）。另外，将有一个符号链接/lib/modules/$(uname -r)/build 指向先前安装的内核头文件。这个路径应该在 Makefile 中被指定为内核目录。请记住，$(uname -r)对应的是正在使用的内核版本。

至此，当你完成 Makefile 后，请继续停留在模块源目录中，执行 make 命令或 make modules 命令：

```
$ make
make -C /lib/modules/ 5.11.0-37-generic/build \
 M=/home/john/driver/helloworld modules
make[1]: Entering directory '/usr/src/linux-headers-5.11.0-37-generic'
 CC [M]   /media/jma/DATA/work/tutos/sources/helloworld/helloworld.o
 Building modules, stage 2.
 MODPOST 1 modules
 CC       /media/jma/DATA/work/tutos/sources/helloworld/helloworld.mod.o
 LD [M]   /media/jma/DATA/work/tutos/sources/helloworld/helloworld.ko
make[1]: Leaving directory '/usr/src/linux-headers- 5.11.0-37-generic'
```

等到构建结束时，你将看到以下文件：

```
$ ls
helloworld.c helloworld.ko helloworld.mod.c helloworld.mod.o
helloworld.o Makefile modules.order Module.symvers
```

要进行测试，可以执行以下命令：

```
$ sudo insmod helloworld.ko
$ sudo rmmod helloworld
$ dmesg
[...]
[308342.285157] Hello world initialization!
[308372.084288] Hello world exit
```

前面的示例仅涉及本地构建，即在运行标准 Linux 发行版的机器上进行编译，我们可以利用其软件包存储库来安装预构建的内核头文件。

树外模块的交叉编译

在交叉编译树外模块时，内核 make 命令需要注意两个变量：ARCH 和 CROSS_COMPILE，它们分别代表目标架构和交叉编译器。此外，必须在 Makefile 中指定目标体系架构的预构建内核的位置，在内核架构中称为 KERNEL_SRC。

在使用诸如 Yocto 等构建系统时，Linux 内核首先会作为依赖项进行交叉编译，然后才开始交叉编译模块。也就是说，我们故意使用变量 KERNEL_SRC 来表示预构建内核目录，因为这个变量是由 Yocto 为内核模块配方自动导出的。在 module.bbclass 类中，它被设置为 STAGING_KERNEL_DIR 的值，由所有内核模块配方继承。

也就是说，树外模块的本地编译和交叉编译的区别在于最终的 make 命令。下面是一个用于 32 位 ARM 架构的 make 命令示例：

```
make ARCH=arm CROSS_COMPILE=arm-linux-gnueabihf
```

而对于 64 位 ARM 架构，make 命令如下：

```
make ARCH=aarch64 CROSS_COMPILE=aarch64-linux-gnu
```

上述命令假定交叉编译的内核源代码路径已经在 Makefile 中被指定。

2.2.3 树内构建

树内构建需要处理一个额外的文件 Kconfig，该文件允许在配置菜单中公开模块功能。也就是说，在内核树中构建模块之前，应该首先确定源文件应存放在哪个目录中。对于给定的文件名 mychardev.c，由于其中包含专门的字符驱动程序源代码，应该将其移到内核源代码的 drivers/char 目录中（驱动程序中的每个子目录都有 Makefile 和 Kconfig）。

请将以下内容添加到该目录的 Kconfig 中：

```
config PACKT_MYCDEV
    tristate "Our packtpub special Character driver"
    default m
    help
    Say Y here to support /dev/mycdev char device.
    The /dev/mycdev is used to access packtpub.
```

在同一目录的 Makefile 中，添加如下一行命令：

```
obj-$(CONFIG_PACKT_MYCDEV) += mychardev.o
```

更新 Makefile 时要注意——.o 后缀的文件名必须与.c 后缀的文件名保持一致。如果源文件名是 foobar.c，则必须在 Makefile 中使用 foobar.o。要将模块构建为可加载的内核模块，请在 arch/arm/configs 目录下的 defconfig 板块添加如下一行：

```
CONFIG_PACKT_MYCDEV=m
```

你还可以从 UI 界面中选择执行 menuconfig，然后执行 make 来构建内核，最后执行 make modules 来构建模块（包括你自己的模块）。要将驱动程序设为内置程序，只需要将 m 替换为 y 即可：

```
CONFIG_PACKT_MYCDEV=y
```

此处描述的所有内容都是嵌入式开发板制造商采取的方案，目的是为嵌入式开发板提供板级支持包（Board Support Package，BSP），其内核已包含嵌入式开发板制造商自定义的驱动程序，如图 2.1 所示。

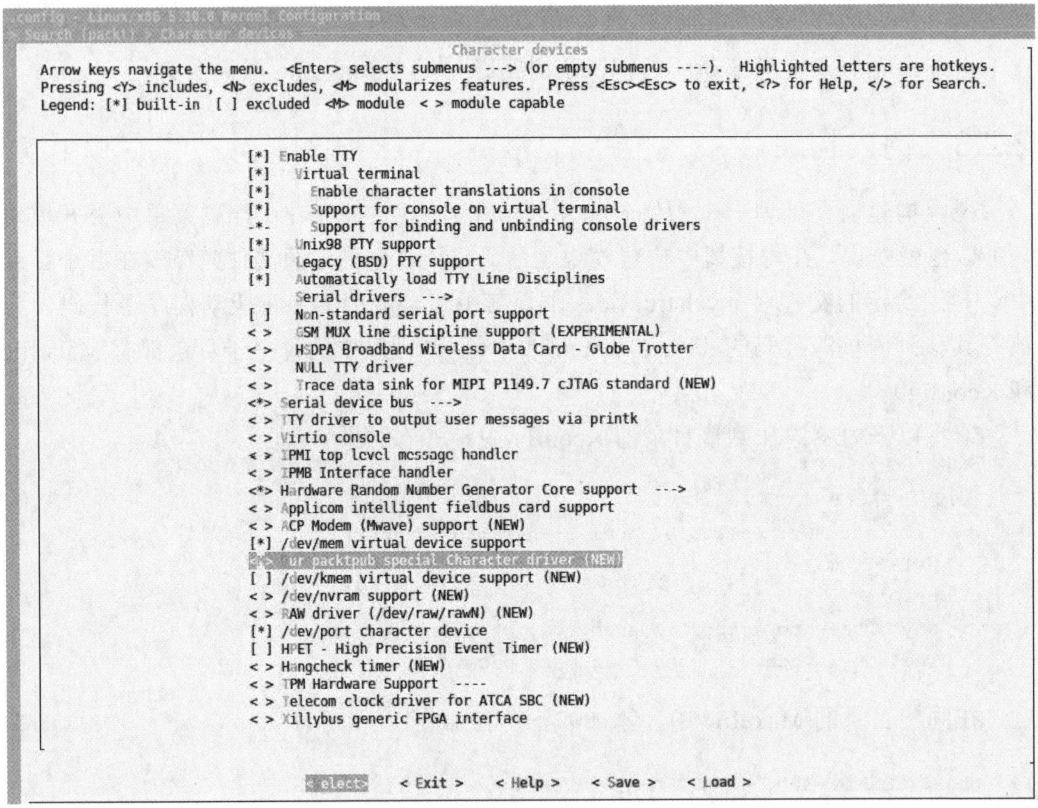

图 2.1　内核源代码树中的 Packt_dev 模块

　　配置完成后，就可以使用 make 命令来构建内核，并使用 make modules 命令来构建模块。

　　内核源代码树中包含的模块被安装在/lib/modules/$(unale-r)/kernel/中，在 Linux 系统中则被安装在/lib/modules/$(uname -r)/kernel/中。

　　既然已经熟悉了内核模块的树外构建和树内构建，下面让我们看看如何通过向模块传递参数来处理模块行为的自适应问题。

2.3　处理模块参数

　　与用户程序类似，内核模块可以接受来自命令行的参数，这使得我们能够通过给定参数来动态地更改模块的行为，这可以帮助开发人员避免在测试/调试期间不停地更改/编译模块。为了对模块进行设置，首先需要声明一个变量来保存命令行的参数值，并对每个变量使用 module_param()宏。该宏在 include/linux/moduleparam.h 头文件中的定义如下（代码中还应该包含语句#include <linux/moduleparam.h>）：

```
module_param(name, type, perm);
```

该宏包含以下元素。

- name：参数的变量名称。
- type：参数的类型（bool、charp、byte、short、ushort、int、uint、long 和 ulong），其中 charp 代表字符指针。
- perm：表示/sys/module/<module>/parameters/<param>文件权限，其中包括 S_IWUSR、S_IRUSR、S_IXUSR、S_IRGRP、S_WGRP 和 S_IRUGO，解释如下。
  - S_I 只是一个前缀。
  - R=读取，W=写入，X=执行。
  - USR=用户，GRP=组，UGO=用户、组和其他。

可以使用|（OR 操作）设置多个权限。如果 perm 为 0，则不会在 sysfs 的文件参数中创建该参数。强烈建议只使用 S_IRUGO 只读参数；通过将 OR 运算符与其他属性相结合，可以获得细粒度的属性。

在使用模块参数时，可以针对不同的参数使用 MODULE_PARM_DESC 宏进行描述。该宏将填充每个参数描述的模块信息部分。以下是本书代码库随附的 helloworldparams.c 源文件中的示例：

```
#include <linux/moduleparam.h>
[...]

static char *mystr = "hello";
static int myint = 1;
static int myarr[3] = {0, 1, 2};

module_param(myint, int, S_IRUGO);
module_param(mystr, charp, S_IRUGO);
module_param_array(myarr, int,NULL, S_IWUSR|S_IRUSR);

MODULE_PARM_DESC(myint,"this is my int variable");
MODULE_PARM_DESC(mystr,"this is my char pointer variable");
MODULE_PARM_DESC(myarr,"this is my array of int");

static int foo()
{
    pr_info("mystring is a string: %s\n",
            mystr);
```

```
    pr_info("Array elements: %d\t%d\t%d",
            myarr[0],myarr[1], myarr[2]);
    return myint;
}
```

要加载模块并为其提供参数，可以执行以下操作：

```
$ insmod hellomodule-params.ko mystring="packtpub" myint=15 myArray=1,2,3
```

也就是说，在加载模块之前，可以使用 modinfo 来显示模块支持的参数描述：

```
$ modinfo ./helloworld-params.ko
filename:       /home/jma/work/tutos/sources/helloworld/./
helloworld-params.ko
license:        GPL
author:         John Madieu <john.madieu@gmail.com>
srcversion:     BBF43E098EAB5D2E2DD78C0
depends:
vermagic:       4.4.0-93-generic SMP mod_unload modversions
parm:           myint:this is my int variable (int)
parm:           mystr:this is my char pointer variable (charp)
parm:           myarr:this is my array of int (array of int)
```

也可以在 sysfs 的 sys/module/<name>/parameters 目录中查找和编辑已加载模块当前的参数值。在该目录中，每个参数对应一个文件，其中包含该参数的值。如果对应文件有写入的权限（取决于模块代码），则可以更改这些参数的值。

以下是一个示例：

```
$ echo 0 > /sys/module/usbcore/parameters/authorized_default
```

不仅可加载的内核模块可以接收参数，只要一个模块已经在内核中构建，就可以从 Linux 内核命令行（由引导加载程序传递或由 CONFIG_CMDLINE 配置选项提供的命令行）为该模块指定参数。形式如下：

```
[initial command line ...] my_module.param=value
```

在上面的例子中，my_module 对应模块名称，value 则是分配给该参数的值。

现在我们已经能够处理模块参数了，下面让我们更深入地探讨一些较为复杂的情境，学习 Linux 内核及其构建系统如何处理模块的依赖关系。

2.4　处理符号导出和模块依赖

内核模块只能调用数量有限的内核函数。要使函数和变量对内核模块可见，就必须由内核显式地导出。因此，Linux 内核提供了以下两个宏，用于导出函数和变量。

● EXPORT_SYMBOL(symbolname)：该宏将函数或变量导出到所有模块中。

● EXPORT_SYMBOL_GPL(symbolname)：该宏仅将函数或变量导出到 GPL 模块中。

EXPORT_SYMBOL()宏及其对应的 GPL 版本是 Linux 内核宏，它们可使符号用于可加载的内核模块或者动态加载模块（前提是这些模块添加了 extern 声明，也就是包含了与导出符号编译单元对应的头文件）。EXPORT_SYMBOL()宏指示 Kbuild 机制将作为参数传递的符号包含在内核符号的全局列表中。因此，内核模块可以访问它们。当然，内置于内核本身的代码（与可加载的内核模块相反）可以通过 extern 声明访问任何非静态符号，就像传统的 C 语言代码一样。

这两个宏还允许我们从可加载的内核模块中导出符号，这些符号也可以被其他可加载的内核模块访问。有趣的是，一个模块导出的符号可以被依赖于这个模块的其他模块访问！正常的驱动程序不应该需要任何非导出函数。

模块依赖概念介绍

当模块 B 使用模块 A 导出的一个或多个符号时，就意味着模块 B 是模块 A 的依赖性模块。接下来介绍如何在 Linux 内核基础设施中处理此类依赖关系。

depmod 实用程序

depmod 实用程序是在内核构建过程中运行的工具，用于生成模块依赖文件。它通过读取/lib/modules/<kernel_release>/中的每个模块来确定应该导出哪些符号以及需要哪些符号。该过程的结果被写入 modules.dep 文件及其二进制版本 modules.dep.bin 中。modules.dep 是一种模块索引。

模块加载和卸载

要使模块可操作，需要将其加载到 Linux 内核中。开发过程中的首选方法是使用 insmod 命令，并将模块路径作为参数传递。或者使用 modprobe 命令进行加载，这是一个简便的命令，更适合在实际生产环境中使用。

手动加载

手动加载需要用户干预，但用户应具有 root 访问权限。实现该操作的两个经典命令是 modprobe 和 insmod。

在开发过程中，通常使用 insmod 命令来加载模块。将模块路径传递给 insmod 命令，如下所示：

```
insmod /path/to/mydrv.ko
```

这是模块加载的低级形式，也是其他模块加载方法的基础，本书将使用这种模块加载方法。modprobe 命令通常由系统管理员执行或在生产类系统中使用。modprobe 命令很好用，它会解析我们之前讨论过的 modules.dep 文件，以便在加载给定模块前优先加载依赖项。它能够自动处理模块的依赖关系，就像软件包管理器一样。modprode 命令的用法如下：

```
modprobe mydrv
```

是否可以使用 modprobe 命令加载模块，取决于 depmod 实用程序是否知道模块的安装路径和依赖关系。

自动加载

depmod 实用程序不仅可以构建文件 modules.dep 和 modules.dep.bin，而且还有其他更多的功能。当内核开发人员编写驱动程序时，他们确切地知道驱动程序将支持哪些硬件，他们需要负责为所有受驱动程序支持的设备提供产品 ID 和供应商 ID。depmod 实用程序还能够处理模块文件以提取和收集这些信息，并生成一个 modules.alias 文件，位于/lib/modules/<kernel_ release>/中，用于将设备映射到相应的驱动程序。

以下是 modules.alias 文件中的一段内容：

```
alias usb:v0403pFF1Cd*dc*dsc*dp*ic*isc*ip*in* ftdi_sio
alias usb:v0403pFF18d*dc*dsc*dp*ic*isc*ip*in* ftdi_sio
alias usb:v0403pDAFFd*dc*dsc*dp*ic*isc*ip*in* ftdi_sio
alias usb:v0403pDAFEd*dc*dsc*dp*ic*isc*ip*in* ftdi_sio
alias usb:v0403pDAFDd*dc*dsc*dp*ic*isc*ip*in* ftdi_sio
alias usb:v0403pDAFCd*dc*dsc*dp*ic*isc*ip*in* ftdi_sio
[...]
```

在这一步，你将需要一个用户空间的 hotplug 代理（或设备管理器），通常是 udev（或 mdev），将它注册到内核中以便在新设备出现时获取通知。

通知由内核来完成，内核将设备的描述信息（产品 ID、供应商 ID、类、设备类、设备子类、接口和任何其他可以识别设备的信息）发送给 hotplug 守护进程，hotplug 守护进程则用这些信息调用 modprobe 命令。然后，modprobe 命令解析 modules.alias 文件，以匹配与设备相关联的驱动程序。在加载模块之前，modprobe 命令将在

module.dep 中查找模块的依赖项。如果找到了，则先加载这些依赖项；否则，该模块将直接被加载。

另一种在系统启动时自动加载模块的方法，是在 /etc/modules-load.d/<filename>.conf 中实现的。如果希望在系统启动时加载某些模块，只需要创建一个 /etc/modules-load.d/<filename>.conf 文件，并添加所要加载模块的名称即可，每行一个。你可以自定义文件名<filename>，不过我们通常使用的模块配置文件名是 /etc/modules-load.d/mymodules.conf。你也可以根据需要创建多个.conf 文件。

/etc/modules-load.d/mymodules.conf 示例如下：

```
uio
iwlwifi
```

如果你的机器使用 systemd 作为初始化管理器，这些配置文件将通过 systemd-modules-load.service 进行处理。在 SysVinit 系统中，这些配置文件由/etc/init.d/kmod 脚本进行处理。

模块卸载

卸载模块的常用命令是 rmmod，它可以卸载由 insmod 命令加载的模块。rmmod 命令要求传递想要卸载的模块名称作为参数：

```
rmmod -f mymodule
```

而更智能的模块卸载方式是使用高级命令 modeprobe -r，它会自动卸载未使用的依赖模块：

```
modeprobe -r mymodule
```

你可能已经猜到，这对开发人员来说更加便捷。最后，可以使用如下 lsmod 命令来检查一个模块是否已加载：

```
$ lsmod
Module                  Size    Used by
btrfs                 1327104  0
blake2b_generic         20480  0
xor                     24576  1 btrfs
raid6_pq               114688  1 btrfs
ufs                     81920  0
[...]
```

以上输出包括模块的名称、模块使用的内存量、使用该模块的其他模块的数量，以及这些模块的名称。lsmod 命令会输出一个格式非常工整的模块加载列表，你可以在/proc/ modules 目录下看到如下内容：

```
$ cat /proc/modules
btrfs 1327104 0 - Live 0x0000000000000000
blake2b_generic 20480 0 - Live 0x0000000000000000
xor 24576 1 btrfs, Live 0x0000000000000000
raid6_pq 114688 1 btrfs, Live 0x0000000000000000
ufs 81920 0 - Live 0x0000000000000000
qnx4 16384 0 - Live 0x0000000000000000
```

上面的输出较为原始，格式混乱。因此，最好使用 lsmod 命令。

现在我们已经熟悉了内核模块的管理，接下来通过学习一些内核开发人员经常采用的编程技巧来扩展内核开发技能。

2.5　学习 Linux 内核编程技巧

Linux 内核开发是在前人经验的基础上学习，而不是重复“造轮子”。进行 Linux 内核开发需要遵循一套规则，笔者从中挑选了自认为最相关的两个规则——错误处理和消息打印，它们在编写用户空间程序时可能会发生变化。

在用户空间中，用 main()方法退出就足以恢复可能发生的所有错误。但在内核中，由于直接涉及硬件，情况大不相同。消息打印的情况也有所不同，你将在本节中看到这一点。

2.5.1　错误处理

返回与产生的错误不符的报错码，可能导致内核或用户空间程序解释错误，并做出错误决策，从而产生不必要的行为。为了保持清晰，内核树中预定义的错误几乎可以涵盖你可能遇到的所有情况。其中一些错误（及其含义）定义在 include/uapi/asm-generic/errno-base.h 中，错误列表的剩余部分可以在 include/uapi/asm-generic/errno.h 中找到。以下摘录的错误列表，来自 include/uapi/asm-generic/errno-base.h：

```
#define EPERM 1 /* Operation not permitted */
#define ENOENT 2 /* No such file or directory */
#define ESRCH 3 /* No such process */
#define EINTR 4 /* Interrupted system call */
```

```
#define EIO 5 /* I/O error */
#define ENXIO 6 /* No such device or address */
#define E2BIG 7 /* Argument list too long */
#define ENOEXEC 8 /* Exec format error */
#define EBADF 9 /* Bad file number */
#define ECHILD 10 /* No child processes */
#define EAGAIN 11 /* Try again */
#define ENOMEM 12 /* Out of memory */
#define EACCES 13 /* Permission denied */
#define EFAULT 14 /* Bad address */
#define ENOTBLK 15 /* Block device required */
#define EBUSY 16 /* Device or resource busy */
#define EEXIST 17 /* File exists */
#define EXDEV 18 /* Cross-device link */
#define ENODEV 19 /* No such device */
[...]
```

大多数情况下,返回错误的标准形式是 return -ERROR,特别是在响应系统调用时。例如,对于 I/O 错误,报错码是 EIO,此时应该使用 return -EIO,如下所示:

```
dev=init(&ptr);
if(!dev)
     return -EIO
```

错误有时会跨越内核空间,并传播到用户空间。如果返回的错误是对系统调用(open、read、ioctl 或 mmap)的响应,那么错误值将被自动分配给用户空间的 errno 全局变量。在该变量上使用 strerror(errno),可将错误转换为一个可读的字符串:

```
#include <errno.h> /* to access errno global variable */
#include <string.h>
[...]
if(wite(fd, buf, 1) < 0) {
    printf("something gone wrong! %s\n", strerror(errno));
}
[...]
```

当遇到错误时,必须撤销所有在发生错误之前设置的内容。常用的做法是使用 goto 语句:

```
ret = 0;
ptr = kmalloc(sizeof(device_t));
if(!ptr) {
    ret = -ENOMEM
    goto err_alloc;
```

```
}
dev = init(&ptr);

if(!dev) {
    ret = -EIO
    goto err_init;
}
return 0;

err_init:
    free(ptr);
err_alloc:
    return ret;
```

使用 goto 语句的原因很简单。在处理错误时，假设在第 5 步需要清除之前的操作，与其进行如下多次的嵌套检查[可读性差、容易出错且令人困惑（可读性还取决于缩进）]：

```
if (ops1() != ERR) {
    if (ops2() != ERR) {
        if (ops3() != ERR) {
            if (ops4() != ERR) {
```

不如通过使用 goto 语句，进行直接的流程控制：

```
if (ops1() == ERR)
    goto error1;
if (ops2() == ERR)
    goto error2;
if (ops3() == ERR)
    goto error3;
if (ops4() == ERR)
    goto error4;
error5:
[...]
error4:
[...]
error3:
[...]
error2:
[...]
error1:
[...]
```

因此，你应该只使用 goto 语句在函数中向前移动，而不是向后移动，也不要像在汇编程序中那样进行循环操作。

处理空指针错误

通常在应用中，当应该返回指针的函数发生错误时，该函数经常返回的是空指针 NULL。这是一种有效却毫无意义的方式，因为我们实际并不知道返回的这个空指针意味着什么。为此，内核提供了 3 个宏——ERR_PTR、IS_ERR 和 PTR_ERR，定义如下：

```
void *ERR_PTR(long error);
long IS_ERR(const void *ptr);
long PTR_ERR(const void *ptr);
```

上面的第一个宏将错误值作为指针返回，它可以看作指针宏的错误值。假设有一个函数在内存分配失败后返回 -ENOMEM，接下来需要做的就是执行诸如 return ERR_PTR(-ENOMEM)的操作。第二个宏用 if(IS_ERR(foo))来检查返回值是否为指针错误。最后一个宏返回实际的错误码，也就是返回 PTR_ERR(foo)，它可以看作一个指针，指向错误值的宏。

以下是使用 ERR_PTR、IS_ERR 和 PTR_ERR 的示例：

```
static struct iio_dev *indiodev_setup(){
    [...]
    struct iio_dev *indio_dev;
    indio_dev = devm_iio_device_alloc(&data->client->dev, sizeof(data));
    if (!indio_dev)
        return ERR_PTR(-ENOMEM);
    [...]
    return indio_dev;
}

static int foo_probe([...]){
    [...]
    struct iio_dev *my_indio_dev = indiodev_setup();
    if (IS_ERR(my_indio_dev))
        return PTR_ERR(data->acc_indio_dev);
    [...]
}
```

这是错误处理的一个额外要点，也是内核编码风格的一部分。该风格规定，如果函数的名称是一个动作或命令，那么该函数应返回整型错误码。然而，如果函数的名称是一个谓词，那么该函数应返回一个布尔值，以表示操作的成功状态。

例如，add work 是一条命令，add_work()函数在成功时返回 0，失败时返回-EBUSY。而 PCI device present 是一个谓词，那么如前所述，pci_dev_present()函数在成功找到匹配的设备时返回 1，否则返回 0。

2.5.2　消息打印

除了告知用户正在发生什么，打印消息是首要的调试技术。printk()之于内核就像 printf()之于用户空间。长期以来，printk()以分级的方式控制内核消息的打印。编写的消息可以使用 dmesg 命令显示。根据要打印消息的重要性，printk()允许你在 include/linux/kern_levels.h 中定义的 8 个日志级别消息之间进行选择，并理解其含义。

如今，虽然 printk()仍然是低级别的消息打印 API，但 printk()和日志等级的结对已经被编码为有明确命名的辅助函数，推荐在新的驱动程序中使用，它们如下所示。

- pr_<level>(…)：此函数用于常规模块，而非设备驱动程序。
- dev_<level>(struct device *dev, …)：此函数用于非网络设备的设备驱动程序（也称为 netdev 驱动程序）。
- netdev_<level>(struct net_device *dev, …)：此函数仅用于 netdev 驱动程序。

在所有这些辅助函数中，<level>对应每个日志级别的编码，分别以相应的含义命名，如表 2.1 所示。

表 2.1　　　　　　　　　　　　　Linux 内核打印 API

模块辅助函数	驱动辅助函数	网络驱动辅助函数	描述	日志等级
pr_debug pr_devel	dev_dbg	netdev_dbg	用于调试消息。除非定义了 DEBUG，否则 pr_devel 是无效代码，这意味着它根本不会被编译，即它不会出现在最终的二进制文件中。首选的辅助函数是 pr_debug	7
pr_info	dev_info	netdev_info	用于获取消息，例如驱动程序初始化时的启动消息	6
pr_notice	dev_notice	netdev_notice	这是一个通知——虽然不严重，但值得注意。它通常用于报告安全事件	5
pr_warning	dev_warn	netdev_warn	警告本身并不严重，但可能表明存在问题	4
pr_err	dev_err	netdev_err	一种错误情况，通常由驱动程序用来表示硬件出了问题	3
pr_crit	dev_crit	netdev_crit	发生了严重的问题，例如严重的硬件/软件故障	2
pr_alert	dev_alert	netdev_alert	发生了不好的事情，必须立即采取行动	1
pr_emerg	dev_emerg	netdev_emerg	紧急消息——系统不稳定或即将崩溃	0

日志级别的工作方式是，每打印一条消息，内核就会将消息的日志级别与当前控制台的日志级别进行比较；如果前者更高（对应较低的值），就将消息立即打印到控制台。你可以使用以下方法检查日志级别参数：

```
cat /proc/sys/kernel/printk
  4      4       1       7
```

在上述输出中，第一个值是当前的日志级别(4)。根据这个值，任何具有更高重要性（较低的日志级别）的消息都将一并显示在控制台中。根据 CONFIG_DEFAULT_MESSAGE_LOGLEVEL 选项可知，第二个值是默认的日志级别。其他值与本章内容无关，因此可以暂时忽略。

当前日志级别可以通过以下方式更改：

```
 echo <level> > /proc/sys/kernel/printk
```

此外，可以通过定义 pr_fmt 宏，在模块输出消息前添加自定义字符串前缀。可以使用模块名称定义此消息前缀，如下所示：

```
#define pr_fmt(fmt) KBUILD_MODNAME ": " fmt
```

为了得到更简洁的日志输出，有些覆盖会使用当前函数名作为前缀，如下所示：

```
#define pr_fmt(fmt) "%s: " fmt, __func__
```

查看内核源代码树中的 net/bluetooth/lib.c 文件，可在第一行发现以下内容：

```
#define pr_fmt(fmt) "Bluetooth: " fmt
```

使用该行代码，任何 pr_<level>（在常规模块中，而非设备驱动程序中）日志调用都会生成一个以 Bluetooth:为前缀的日志，类似于以下内容：

```
$ dmesg | grep Bluetooth
[ 3.294445] Bluetooth: Core ver 2.22
[ 3.294458] Bluetooth: HCI device and connection manager
initialized
[ 3.294460] Bluetooth: HCI socket layer initialized
[ 3.294462] Bluetooth: L2CAP socket layer initialized
[ 3.294465] Bluetooth: SCO socket layer initialized
[...]
```

以上就是关于消息打印的全部内容，其中涵盖了如何根据情况选择和使用适当的打印 API。

内核模块入门系列的介绍已经结束。现在你应该能够下载、配置和（交叉）编译 Linux 内核，以及编写和构建针对 Linux 内核的内核模块了。

注意

printk()（或其编码的辅助函数）从不阻塞，并且即使在原子上下文中被调用也足够安全。它会尝试锁定控制台并打印消息。如果锁定失败，则输出被写入缓冲区，函数将返回且不会阻塞。当前的控制台持有者将收到有关新消息的通知，并在释放控制台之前打印这些消息。

2.6　总结

本章介绍了驱动程序开发的基础知识，解释了内置模块和可加载的内核模块的概念，以及它们的加载和卸载方法。即使无法与用户空间交互，你也可以编写工作模块、打印格式化的消息并了解 init/exit 的概念。

第 3 章将介绍处理内核的核心辅助函数，第 3 章与本章一起组成了 Linux 内核开发的"瑞士军刀"。在第 3 章中，你将以更强的功能为目标，对系统进行更多花式操作，并与 Linux 内核的核心进行交互。

第 3 章
处理内核的核心辅助函数

在本章中，你将看到 Linux 内核作为独立的软件，可以不依赖于任何外部函数库，因为 Linux 内核从零开始实现了它所需要的任何功能（从列表管理到压缩算法）。Linux 内核实现了你在现代函数库中可能遇到的任何机制，甚至更多功能，如压缩、字符串函数等。本章将逐步介绍这些功能最为重要的几个方面。

本章将讨论以下主题：

- Linux 内核加锁机制和共享资源；
- 处理内核等待、睡眠和延迟机制；
- 深入理解 Linux 内核时间管理；
- 实现工作延迟机制；
- 内核中断处理。

3.1 Linux 内核加锁机制和共享资源

无论是独占式地还是非独占式地访问一个资源，若该资源可以被多个竞争者访问，则称其为共享资源。当独占式地访问资源时，必须对其进行同步，以确保只有允许访问的竞争者才能拥有该资源。这些资源可能是内存或外部设备，而竞争者可能是处理器、进程或线程。操作系统通过使用原子操作来修改一个共享变量（该变量保存着共享资源的当前状态），以保证所有同时访问该变量的竞争者都能看到对其所做的修改。原子性保证了修改要么完全成功，要么完全不成功。现代操作系统通常依赖于硬件（支持原子操作）实现同步，但简单的系统也可以通过在临界区周围关闭中断（避免调度）来确保原子性。

下面列举两种同步机制。

- 锁（lock）：用于互斥。当一个竞争者持有锁时，其他竞争者不能持有锁（它们被排斥）。内核中最常见的锁是自旋锁和互斥锁。

- 条件变量（conditional variable）：用于等待某种变化的发生。它们在内核中的实现方式很不同，稍后会有更详细的解释。

操作系统内核通常使用硬件提供的原子操作来实现锁的机制。同步原语是用于协调访问共享资源的数据结构。因为只有一个竞争者可以持有锁（因此可访问共享资源），所以该竞争者可以对与锁相关的资源执行任意操作，而这些操作会对其他竞争者产生"原子性"的假象。

除了处理对一个共享资源的独占访问权，还有一些情况需要等待资源状态的改变，比如当等待资源列表包含至少一个对象（其状态随后从空变为非空），或者等待任务完成时（例如 DMA 传输结束）。尽管 Linux 内核没有实现条件变量，但我们可以从用户空间为这两种情况考虑使用条件变量。为了达到相同甚至更好的效果，Linux 内核提供了以下两种机制。

- 等待队列（wait queue）：用于在持有锁的情况下等待某个条件发生变化，通常和锁一起使用。
- 完成队列（completion queue）：用于等待特定任务或计算的完成，主要用于 DMA 传输。

上述提及的所有机制由 Linux 内核支持，并通过一组精简的 API 向驱动程序公开，这极大简化了开发人员的使用。

3.1.1　自旋锁

自旋锁（spinlock）是一种基于硬件的加锁原语，它依赖硬件能力来提供原子操作（例如 test_and_set 测试，它在没有原子性保证的情况下将导致读取、修改和写入多个操作同时发生）。自旋锁是最简单，也是最基本的加锁原语，其工作方式如下。

当 CPU B 正在运行，且任务 B 想要获取自旋锁（任务 B 调用自旋锁的加锁函数）时，如果自旋锁已经被 CPU A 持有（假设 CPU A 运行的任务 A 已经调用了自旋锁的加锁函数），那么 CPU B 只能在 while 循环中自旋一段时间（从而阻塞任务 B），直到 CPU A 释放自旋锁（任务 A 调用自旋锁的释放函数）。这种自旋只会在多核机器上发生（因此前面描述的使用情况涉及多个 CPU），而在单核机器上不可能发生（任务要么持有自旋锁并继续运行，要么永远不运行，直到自旋锁被释放）。自旋锁是由 CPU 持有的锁，与互斥锁（详见 3.1.2 节）不同，后者是由任务持有的锁。

自旋锁通过禁用本地 CPU（即调用自旋锁加锁 API 的任务所在的 CPU）上的调度程序来工作。这意味着如果在本地 CPU 上没有禁用 IRQ，那么除 IRQ 外，当前正在本地

CPU 上运行的任务也不能被抢占（稍后详细介绍）。换句话说，自旋锁保护的资源，在同一时间只能由一个 CPU 使用/访问。这种设计使得自旋锁适用于保证对称多处理（Symmetrical Multi Processing，SMP）的安全性，也适用于执行原子任务。

注意

自旋锁不仅仅利用了硬件的原子功能。比如在 Linux 内核中，抢占状态还依赖于 per-CPU 变量。该变量如果等于 0，则表示抢占已启用；如果大于 0，则表示抢占已禁用 [schedule()将无法运行]。因此，禁用抢占[preempt_disable()]需要对当前的 per-CPU 变量加 1（实际上是对 preempt_count 成员加 1）；而开启抢占[preempt_ enable()]则需要对 per-CPU 变量减 1，之后检查新值是否为 0，如果为 0，则调用 schedule()。这些加法/减法操作都是原子性的，因而依赖于 CPU 提供的原子性的加法/减法函数。

可以使用 DEFINE_SPINLOCK 宏静态创建自旋锁，如下所示（对于未初始化的自旋锁，可以调用 spin_lock_init()函数来动态创建自旋锁）：

```
static DEFINE_SPINLOCK(my_spinlock);
```

如果想要理解这个宏是如何工作的，可以在 include/linux/spinlock_types.h 头文件中查看这个宏的定义，如下所示：

```
#define DEFINE_SPINLOCK(x) spinlock_t x = \__SPIN_LOCK_UNLOCKED(x)
```

也可以按以下方式使用这个宏：

```
static DEFINE_SPINLOCK(foo_lock);
```

这样，自旋锁就可以通过名为 foo_lock 的参数来访问，该参数的地址为&foo_lock。

然而，对于动态（运行时）分配，更好的做法是将自旋锁嵌入更大的结构体，并在该结构体上分配内存，然后调用 spin_lock_init()函数对自旋锁进行初始化，如下所示：

```
truct bigger_struct {
    spinlock_t lock;
    unsigned int foo;
     [...]
};
tatic struct bigger_struct *fake_init_function()
{
    struct bigger_struct *bs;
    bs = kmalloc(sizeof(struct bigger_struct), GFP_KERNEL);
    if (!bs)
```

```
        return -ENOMEM;
    spin_lock_init(&bs->lock);
    return bs;
}
```

最好使用 DEFINE_SPINLOCK 宏创建自旋锁，因为这种方式提供了编译时的初始化，需要的代码行数更少，并且没有明显的缺陷。在这一步，可以使用定义在 include/linux/spinlock.h 中的两个内联函数，即 spin_lock() 和 spin_unlock() 来锁定/解锁自旋锁，如下所示：

```
static __always_inline void spin_unlock(spinlock_t *lock)
static __always_inline void spin_lock(spinlock_t *lock)
```

然而，以这种方式使用自旋锁仍存在一些已知的局限性。尽管自旋锁可以防止本地 CPU 被抢占，但它无法阻止本地 CPU 被中断抢占（从而执行中断处理程序）。想象这样一种情况：CPU 代表任务 A 持有一个"自旋锁"以保护某个资源，然后发生了中断。CPU 将停止当前任务，转而执行中断处理程序。到目前为止，情况还不错。但是，假设 IRQ 处理程序需要获取任务 A 持有的自旋锁（你可能已经猜到该资源是与中断处理程序共享的），那么它将无限地在原地旋转，去尝试获取已被任务 A 锁定的锁。毋庸置疑，这将导致死锁的情况发生。

为了解决这个问题，Linux 内核为自旋锁提供了一些 _irq 变体函数。这些函数除了禁用/启用抢占，还会在本地 CPU 上禁用/启用中断。比如 spin_lock_irq() 和 spin_unlock_irq()，它们的定义如下：

```
static void spin_unlock_irq(spinlock_t *lock)
static void spin_lock_irq(spinlock_t *lock)
```

你可能认为这种解决方案已经足够好了，但实际并非如此。_irq 变体函数只是在一定程度上解决了这个问题。假设在开始加锁之前，处理器中断已经被禁用；当你调用 spin_unlock_irq() 函数时，不仅会释放锁，还会以错误的方式启用中断，这是因为 spin_unlock_irq() 函数无法知道在加锁之前哪些中断被启用，而哪些中断未被启用。

思考下面这个例子。
- 假设在获得自旋锁之前，中断 x 和 y 已被禁用，而中断 z 没有被禁用。
- 调用 spin_lock_irq() 函数将禁用这些中断（现在中断 x、y 和 z 都被禁用）并获取锁。
- 调用 spin_unlock_irq() 函数将启用中断。现在中断 x、y 和 z 都被启用，而在获得锁之前，情况并非如此，这就是问题所在。

当从 IRQ 上下文之外调用 spin_lock_irq() 函数时，与之对应的 spin_unlock_irq() 函数将会无差别地启用所有中断，存在潜在风险——启用 spin_lock_irq() 函数调用期间未启用的中断。因此，只有在确信本地 CPU 中断已启用时，也就是确保没有其他操作禁用中断时，使用 spin_lock_irq() 函数才是合理的选择。

现在，想象一下，如果在获取锁之前将中断状态保存在变量中，并在释放锁时恢复到与获取锁时相同的状态，那就不会有任何问题了。为了实现这一点，Linux 内核提供了一些 _irqsave 变体函数，它们的行为与 _irq 变体函数完全相同，同时还具有保存和恢复中断状态的功能。比如 spin_lock_irqsave() 和 spin_lock_irqrestore()，它们的定义如下：

```
spin_lock_irqsave(spinlock_t *lock, unsigned long flags)
spin_unlock_irqrestore(spinlock_t *lock, unsigned long flags)
```

注意

spin_lock() 及其所有变体函数会自动调用 preempt_disable()，从而在本地 CPU 上禁用抢占；而 spin_unlock() 及其所有变体函数会自动调用 preempt_enable()，从而尝试启用抢占（注意，这里是"尝试"！这取决于其他自旋锁是否被锁住，会影响抢占计数器的值），并且如果抢占已启用，则在内部调用 schedule() 函数（根据抢占计数器当前的值来判断，其值应为 0）。因此，spin_unlock() 是一个抢占点，它可能会重新启用抢占。

禁用抢占与禁用中断

禁用中断虽然可以防止内核被抢占（因为禁用了调度程序滴答计时器），但仍然无法防止受保护的代码段调用调度程序（即 schedule() 函数）。许多内核函数会间接调用调度程序，例如处理自旋锁的函数。因此，即使是一个简单的 printk() 函数，也可能会调用调度程序，因为它涉及的自旋锁要对内核消息缓冲区进行保护。内核能够通过增加或减少一个 per-CPU 类型的 preempt_count 全局变量（默认为 0，表示启用）来禁用或启用调度程序（从而也禁用或启用抢占）。当该变量大于 0 时（由 schedule() 函数检查），调度程序直接返回，不执行任何操作。当调用 spin_lock 系列函数时，该变量会递增。而当释放自旋锁（调用 spin_unlock 系列函数）时，该变量会递减，当其值达到 0 时，调度程序就会被调用，这意味着临界区可能不再支持原子级操作。

因此，仅禁用中断可以保护你免遭内核被强制抢占，但前提是受保护的代码本身不会触发强制抢占。也就是说，锁定自旋锁的代码可能不会休眠，因为没有办法唤醒它们（请记住，在本地 CPU 上，计时器中断和/或调度程序都已被禁用）。

3.1.2　互斥锁

互斥锁的行为与自旋锁完全相同，唯一的区别在于代码可以进入休眠状态。如果尝试对另一任务持有的互斥锁进行加锁，当前任务就会被挂起，只有在互斥锁被释放时，该任务才会被唤醒。此时，CPU 不再自旋，这意味着如果当前任务处于睡眠状态，CPU 就可以做其他事情。如前所述，自旋锁是 CPU 持有的锁，而互斥锁是由任务持有的锁。

互斥锁就是一个简单的数据结构，其中包含了一个等待队列（用于让竞争者进入睡眠状态）和一个自旋锁，该自旋锁用来保护对这个等待队列的互斥访问，如下所示：

```
struct mutex{
    atomic_long_t owner;
    spinlock_t wait_lock;
#ifdef CONFIG_MUTEX_SPIN_ON_OWNER
    struct optimistic_spin_queue osq; /* Spinner MCS lock */
#endif
    struct list_head wait_list;
[...]
};
```

在上面的代码片段中，为了提高可读性，我们已经删除了仅用于调试的代码。然而，我们发现互斥锁是建立在自旋锁之上的。owner 表示持有互斥锁的进程。wait_list 是等待队列，用于将互斥锁的竞争者置于睡眠状态。wait_lock 是自旋锁，用于保护 wait_list 等待队列上的操作（删除或插入要睡眠的竞争者）。它有助于在 SMP 系统中保持 wait_list 的一致性。

互斥锁的 API 可以在 include/linux/mutex.h 头文件中找到。在获取和释放互斥锁之前，必须对其进行初始化。与其他内核核心数据结构一样，有一种静态初始化方式，如下所示：

```
static DEFINE_MUTEX(my_mutex);
```

下面是 DEFINE_MUTEX 宏的定义：

```
#define DEFINE_MUTEX(mutexname) \
struct mutex mutexname = __MUTEX_INITIALIZER(mutexname)
```

内核提供的另一种初始化方式是动态初始化，这得益于对__mutex_init()低级函数的调用，该函数实际上由一个对用户更加友好的 mutex_init()宏封装。你可以在以下代码片段中看到其使用方法：

```
struct fake_data {
    struct i2c_client *client;
    u16 reg_conf;
    struct mutex mutex;
};
static int fake_probe(struct i2c_client *client)
{
    [...]
    mutex_init(&data->mutex);
    [...]
}
```

获取互斥锁的方法非常简单，只需要调用以下 3 个函数之一即可：

```
void mutex_lock(struct mutex *lock);
int mutex_lock_interruptible(struct mutex *lock);
int mutex_lock_killable(struct mutex *lock);
```

如果互斥锁是空闲的（未被锁定），你的任务将立即获取它，而不会进入睡眠状态；否则，你的任务将进入睡眠状态，具体状态还取决于你对函数的加锁方式。在使用 mutex_lock()函数时，如果互斥锁已经被另一个任务持有，则当前任务将会进入不可中断的睡眠状态（TASK_UNINTERRUPTIBLE），直至互斥锁被释放。mutex_lock_interruptible() 函数将会把当前任务置于可中断的睡眠状态，在此状态下，睡眠可以被任何信号打断。mutex_lock_killable()函数允许睡眠的任务只能被实际杀死该任务的信号打断。以上提到的每一个函数都会在成功获取锁时返回 0。此外，当加锁尝试被信号打断时，可中断的变体函数将返回-EINTR。

无论使用哪个函数，互斥锁的持有者（且仅限持有者）都应使用 mutex_unlock()函数来释放互斥锁，其定义如下：

```
void mutex_unlock(struct mutex *lock);
```

如果想要检查互斥锁的状态，可以使用 mutex_is_locked()函数，其定义如下：

```
static bool mutex_is_locked(struct mutex *lock);
```

这个函数的作用是检查互斥锁的持有者是否为 NULL，如果是，则返回 true，否则返回 false。

注意

建议只在能够保证互斥锁不会被长时间持有时才使用 mutex_lock()函数，否则应改用可中断的变体函数。

使用互斥锁时需要遵守一些特定的规则。其中最重要的规则已在 include/linux/mutex.h 内核互斥锁 API 头文件中列出，以下是对其中部分规则的概述。

- 一个互斥锁一次只能被一个任务持有。
- 一旦锁定，就只有持有者（即锁定它的任务）才能解锁互斥锁。
- 不允许执行多个、递归或嵌套的锁定/解锁操作。
- 互斥锁对象的初始化必须通过 API 来进行，而不是复制或使用 memset()函数。就像被任务持有的互斥锁不能重新初始化一样。
- 持有互斥锁的任务不可以退出，同样，持有锁的内存区域也不能被释放。
- 在硬中断或软中断的上下文中不能使用互斥锁，比如任务队列和定时器。

以上这些规则使得互斥锁适用于以下两种情况。

- 仅在用户上下文中进行加锁。
- 如果不从 IRQ 处理程序中访问受保护的资源，且操作不必是原子的，就可以加互斥锁。

然而，对于短小精干的临界区来说，使用自旋锁相比使用互斥锁的成本更低。这是因为自旋锁仅挂起调度程序并开始自旋，而互斥锁需要挂起当前任务并将其插入互斥锁的等待队列，因此需要调度程序切换到另一个任务，并在互斥锁被释放后重新调度正在睡眠的任务。

3.1.3 trylock 方法

有时候，你只需要在一个锁没有被其他竞争者持有的情况下，才获取它。这类方法会尝试获取锁，并立即（如果你正使用自旋锁，则不会自旋；而如果你正使用互斥锁，则不会睡眠）返回一个状态值，显示该锁是否已成功获取。

自旋锁和互斥锁的 API 都提供了 trylock 方法。自旋锁的 trylock 方法为 spin_trylock()，互斥锁的 trylock 方法为 mutex_trylock()。这两种 trylock 方法在获取锁失败时（锁已经被占用）返回 0，成功时（获取了锁）返回 1。因此，结合 if 语句来使用它们会比较合理，例如：

```
int mutex_trylock(struct mutex *lock)
```

spin_trylock()方法是针对自旋锁的，如果自旋锁当前没有被占用，它将获得自旋锁，就像 spin_lock()方法一样。但是，如果自旋锁已经被占用，则立即返回 0 而不进行自旋。以下是 spin_trylock()方法的使用示例：

```
static DEFINE_SPINLOCK(foo_lock);
```

```
[...]
static void foo(void)
{
    [...]
    if (!spin_trylock(&foo_lock)) {
        /* Failure! the spinlock is already locked */
        [...]
        return;
    }
    /*
     * reaching this part of the code means that the
     * spinlock has been successfully locked
     */
    [...]
    spin_unlock(&foo_lock);
    [...]
}
```

mutex_trylock()方法是针对互斥锁的,如果互斥锁当前没有被占用,它将获得互斥锁,就像 mutex_lock()方法一样。但是,如果互斥锁已经被占用,则立即返回 0 而不进行休眠。以下是 mutex_trylock()方法的使用示例:

```
static DEFINE_MUTEX(bar_mutex);
[...]
static void bar (void)
{
    [...]
    if(!mutex_trylock(&bar_mutex)){
    /* Failure! the mutex is already locked */
      [...]
        return;
    }
    /*
     * reaching this part of the code means that the
     * mutex has been successfully acquired
     */
    [...]
    mutex_unlock(&bar_mutex);
    [...]
}
```

在上述代码中,将 mutex_trylock()方法与 if 语句一起使用,是为了让驱动程序可以根据情况调整其操作。

至此，我们已经讨论完 trylock 方法的各种变体，接下来我们将转到一个截然不同的话题——学习如何明确地进行延迟执行。

3.2　处理内核等待、睡眠和延迟机制

在本节中，"睡眠"一词指的是一种机制，这种机制能够让代表内核代码运行的任务主动让出处理器，以便留出调度另一个任务的机会。简单的睡眠机制仅仅是一个任务处于睡眠状态，并在给定时间到期后被唤醒（例如为了被动延迟操作），还有一些基于外部事件的睡眠机制（如数据可用性）。简单的睡眠是在内核中使用专用 API 实现的，在这种睡眠中，唤醒是隐式的，在给定时间到期后会自动被内核唤醒。另一种睡眠机制依赖某个事件，除非指定一个睡眠到期时间，否则任务需要明确地来唤醒（除非任务根据条件明确地被唤醒，否则该任务将一直保持睡眠状态）。内核使用等待队列的概念来实现此机制。也就是说，无论是睡眠 API 还是等待队列，它们都实现了所谓的被动等待机制。两者的区别在于唤醒过程的发生方式。

3.2.1　等待队列

内核调度程序管理着要运行的任务（处于 TASK_RUNNING 状态的任务）队列，即就绪队列（runqueue）。而睡眠的任务，无论是可中断的还是不可中断的（处于 TASK_INTERRUPTIBLE 或 TASK_UNINTERRUPTIBLE 状态），都有自己的队列，称为等待队列。

等待队列是一种更高级别的机制，主要用于处理输入/输出（I/O）阻塞、等待条件成立、等待给定事件发生或者检测数据或资源是否可用。为了理解等待队列的工作原理，我们首先学习一下 include/linux/wait.h 头文件中的结构体，如下所示：

```
struct wait_queue_head {
    spinlock_t lock;
    struct list_head head;
};
```

等待队列本质上是一个双链表，等待队列中的元素就是正在睡眠且等待被唤醒的进程，除此之外，还有一个自旋锁用来保护对该链表的访问。当有多个进程想要睡眠，等待一个或多个事件发生以便被唤醒时，可以使用等待队列。head 成员实际上是等待事件的进程链表。每个请求睡眠的进程在等待事件发生时，都会在睡眠之前将自己放入该链表中。链表中的进程称为等待队列元素（wait queue entry）。当事件发生时，链表中的一

个或多个进程会被唤醒并移出。

可以用两种方法来声明和初始化等待队列。第一种方法是使用 DECLARE_WAIT_QUEUE_HEAD 进行静态初始化，如下所示：

```
DECLARE_WAIT_QUEUE_HEAD(my_event);
```

第二种方法是使用 init_waitqueue_head()进行动态初始化，如下所示：

```
wait_queue_head_t my_event;
init_waitqueue_head(&my_event);
```

任何在等待 my_event 事件发生时想要进入睡眠状态的进程，都可以调用 wait_event() 函数或 wait_event_interruptible()函数。大多数情况下，该事件只是表示某个资源变得可用，因此进程首先需要检查该资源是否可用，然后才开始进入睡眠状态。为简化这一过程，这两个函数都接收一个表达式作为第二个参数，因此只有当该表达式的值为 false 时，进程才会进入睡眠状态。具体使用方法可以参考下面的代码示例：

```
wait_event(&my_event, (event_occured == 1));
/* or */
wait_event_interruptible(&my_event, (event_occured == 1));
```

在调用 wait_event()函数或 wait_event_interruptible()函数时，程序会直接判断条件是否成立。如果条件评估为 false，那么对于 wait_event()函数，进程被设置为 TASK_UNINTERRUPTIBLE 状态；而对于 wait_event_interruptible()函数，进程被设置为 TASK_INTERRUPTIBLE 状态，并从运行队列中被移除。

注意

wait_event()函数将进程置于独占等待状态，即无法被中断的睡眠状态，且不能被信号打断。因此，它应该仅用于关键任务。大多数情况下，建议使用可中断的函数。

有些情况下，不仅需要条件为 true，还需要在等待一定时间后超时。这时，你可以使用 wait_event_timeout()函数来处理，其原型如下：

```
wait_event_timeout(wq_head, condition, timeout)
```

wait_event_timeout()函数有两种行为方式，具体取决于超时是否已经发生，情况如下。
- 已超时：如果条件评估为 false，则返回 0；如果条件评估为 true，则返回 1。
- 未超时：如果条件评估为 true，则返回剩余时间（以 jiffy 为单位，至少为 1，实际计算时，常用其复数 liffies）。

超时的时间单位是 jiffy，但也可以使用 API 将其他时间单位（如 ms 和μs）转换成 Jiffy。具体定义如下：

```
unsigned long msecs_to_jiffies(const unsigned int m)
unsigned long usecs_to_jiffies(const unsigned int u)
```

在更改可能影响等待条件评估结果的任何变量后，必须调用相应的 wake_up*家族函数。因此，为了唤醒等待队列中睡眠的进程，应该调用 wake_up()、wake_up_all()、wake_up_interruptible()或 wake_up_interruptible_all()函数。每次调用这些函数时，都会重新判断条件是否成立。如果此时条件评估为 true，则等待队列中的一个进程（或者对于使用_all()变体的所有进程）将被唤醒，并将进程状态设置为 TASK_RUNNING，否则（条件评估为 false）什么也不会发生。以下代码片段说明了这个概念：

```
wake_up(&my_event);
wake_up_all(&my_event);
wake_up_interruptible(&my_event);
wake_up_interruptible_all(&my_event);
```

在上述代码片段中，wake_up()函数只会唤醒等待队列中的一个进程，而 wake_up_all()函数会唤醒等待队列中的所有进程。另外，wake_up_interruptible()函数仅唤醒等待队列中处于可中断睡眠状态的一个进程，而 wake_up_interruptible_all()函数会唤醒可中断睡眠状态下的所有进程。

由于可中断函数可以被信号打断，因此需要检查_interruptible 变体函数的返回值。返回值非零意味着睡眠已被某种信号中断，驱动程序应返回 ERESTARTSYS，如下面的代码片段所示：

```
#include <linux/module.h>
#include <linux/init.h>
#include <linux/sched.h>
#include <linux/time.h>
#include <linux/delay.h>
#include<linux/workqueue.h>

static DECLARE_WAIT_QUEUE_HEAD(my_wq);
static int condition = 0;
/* declare a work queue*/
static struct work_struct wrk;

static void work_handler(struct work_struct *work)
{
```

```
        pr_info("Waitqueue module handler %s\n", __FUNCTION__);
        msleep(5000);
        pr_info("Wake up the sleeping module\n");
        condition = 1;
        wake_up_interruptible(&my_wq);
}
static int __init my_init(void)
{
        pr_info("Wait queue example\n");
        INIT_WORK(&wrk, work_handler);
        schedule_work(&wrk);
        pr_info("Going to sleep %s\n", __FUNCTION__);
        if (wait_event_interruptible(my_wq, condition != 0)) {
                pr_info("Our sleep has been interrupted\n");
                return -ERESTARTSYS;
        }
pr_info("woken up by the work job\n");
return 0;
}
void my_exit(void)
{
        pr_info("waitqueue example cleanup\n");
}

module_init(my_init)
module_exit(my_exit);
MODULE_AUTHOR("John Madieu <john.madieu@gmail.com>");
MODULE_LICENSE("GPL");
```

上面的例子使用了msleep()这个API，稍后将对它进行介绍。让我们将话题转到代码的行为，当前进程（实际上是 insmod）将在等待队列中睡眠 5s，并由工作处理程序唤醒，下面是 dmesg 的输出：

```
[342081.385491] Wait queue example
[342081.385505] Going to sleep my_init
[342081.385515] Waitqueue module handler work_handler
[342086.387017] Wake up the sleeping module
[342086.387096] woken up by the work job
[342092.912033] waitqueue example cleanup
```

等待队列允许将进程置于睡眠状态并等待被唤醒，既然我们已经熟悉了等待队列这个概念，那就再学习另一种更为简单的睡眠机制，这种睡眠机制可以无条件地延迟执行流。

3.2.2　内核中的简单睡眠

内核中的简单睡眠也可以称为被动延迟，因为任务会在等待时进入睡眠状态（允许 CPU 调度其他任务）。相比之下，主动延迟是一种忙等待，因为任务会通过消耗 CPU 时钟来等待，从而消耗资源。在使用睡眠 API 之前，驱动程序必须包括 #include <linux/delay>，以使以下 API 可用：

```
usleep_range(unsigned long min, unsigned long max)
msleep(unsigned long msecs)
msleep_interruptible(unsigned long msecs)
```

在上面的 API 中，msecs 是睡眠的毫秒数，min 和 max 是微秒级别的最小和最大睡眠时间。

usleep_range() API 依赖高精度定时器（hrtimer），建议在微秒级或毫秒级（通常在 10μs 和 20ms 之间）使用此睡眠 API，以避免 udelay() 中的忙等待循环。

msleep() API 的实现由 jiffy/legacy 定时器支持。你应该使用此睡眠 API 来进行较长的睡眠（10ms 或更长时间）。此睡眠 API 会将当前任务设置为 TASK_UNINTERRUPTIBLE 状态，而 msleep_interruptible() API 在调度睡眠之前会将当前任务设置为 TASK_INTERRUPTIBLE 状态。简而言之，两者的区别在于是否可以通过信号提前结束睡眠。除非在可中断的变体中有需要，否则建议使用 msleep() API。

以上 API 仅限于在非原子上下文中用于插入延迟。

3.2.3　内核延迟或忙等待

在本小节中，"延迟"这一术语可以视为忙等待，因为任务会在主动等待（对应于 for 或 while 循环）的同时消耗 CPU 资源。与主动睡眠相反，被动延迟是一种任务等待期间的睡眠。

即使循环忙等待，驱动程序也必须包括 #include<linux/delay>，以使以下 API 可用：

```
ndelay(unsigned long nsecs)
udelay(unsigned long usecs)
mdelay(unsigned long msecs)
```

这些 API 的优点在于它们可以在原子和非原子上下文中使用。

ndelay 的精度取决于计时器的准确度［在单片系统（System on Chip，SoC）或嵌入式 SoC 中通常不是这种情况］。在许多非 PC 设备上，实际上可能不存在 ndelay 级别的精度。相反，你更可能遇到以下两种情况。

- udelay：此 API 基于忙等待循环，它将忙等待足够的循环次数以达到期望的延迟。如果需要睡眠几微秒（少于 10 μs），则应使用此 API。建议在睡眠少于 10 μs 的情况下，也使用此 API，因为在较慢的系统（一些嵌入式 SoC）中，为 usleep 设置高精度的开销可能不值得。这样的评估显然取决于具体情况，但这是你需要注意的事项。
- mdelay：这是 udelay 的宏封装版，用于处理将较大参数值传递给 udelay 时可能发生的溢出。通常不建议使用 mdelay，并且应该重构代码以允许使用 msleepAPI。

到目前为止，我们已经梳理完 Linux 内核的睡眠或延迟机制，你应该能够设计并实现一个时间片管理的执行流。接下来让我们更深入地了解 Linux 内核管理时间的方式。

3.3 深入理解 Linux 内核时间管理

时间是计算机系统中频繁使用的资源之一，仅次于内存。它用于做几乎所有事情：定时器、睡眠、调度和许多其他任务。Linux 内核包括软件定时器的概念，以便在稍后的时间调用内核函数。

3.3.1 时钟源、时钟事件和节拍设备的概念

在最初的 Linux 定时器实现中，重要的硬件定时器主要用于时间跟踪，它还被编程为以 HZ 频率定期触发中断，对应的周期称为 jiffy。每隔 1/HZ s 产生的中断称为一个时钟滴答（tick）。

无论是从内核还是从用户空间的角度看，整个系统的时间管理都与 jiffy 绑定在一起。jiffy 也是内核中的一个全局变量，它在每次时钟中断时都会递增。时钟中断处理程序除了增加 jiffy 的值（在其上实现定时器轮转），还负责进程调度、统计更新和分析。

从内核版本 2.6.21 开始，作为首次改进，高精度定时器（hrtimer）的实现被合并到 Linux 内核中（现在可以通过 CONFIG_HIGH_RES_TIMERS 选项进行配置）。hrtimer 是透明的（现在仍然如此），而且作为独立的功能被引入内核中。它还引入了新的数据类型 ktime_t，用于以纳秒为单位记录时间。

然而，以前基于时钟周期的低精度传统定时器仍然存在。

这项改进将 nanosleep()、间隔定时器（itimers）和可移植操作系统接口（Portable Operating System Interface，POSIX）定时器转换为依赖于高精度定时器，使得粒度和精度都有所提升。通过进行 nanosleep() 和 POSIX 定时器的转换，我们实现了 nanosleep() 和

clock_nanosleep()的统一。如果没有这项改进，定时器事件的最佳精度就是 1jiffy，其持续时间取决于内核中 HZ 的值。

注意

话虽如此，hrtimer 的实现仍是一个独立的特性。hrtimer 可以在任何平台上启用，但具体是否以高精度模式工作则取决于底层硬件定时器；否则，系统将进入低精度(low-res)模式。

Linux 内核在演进过程中不断改进，直到引入通用 ClockEvent 接口，其中包括时钟源、时钟事件和节拍设备的概念。这彻底改变了 Linux 内核中的时间管理并影响了 CPU 的功耗管理。

时钟源框架和时钟源设备

时钟源是单调的、原子的以及自由运行的计数器，可以视为充当自由运行计数器的定时器，提供时间戳和读取访问递增时间值的功能。我们在时钟源设备上执行的常见操作是读取计数器的值。

在内核中，有一个名为 clocksource_list 的全局列表，用于跟踪已在系统中注册的时钟源设备，并对它们按照等级进行排序。这使得 Linux 内核可以了解所有已注册的时钟源设备，并切换到具有更好等级和特性的时钟源。例如，在每次注册新的时钟源设备之后-clocksource_select() 函数就会被调用，以确保始终选择最佳的时钟源。时钟源设备可使用 clocksource_mmio_init()或 clocksource_register_hz()进行注册（可以使用 grep 命令搜索这些关键字）。时钟源设备驱动程序位于内核源代码的 drivers/clocksource/目录下。

在运行中的 Linux 系统上，要想列出已向框架注册的时钟源设备，最直观的方法是查找内核日志消息缓冲区中的关键字"clocksource"，如图 3.1 所示。

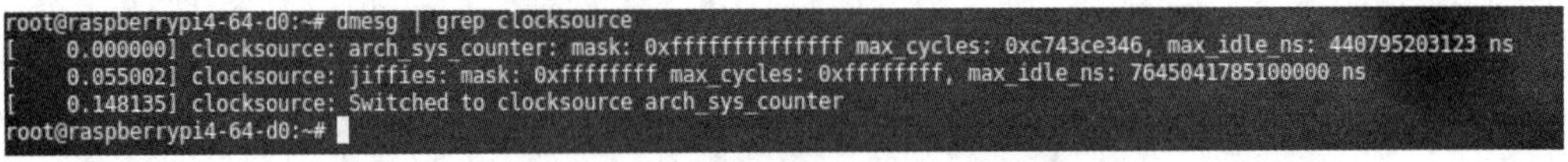

```
root@raspberrypi4-64-d0:~# dmesg | grep clocksource
[    0.000000] clocksource: arch_sys_counter: mask: 0xffffffffffffff max_cycles: 0xc743ce346, max_idle_ns: 440795203123 ns
[    0.055002] clocksource: jiffies: mask: 0xffffffff max_cycles: 0xffffffff, max_idle_ns: 7645041785100000 ns
[    0.148135] clocksource: Switched to clocksource arch_sys_counter
root@raspberrypi4-64-d0:~#
```

图 3.1　系统时钟源列表

注意

在图 3.1 所示的输出日志中（来自树莓派 4），jiffies 时钟源是一种基于 jiffy 粒度的时钟源，由内核在 kernel/time/jiffies.c 中作为 clocksource_jiffies 注册，具有最低有效评分值（也就是说，作为最后的选择使用）。在 x86 平台上，该时钟源被细化并重命名为 refined__jiffies。你可以在 arch/x86/kernel/setup.c 中看到 register_refined_jiffies()函数是如何被调用的。

　　然而，在运行中的 Linux 系统上枚举可用时钟源的首选方式（特别是当 dmesg 缓冲区已经被旋转或清除时）是读取/sys/devices/system/clocksource/clocksource0/目录下的 available_clocksource 文件的内容。下面的内容来自树莓派 4：

```
root@raspberrypi4-64-d0:~# cat /sys/devices/system/
clocksource/clocksource0/available_clocksource
arch_sys_counter
root@raspberrypi4-64-d0:~#
```

在 i.MX6 板上，我们可以得到以下内容：

```
root@udoo-labcsmart:~# cat /sys/devices/system/clocksource/
clocksource0/available_clocksource
mxc_timer1
root@udoo-labcsmart:~#
```

若要检查当前使用的时钟源，可以使用以下代码：

```
root@raspberrypi4-64-d0:~# cat /sys/devices/system/
clocksource/clocksource0/current_clocksource
arch_sys_counter
root@raspberrypi4-64-d0:~#
```

在 x86 机器上，对于可用的时钟源和当前使用的时钟源有以下内容：

```
jma@labcsmart:~$ cat /sys/devices/system/clocksource/
clocksource0/available_clocksource
tsc hpet acpi_pm
jma@labcsmart:~$ cat /sys/devices/system/clocksource/
clocksource0/current_clocksource
tsc
jma@labcsmart:~$
```

要更改当前时钟源，可以将某个可用时钟源的名称写入 current_clocksource 文件，例如：

```
jma@labcsmart:~$ echo acpi_pm > /sys/devices/system/
```

```
clocksource/clocksource0/current_clocksource
jma@labcsmart:~$
```

更改当前时钟源必须谨慎，因为内核在启动期间选择的时钟源通常是最佳时钟源。

Linux 内核时间管理

时钟源设备的主要目标之一是为时间管理器提供输入。系统中可能有多个时钟源，但时间管理器将选择精度最高的时钟源使用。时间管理器需要定期获取时钟源的值以更新系统时间，系统时间通常在时钟中断处理期间进行更新，如图 3.2 所示。

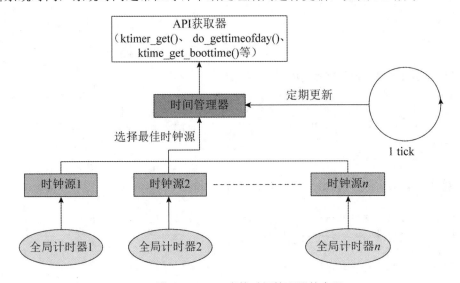

图 3.2　Linux 内核时间管理器的实现

时间管理器提供多种类型的时间：xtime、单调时间、原始单调时间和启动时间。具体如下。

- xtime：这是墙上（实时）时间，表示由实时时钟（Real-Time Clock，RTC）芯片提供的当前时间。
- 单调时间（monotonic time）：这是自系统启动以来的累计时间，但不包括系统休眠时间。
- 原始单调时间（raw monotonic time）：与单调时间具有相同的含义，但更纯净，并且不受网络时间协议（Network Time Protocol，NTP）时间调整的影响。
- 启动时间：将系统休眠时间添加到单调时间中，从而给出系统通电以来的总时间。

表 3.1 显示了不同类型的时间并做了对比。

表 3.1   Linux 内核时间管理函数

时间类型	精确度	访问速度	是否支持进行累计的睡眠时间调整	是否受NTP时间调整的影响	API 获取器
RTC 时间	低	慢（大部分时间使用了 I²C 串行总线）	是	是	NA 或不存在
xtime	高	快	是	是	do_gettimeofday()、ktime_get_real_ts ()和 ktime_get_real()
单调时间	高	快	否	是	ktime_get()和 ktime_get_ts64()
原始单调时间	高	快	否	否	ktime_get_raw()和 getrawmonotonic64()
启动时间	高	快	是	是	ktime_get_boottime()

现在我们已经熟悉了 Linux 内核时间管理机制和相关 API，下面让我们来了解与此相关的另一个概念——时钟事件。

时钟事件框架和时钟事件设备

在引入时钟事件的概念之前，硬件定时器的局部性没有被考虑到。时钟源/事件硬件被编程为每秒周期性地生成 HZ 次时钟中断，时钟中断之间的间隔称为 jiffy。随着在内核中引入时钟事件/时钟源，时钟的中断被抽象为一个事件。时钟事件框架的主要功能是分配时钟中断（事件）并设置下一次触发条件，它是一个通用的 next-event 中断编程框架。

时钟事件设备是一种可以触发中断的设备，允许编程预定下一个中断（即事件）未来何时出现。每个时钟事件设备驱动程序必须提供 set_next_event()函数（在支持 hrtimer 的时钟事件设备的情况下为 set_next_ktime()函数），当时钟事件框架需要使用底层时钟事件设备来编程下一个中断时，将使用该函数。

时钟事件设备与时钟源设备是正交的，正因为如此，它们的驱动程序与时钟源设备驱动程序位于同一位置（有时在同一编译单元中）—— 在 drivers/clocksource 目录下。在大多数平台上，相同的硬件和寄存器范围可用于时钟事件和时钟源，但它们本质上是不同的东西。例如，我们在 BCM2835（主要用在树莓派中）上找到的内存映射外围设备—— BCM2835 系统定时器就是如此。它有一个以 1 MHz 运行的 64 位自由运行计数器，并且还有 4 个不同的"输出比较寄存器"，用于调度中断。在这种情况下，驱动程序通常在同一编译单元中注册时钟源和时钟事件设备。

在运行的 Linux 系统上，可用的时钟事件设备可以通过/sys/devices/system/clockevents/目录列出。下面是树莓派 4 上的一个例子：

```
root@raspberrypi4-64-d0:~# ls /sys/devices/system/clockevents/
broadcast   clockevent1 clockevent3 uevent
clockevent0 clockevent2 power
root@raspberrypi4-64-d0:~#
```

在运行双核 i.MX6 的系统上，需要编写以下内容：

```
root@udoo-labcsmart:~# ls /sys/devices/system/clockevents/
broadcast clockevent0 clockevent1 consumers power
suppliers uevent
root@empair-labcsmart:~#
```

在多核心机器上，需要编写以下内容：

```
jma@labcsmart:~$ ls /sys/devices/system/clockevents/
broadcast clockevent0 clockevent1 clockevent2 clockevent3
clockevent4 clockevent5 clockevent6 clockevent7 power
uevent
jma@labcsmart:~$
```

从上述系统的可用时钟事件设备列表中，可以发现：
- 系统上的时钟事件设备数量与 CPU 数量相同（以允许每个 CPU 使用单独的时钟事件设备，从而实现计时器的本地性）；
- 总是有一个名为"boardcast"的奇怪目录。

要了解给定时钟事件设备的底层计时器，可以读取时钟事件目录中 current_ device 的内容。下面我们在 3 台不同的机器上看一些示例。

在 i.MX6 机器上，有以下内容：

```
root@udoo-labcsmart:~# cat /sys/devices/system/clockevents/
clockevent0/current_device
local_timer
root@udoo-labcsmart:~# cat /sys/devices/system/clockevents/
clockevent1/current_device
local_timer
```

在树莓派 4 机器上，有以下内容：

```
root@raspberrypi4-64-d0:~# cat /sys/devices/system/clockevents/
```

```
clockevent2/current_device
arch_sys_timer
root@raspberrypi4-64-d0:~# cat /sys/devices/system/clockevents/
clockevent3/current_device
arch_sys_timer
```

在 x86 机器上，有以下内容：

```
jma@labcsmart:~$ cat /sys/devices/system/clockevents/
clockevent0/current_device
lapic-deadline
jma@labcsmart:~$ cat /sys/devices/system/clockevents/
clockevent1/current_device
lapic-deadline
```

为了便于阅读，我们选择仅读取两个条目，从所读的内容可以得出以下结论。

- 时钟事件设备由相同的硬件定时器支持，这与支持时钟源设备的硬件定时器不同。
- 至少需要两个硬件定时器才能支持高精度定时器接口，其中一个扮演时钟源角色，另一个（理想情况下每个 CPU 一个硬件定时器）支持时钟事件设备。

时钟事件设备可以配置为单次触发模式或周期性触发模式。

- 在周期性触发模式下，时钟事件设备被配置为每 1/HZ s 生成一个时钟中断，并执行所有低精度定时器时钟中断所做的操作，如更新 Jiffies、记录 CPU 时间等。换句话说，在周期性触发模式下，它与以前低精度定时器的使用方式相同，但在新基础设施中运行。
- 单次触发模式使硬件计时器在当前时间的特定周期后产生一个时钟中断。它主要用于编程下一个中断，以便在 CPU 进入空闲状态之前唤醒 CPU。

时钟中断设备

为了跟踪时钟事件设备的操作模式，Linux 内核引入了"时钟中断设备（tick device）"的概念。

时钟中断设备是时钟事件设备的软件扩展，用于提供连续的时钟中断事件流，这些事件发生在规律的时间间隔内。当新的时钟事件设备被注册时，内核会自动创建一个时钟中断设备，并始终选择最佳的时钟事件设备。因此，可以说时钟中断设备与时钟事件设备是绑定在一起的，并且时钟中断设备由时钟事件设备支持。

以下代码片段展示了 tick_device 数据结构的定义：

```
struct tick_device {
    struct clock_event_device *evtdev;
```

```
    enum tick_device_mode mode;
};
```

在 tick-device 数据结构中，evtdev 是由时钟中断设备抽象的时钟事件设备，mode 用于跟踪底层时钟事件的工作模式。因此，当一个时钟中断设备处于周期性触发模式时，则意味着底层时钟事件设备也已经被配置为在此模式下工作。图 3.3 对此进行了说明。

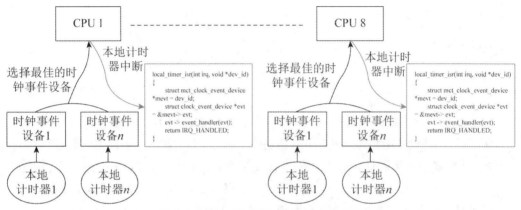

图 3.3　时钟事件和时钟事件设备的关联

时钟中断设备可以是系统全局的，也可以是本地的（针对每个 CPU 时钟中断设备）。时钟中断设备是否必须为系统全局由框架决定，可通过基于时钟中断设备的底层时钟事件设备特性来选择本地时钟中断设备。各种类型的时钟中断设备描述如下。

- 每个 CPU 时钟中断设备用于提供本地 CPU 功能，如进程记录、分析以及 CPU 本地定期时钟中断（在周期性触发模式下）和 CPU 本地下一事件中断（在非周期性触发模式下），以便进行本地高精度时钟管理（通过查看 update_process_times()函数，可了解具体是如何管理的）。在计时器核心代码中，有一个名为 tick_cpu_device 的针对每个 CPU 的变量，它表示系统中每个 CPU 的时钟中断设备实例。

- 全局时钟中断设备负责提供周期性时钟中断，主要运行 do_timer() 和 update_wall_time()函数。前者更新全局 jiffies 值和系统负载平均值，后者更新墙上时间（存放在 xtime 中，记录了从 1970 年 1 月 1 日到现在的时间差），并运行任何已过期的动态计时器（例如，运行本地进程计时器）。在计时器核心代码中，有一个名为 tick_do_timer_cpu 的全局变量，它保存了时钟中断设备担任全局时钟中断设备角色的 CPU 编号；计时器核心代码中还有另一个名为 tick_next_period 的全局变量，它会持续跟踪全局时钟中断设备下一次触发的时间。

注意

这也意味着 jiffies 变量每次只能由一个核管理，但其函数管理的亲和力可以随着全局变量 tick_do_timer_cpu 的变化从一个核跳转到另一个核。

从其中断例程中可以看出，底层时钟事件设备的驱动程序必须调用 evtdev->event_handler()，它是由框架安装的时钟设备的默认处理程序。虽然对于设备驱动程序而言这是透明的，但该处理程序可以根据其他参数由框架设置，包括两个内核配置选项（CONFIG_HIGH_RES_TIMERS 和 CONFIG_NO_HZ）、底层硬件定时器精度，以及时钟中断设备是在周期性触发模式还是单次触发模式下运行。

CONFIG_NO_HZ 是内核选项，表示启用动态时钟中断支持，CONFIG_HIGH_RES_TIMERS 选项允许使用高精度定时器 API。启用高精度定时器后，基础代码仍然以时钟中断为驱动，但是周期性时钟中断被高精度定时器下的定时器取代（softirq 是在定时器软中断上下文中调用的）。然而，高精度定时器是否能以高精度模式工作，取决于底层硬件定时器是不是高精度的。如果不是，高精度定时器将由旧的基于时钟中断的低精度定时器提供支持。

时钟中断设备可以在单次触发模式或周期性触发模式下运行。在周期性触发模式下，框架通过控制结构使用每个 CPU 的高精度定时器来模拟时钟中断，以便使基础代码仍然由时钟中断驱动，但是周期性时钟中断被嵌入控制结构中的高精度定时器替代。这个控制结构是 tick_sched 数据结构，定义如下：

```
struct tick_sched {
    struct hrtimer      sched_timer;
    enum tick_nohz_mode nohz_mode;
    [...]
};
```

然后，声明这个控制结构的每 CPU（per-CPU）实例，如下所示：

```
static DEFINE_PER_CPU(struct tick_sched, tick_cpu_sched);
```

这个控制结构的每 CPU 实例允许模拟每 CPU 时钟中断，以便通过 sched_timer 元素驱动低精度计时器处理，并周期性地对下一个低精度定时器的过期间隔进行重新编程。然而，这似乎是显而易见的，因为每个 CPU 都有自己的运行队列和就绪进程队列。

一个 tick_sched 元素可以由框架配置为以下 3 种不同的模式。

● NOHZ_MODE_INACTIVE: 此模式意味着没有动态时钟中断和高精度定时器的支持。系统在初始化期间处于此状态。在这种模式下，本地每 CPU 时钟中断设备事件处理程序是 tick_handle_periodic()，空闲进入状态会被时钟中断计时器中断打断。

- **NOHZ_MODE_LOWRES**:这是低精度模式,意味着在低精度模式下启用了动态时钟中断。这还意味着在系统中没有发现高精度硬件定时器以允许 hrtimer 在高精度模式下工作,于是它们在低精度模式下工作,其精度与低精度定时器(软件本地定时器)相同,该定时器基于时钟中断。在此模式下,本地每 CPU 时钟中断设备事件处理程序是 tick_nohz_handler(),空闲进入状态将不会被时钟中断计时器中断打断。

- **NOHZ_MODE_HIGHRES**:这是高精度模式。在此模式下,动态时钟中断和 hrtimer 的"高精度"模式同时被启用。本地每 CPU 时钟中断设备事件处理程序是 hrtimer_interrupt()。在这里,hrtimer 以高精度模式工作,其时钟精度与硬件定时器(硬件本地定时器)相同,但远高于低精度定时器的时钟精度。为了支持 hrtimer 的高精度模式,hrtimer 直接使用 tick_device 的单次触发模式,并将传统时钟中断定时器转换为 hrtimer 的子定时器。

内核中与时钟中断紧密相关的源代码在 kernel/time/目录下,在 tick-*.c 文件中实现。这些文件包括 tick-broadcast.c、tick-common.c、tick-broadcast-hrtimer.c、tick-legacy.c、tick-oneshot.c 和 tick-sched.c。

广播时钟中断设备

在实现 CPU 电源管理的平台上,支持时钟事件设备中的大多数硬件定时器(尽管不是全部)在某些 CPU 空闲状态下将被关闭。为了保持软件定时器的功能,内核依赖于一个始终开启的时钟事件设备(也就是由一个始终开启的定时器来支持),以便在定时器到期后传递中断信号。这个始终开启的定时器称为广播时钟设备。简而言之,时钟中断广播用于唤醒处于空闲状态的 CPU。

注意

广播时钟中断设备能够通过向特定 CPU 发出处理器间中断(Inter-Processor-Interrupt,IPI)来唤醒任何 CPU(详见第 13 章)。这是通过调用 wake_up_nohz_cpu()函数来实现的。

要查看支持广播设备的底层计时器,你可以在其目录中读取 current_device 变量。在 x86 机器上,输出如下所示:

```
jma@labcsmart:~$ cat /sys/devices/system/clockevents/broadcast/current_device
hpet
```

在树莓派 4 机器上,输出如下所示:

```
root@raspberrypi4-64-d0:~# cat /sys/devices/system/clockevents/
broadcast/current_device
bc_hrtimer
```

最后，i.MX6 广播设备由以下计时器支持：

```
root@udoo-labcsmart:~# cat /sys/devices/system/clockevents/
broadcast/current_device
mxc_timer1
```

从上面给出的支持广播设备的计时器输出中，可以得出如下结论：时钟源、时钟事件和广播设备计时器都是不同的。

决定时钟中断设备是否可以用作广播设备的是 tick_install_broadcast_device() 函数，它会在注册每个时钟中断设备时被调用。该函数将排除设置了 CLOCK_EVT_FEAT_C3STOP 标志（表示底层时钟事件设备的计时器在 C3 空闲状态下停止计时）的时钟中断设备，并依赖其他标准（例如支持单次触发模式，即设置了 CLOCK_EVT_FEAT_ONESHOT 标志）。最后，定义在 kernel/time/tick-broadcast.c 中的 tick_broadcast_device 全局变量包含扮演广播设备角色的时钟中断设备。当时钟中断设备被选作广播设备时，它的下一个事件处理程序被设置为 tick_handle_periodic_broadcast()，而不是 tick_handle_periodic()。

有些平台虽然实现了 CPU 核心门控制功能，但它们没有一直运行的硬件定时器。对于这样的平台，内核提供了一个基于 hrtimer 的时钟事件设备，它能够在开机时无条件注册（并可选作时钟中断广播设备），其评分值最低，以便系统中任何具有广播能力的硬件时钟事件设备都会优先选择它而不是选择时钟中断广播设备。

这个基于 hrtimer 的时钟事件设备依赖于动态选择的 CPU（如果一个 CPU 即将进入深度睡眠状态，并且它的唤醒时间早于 hrtimer 到期时间，那么这个 CPU 就会成为新的广播 CPU），并能够使其始终保持通电状态。然后，这个 CPU 会通过其硬件本地定时器设备将计时器中断转发给处于深度空闲状态的 CPU。它的实现代码位于 kernel/time/tick-broadcast- hrtimer.c 文件中，注册为 ce_broadcast_hrtimer，名称字段设置为 bc_hrtimer。正如你所看到的，这是树莓派 4 平台使用的广播时钟中断设备。

注意

不言而喻，始终保持 CPU 开启会影响电源管理平台的能力，并使得 CPU 空闲模式变得不够优化，因为内核至少要保持一个 CPU 处于浅层空闲状态以便处理计时器中断。这是 CPU 功耗管理和高精度定时器接口之间的权衡，但它至少确保了内核功能正常并具备一定的电源管理能力。

了解 sched_clock()函数

sched_clock()是一个内核计时和时间戳函数，它会返回自系统启动以来的纳秒数。该函数在 kernel/sched/clock.c 中有弱定义（允许体系架构或平台代码重写它），具体如下：

```
unsigned long long __weak sched_clock(void)
```

sched_clock()函数可以给 printk()提供时间戳，你也可以在使用 ktime_get_boottime()或相关内核 API 时调用该函数。它默认使用基于 jiffy 的实现（可能会影响调度精度）。如果对它进行重写，则新的实现必须返回一个 64 位的单调时间戳，从而以纳秒为单位，表示自上次重新启动以来的时间。大多数平台通过直接读取计时器寄存器来实现此功能。缺少计时器的平台，为实现计时功能会使用与支持主时钟源设备相同的计时器。例如，树莓派平台就是这种情况。当出现这种情况时，读取主时钟源设备值的寄存器和读取 sched_clock()函数值的寄存器是相同的，参见 drivers/clocksource/bcm2835_timer.c。

与时钟源计时器相比，驱动 sched_clock()的计时器必须快得多。顾名思义，它主要由调度程序使用，这意味着它被调用的频率更高。如果必须在精度和时钟源之间进行权衡，则可以在 sched_clock()中为了速度而牺牲精度。

当 sched_clock()没有被直接重写时，内核时间核心会提供 sched_clock_register()辅助函数，用于提供依赖于平台的计时器读取函数和评分值。但无论如何，这个计时器读取函数最终都会出现在内核时间框架变量 cd 中，cd 变量的类型是 struct clock_data（假设新的底层计时器速率大于当前函数驱动的定时器速率）。

动态时钟中断/非周期性中断内核

动态时钟中断是迁移到高精度定时器接口的逻辑结果。在引入它们之前，定期时钟中断（periodic tick）按照一定频率（每秒 HZ 次）发出中断来驱动操作系统。即使没有任务或计时器处理程序需要运行，也仍会让系统处于唤醒状态。当采用这种方法时，CPU 无法进行长时间休息，因为它们必须在无实际目的的情况下被唤醒。

动态时钟中断机制提供了一种解决方案，允许在某些时间间隔内停止定期时钟中断以降低功耗。当采用这种新方法时，只有在需要执行某些任务时才启用定期时钟中断，否则它们会被禁用。

具体是如何工作的呢？当一个 CPU 没有更多任务要运行时（即空闲任务被调度在此 CPU 上），只有两个事件能够在 CPU 空闲后创建新的工作：一个是内部内核定时器的到期事件（可预测），另一个是 I/O 操作的完成事件。当一个 CPU 进入空闲状态时，计时器框架会检查下一个预定的定时器事件，如果它晚于下一个周期性时钟中断，则重新编程每个 CPU 的时钟事件设备以响应这个更晚的事件。这将使得处于空闲状态的 CPU 可以进入更长的空闲睡眠状态，而不会被定期时钟中断不必要地打断。

有些系统具有低功耗状态，甚至每个 CPU 的时钟事件设备也会停止工作。在这样的系统中，我们需要编程广播时钟中断设备以响应下一个未来事件。

在 CPU 进入这样的空闲状态之前（参见 do_idle() 函数），会调用时钟中断的广播框架（参见 tick_nohz_idle_enter() 函数），将 tick_device 变量的周期性定时器禁用（参见 tick_nohz_idle_stop_tick() 函数）。然后，将该 CPU 添加到一个需要唤醒的 CPU 列表中，方法是在"广播映射"变量 tick_broadcast_mask 中设置与该 CPU 对应的位，以表示处于睡眠模式的处理器列表。接下来，计算出此 CPU 必须被唤醒的时间（即下一个事件时间）。如果该时间早于当前 tick_broadcast_device 中编程的时间，则更新 tick_broadcast_device 应该中断的时间以反映新值，并将新值编程到支持广播时钟中断设备的时钟事件设备中。即将进入深度空闲状态的 CPU 的 tick_cpu_device 变量现在处于关闭模式，这意味着它不再起作用。

每当 CPU 进入深度空闲状态时，将重复上述过程，并且对 tick_broadcast_device 变量进行编程，使得所有处于深度空闲状态的 CPU 在最早的唤醒时间点被唤醒，以便尽快地将所有 CPU 从深度空闲状态中唤醒。

当时钟中断广播设备的下一个事件到来时，会查看正在睡眠的 CPU 的位掩码，寻找可能已经过期的定时器所在的 CPU，并向位掩码中的任何远程 CPU 发送 IPI，这些 CPU 可能托管了已过期的定时器。

如果 CPU 在中断时离开空闲状态（与体系架构相关的代码调用了 handle_IRQ()，从而间接调用了 tick_irq_enter()），则启用此 CPU 的时钟中断设备（首先是单次触发模式）。在执行任何任务之前，调用 tick_nohz_irq_enter() 函数以确保 jiffies 值是最新的，这样中断处理程序就不必处理旧的 jiffies 值了。然后恢复周期性时钟中断，一直保持活动状态，直至下一次调用 tick_nohz_idle_stop_tick() 函数（本质上是进行 do_idle() 调用）。

3.3.2　使用标准内核低精度（low-res）定时器

标准定时器（也称为遗留定时器或低精度定时器）是在 jiffy 粒度上运行的内核定时器。这些定时器的精度受限于常规系统时钟中断的精度，具体取决于体系架构和配置（即 CONFIG_HZ 或简单地说 HZ），该配置控制着将来某个时间点（基于 jiffy）函数的调度和执行。

jiffies 和 HZ

jiffy 是内核时间单位，其持续时间取决于 HZ 的值，表示内核中 jiffies 变量的递增频率。每个递增事件称为一个 tick。基于 jiffies 的时钟源是应该能够在任何系统中工作的最低公共分母时钟源。

由于 jiffies 变量每秒递增 HZ 次，如果 HZ=1000，则 jiffies 变量每秒递增 1000 次（即每 0.001s 或 1ms 递增一次）。在大多数 ARM 机器的内核配置中，HZ 值默认为 100；而在 x86 机器上，HZ 默认为 250。这将导致精度为 10 ms 或 4 ms。

以下是两个运行的系统中的不同 HZ 值：

```
jma@labcsmart:~$ grep'CONFIG_HZ=' /boot/config-$(uname -r)
CONFIG_HZ=250
jma@labcsmart:~$
```

上述代码已在 x86 机器上执行过了。在 ARM 机器上，内容如下：

```
root@udoo-labcsmart:~# zcat /proc/config.gz |grep CONFIG_HZ
CONFIG_HZ_100=y
root@udoo-labcsmart:~#
```

上述代码表示当前 HZ 值为 100。

内核定时器 API

在内核中，定时器表示为 timer_list 结构体的实例，定义如下：

```
struct timer_list {
    struct hlist_node entry;
    unsigned long expires;
    void (*function)(struct timer_list *);
    u32 flags;
);
```

在上面的数据结构中，expires 是一个以 jiffy 为单位的绝对值，它定义了定时器未来何时到期。entry 是内核中用于跟踪的一个定时器，该定时器被存放在每个 CPU 的全局定时器列表中。flags 是按位或的位掩码，作为定时器标志，代表管理定时器的方式、回调函数将在哪个 CPU 上执行等。function 是定时器到期时将要执行的回调函数。

你可以使用 timer_setup()宏动态定义计时器，也可以使用 DEFINE_TIMER 宏静态定义定时器。

注意

在 4.15 之前的 Linux 内核版本中，setup_timer()宏被用作动态变体函数。

以下是这两个宏的定义：

```
void timer_setup( struct timer_list *timer,          \
            void (*function)( struct timer_list *), \
            unsigned int flags);

#define DEFINE_TIMER(_name, _function) [...]
```

初始化定时器后，必须使用以下 API 之一设置其到期延迟时间，然后才能启动定时器：

```
int mod_timer(struct timer_list *timer,
                unsigned long expires);
void add_timer(struct timer_list *timer)
```

mod_timer()函数用于在活动定时器上设置初始到期延迟时间或更新其值。因此，调用该函数可以激活一个非活动的定时器。

注意

在这里，激活一个定时器意味着启用并排队该定时器。也就是说，当一个定时器被启用、排队并开始倒计时等待到期以运行回调函数时，称这个定时器被"挂起"。

你应该优先使用 mod_timer()函数而不是 add_timer()函数，后者仅用于启动非活动定时器。在调用 add_timer()函数之前，必须按照以下方式设置定时器到期延迟时间和回调函数：

```
my_timer.expires = jiffies + ((12 * HZ) / 10); /* 1.2s */
add_timer(&my_timer);
```

mod_timer()函数返回的值取决于调用它之前定时器的状态。在非活动的定时器上调用 mod_timer()函数时，返回 0 表示成功；而在 "挂起"的定时器或正在执行回调函数的定时器上调用 mod_timer()函数成功时，则返回 1。这意味着在定时器回调中执行 mod_timer()函数是完全安全的。当你在活动的定时器上调用时，它等价于 del_timer(timer); timer->expires = expires; add_timer(timer);。

当定时器完成后，就可以使用以下函数之一释放或取消它：

```
int del_timer(struct timer_list *timer);
int del_timer_sync(struct timer_list *timer);
```

del_timer()函数会从定时器管理队列中移除（出队）定时器对象。移除成功时，它返回一个不同的值，具体取决于它是在非活动定时器上调用，还是在活动定时器上调用。在第一种情况下，它返回 0；而在后一种情况下，即使定时器的回调函数当前正在执行，它也会返回 1。

考虑以下执行流,在其中一个 CPU 上删除定时器,而它的回调函数正在另一个 CPU 上执行:

```
mainline (CPUx)                  handler(CPUy)
==============                   =============
                                 enter xxx_timer()
del_timer()
kfree(some_resource)

                                 access(some_resource)
```

在上面的代码片段中,使用 del_timer()函数并不能保证回调函数不再执行。以下是另一个例子:

```
mainline (CPUx)                  handler(CPUy)
==============                   =============
                                 enter xxx_timer()
del_timer()
kfree(timer)

                                 mod_timer(timer)
```

当 del_timer()函数返回时,它仅保证定时器已被停用并且已从定时器管理队列中移除,从而确保计时器函数将来不会执行。然而,在多处理器机器上,计时器函数可能已经在另一个处理器上执行。在这种情况下应该使用 del_timer_sync()函数,它将停用定时器并等待任何正在执行的处理程序退出后才返回。此函数将检查每个处理器,以确保给定的定时器当前未在其上运行。通过在前面的竞争条件示例中使用 del_timer_sync()函数,可以在不担心资源是否在回调中使用的情况下调用 kfree()。你应该总是使用 del_timer_sync()而不是 del_timer()。驱动程序不能持有阻止处理程序完成的锁,否则将导致死锁。这使得 del_timer()上下文无关,因为它是异步的,而 del_timer_sync()则必须专门用在非原子上下文中。

此外,出于健全性考虑,可以使用以下 API 独立检查定时器是否处于挂起状态:

```
int timer_pending(const struct timer_list *timer);
```

以下代码片段显示了标准内核定时器的基本用法:

```
#include <linux/init.h>
#include <linux/kernel.h>
#include <linux/module.h>
#include <linux/timer.h>
```

```
static struct timer_list my_timer;

void my_timer_callback(struct timer_list *t)
{
    pr_info("Timer callback&; called\n");
}

static int __init my_init(void)
{
    int retval;
    pr_info("Timer module loaded\n");

    timer_setup(&my_timer, my_timer_callback, 0);
    pr_info("Setup timer to fire in 500ms (%ld)\n",jiffies);
    retval = mod_timer(&my_timer,jiffies + msecs_to_jiffies(500));
    if (retval)
            pr_info("Timer firing failed\n");

    return 0;
}

static void my_exit(void)
{
    int retval;
    retval = del_timer(&my_timer);
    /* Is timer still active (1) or no (0) */
    if (retval)
            pr_info("The timer is still in use...\n");

    pr_info("Timer module unloaded\n");
}

module_init(my_init);
module_exit(my_exit);
MODULE_AUTHOR("John Madieu <john.madieu@gmail.com>");
MODULE_DESCRIPTION("Standard timer example");
MODULE_LICENSE("GPL");
```

上面的例子请求了 500 ms 的超时时间。但这种定时器的时间单位是 jiffy，为了以人类可读的格式传递超时时间，你必须使用辅助函数。以下是一些示例：

```
unsigned long msecs_to_jiffies(const unsigned int m)
```

```
unsigned long usecs_to_jiffies(const unsigned int u)
unsigned long timespec64_to_jiffies(const struct timespec64 *value);
```

在使用上述辅助函数时，则不应该期望任何优于 jiffy 的时间精度。例如，使用 usecs_to_jiffies(100)将返回 1jiffy，返回值将四舍五入到最接近的 jiffy 值。

为了向定时器回调函数传递附加参数，首选的方法是将它们嵌入一个结构体中作为元素，然后使用 from_timer()宏在元素上检索更大的结构体，从中可以访问每个元素。该宏定义如下：

```
#define from_timer(var, callback_timer, timer_fieldname) \
    container_of(callback_timer, typeof(*var), timer_fieldname)
```

例如，假设需要向定时器回调函数传递两个元素：第一个元素是一个结构体，第二个元素是一个整数。为了传递参数，需要定义一个额外的结构体，如下所示：

```
struct fake_data{
    struct timer_list timer;
    struct sometype foo;
    int bar;
};
```

然后将嵌入的定时器传递给设置函数，如下所示：

```
struct fake_data *fd = alloc_init_fake_data();
timer_setup(&fd->timer, timer_callback, 0);
```

稍后在回调函数中，必须使用 from_timer()来检索较大的结构体，从该结构体中可以访问参数。下面是一个例子：

```
void timer_callback(struct timer_list *t)
{
    struct fake_data *fd = from_timer(fd, t, timer);
    sometype data = fd->data;
    int var = fd->bar;
    [...]
}
```

上面的代码片段描述了如何使用容器结构将数据传递给定时器回调函数以及如何获取这些数据。在 4.15 版本之前，Linux 内核默认将指向 timer_list 的指针传递给定时器回调函数，而不是传递 unsigned long 类型的数据。

3.3.3　高精度定时器（hrtimer）

虽然传统的定时器实现与时钟中断绑定，但高精度定时器提供了纳秒级和不依赖时钟中断的时间精度，以满足对精确时间应用或内核驱动程序的紧迫需求。hrtimer 在内核 v2.6.16 中引入，并且可以在内核配置中使用 CONFIG_HIGH_RES_TIMERS 选项来启用。

虽然标准定时器接口以 jiffy 为单位保留/表示时间值，但高精度定时器接口引入了一种新的数据类型——ktime_t，以允许保留时间值，这是一个简单的 64 位标量。

注意

在内核版本 3.17 之前，32 位和 64 位 CPU 上的 ktime_t 类型有所不同。在 64 位 CPU 上，它是作为一个普通的 64 位纳秒值来表示的，就像现在内核中使用的方式一样；而在 32 位 CPU 上，它被表示为一个由两个 32 位字段组成的数据结构（[秒-纳秒]对）。

hrtimer API 需要包含头文件<linux/hrtimer.h>。在该头文件中，用于描述高精度定时器的结构体定义如下：

```
struct hrtimer {
    ktime_t              _softexpires;
    enum hrtimer_restart (*function)(struct hrtimer *);
    struct hrtimer_clock_base *base;
    u8                         state;
    [...]
};
```

为了涵盖本书的需求，上述结构体中的元素已减至最少。接下来我们将详细讨论它们的含义。

在使用高精度定时器之前，必须使用 hrtimer_init() 对其进行初始化。hrtimer_init() 定义如下：

```
void hrtimer_init(struct hrtimer *timer,
                  clockid_t which_clock,
                  enum hrtimer_mode mode);
```

在 hrtimer_init() 中，timer 是指向要初始化的 hrtimer 的指针。which_clock 则告诉系统使用哪种类型的时钟来为这个 hrtimer 提供计时，常见的选项如下。

- CLOCK_REALTIME：实时时间，即墙上时间。如果系统时间发生更改，则可能会影响计时。
- CLOCK_MONOTONIC：增量时间，不受系统时间更改的影响。但是，当系统进入睡眠或挂起状态时，则停止计时。

- CLOCK_BOOTTIME：系统运行时间。与 CLOCK_MONOTONIC 类似，不同之处在于 CLOCK_BOOTTIME 包括系统睡眠时间。当系统挂起时，计时仍将继续。

在前面的代码片段中，mode 告诉 hrtimer 应该如何运行，以下是一些可能的选项。

- HRTIMER_MODE_ABS：这个定时器将在指定的绝对时间后到期。
- HRTIMER_MODE_REL：这个定时器将在从现在开始指定的相对时间后到期。
- HRTIMER_MODE_PINNED：将这个定时器绑定到一个 CPU 上。只有在启动 hrtimer 时才会考虑这一点，以便 hrtimer 在排队的同一 CPU 上触发并执行回调函数。
- HRTIMER_MODE_ABS_PINNED：这是上面第 1 个和第 3 个选项的组合。
- HRTIMER_MODE_REL_PINNED：这是上面第 2 个和第 3 个选项的组合。

在 hrtimer 被初始化后，必须分配一个回调函数，该回调函数将在定时器到期后执行。以下是预期的代码示例：

```
enum hrtimer_restart callback(struct hrtimer *h);
```

hrtimer_restart 是回调函数返回的类型。它必须是 HRTIMER_NORESTART，表示定时器不应重新启动（用于执行单次操作）；或者是 HRTIMER_RESTART，表示定时器必须重新启动（用于模拟周期性触发模式）。当返回 HRTIMER_NORESTART 时，驱动程序需要在必要时显式地重新启动定时器（例如使用 hrtimer_start()）；而当返回 HRTIMER_RESTART 时，定时器是隐式重新启动的，因为它将由内核处理。但是，在回调函数返回之前，驱动程序需要重置超时时间。为了做到这一点，驱动程序可以使用 hrtimer_forward()函数，其定义如下：

```
u64 hrtimer_forward(struct hrtimer *timer, ktime_t now, ktime_t interval);
```

在上面的代码片段中，timer 是要向前推进的 hrtimer，now 是定时器必须向前推进的时间点，interval 是定时器必须向前推进的时间长度。需要注意的是，这只更新定时器到期时间，而不会重新将定时器排队。

now 参数可以通过不同的方式来获取，既可以使用 ktime_get()函数来获取当前单调时钟时间，也可以使用 hrtimer_get_expires()函数来获取定时器推进之前将要到期的时间。以下是示例代码：

```
hrtimer_forward(hrtimer, ktime_get(), ms_to_ktime(500));
/* or */
hrtimer_forward(handle, hrtimer_get_expires(handle),ns_to_ktime(450));
```

在上面的示例代码中，第一行将 hrtimer 从当前时间向前推进 500ms，第三行将 hrtimer 从原本到期的时间向前推进450 ns。第一行代码等同于使用 hrtimer_forward_now() 函数，该函数将定时器从当前时间向前推进到指定时间（从现在开始）。该函数定义如下：

```
u64 hrtimer_forward_now(struct hrtimer *timer,ktime_t interval);
```

现在，定时器已经设置好并且定义了回调函数，可以使用 hrtimer_start() 函数进行启动。该函数定义如下：

```
int hrtimer_start(struct hrtimer *timer, ktime_t time,const enum hrtimer_mode
mode);
```

在上面的代码片段中，mode 表示定时器到期模式，应该是 HRTIMER_MODE_ABS（绝对时间值）或者 HRTIMER_MODE_REL（相对于当前时间的时间值）。该参数必须与初始化模式参数一致。timer 是指向已初始化的 hrtimer 的指针。time 是 hrtimer 的到期时间，由于它是 ktime_t 类型，因此各种辅助函数可以从不同的输入时间单位生成一个 ktime_t 元素。这些辅助函数定义如下：

```
ktime_t ktime_set(const s64 secs,const unsigned long nsecs);
ktime_t ns_to_ktime(u64 ns);
ktime_t ms_to_ktime(u64 ms);
```

ktime_set() 从给定的秒数和纳秒数生成一个 ktime_t 元素。ns_to_ktime() 和 ms_to_ktime()则分别从给定的纳秒数和毫秒数生成一个 ktime_t 元素。

使用以下两个函数可以返回给定 ktime_t 输入元素的纳秒/微秒数：

```
s64 ktime_to_ns(const ktime_t kt);
s64 ktime_to_us(const ktime_t kt);
```

此外，给定一个或两个 ktime_t 元素，可以使用以下辅助函数执行一些算术运算：

```
ktime_t ktime_sub(const ktime_t lhs, const ktime_t rhs);
ktime_t ktime_add(const ktime_t add1, const ktime_t add2);
ktime_t ktime_add_ns(const ktime_t kt, u64 nsec);
```

要对 ktime_t 元素执行减法和加法运算，可以分别使用 ktime_sub()和 ktime_add()函数。ktime_add_ns()函数将对一个 ktime_t 元素增加指定的纳秒数，ktime_add_us()则是另一个微秒级的加法函数。对于减法，可以使用 ktime_sub_ns()和 ktime_sub_us()函数。

调用 hrtimer_start()函数后，hrtimer 将被激活，并在每个 CPU 桶中排队（按时间排序），等待到期。CPU 桶将局限于调用 hrtimer_start()函数的 CPU，但不能保证回调函数将在此 CPU 上执行（可能会发生迁移）。对于绑定到 CPU 的 hrtimer，在初始化 hrtimer 时应使用 *_PINNED 模式变体。

已排队的 hrtimer 终将被激活。一旦定时器到期，就调用其回调函数，并根据返回值决定是否重新排队 hrtimer。为了取消定时器，驱动程序可以使用 hrtimer_cancel() 函数或 hrtimer_try_to_cancel() 函数，如下所示：

```
int hrtimer_cancel(struct hrtimer *timer);
int hrtimer_try_to_cancel(struct hrtimer *timer);
```

在调用这两个函数时，如果定时器没有处于活动状态，则返回 0。hrtimer_try_to_cancel() 函数将在定时器仍处于活动状态（正在运行但尚未执行回调函数），并已成功取消时返回 1；如果回调函数正在执行但失败了，则返回 -1。而 hrtimer_cancel() 函数将在回调函数尚未执行或正在等待回调函数执行结束时取消定时器。hrtimer_cancel() 函数返回后，调用者可以保证定时器不再处于活动状态，并且其到期函数也不再执行。

驱动程序可以使用以下代码独立检查 hrtimer 的回调函数是否仍在执行：

```
int hrtimer_callback_running(struct hrtimer *timer);
```

例如，hrtimer_try_to_cancel() 会在内部调用 hrtimer_callback_running()。如果回调函数正在执行，则返回 -1。

下面编写一个模块示例，将 hrtimer 知识付诸实践。首先编写回调函数，如下所示：

```
#include <linux/module.h>
#include <linux/kernel.h>
#include <linux/hrtimer.h>
#include <linux/ktime.h>


static struct hrtimer hr_timer;

static enum hrtimer_restart timer_callback(struct hrtimer *timer)
{
    pr_info("Hello from timer!\n");
#ifdef PERIODIC_MS_500
    hrtimer_forward_now(timer, ms_to_ktime(500));
    return HRTIMER_RESTART;
#else
    return HRTIMER_NORESTART;
#endif
}
```

hrtimer 的回调函数可以决定以单次触发模式还是周期性触发模式执行。对于周期性触发模式，用户必须定义 PERIODIC_MS_500，此时定时器将在重新排队之前，从当前 hrtimer 时钟基准时间向未来 500ms 推进。

模块其余部分的实现如下所示：

```
static int __init hrtimer_module_init(void)
{;
    ktime_t init_time;
    init_time = ktime_set(1, 1000);
    hrtimer_init(&hr_timer, CLOCK_MONOTONIC, HRTIMER_MODE_REL);
    hr_timer.function = &timer_callback;
    hrtimer_start(&hr_timer, init_time, HRTIMER_MODE_REL);
    return 0;
}

static void __exit hrtimer_module_exit(void) {
    int ret;
    ret = hrtimer_cancel(&hr_timer);
    if (ret)
        pr_info("Our timer is still in use...\n");
    pr_info("Uninstalling hrtimer module\n");
}

module_init(hrtimer_module_init);
module_exit(hrtimer_module_exit);
```

上面生成了一个初始的 ktime_t 元素用作初始到期时间，时间长度分别为 1s 和 1000ns。当 hrtimer 第一次到期时，将调用回调函数。如果定义了 PERIODIC_MS_500，定时器将向后推进 500ms，并在初始调用之后定期调用回调函数（每 500ms 一次），否则回调函数只会被调用一次。

3.4 实现工作延迟机制

延迟是一种方法，可以安排在将来执行一项工作。这是一种推后通报操作的机制。显然，内核提供了实现这种机制的设施；内核允许推迟函数的调用和执行，而无论其类型如何。内核提供了 3 个这样的设施，具体如下。

- 软中断（softirq）：在原子上下文中执行。
- 任务微调度（tasklet）：在原子上下文中执行。
- 工作队列（workqueue）：在进程上下文中执行。

3.4.1　软中断（softirq）

软中断处理程序可以在 IRQ 启用的情况下抢占系统中的其他所有任务，但有一个例外，就是硬件 IRQ 处理程序。软中断主要用于高频率的线程化作业调度。网络和块设备是内核中仅有的两个直接使用软中断的子系统。尽管软中断处理程序在 IRQ 启用时运行，但软中断处理程序不会进入睡眠状态，同时所有共享的数据都需要进行适当的加锁。软中断 API 在内核源代码树的 kernel/softirq.c 中实现，使用软中断 API 的驱动程序需要包含 <linux/interrupt.h> 头文件。

软中断处理程序由 softirq_action 结构体表示，其定义如下：

```
struct softirq_action {
    void (*action)(struct softirq_action *);
};
```

这个结构体嵌入了一个指向函数的指针，该函数将在软中断被触发时执行。软中断处理程序的函数原型如下：

```
void softirq_handler(struct softirq_action *h);
```

运行软中断处理程序会使该函数执行，该函数只有一个参数，即指向 softirq_action 结构体的指针。可以通过调用 open_softirq() 函数来注册软中断处理程序，其定义如下：

```
void open_softirq(int nr,void (*action)(struct softirq_action *));
```

nr 是软中断索引，也可认为是软中断优先级（其中 0 为最高优先级）。action 是指向软中断处理程序的指针。以下列举了各种可能的中断索引：

```
enum
{
    HI_SOFTIRQ=0, /* High-priority tasklets */
    TIMER_SOFTIRQ, /* Timers */
    NET_TX_SOFTIRQ, /* Send network packets */
    NET_RX_SOFTIRQ, /* Receive network packets */
    BLOCK_SOFTIRQ, /* Block devices */
    BLOCK_IOPOLL_SOFTIRQ, /* Block devices with I/O polling blocked
                             on other CPUs */
    TASKLET_SOFTIRQ,/* Normal Priority tasklets */
    SCHED_SOFTIRQ, /* Scheduler */
    HRTIMER_SOFTIRQ,/* High-resolution timers */
    RCU_SOFTIRQ, /* RCU locking */
    NR_SOFTIRQS /* This only represent the number of softirqs type,
                   10 actually */
};
```

中断索引值小的软中断（高优先级）优先中断索引值大的软中断（低优先级）。以下列出了内核中所有可用的软中断的名称：

```
const char * const softirq_to_name[NR_SOFTIRQS] = {
    "HI", "TIMER", "NET_TX", "NET_RX", "BLOCK", "BLOCK_IOPOLL",
    "TASKLET", "SCHED", "HRTIMER", "RCU"
};
```

可以通过以下命令查看/proc/softirqs 虚拟文件的输出内容：

```
root@udoo-labcsmart:~# cat /proc/softirqs
            CPU0              CPU1
HI:         3535              1
TIMER:      4211589           4748893
NET_TX:     1277827           39
NET_RX:     1665450           0
BLOCK:      1978              201
IRQ_POLL:   0                 0
TASKLET:    455761            33
SCHED:      4212802           4750408
HRTIMER:    3                 0
RCU:        438826            286874
root@udoo-labcsmart:~#
```

kernel/softirq.c 中声明了一个大小为 NR_SOFTIRQS 的结构体数组 softirq_ vec，如下所示：

```
static struct softirq_action softirq_vec[NR_SOFTIRQS];
```

这个数组中的每个元素有且只有一个软中断。因此，最多可以有 NR_SOFTIRQS 个已注册的软中断。kernel/softirq.c 的以下代码片段说明了这一点：

```
void open_softirq(int nr,void (*action)(struct softirq_action *))
{
    softirq_vec[nr].action = action;
}
```

一个具体的例子是网络子系统，该子系统注册了它所需要的软中断（在 net/core/dev.c 中），如下所示：

```
open_softirq(NET_TX_SOFTIRQ, net_tx_action);
open_softirq(NET_RX_SOFTIRQ, net_rx_action);
```

在注册的软中断执行之前，需要对其进行激活或调度。为此，需要调用 raise_softirq() 或 raise_softirq_irqoff()（假设中断已关闭），代码片段如下所示：

```
void __raise_softirq_irqoff(unsigned int nr);
void raise_softirq_irqoff(unsigned int nr);
void raise_softirq(unsigned int nr);
```

上面的第一个函数只是在每个 CPU 的软中断位图中设置适当的位，也就是在 kernel/softirq.c 中对每个 CPU 所分配的结构体 irq_cpustat_t 中的 __softirq_pending 字段进行设置，如下所示：

```
irq_cpustat_t irq_stat[NR_CPUS] ____cacheline_aligned;
EXPORT_SYMBOL(irq_stat);
```

当检查到该标志时，允许该函数执行。在这里，对此函数的描述只是为了研究，不应直接使用。

在中断禁用的情况下才能调用 raise_softirq_irqoff()。首先，它会调用内部函数 __raise_softirq_irqoff() 来触发软中断。然后通过 in_interrupt() 宏检查是否从中断（硬中断或软中断）上下文中调用该函数，in_interrupt() 宏仅返回 current_thread_info()->preempt_count 的值，其中 0 表示启用了抢占，因而不在中断上下文中，而大于 0 的值表示在中断上下文中。如果 in_interrupt()>0，则在中断上下文中不执行任何操作，因为在任何 I/O IRQ 处理程序的退出路径上都会检查软中断标志。关于中断处理程序，在 ARM 平台上是 asm_do_IRQ()；在 x86 平台上是 do_IRQ()，do_IRQ() 会调用 irq_exit()。在这里，软中断在中断上下文中运行。但是，如果 in_interrupt()==0，则会调用 wakeup_softirqd() 函数，该函数负责唤醒本地 CPU 的 ksoftirqd 线程（实际上是对其进行调度），以确保软中断尽快运行，但此次在进程上下文中运行。

而 raise_softirq() 会首先调用 local_irq_save() 函数（它保存当前的中断标志并禁用本地处理器上的中断），然后调用 raise_softirq_irqoff() 函数，以便在本地 CPU 上调度软中断（请记住，必须在本地 CPU 上禁用 IRQ 的情况下调用此函数）。最后调用 local_irq_restore() 以恢复先前保存的中断标志。

以下是关于软中断的一些要点。

● 一个软中断永远不能抢占另一个软中断，只有硬中断能够抢占。软中断以高优先级执行，同时禁用调度程序的抢占但启用 IRQ。这使得软中断非常适合系统中最为关键和重要的延迟处理任务。

● 当处理程序在 CPU 上运行时，CPU 上的其他软中断被禁用。但是，软中断可以并发运行。当一个软中断正在运行时，另一个软中断（甚至是同一个软中断）可以在另一个处理器上运行。这是软中断相较于硬中断的主要优点之一，并且是软中断被用于网络子系统的原因之一，因为该子系统可能需要大量的 CPU 算力。

- 软中断通常是在硬中断处理程序的返回路径中被调度的。如果任何软中断在中断上下文之外被调度，并且如果本地 ksoftirqd 线程在被分配给 CPU 时软中断仍然处于挂起状态，那么它将在进程上下文中运行。在以下情况下，它们的执行可能被触发。

  - 通过本地的每个 CPU 定时器中断（仅在 SMP 系统中启用了 CONFIG_SMP）可以触发其执行，参见 timer_tick()、update_process_times()和 run_local_timers()。

  - 通过调用 local_bh_enable()函数可以触发其执行（大多数情况下由网络子系统调用，用于处理接收/发送软中断的数据包）。

  - 位于任何 I/O IRQ 处理程序的退出路径中（参见 do_IRQ()，它会调用 irq_exit()，从而调用 invoke_softirq()）。

  - 当本地 ksoftirqd 线程被分配到 CPU 上（即被唤醒）时。

真正负责遍历软中断挂起位图并对其执行的内核函数是__do_softirq()，该函数定义在 kernel/softirq.c 文件中，它在本地 CPU 上总是禁用中断的情况下会被调用，用于执行以下任务。

- 当该函数被调用时，会首先将当前每个 CPU 挂起的软中断位图保存在一个名为 pending 的变量中，然后通过__local_bh_disable_ip()禁用本地软中断。

- 重置当前每个 CPU 挂起的位掩码（已经保存），然后重新启用中断（软中断会在启用中断的情况下运行）。

- 进入一个 while 循环，检查保存的软中断位图中是否有挂起的软中断。如果没有软中断挂起，则执行每个挂起软中断的处理程序，注意增加它们的执行统计信息。

- 在所有挂起的 IRQ 处理程序执行完成后（已经退出 while 循环），__do_softirq()再次读取每个 CPU 挂起的位掩码，以检查在它进入 while 循环期间是否有任何软中断被重新调度。如果有任何挂起的软中断，则整个过程重新开始（基于 goto 循环），这有助于处理被重新调度的软中断。

但是，如果出现以下情况之一，__do_softirq()将不会重复执行。

- 已经循环了 MAX_SOFTIRQ_RESTART 次，该值在 kernel/softirq.c 中被设置为 10。这是软中断处理循环的限制，而不是前面描述的 while 循环的上限。

- 已经占用 CPU 超过最大值 MAX_SOFTIRQ_TIME，该值在 kernel/softirq.c 中被设置为 2 ms（msecs_to_jiffies(2)），这样做可以防止调度程序被启用。

如果上述两种情况之一发生，__do_softirq()将中断其循环，并调用 wakeup_ softirqd() 以唤醒本地 ksoftirqd 线程，该线程随后在进程上下文中执行挂起的软中断。由于 _do_softirq()会在内核中的许多点被调用，因此很可能在 ksoftirqd 线程有机会运行之前，另一个 __do_softirq()将调用处理了挂起的软中断。

关于 ksoftirqd 线程的一些说明

ksoftirqd 线程是一个针对每个 CPU 的内核线程，用于处理尚未服务的软中断。它在内核引导过程的早期就被启动。如下给出了 kernel/softirq.c 中的相关内容：

```
static __init int spawn_ksoftirqd(void)
{
    cpuhp_setup_state_nocalls(CPUHP_SOFTIRQ_DEAD,
  "softirq:dead",NULL, takeover_tasklets);
    BUG_ON(smpboot_register_percpu_thread(&softirq_threads));
    return 0;
}
early_initcall(spawn_ksoftirqd);
```

在上面的代码片段中，执行 top 命令后，就可以看到一些 ksoftirqd/*n*>条目，其中的 *n* 是运行 ksoftirqd 线程的逻辑 CPU 索引。由于 ksoftirqd 线程在进程上下文中运行，它们等同于经典的进程/线程，因此它们会竞争 CPU。长时间占用 CPU 的 ksoftirqd 线程可能表明系统负载过重。

3.4.2　任务微调度（tasklet）

在开始讨论 tasklet 之前，你应该注意到了，Linux 内核已经计划删除 tasklet。这里讨论 tasklet 纯粹是为了帮助你理解它们在旧的内核模块中是如何使用的。因此，在开发中请不要使用 tasklet。

tasklet 基于 HI_SOFTIRQ 和 TASKLET_SOFTIRQ 软中断，不同之处在于，基于 HI_SOFTIRQ 软中断的 tasklet 会在基于 TASKLET_SOFTIRQ 软中断的 tasklet 之前运行。简单来说，tasklet 是软中断，它与软中断遵循同样的规则。然而不同的是，两个相同的 tasklet 永远不会同时运行。

tasklet 由 tasklet_struct 结构体表示，该结构体定义在<linux/interrupt.h>中。这个结构体的每个实例表示一个唯一的 tasklet，如下面的代码片段所示：

```
struct tasklet_struct
{
```

```
    struct tasklet_struct *next;
    unsigned long state;
    atomic_t count;
    bool use_callback;
    union {
        void (*func)(unsigned long data);
        void (*callback)(struct tasklet_struct *t);
    };
    unsigned long data;
};
```

虽然 tasklet 有被删除的计划，但与其传统实现相比，它已经稍显现代化了。回调函数存放在 callback() 中，而不是 func() 中，后者是为了与原先的实现兼容才被保留。这个新的回调函数只需要一个指向 tasklet_struct 结构体的指针作为参数，而处理程序将由底层的软中断执行。它相当于一个软中断的操作，具有相同的原型和参数含义。data 是它唯一的参数。

无论是执行 callback() 处理程序还是 func() 处理程序，都取决于 tasklet 的初始化方式。可以使用 DECLARE_TASKLET 或 DECLARE_TASKLET_OLD 宏对 tasklet 进行静态初始化。这两个宏定义如下：

```
#define DECLARE_TASKLET_OLD(name, _func)     \
    struct tasklet_struct name = {           \
    .count = ATOMIC_INIT(0),                 \
    .func = _func,                           \
}
#define DECLARE_TASKLET(name, _callback)     \
    struct tasklet_struct name = {           \
    .count = ATOMIC_INIT(0),                 \
    .callback = _callback,                   \
    .use_callback = true,                    \
}
```

使用 DECLARE_TASKLET_OLD 宏可以保留传统的实现，并且使用 func() 作为回调函数，因此所提供的处理程序的原型必须如下：

```
void foo(unsigned long data);
```

而使用 DECLARE_TASKLET 宏可以将 callback() 作为处理程序，并将 use_callback 字段设置为 true（这是因为 tasklet 的核心处理机制将检查此值以确定必须调用哪个处理程序）。在这种情况下，所提供的处理程序的原型如下：

```
void foo(struct tasklet_struct *t)
```

当调用该处理程序时，指针 t 由 tasklet 的核心处理机制作为参数传递，指针 t 指向你的 tasklet。由于指向 tasklet 的指针作为回调函数的参数被传递，因此通常会将 tasklet 对象嵌入较大的用户特定的结构中，可以使用 container_of 宏获取指向该结构的指针。为了实现这一点，应该使用动态初始化，这可以通过 tasklet_setup() 函数来实现，该函数定义如下：

```
void tasklet_setup(struct tasklet_struct *t,
    void (*callback)(struct tasklet_struct *));
```

根据上面的原型，可以猜测如果使用动态初始化，则只能使用新的实现方式，将 callback() 用作 tasklet 的处理程序，别无他选。

到底使用静态方法还是动态方法，取决于需要实现的功能。例如，想让 tasklet 在整个模块中是唯一的，或者希望对于每个被探测的设备有一个私有的 tasklet，甚至更进一步，需要直接或间接引用 tasklet。

默认情况下，已初始化的 tasklet 在调度时是可运行的。也就是说，它已被启用。DECLARE_TASKLET_DISABLED 是一种替代方法，用于静态初始化默认禁用的 tasklet。对于动态初始化的 tasklet，除非在初始化后调用 tasklet_disable() 函数，否则没有这样的替代方法。禁用的 tasklet 需要调用 tasklet_enable() 函数才可运行。可以通过 tasklet_schedule() 和 tasklet_hi_schedule() 函数来调度 tasklet（类似于触发软中断）。还可以通过 tasklet_disable() 函数来禁用已调度或正在运行的 tasklet，该函数会禁用 tasklet，并在 tasklet 终止运行（假设它正在运行）后才返回。此后，tasklet 仍然可以调度，但它不会在同一 CPU 上运行，直至再次启用。也可以使用异步变体函数 tasklet_disable_nosync()，它会立即返回，即使尚未终止。此外，已禁用多次的 tasklet 应该以相同次数启用（由 tasklet 对象中的 count 字段强制执行和验证）。tasklet API 的定义如下：

```
DECLARE_TASKLET(name, _callback)
DECLARE_TASKLET_DISABLED(name, _callback);
DECLARE_TASKLET_OLD(name, func);
void tasklet_setup(struct tasklet_struct *t,
    void (*callback)(struct tasklet_struct *));
void tasklet_enable(struct tasklet_struct *t);
void tasklet_disable(struct tasklet_struct *t);
void tasklet_schedule(struct tasklet_struct *t);
void tasklet_hi_schedule(struct tasklet_struct *t);
```

内核在每个 CPU 上维护着两个队列：普通优先级的 tasklet 和高优先级的 tasklet，即每个 CPU 都维护着低优先级和高优先级的 tasklet 两个队列。tasklet_schedule()将 tasklet 添加到其所运行的 CPU 的普通优先级列表中，并以 TASKLET_SOFTIRQ 标志调度相关的软中断。tasklet_hi_schedule()则将 tasklet 添加到其所运行的 CPU 的高优先级列表中，并以 HI_SOFTIRQ 标志调度相关的软中断。当 tasklet 被调度时，其 TASKLET_STATE_SCHED 标志被设置，tasklet 排队等待执行。tasklet 执行期间，将设置 TASKLET_STATE_RUN 标志并删除 TASKLET_STATE_SCHED 状态，从而使 tasklet 能够在执行期间被重新调度，而无论调度者是 tasklet 本身还是中断处理程序。

高优先级的 tasklet 适用于具有低延迟要求的软中断处理程序。对已经被调度但执行尚未开始的 tasklet，调用 tasklet_schedule()函数将不起任何作用，导致 tasklet 只被执行一次。tasklet 可以重新调度自身，你可以在 tasklet 中安全地调用 tasklet_schedule()函数。高优先级的 tasklet 总是在普通优先级的 tasklet 之前执行，因此应该谨慎使用高优先级的 tasklet，否则可能增加系统延迟。终止一个 tasklet 很简单，只需要调用 tasklet_kill()函数即可，如下面的代码片段所示。该函数将防止 tasklet 再次执行，或在 tasklet 当前已被调度时等待其完成后再终止它。如果一个 tasklet 能够重新调度自身，那么应该在调用此函数之前先防止这个 tasklet 再次调度自身：

```
void tasklet_kill(struct tasklet_struct *t);
```

下面给出了一些 tasklet 处理函数：

```
#include <linux/init.h>
#include <linux/module.h>
#include <linux/kernel.h>
#include <linux/interrupt.h> /* for tasklets api */

/* Tasklet handler, that just prints the handler name */
void tasklet_function(struct tasklet_struct *t)
{
    pr_info("running %s\n", __func__);
}

DECLARE_TASKLET(my_tasklet, tasklet_function);

static int __init my_init(void)
{
    /* Schedule the handler */
    tasklet_schedule(&my_tasklet);
    pr_info("tasklet example\n");
    return 0;
}
```

```
void my_exit( void )
{
    /* Stop the tasklet before we exit */
    tasklet_kill(&my_tasklet);
    pr_info("tasklet example cleanup\n");
    return;
}


module_init(my_init);
module_exit(my_exit);
MODULE_AUTHOR("John Madieu <john.madieu@gmail.com>");
MODULE_LICENSE("GPL");
```

上面的代码片段静态声明了 my_tasklet 以及在调度此 tasklet 时应调用的函数。由于没有使用_OLD 变体，因此将原型定义为 tasklet 对象中 callback 字段的值。

注意

tasklet 已被弃用，你应该考虑使用线程化中断（threaded IRQ）代替它。

3.4.3　工作队列（workqueue）

自 Linux 2.6 内核版本之后，最常用和简单的延迟机制是工作队列。作为延迟机制，它采用与之前介绍的其他机制相反的方法，只在可抢占的上下文中运行。在需要休眠的情况下，除非隐式地创建内核线程或使用线程中断，否则工作队列是唯一的选择。工作队列建立在内核线程之上，但本书不会深入讲解内核线程。

在工作队列子系统的核心中，有一些数据结构相当全面地解释了其背后的概念，如下所示。

- 在内核中用 work_struct 结构体实例表示需要延迟执行的工作（称为工作项），该数据结构表示要执行的处理函数。如果一个工作（work）在提交到工作队列后需要延迟执行，则可以使用内核提供的 delayed_work 结构体实例。工作项（work item）是一个简单的结构，其中仅包含指向要异步执行的函数的指针。下面列举两种工作项结构。
  - ➢ work_struct 结构体：在系统允许的情况下尽快调度一个任务运行。
  - ➢ delayed_work 结构体：在给定的最少时间间隔之后调度一个任务运行。
- 工作队列本身由 workqueue_struct 结构体实例表示，它是工作所在的结构体，也是工作项的队列。

除了上面这些数据结构，你还应该熟悉以下两个通用术语。

- 工作者（worker）线程：工作者线程是专用于执行的线程，用于按顺序逐个从队列中取出函数。
- worker pool：这是一个线程的集合（线程池），用于更好地管理工作者线程。

使用工作队列的第一步是创建一个工作项，工作项由结构体 work_struct 或带延迟的结构体 delayed_work 表示，定义在 linux/workqueue.h 中。内核提供了 DECLARE_WORK 宏用于静态声明和初始化工作结构体，或使用 INIT_WORK 宏进行动态分配和初始化。如果工作需要延迟，可以使用 INIT_DELAYED_WORK 宏进行动态分配和初始化，或使用 DECLARE_DELAYED_WORK 宏进行静态分配。下面是这些宏的使用示例：

```
DECLARE_WORK(name, function)
DECLARE_DELAYED_WORK(name, function)
INIT_WORK(work, func );
INIT_DELAYED_WORK( work, func);
```

以下是工作项的结构：

```
struct work_struct {
     atomic_long_t data;
      struct list_head entry;
     work_func_t func;
};

struct delayed_work {
    struct work_struct work;
    struct timer_list timer;
    struct workqueue_struct *wq;
    int cpu;
};
```

func 字段的类型为 work_func_t，有关工作函数头的更多信息如下：

```
typedef void (*work_func_t)(struct work_struct *work);
```

work 是一个输入参数，对应于需要被调度的 work 结构体。如果提交了延迟的工作，则对应于 delayed_work.work 字段。然后需要使用 to_delayed_work()函数来获取底层延迟的 work 结构体，如下所示：

```
struct delayed_work *to_delayed_work(struct work_struct *work);
```

工作队列允许驱动程序创建一个专用的内核线程，称为工作线程，用于运行工作函数。可以使用以下函数创建新的工作队列：

```
struct workqueue_struct *create_workqueue(const char *name);
struct workqueue_struct *create_singlethread_workqueue(const char *name);
```

create_workqueue()函数会在系统的每个 CPU 上创建一个工作线程。例如，在一个 8 核系统上，将会创建 8 个内核线程来运行提交到工作队列中的工作。除非有充分的理由为每个 CPU 创建一个线程，否则应该优先选择单个线程变体。在大多数情况下，单个系统内核线程就足够了。此时应该使用 create_singlethread_workqueue()函数，以创建一个单线程的工作队列。正常的工作和延迟的工作都可以放在同一个工作队列中。为了在创建的工作队列上调度工作，可以使用 queue_work()或 queue_delayed_work()函数，具体取决于工作的性质。这两个函数定义如下：

```
bool queue_work(struct workqueue_struct *wq,struct work_struct *work);
bool queue_delayed_work(struct workqueue_struct *wq,
                        struct delayed_work *dwork, unsigned long delay);
```

如果工作已经在工作队列中，则这两个函数返回 false，否则返回 true。在给定的延迟时间到期后，queue_delayed_work()函数用来调度一个工作项（延迟执行的工作）。延迟的时间单位是 jiffy。但是，也有将毫秒和微秒转换为 jiffy 的 API，定义如下：

```
unsigned long msecs_to_jiffies(const unsigned int m);
unsigned long usecs_to_jiffies(const unsigned int u);
```

以下示例使用 200 ms 作为延迟时间：

```
queue_delayed_work(my_wq, &drvdata->tx_work,usecs_to_jiffies(200));
```

这个延迟时间是不精确的，因为延迟时间会被舍入为最接近的 jiffy 值。因此，即使只请求 200 ms，也会有 1 jiffy 的延迟。已提交的工作项可以通过调用 cancel_delayed_work()、cancel_delayed_work_sync()或 cancel_work_sync()函数进行取消。这些取消函数定义如下：

```
bool cancel_work_sync(struct work_struct *work);
bool cancel_delayed_work(struct delayed_work *dwork);
bool cancel_delayed_work_sync(struct delayed_work *dwork);
```

cancel_work_sync()同步取消给定的工作——换句话说，它取消工作并等待其执行完成。内核保证从此函数返回时，工作不会挂起或在任何 CPU 上执行，即使工作迁移到另一个工作队列或重新排队。如果工作处于挂起状态，则返回 true，否则返回 false。

cancel_delayed_work()是一个异步取消延迟工作的函数。如果工作处于挂起状态并被取消，则返回 true（实际上返回一个非零值），否则返回 false。可能是因为工作正在执行，因此它在 cancel_delayed_work() 返回后仍可能继续执行。为了确保工作真正执行到结束，你可能希望使用 flush_workqueue() 函数，该函数将刷新给定工作队列中的每个工作项；或使用 cancel_delayed_work_sync()，它是 cancel_delayed_work() 的同步版本。

当不再需要一个工作队列时，应使用 destroy_workqueue() 函数来销毁它，如下所示：

```
void flush_workqueue(struct worksqueue_struct * queue);
void destroy_workqueue(structure workqueque_struct *queue);
```

在等待任何挂起的工作执行时，_sync 变体函数会休眠，因此只能从进程上下文中调用它们。

在大多数情况下，你的代码并不一定需要专用的线程集才能获得性能提升。由于 create_workqueue() 函数会为每个 CPU 创建一个工作线程，因此在非常大的多 CPU 系统上，使用它可能不是一个好主意。你可能需要使用一个内核共享队列，它已经预先分配了一组内核线程（在启动期间通过 workqueue_init_early() 函数）来执行工作。

这个内核共享队列就是所谓的 system_wq 工作队列，该工作队列定义在 kernel/workqueue.c 中。实际上，每个 CPU 都有一个实例，而每个实例都由一个名为 events/n 的专用线程支持，其中 n 是线程绑定的处理器编号（或索引）。

可以使用以下函数之一在默认的系统工作队列中对工作项进行排序：

```
int schedule_work(struct work_struct *work);
int schedule_delayed_work(struct delayed_work *dwork, unsigned long delay);
int schedule_work_on(int cpu, struct work_struct *work);
int schedule_delayed_work_on(int cpu,
                          struct delayed_work *dwork, unsigned long delay);
```

当前处理器上的工作线程在被唤醒后，schedule_work() 将立即尽可能地调度将要执行的工作。在延迟计时器滴答后，使用 schedule_delayed_work() 将工作放入工作队列中。_on 变量用于在特定 CPU（不一定是当前 CPU）上调度工作。以上每一个函数都将在内核共享队列 system_wq 中对工作进行排队，如下所示：

```
struct workqueue_struct *system_wq __read_mostly;
EXPORT_SYMBOL(system_wq);
```

由于这个工作队列是共享的，因此对于执行时间过长的工作不应该排队，否则可能会减慢其他工作的速度，这些工作可能本就需要等待更长时间才能执行。

为了刷新内核共享队列，即确保给定的一批工作已经完成，可以使用 flush_

scheduled_work()函数，如下所示：

```
void flush_scheduled_work(void);
```

flush_scheduled_work()是一个封装函数，它会在 system_wq 上调用 flush_workqueue()。请注意， system_wq 中可能存在没有提交且无法控制的工作。因此完全刷新这个工作队列是不必要的，建议使用 cancel_delayed_work_sync()或 cancel_work_ sync()来取消工作。

注意
除非你有充分理由去创建一个专用线程，否则首选是默认的（全局内核）线程。

3.4.4　新一代的工作队列

传统的（现在被认为是遗留的）工作队列实现使用了两种类型的工作队列：一种是系统范围内只有一个线程的工作队列，另一种是每个 CPU 一个线程的工作队列。然而，对于越来越多的 CPU 来说，这种实现存在一些限制，如下所述。

- 在非常大的系统上，内核可能会在启动时，甚至在 init 进程启动之前，就耗尽进程标识符（PID）（默认有 32 000 个）。
- 多线程工作队列提供较弱的并发管理，这是因为它们的线程会与系统中的其他线程争夺 CPU 资源。随着 CPU 竞争者数量的增加，会引入一些额外的开销，即出现更多的上下文切换。
- 消耗比实际需要更多的资源。

此外，需要动态或细粒度并发级别的子系统必须实现自己的线程池。因此，Linux 内核设计了一个新的工作队列 API，并计划删除遗留的工作队列 API（create_ workqueue()、create_ singlethread_workqueue()和 create_freezable_workqueue()），尽管它们实际上是对新工作队列 API（称为 concurrency managed workqueue，cmwq）的封装。cmwq 使用每个 CPU 的工作线程池，这些线程池由所有工作队列共享，以自动提供动态、灵活的并发级别，并为工作队列 API 用户抽象了这些细节。

cmwq 是工作队列 API 的升级版。使用 cmwq 意味着为了创建工作队列，需要在 alloc_workqueue()和 alloc_ordered_workqueue()之间进行选择。它们都分配了一个工作队列，并在成功时返回指向它的指针，在失败时返回 NULL。返回的工作队列可以使用 destroy_workqueue()函数来释放。代码示例如下：

```
struct workqueue_struct *alloc_workqueue(const char *fmt,
                                unsigned int flags, int max_active, ...);
#define alloc_ordered_workqueue(fmt, flags, args...) [...];
```

```
void destroy_workqueue(struct workqueue_struct *wq);
```

fmt 是工作队列名称的 printf 格式，而 "args..." 是 fmt 的参数。

destroy_workqueue()函数用于在使用完工作队列后对其进行清除。在内核真正销毁工作队列之前，所有当前待处理的工作项都将处理完。alloc_workqueue()基于 max_active 创建一个工作队列，max_active 限制了这个工作队列中可以同时在任何给定 CPU 上执行的工作项（实际上是任务）的数量，从而定义了并发级别。例如，max_active 值为 5，表示每个 CPU 上最多可以同时执行 5 个工作项。而 alloc_ordered_workqueue()创建的工作队列会按照排队顺序（即先进先出顺序）逐个处理每个工作项。

flags 控制工作项何时何地排队、分配执行资源，以及调度和执行工作项。在这个新 API 中，用到的 flags 值有很多，如下所示。

- WQ_UNBOUND：旧版的工作队列为每个 CPU 提供了一个工作线程，以便在提交任务的 CPU 上运行任务。内核调度程序无法选择在定义了工作线程的 CPU 上调度哪个工作线程。采用这种方法，即使是一个单独的工作队列也能防止 CPU 空闲并关闭，这会增加功耗或者造成不良的调度策略，WQ_UNBOUND 关闭了先前描述的行为。工作项不再绑定到 CPU 上，因此称为非绑定工作队列。因为没有更多的本地性，调度程序可以随意在任何 CPU 上重新调度工作线程。调度程序现在具有最后的决定权，从而可以平衡 CPU 负载，特别是对那些长时间且可能消耗 CPU 的任务。

- WQ_MEM_RECLAIM：为工作队列设置此标志意味着在内存回收路径期间需要保证系统向前推进（当可用内存极低时，系统处于内存压力状态）。在这种情况下，GFP_KERNEL 的分配可能会阻塞并锁死整个工作队列。工作队列将保证至少有一个准备好的且能用的工作线程——也就是所谓的"救援者线程"——保留这样的工作线程，可以确保无论内存压力如何，都能使系统向前推进。对于设置了此标志的每个工作队列，都分配一个救援者线程。

假设有一个工作队列 W，其中有 3 个工作项（w_1、w_2 和 w_3）。w_1 执行一些工作，然后等待 w_3 完成（假设 w_1 依赖于 w_3 的计算结果）。随后，w_2（与其他工作项无关）执行 kmalloc()内存分配（GFP_KERNEL），但出现了内存不足的问题。当 w_2 被阻塞时，它仍然占用工作队列 W。这将导致 w_3 无法运行，即使 w_2 和 w_3 之间没有依赖关系。由于没有足够的内存可用，因此无法分配新线程来运行 w_3。预先分配的线程肯定可以解决这个问题，但不是通过神奇地为 w_2 分配内存来解决问题，而是通过运行 w_3，使得 w_1 可以继续工作。当有足够的可用内存时，w_2 将尽快继续。这个预分配的线程称为救援者线程。如果认为工作队列可能在内存回收路径中使用，则必须设置 WQ_MEM_RECLAIM 标志。

注意

内存回收是 Linux 系统在内存分配路径上的一种机制，只有在将当前内存内容移到其他位置之后，才会分配内存。

在工作队列中，常见的标志包括以下 3 种。

- WQ_FREEZABLE：该标志用于电源管理。设置了此标志的工作队列在系统暂停或休眠时将被冻结。在冻结过程中，所有当前工作者的工作项将被处理。当冻结完成后，将不再执行任何新的工作项，直至系统解冻。与文件系统相关的工作队列可能会使用此标志，以确保对文件所做的修改被推送到磁盘上，或在冻结路径上创建休眠镜像，并且在创建休眠镜像后不会对磁盘进行修改。在这种情况下，使用非冻结项或以不同方式执行可能会导致文件系统损坏。例如，所有 Extents 文件系统（Extents File System，XFS）内部工作队列都设置了此标志（参见 fs/xfs/xfs_ super.c），以确保一旦冷冻器基础设施冻结内核线程并创建休眠镜像，则不会在磁盘上进行进一步的更改。如果你的工作队列可以作为系统的休眠/暂停/恢复过程的一部分运行任务，则绝不能设置此标志。有关此主题的更多信息，参见 Documentation/power/freezing-of-tasks.txt 并查看 freeze_workqueues_begin() 和 thaw_workqueues()内部内核函数。

- WQ_HIGHPRI：设置了此标志的任务会立即运行，而不再等待 CPU 可用。此标志用于需要高优先级执行的工作队列。这种工作队列包含具有高优先级（较低 nice 值）的工作线程。在早期的 cmwq 中，高优先级的工作项只是排在全局正常优先级工作列表的开头，以便可以立即运行。现在，正常优先级和高优先级工作队列之间没有任何交互，因为每个工作队列都有自己的工作列表和工作线程池。高优先级工作队列的工作项会排队到目标 CPU 的高优先级工作线程池。此类工作队列中的任务不应该阻塞太久。如果不希望自己的工作项与正常优先级或低优先级任务竞争 CPU，则可以使用此标志。例如，加密和块设备子系统均可使用此标志。

- WQ_CPU_INTENSIVE：CPU 密集型工作队列的工作项可能会消耗大量 CPU 资源，并且不参与工作队列并发管理。相反，与其他任务一样，它们的执行由系统调度程序进行调节，对于可能消耗大量 CPU 资源的绑定工作项，使用此标志非常方便。虽然系统调度程序控制它们的执行，但并发管理控制它们的启动执行，可运行的非 CPU 密集型工作项可能会导致 CPU 密集型工作项被延迟。加密和 dm-crypt 子系统使用此类工作队列。为了防止这些任务延迟其他非

　　CPU 密集型工作项的执行，当工作队列代码确定 CPU 是否可用时，将不会考虑它们。

为了兼容旧版的工作队列 API，以下映射被执行以保持新 API 与旧 API 的兼容性。

- create_workqueue(name)被映射到 alloc_workqueue(name,WQ_MEM_RECLAIM,1)。
- create_singlethread_workqueue(name) 被 映 射 到 alloc_ordered_workqueue(name, WQ_MEM_RECLAIM)。
- create_freezable_workqueue(name)被映射到 alloc_workqueue(name,WQ_FREEZABLE | WQ_UNBOUND|WQ_MEM_RECLAIM, 1)。

　　简单概括一下，alloc_ordered_workqueue()实际上取代了 create_freezable_workqueue() 和 create_singlethread_workqueue()。使用 alloc_ordered_workqueue()分配的工作队列是未绑定的，max_active 被设置为 1。

　　至于工作队列中的调度项，则可以通过 queue_work_on()将它们排队到指定 CPU 上，并在该 CPU 上执行它们。通过 queue_work()排队的工作项会优先选择当前 CPU，但不能保证本地性。

注意

schedule_work()是对系统工作队列（system_wq）进行 queue_work()调用的封装函数，而 schedule_work_on()则是对 queue_work_on()进行调用的封装函数。此外，请记住以下内容：system_wq = alloc_workqueue("events", 0, 0);。你可以通过查看内核源代码的 kernel/ workqueue.c 文件中的 workqueue_init_early()函数来了解其他系统工作队列是如何创建的。

　　我们已经实现了新的 Linux 内核工作队列管理，即 cmwq。由于工作队列可以用于从中断处理程序中延迟任务，因此接下来我们将学习如何处理 Linux 内核中断。

3.5　内核中断处理

　　除了为进程和用户请求提供服务，Linux 内核的另一项工作是管理硬件，并与硬件进行通信。这种通信可以是从 CPU 到设备，也可以是从设备到 CPU，并且通过中断来实现。中断是由外部硬件设备发送给处理器的信号，请求立即处理。在 CPU 接收到中断之前，中断控制器应该启用中断。中断控制器是一种独立的设备，其主要工作是将中断路由到 CPU。

　　Linux 内核提供了我们感兴趣的中断处理程序，以便当触发这些中断时进行相应的处理。

中断是指设备中止内核的方式，它会告诉内核发生了哪些有趣或重要的事情。在 Linux 系统中，这些事情称为 IRQ。中断的主要优点是可以避免设备轮询，而是由设备来判断其状态是否发生变化。

要在中断发生时收到通知，需要向 IRQ 注册，并提供一个称为中断处理程序的函数，每次触发中断时都会调用该函数。

中断处理程序的设计和注册

当执行中断处理程序时，就会在本地 CPU 上禁用中断。因此，在设计中断服务例程（Interrupt Service Routine，ISR）时需要遵守以下规定。

- 执行时间：当 IRQ 处理程序在本地 CPU 上运行时，它们会禁用中断。因此，代码必须尽可能短小且可以快速运行，以确保能够快速重新启用先前被禁用的 CPU 本地中断，以便不错过任何其他出现的 IRQ。耗时的 IRQ 处理程序可能会显著改变系统的实时性能并导致系统变慢。

- 执行上下文：由于中断处理程序在原子上下文中执行，因此禁止睡眠（或其他可能导致睡眠的机制，如互斥锁，以及从内核到用户空间或从用户空间到内核进行数据复制等）。任何需要或涉及睡眠的代码必须延迟到另一个更安全的上下文（即进程上下文）中执行。

一个中断处理程序需要提供两个参数：要安装中断处理程序的中断线，以及外设的唯一设备 ID（Unique Device ID，UDI）（通常用作上下文数据结构，即指向关联硬件设备的每个设备或私有结构的指针），如下所示：

```
typedef irqreturn_t (*irq_handler_t)(int, void *);
```

设备驱动程序要想为给定的 IRQ 注册中断处理程序，就应调用定义在 <linux/interrupt.h> 中的 devm_request_irq()，如下所示：

```
devm_request_irq(struct device *dev, unsigned int irq,
                 irq_handler_t handler,
                 unsigned long irqflags,
                 onst char *devname, void *dev_id)
```

在以上函数参数列表中，dev 是负责中断线的设备，irq 是要为其注册中断处理程序的中断线（即发出设备的中断号）。在验证请求之前，内核会确保请求的中断是有效的，并且未被分配给其他设备，除非两个设备都请求共享此中断线（可借助 irqflags 进行判断）。handler 是指向中断处理程序的函数指针，irqflags 是中断标志。devname 是一个 ASCII 字符串，用于描述中断。对于共享 IRQ，dev 应该是唯一的，每个注册的中断处理程序都不能为 NULL，因为内核 IRQ 核心使用它来标识设备。一种常见的使用方式是提供指向设备结构的指针（并且可能对中断处理程序有用），因为当发生中断时，中断线（irq）和该参数都将被传递给注册的中断处理程序，中断处理程序可以使用此数据作为上下文数据进行进一步处理。

irqflags 参数通过以下掩码来改变中断线或中断处理程序的状态或行为，这些掩码可以按位进行操作以形成所需的最终位掩码，具体如下：

```
#define IRQF_SHARED 0x00000080
#define IRQF_PROBE_SHARED 0x00000100
#define IRQF_NOBALANCING 0x00000800
#define IRQF_IRQPOLL 0x00001000
#define IRQF_ONESHOT 0x00002000
#define IRQF_NO_SUSPEND 0x00004000
#define IRQF_FORCE_RESUME 0x00008000
#define IRQF_NO_THREAD 0x00010000
#define IRQF_EARLY_RESUME 0x000200002
#define IRQF_COND_SUSPEND 0x00040000
```

请注意，irqflags 也可以为 0。下面解释一些重要的标志，其余的标志参见 include/linux/interrupt.h 头文件。

- IRQF_NOBALANCING（不平衡）：将中断排除在 IRQ 平衡之外。IRQ 平衡是一种机制，用于在 CPU 之间分配/重定位中断，以提高性能为目的。它可以防止 IRQ 的 CPU 亲和性被更改。这个标志可能有助于为时钟源或时钟事件设备提供灵活的设置，能防止将事件错误地归因于错误的处理器核心。这个标志只有在多核系统上才有意义。

- IRQF_IRQPOLL：此标志允许实现 irqpoll 机制，旨在解决中断问题。这意味着当给定的中断未被处理时，中断处理程序应该被添加到已知中断处理程序列表中以供查找。

- IRQF_ONESHOT：通常情况下，在硬中断处理程序完成后，实际正被服务的中断线将被重新启用，而无论是否唤醒了线程化处理程序。此标志在硬中断处理程序完成后可以使中断线保持禁用。对于必须在线程化处理程序完成之前保持中断线禁用的线程化中断（稍后将讨论此问题），必须设置此标志，之后中断线将得到重新启用。

- IRQF_NO_SUSPEND：不会在系统休眠/暂停期间禁用中断，这意味着中断可以把系统从挂起状态中唤醒。这些 IRQ 可能是定时器中断，在系统挂起期间触发并需要处理。整个中断线都会受到此标志的影响。因此，如果 IRQ 是共享的，就需要执行共享中断线上的每个注册处理程序，而非仅仅执行安装此标志的注册处理程序。应尽可能避免同时使用 IRQF_NO_SUSPEND 和 IRQF_SHARED。

- IRQF_FORCE_RESUME：即使设置了 IRQF_NO_SUSPEND 标志，在系统恢复路径中也会触发中断。

- IRQF_NO_THREAD：防止中断处理程序被线程化。该标志覆盖了内核 threadirqs 命令行选项，该命令行选项强制所有中断都线程化。该标志的引入是为了解决某些中断不可线程化的问题（例如，即使所有中断处理程序都被强制线程化，也不能线程化计时器中断处理程序）。

- IRQF_TIMER：将中断处理程序标记为特定于系统计时器中断，这有助于确保在系统暂停期间不禁用计时器中断，以确保系统正常恢复，并在启用完全抢占（即 PREEMPT_RT）时不将其线程化。IRQF_TIMER 是 IRQF_NO_SUSPEND | IRQF_NO_ THREAD 的别名。

- IRQF_EARLY_RESUME：在系统核心（syscore）操作的恢复时间早于设备恢复时间时提前恢复 IRQ。

- IRQF_SHARED：允许多个设备共享一个中断线。然而，每个需要共享给定中断线的设备驱动程序都必须设置此标志，否则无法注册中断处理程序。

你还必须考虑中断处理程序的 irqreturn_t 返回类型，因为它可能涉及中断处理程序返回后的进一步操作。可能的返回值如下。

- IRQ_NONE：对于共享中断线，一旦中断发生，内核 IRQ 核心就会按照它们注册的顺序依次执行中断处理程序。然后，设备驱动程序有责任检查是不是设备发出了中断。如果中断不来自设备，则必须返回 IRQ_NONE，以指示内核调用下一个注册的中断处理程序。这个返回值在共享中断线上被广泛使用，因为它可以通知内核中断不来自设备。但是，如果给定中断线上的前 100 000 个中断中有 99 900 个中断没有被处理，则内核会认为 IRQ 被卡住了，于是输出一条诊断信息并尝试关闭 IRQ。更多信息可以查看内核源代码中的 __report_bad_irq() 函数。

- IRQ_HANDLED：如果中断已成功处理，则返回此值。对于线程化的 IRQ，此值会在不唤醒线程化处理程序的情况下确认中断（在控制器级别）。

- IRQ_WAKE_THREAD：在线程化处理程序中，硬中断处理程序必须返回此值来唤醒处理程序线程。在这种情况下，IRQ_HANDLED 只能由先前使用 devm_request_threaded_irq() 注册的线程化处理程序返回。

注意

在中断处理程序中不应重新启用 IRQ，因为这涉及"中断重入"。

devm_request_irq()是 request_irq()的托管版本，后者定义如下：

```
int request_irq(unsigned int irq, irq_handler_t handler,
                unsigned long flags, const char *name,
                void *dev);
```

它们具有相同的变量含义。如果驱动程序使用托管版本，则 IRQ 核心将负责释放资源。在其他情况下，例如在卸载路径或设备离开时，驱动程序必须通过使用 free_irq()函数取消注册中断处理程序来释放 IRQ 资源，该函数定义如下：

```
void free_irq(unsigned int irq, void *dev_id);
```

free_irq()函数会移除中断处理程序（对于共享中断来说，中断处理程序由 dev_id 指定），并且会禁用中断线。如果中断线是共享的，就从中断处理程序列表中移除中断处理程序，并且当最后一个中断处理程序被移除后，中断线将被禁用。此外，如果可能的话，在调用此函数之前必须确保中断在它驱动的设备上真正被禁用，因为省略这一点可能导致虚假的 IRQ。

关于中断需要注意以下方面。

- 在 Linux 系统上，当一个 CPU 正在执行 IRQ 的处理程序时，该 CPU 上的所有中断都将被禁用，并且所有其他 CPU 上正被服务的中断也将被屏蔽。这意味着中断处理程序不需要可重入，因为在当前处理程序完成之前，同一中断永远不会被接收。但是，在其他 CPU 上，除正被服务的中断外的所有其他中断保持启用（或者保持不变），因此其他中断继续被服务，尽管当前中断线始终被禁用，且本地 CPU 上的进一步中断也被禁用。同一中断处理程序永远不会被并发调用以服务嵌套中断，这使得编写中断处理程序更加容易。
- 关键区域需要尽可能减少运行中断的次数。为了记住这一点，你可以告诉自己，中断处理程序已经中断了其他代码，并且需要将 CPU 返回给它们。
- 中断上下文有自己的（固定且相当小的）堆栈大小。因此，在运行 ISR 时禁用 IRQ 是有意义的，因为如果发生过多的抢占，就可能导致堆栈溢出。
- 中断处理程序不能阻塞，它们不在进程上下文中运行。因此，不能在中断处理程序中执行以下操作。
  - 在中断处理程序中传输数据到用户空间或者从用户空间传输数据到内核，可能导致阻塞。

- ➢ 在中断处理程序中休眠或依赖可能导致休眠的代码，例如调用 wait_event()，使用除 GFP_ATOMIC 外的任何标志进行内存分配，以及使用互斥锁/信号量。线程化处理程序可以处理休眠的情况。
- ➢ 触发或调用 schedule()。

注意

如果一个设备发出了一个 IRQ，而这个 IRQ 在控制器级别被禁用（或被屏蔽），那么它不会被处理（在流处理程序中被屏蔽）。但是，当该 IRQ 被启用（或取消屏蔽）时，它仍处于挂起状态（在设备级别），于是一个中断会立即发生。

中断的不可重入性意味着如果一个中断已经处于激活状态，则直至清除激活状态，它才能再次进入。

理解上半部分和下半部分的概念

外部设备发送 IRQ 到 CPU，要么用于表示特定事件，要么用于请求服务。如前所述，不良的中断管理可能会显著增加系统的延迟并降低系统的实时性。中断处理——至少是硬中断处理——必须非常快，不仅要保持系统的响应性，也要避免错过其他中断事件。

我们的想法是将中断处理程序分成两部分。第一部分（实际上是一个函数）将在所谓的硬 IRQ（hard-IRQ）上下文中运行，中断被禁用，并且将执行最少量的必要工作（例如进行一些快速的健全性检查——基本上是一些时间敏感的任务，读取/写入硬件寄存器，以及对设备确认中断）。第一部分是 Linux 系统中所谓的上半部分（top half）。上半部分将调度一个线程化处理程序，从而以重新启用中断的方式运行所谓的下半部分函数，这是中断的第二部分。下半部分可以执行耗时的操作（如缓冲区处理）和可能需要休眠的任务，因为下半部分是在内核线程中运行的。

这种分离将显著提高系统的响应速度，因为禁用 IRQ 所要花费的时间可以减少到最低。由于下半部分在内核线程中运行，因此它们会与运行队列中的其他进程竞争 CPU。此外，对它们还可以设置实时属性。上半部分使用 devm_request_irq() 注册处理程序。而当使用 devm_ request_threaded_irq() 注册处理程序时，上半部分是提供给该函数的第一个处理程序。

下半部分代表从中断处理程序内部调度的任何任务（或工作）。下半部分可以使用工作延迟机制来设计。

根据你所选择的任务调度机制，它可能运行在（软）中断上下文或进程上下文中。

这些机制包括软中断（softirqs）、tasklet、工作队列和线程化请求中断（threaded IRQ）。

注意

tasklet 和 softirq 与"线程中断"机制无关，因为它们在自己的专有（原子）上下文中运行。

由于软中断处理程序在高优先级下运行，而且禁止调度程序抢占，因此它们在完成之前不会释放 CPU 给进程/线程，这一点在将它们用于下半部分委派时必须注意。由于现在为特定进程分配的时间片可能会有所变化，因此没有严格的规则来确定软中断处理程序需要多长时间才能完成，以避免减慢系统速度,因为内核将无法给其他进程分配CPU时间。

"硬中断"（实际上是指上半部分）必须尽可能快，大多数情况下仅涉及 I/O 存储器的读写。任何其他计算都应该在下半部分进行延迟处理，主要目标是执行任何耗时且与中断无关的工作，这些工作不由上半部分执行。关于上半部分和下半部分工作的分配，没有明确的指导方针。以下是一些建议。

● 与硬件相关或时间敏感的工作可以在上半部分执行。
● 如果工作确实不需要被中断，则可以在上半部分执行。
● 在笔者看来，其他所有工作都可以推迟，因此它们可以在下半部分执行，因为此时中断是开启的，系统的繁忙程度较低。
● 如果硬中断足够快，能够在几微秒内处理和确认中断，则绝对不要委托给下半部分执行。

使用线程化中断处理程序

引入线程化中断处理程序是为了减少中断处理程序所花费的时间，并将其余的工作（即任务）延迟到内核线程中执行。因此，上半部分（硬中断请求）将包括一些快速的完整性检查，例如确保中断来自设备，并相应地唤醒下半部分。线程化中断处理程序既可以在它们自己的线程中运行，也可以在它们的父线程中运行，还可以在单独的内核线程中运行。此外，专用的内核线程可以设置实时优先级，但它们通常以正常实时优先级运行（MAX_USER_RT_PRIO/2，正如你在 kernel/irq/manage.c 的 setup_irq_thread()函数中看到的那样）。

使用线程化中断处理程序的一般规则很简单：将硬 IRQ 程序尽可能保持最小，同时尽可能将更多的工作（最好是全部工作）推迟到内核线程中进行处理。如果希望请求一个线程化中断处理程序，应使用 devm_request_threaded_irq()，其原型如下：

```
devm_request_threaded_irq(struct device *dev, unsigned int irq,
                 irq_handler_t handler, irq_handler_t thread_fn,
                 unsigned long irqflags, const char *devname,
                 void *dev_id);
```

该函数有两个特殊参数——handler 和 thread_fn，具体如下。

- handler 作为硬中断处理程序，可以在中断发生时立即在中断上下文中运行。它的工作通常包括读取中断原因（存放于设备状态寄存器中），以确定如何处理中断[这在内存映射 I/O（Memory-Mapped I/O ，MMIO）设备上经常发生]。如果中断不来自设备，该函数应返回 IRQ_NONE。这个返回值通常只对共享中断线有意义。如果这个硬中断处理程序可以在足够快的时间内完成中断处理（这不是通用规则，但假设它不超过 0.5 jiffy，也就是说，如果定义 jiffy 值的 CONFIG_HZ 设置为 1000，则不超过 500 ms）。对于某些中断原因，它应该在处理后返回 IRQ_HANDLED 以确认中断。超出此时间的中断处理应该在线程化中断处理程序中延迟处理。在这种情况下，硬中断处理程序应返回 IRQ_WAKE_THREAD 以唤醒线程化中断处理程序。仅当同时提供了 thread_fn 处理程序时，返回 IRQ_WAKE_THREAD 才有意义。
- thread_fn 是添加到调度程序运行队列中的线程化处理程序。当硬中断处理程序返回 IRQ_WAKE_THREAD 时，它就会被添加到调度程序运行队列中。如果 handler 被设置并返回 IRQ_WAKE_THREAD 而 thread_fn 为 NULL，则在硬中断处理程序的返回路径中什么也不会发生，但会输出一条简单的警告消息（在内核源代码的 __irq_wake_thread() 函数中可以看到）。thread_fn 由于与调度程序运行队列中的其他进程竞争 CPU，它可能会立即执行，也可能在将来的某个时刻执行（当系统负载较轻时）。当 thread_fn 完成中断处理时，应返回 IRQ_HANDLED。之后，将关联的内核线程从调度程序运行队列中取出并置于阻塞状态，直至再次被硬中断处理程序唤醒。

如果 handler 为 NULL 并且 thread_fn 不为 NULL，内核将安装默认的硬中断处理程序。这是默认的主要处理程序。它什么都不做，只返回 IRQ_WAKE_THREAD 来唤醒关联的内核线程，该内核线程将执行 thread_fn 处理程序。

实现如下：

```
/* Default primary interrupt handler for threaded
 * interrupts. Assigned as primary handler when
 * request_threaded_irq is called with handler == NULL.
 * Useful for oneshot interrupts.
```

```
    */
static irqreturn_t irq_default_primary_handler(int irq, void *dev_id)
{
    return IRQ_WAKE_THREAD;
}
int request_threaded_irq(unsigned int irq,
    irq_handler_t handler, irq_handler_t thread_fn,
    unsigned long irqflags, const char *devname,
    void *dev_id)
{
    [...]
    if (!handler) {
        if (!thread_fn)
            return -EINVAL;
        handler = irq_default_primary_handler;
    }
    [...]
}
EXPORT_SYMBOL(request_threaded_irq);
```

这样可以将中断处理程序的执行完全转移到进程上下文中，从而防止有问题的驱动程序（实际上是有问题的 IRQ 处理程序）破坏整个系统并减少中断延迟。

在新的内核版本中，request_irq()简单地将 thread_fn 参数设置为 NULL 来封装 request_threaded_irq()函数（devm_变体函数也是如此）。

请注意，当从硬中断处理程序返回时（无论返回值是什么），在中断控制器级别都会确认中断，从而允许你考虑其他中断。在这种情况下，如果在设备级别未确认中断，则会一遍又一遍地触发中断。对于电平触发的中断，这种情况将导致堆栈溢出（或者永远被卡在硬中断处理程序中），因为发出中断的设备仍将断言中断线。

对于线程化中断的实现，当驱动程序需要在线程中运行下半部分时，它们必须在硬中断处理程序中屏蔽设备级别的其他中断。然而，这需要对发出中断的设备进行访问，但对于位于慢总线上的设备（如 I²C 或 SPI 总线），这并不总是可能的，因为这样的总线需要线程上下文。引入 IRQF_ONESHOT 后，这个操作不再是强制性的，因为即使当线程化中断处理程序运行时，也可以保持 IRQ 在控制器级别被禁用。然而，驱动程序必须在线程化中断处理程序执行完之前清除该设备上的中断。

使用 devm_request_threaded()（或非管理式的变体函数），我们可以通过省略硬中断处理程序来请求专门的线程化 IRQ。在这种情况下，必须设置 IRQF_ONESHOT 标志，否则内核将报错，因为在设备和控制器级别未屏蔽中断的情况下，线程化中断处理程序将会运行。

下面是一个例子。

```
static irqreturn_t data_event_handler(int irq, void *dev_id)
{
    struct big_structure *bs = dev_id;
    clear_device_interupt(bs);
    process_data(bs->buffer);
    return IRQ_HANDLED;
}
static int my_probe(struct i2c_client *client)
{
[...]
    if (client->irq > 0) {
    ret = request_threaded_irq(client->irq, NULL, &data_event_handler,
            IRQF_TRIGGER_LOW | IRQF_ONESHOT, id->name, private);
    if (ret)
        goto error_irq;
}
[...]
    return 0;
error_irq:
    do_cleanup();
    return ret;
}
```

在上面的例子中，设备位于 I²C 总线上，因此访问设备可能会使底层任务进入睡眠状态。这样的操作绝不能在硬中断处理程序中执行。

以下是介绍 IRQF_ONESHOT 标志并解释其作用的邮件列表段落摘录："它允许驱动程序在执行硬中断上下文处理程序并唤醒线程后，发出中断不被屏蔽的请求（在控制器级别）。在线程化处理程序执行后，取消对中断线的屏蔽。"

如果驱动程序在给定的 IRQ 上设置了 IRQF_SHARED 或 IRQF_ONESHOT 标志，那么共享该 IRQ 的其他驱动程序也必须设置相同的标志。/proc/interrupts 文件列出了 IRQ 列表，其中包括每个 CPU 处理的中断次数，发出请求时给定的 IRQ 名称，以及为中断注册了处理程序的驱动程序列表。

线程化 IRQ 是中断处理的最佳选择，这对可能占用太多 CPU 周期（例如超过 1jiffy）的 IRQ 尤为有利，如大量数据处理。线程化 IRQ 允许单独管理关联线程的优先级和 CPU 亲和力。由于这个概念来自实时内核树，因此满足实时系统的许多要求，例如允许细粒度优先级模型和减少内核中断延迟。你可以查看/proc/irq/<IRQ>/smp_affinity 文件，以获取或设置相应的<IRQ>亲和力。该文件返回和接收一个位掩码，它表示哪些处理器可以处理你为此 IRQ 注册的 ISR。这样你就可以决定将硬中断处理程序的亲和力设置为一个 CPU 的亲和力，而将线程化中断处理程序的亲和力设置为另一个 CPU 的亲和力。

请求一个与上下文无关的 IRQ

请求 IRQ 的驱动程序必须预先了解中断的性质，并决定中断处理程序是否可以在硬中断上下文中运行，这可能会影响你选择 devm_request_irq() 还是 devm_request_threaded_irq()。

问题在于，有时请求 IRQ 的驱动程序并不知道提供中断线的中断控制器的性质，特别是当中断控制器是离散芯片时（通常是通过 SPI 或 I²C 总线连接的通用 I/O 扩展器）。现在有了 request_any_context_irq() 函数，驱动程序知道中断处理程序是否会在线程上下文中运行，并调用 request_threaded_irq() 或 request_irq()。这意味着与设备关联的 IRQ 无论是来自可能不休眠的中断控制器（内存映射的中断控制器），还是来自可以休眠的中断控制器（位于 I²C/SPI 总线之后），都不需要更改代码。request_any_context_irq() 函数原型如下：

```
int request_any_context_irq(unsigned int irq,
                irq_handler_t handler, unsigned long flags,
                const char *name, void *dev_id);
```

devm_request_any_context_irq() 和 devm_request_irq() 虽然具有相同的接口，但语义不同。对于底层上下文（硬件平台），devm_request_any_context_irq() 选择使用 request_irq() 进行硬中断处理或使用 request_threaded_irq() 进行线程处理。它在失败时会返回负的错误值，成功时则返回 IRQC_IS_HARDIRQ（表示使用硬中断处理方法）或 IRQC_IS_NESTED（表示使用线程处理方法）。有了 devm_request_any_context-irq() 函数，中断处理程序的行为在运行时便已决定。要了解更多信息，你可以查看内核中介绍此函数的提交。

devm_request_any_context_irq() 函数的优点在于，驱动程序不用关心在中断处理程序中可以做什么，因为中断处理程序运行的上下文取决于提供中断线的中断控制器。例如，对于基于 GPIO-IRQ 的设备驱动程序，如果 GPIO 属于 I²C 或 SPI 总线上的控制器（GPIO 访问可能会休眠），则中断处理程序将会是线程化的；否则[即 GPIO 访问不休眠，且作为 SoC 的一部分被映射到内存中]，中断处理程序将在硬中断处理程序中运行。

在以下示例中，设备期望将中断线映射到 GPIO，但驱动程序不能假设给定的 GPIO 线是来自 SoC 的内存映射，因为它也可能来自离散的 I²C 或 SPI GPIO 控制器。在这里，比较好的做法是使用 request_any_context_irq()：

```
static irqreturn_t packt_btn_interrupt(int irq, void *dev_id)
{
```

```
    struct btn_data *priv = dev_id;
    input_report_key(priv->i_dev, BTN_0,gpiod_get_value(priv->btn_gpiod) & 1);
    input_sync(priv->i_dev);
    return IRQ_HANDLED;
}
static int btn_probe(struct platform_device *pdev)
{
    struct gpio_desc *gpiod;
    int ret, irq;
    gpiod = gpiod_get(&pdev->dev, "button", GPIOD_IN);
    if (IS_ERR(gpiod))
        return -ENODEV;
    priv->irq = gpiod_to_irq(priv->btn_gpiod);
    priv->btn_gpiod = gpiod;
    [...]
    ret = request_any_context_irq(priv->irq, packt_btn_interrupt,
                (IRQF_TRIGGER_FALLING | IRQF_TRIGGER_RISING),
                "packt-input-button", priv);
    if (ret < 0)
        goto err_btn;
    return 0;
    err_btn:
    do_cleanup();
    return ret;
}
```

上面的代码很简单，也非常安全，因为 devm_request_any_context_irq() 会完成相应的工作，并防止弄错底层 GPIO 的类型。这种方法的优点是不需要关心提供中断线的中断控制器的性质。在上述示例中，如果 GPIO 属于一个位于 I²C 或 SPI 总线上的控制器，则中断处理程序将被线程化，否则（内存映射）中断处理程序将在硬中断上下文中运行。

使用工作队列延迟处理中断的下半部分

前面已经讨论了工作队列 API，此处仅给出一个示例。此例旨在演示，未经测试，我们希望通过工作队列来体现中断下半部分延迟的概念。

首先定义数据结构，用于保存进一步开发所需的元素，如下所示：

```
struct private_struct {
    int counter;
    struct work_struct my_work;
    void __iomem *reg_base;
    spinlock_t lock;
    int irq;
```

```
    /* Other fields */
    [...]
};
```

在上面的数据结构中，工作结构体由 my_work 元素表示。这里不使用指针，而使用 container_of() 宏来获取指向初始数据结构的指针。接下来定义一个将在工作线程中被调用的函数，如下所示：

```
static void work_handler(struct work_struct *work)
{
    int i;
    unsigned long flags;
    struct private_data *my_data =
        container_of(work, struct private_data, my_work);
    /*
    * Processing at least half of MIN_REQUIRED_FIFO_SIZE
    * prior to re-enabling the irq at device level,
    * so that buffer can receive further data
    */
    for (i = 0, i < MIN_REQUIRED_FIFO_SIZE, i++) {
        device_pop_and_process_data_buffer();
        if (i == MIN_REQUIRED_FIFO_SIZE / 2)
        enable_irq_at_device_level(my_data);
    }
    spin_lock_irqsave(&my_data->lock, flags);
    my_data->buf_counter -= MIN_REQUIRED_FIFO_SIZE;
    spin_unlock_irqrestore(&my_data->lock, flags);
}
```

在上面的工作结构体中，当缓冲足够多的数据时，将开始处理数据。这时可以提供 IRQ 处理程序，它负责调度工作，如下所示：

```
/* This is our hard-IRQ handler. */
static irqreturn_t my_interrupt_handler(int irq, void *dev_id)
{
    u32 status;
    unsigned long flags;
    struct private_struct *my_data = dev_id;
    /* we read the status register to know what to do */
    status = readl(my_data->reg_base + REG_STATUS_OFFSET);
    /*
     * Ack irq at device level. We are safe if another
     * irq pokes since it is disabled at controller
     * level while we are in this handler
```

```
 */
writel(my_data->reg_base + REG_STATUS_OFFSET, status | MASK_IRQ_ACK);
/*
 * Protecting the shared resource, since the worker
 * also accesses this counter
 */
spin_lock_irqsave(&my_data->lock, flags);
my_data->buf_counter++;
spin_unlock_irqrestore(&my_data->lock, flags);
/*
 * Our device raised an interrupt to inform it has
 * new data in its fifo. But is it enough for us
 * to be processed ?
 */
if (my_data->buf_counter != MIN_REQUIRED_FIFO_SIZE)) {
    /* ack and re-enable this irq at controller level */
    return IRQ_HANDLED;
} else {
/* Right. prior to scheduling the worker and
 * returning from this handler, we need to
 * disable the irq at device level
 */
    writel(my_data->reg_base + REG_STATUS_OFFSET,MASK_IRQ_DISABLE);
    schedule_work(&my_work);
}
/* This will re-enable the irq at controller level */
return IRQ_HANDLED;
};
```

IRQ 处理程序中的注释非常有意义。schedule_work() 是调度工作的函数。最后，编写具体的探测方法，以便在请求 IRQ 的同时注册先前的中断处理程序，如下所示：

```
static int foo_probe(struct platform_device *pdev)
{
    struct resource *mem;
    struct private_struct *my_data;
    my_data = alloc_some_memory(sizeof(struct private_struct));
    mem = platform_get_resource(pdev, IORESOURCE_MEM, 0);
    my_data->reg_base = ioremap(ioremap(mem->start, resource_size(mem)););
    if (IS_ERR(my_data->reg_base))
        return PTR_ERR(my_data->reg_base);
    /*
     * workqueue initialization. "work_handler" is
     * the callback that will be executed when our work
```

```
    * is scheduled.
    */
    INIT_WORK(&my_data->my_work, work_handler);
    spin_lock_init(&my_data->lock);
    my_data->irq = platform_get_irq(pdev, 0);
    if (devm_request_irq(&pdev->dev, my_data->irq,my_interrupt_handler,
                        0, pdev->name, my_data))
        handler_this_error()
    return 0;
}
```

上述探测方法的结构清楚地展示了一个平台设备驱动程序。在这里，通用的 IRQ 和工作队列 API 被用来初始化工作队列和注册中断处理程序。

在中断处理程序中进行锁定

在 SMP 系统中，使用自旋锁是很常见的，因为它可以在 CPU 级别保证互斥。因此，如果一个资源只与线程化的中断下半部分共享（即从硬中断中永远不会访问它），则最好使用互斥锁，如下所示：

```
static int my_probe(struct platform_device *pdev)
{
    int irq;
    int ret;
    irq = platform_get_irq(pdev, i);
    ret = devm_request_threaded_irq(&pdev->dev, irq, NULL, my_threaded_irq,
                IRQF_ONESHOT, dev_name(dev), my_data);
    [...]
    return 0;
}

static irqreturn_t my_threaded_irq(int irq, void *dev_id)
{
    struct priv_struct *my_data = dev_id;
    /* Save FIFO Underrun & Transfer Error status */
    mutex_lock(&my_data->fifo_lock);
    /*
     * Accessing the device's buffer through i2c
     */
    device_get_i2c_buffer_and_push_to_fifo();
    mutex_unlock(&ldev->fifo_lock);
    return IRQ_HANDLED;
}
```

　　然而，如果共享资源是从硬中断处理程序中访问的，则必须使用自旋锁的_irqsave
变体，如下所示，从探测方法开始：

```
static int my_probe(struct platform_device *pdev)
{
    int irq;
    int ret;
    [...]
    irq = platform_get_irq(pdev, 0);
    if (irq < 0)
        goto handle_get_irq_error;
ret = devm_request_threaded_irq(&pdev->dev, irq,hard_handler, threaded_handler,
        IRQF_ONESHOT, dev_name(dev), my_data);
    if (ret < 0)
        goto err_cleanup_irq;
    [...]
    return 0;
}
```

现在探测方法已实现，按如下方式实现中断的上半部分——硬中断处理程序：

```
static irqreturn_t hard_handler(int irq, void *dev_id)
{
    struct priv_struct *my_data = dev_id;
    u32 status;
    unsigned long flags;
    /* Protecting the shared resource */
    spin_lock_irqsave(&my_data->lock, flags);
    my_data->status = __raw_readl(
        my_data->mmio_base + my_data->foo.reg_offset);
    spin_unlock_irqrestore(&my_data->lock, flags);
    /* Let us schedule the bottom-half */
    return IRQ_WAKE_THREAD;
}
```

中断上半部分的返回值唤醒了线程化的中断下半部分，实现如下：

```
static irqreturn_t threaded_handler(int irq, void *dev_id)
{
    struct priv_struct *my_data = dev_id;
    spin_lock_irqsave(&my_data->lock, flags);
    /* doing sanity depending on the status */
    process_status(my_data->status);
    spin_unlock_irqrestore(&my_data->lock, flags);
```

```
    /*
     * content of status not needed anymore, let's do
     * some other work
     */
    [...]
    return IRQ_HANDLED;
}
```

在对中断线发出请求时，设置 IRQF_ONESHOT 标志，硬中断和线程化的对应项之间可以不用保护。这个标志表示在硬中断处理程序完成后，中断将保持禁用状态。设置此标志后，中断线在线程化处理程序运行之前会一直被禁用。这样硬中断处理程序和线程化处理程序之间将永远不会竞争，因此在两者共享资源的情况下可以不加锁。

3.6 总结

本章讨论了开始驱动程序开发的基本要素，介绍了驱动程序中经常使用的所有机制，如工作调度和时间管理、中断处理和锁原语等。

本章非常重要，因为其中涉及其他章节所依赖的主题。例如第 4 章将要讨论的字符设备驱动程序，就会用到本章介绍的一些知识。

第 4 章
编写字符设备驱动程序

基于 UNIX 的系统通过一些特殊文件向用户空间呈现硬件设备，这些特殊文件在系统注册设备时默认创建在/dev 目录下。希望访问特定设备的程序必须在/dev 目录中找到相应的设备文件，并对其执行适当的系统调用，该系统调用将被重定向到与相应特殊文件关联的底层设备的驱动程序中。尽管系统调用的重定向是由操作系统完成的，但支持哪些系统调用取决于设备的类型和驱动程序的实现。

就类型而言，设备从硬件角度看有很多种，但它们通常被分成两类，即/dev 目录中的块设备和字符设备。它们的区别在于访问它们的方式、速度以及它们与系统之间传输数据的方式。通常，字符设备的速度较慢，由于按字节顺序一个字符接一个字符地传输数据，因此被称为字符设备。字符设备包括串行端口和输入设备（键盘、鼠标、触摸板、视频设备等）。而块设备的速度较快，它们会被频繁访问并以块为单位传输数据。块设备基本上是存储设备（硬盘、CD-ROM、SSD 等）。

本章将重点介绍字符设备及其驱动程序、API 和常见数据结构。我们将介绍所涉及的大部分概念，并编写自己的第一个字符设备驱动程序。

本章将讨论以下主题：
- 主设备号和次设备号的概念；
- 字符设备数据结构介绍；
- 创建设备节点；
- 实现文件操作。

4.1 主设备号和次设备号的概念

Linux 系统始终通过唯一标识符来识别设备文件。标识符由两部分组成，即主设备号和次设备号。尽管其他文件类型（如链接、目录和套接字）也可能存在于/dev 目录中，但字符设备或块设备文件可以通过它们的类型来识别，它们的类型可以使用 ls -l 命令来查看：

```
$ ls -la /dev
crw------- 1 root root 254, 0 août 22 20:28 gpiochip0
crw------- 1 root root 240, 0 août 22 20:28 hidraw0
[...]
brw-rw---- 1 root disk 259, 0 août 22 20:28 nvme0n1
brw-rw---- 1 root disk 259, 1 août 22 20:28 nvme0n1p1
brw-rw---- 1 root disk 259, 2 août 22 20:28 nvme0n1p2
[...]
crw-rw----+ 1 root video 81, 0 août 22 20:28 video0
crw-rw----+ 1 root video 81, 1 août 22 20:28 video1
```

在上面的输出中，第 1 列中的 c 表示字符设备文件，b 表示块设备文件。在第 5 列和第 6 列中，我们可以分别看到主设备号和次设备号。主设备号用于标识设备类型或绑定的驱动程序，次设备号用于标识本地设备或同类型设备。这就解释了上面的输出中为什么一些设备文件具有相同的主设备号。

至此，我们已经介绍完 Linux 系统中字符设备的基本概念，可以开始探索内核代码了，下面我们从介绍字符设备主要的数据结构开始。

4.2 字符设备数据结构介绍

字符设备驱动程序是内核源代码中最基本的设备驱动程序。在内核中，字符设备表示为 cdev 结构体的实例，该结构体的声明详见 include/linux/cdev.h 文件：

```
struct cdev {
    struct kobject kobj;
    struct module *owner;
    const struct file_operations *ops;
    dev_t dev;
    [...]
};
```

上面仅列出了我们感兴趣的一些元素。下面给出了这些元素在该数据结构中的含义。

- kobj：这是字符设备对象的底层内核对象，用于强制使用 Linux 设备模型（Linux Device Model，LDM）。我们将在第 14 章中讨论此内容。
- owner：应使用 THIS_MODULE 宏对它进行设置。
- ops：这是与字符设备关联的文件操作的集合。

● dev：这是字符设备标识符。

介绍完这个数据结构，下一个逻辑步骤是讨论暴露给文件操作的数据结构，系统调用将依赖该数据结构进行交互。因此，接下来引入允许用户空间和内核空间通过字符设备进行交互的数据结构。

4.2.1 设备文件操作介绍

cdev->ops 元素指向特定设备所支持的文件操作。每个文件操作都是特定系统调用的目标，当用户空间中的程序在字符设备上执行系统调用时，系统调用在内核中将被重定向到 cdev->ops 中对应的文件操作。file_operations 结构体是保存这些文件操作的数据结构，其声明如下：

```
struct file_operations {
    struct module *owner;
    loff_t (*llseek) (struct file *, loff_t, int);
    ssize_t (*read) (struct file *, char __user *, size_t, loff_t *);
    ssize_t (*write) (struct file *, const char __user *, size_t, loff_t *);
    unsigned int (*poll) (struct file *, struct poll_table_struct *);
    int (*mmap) (struct file *, struct vm_area_struct *);
    int (*open) (struct inode *, struct file *);
    int (*flush) (struct file *, fl_owner_t id);
    long (*unlocked_ioctl) (struct file *, unsigned int, unsigned long);
    int (*release) (struct inode *, struct file *);
    int (*fsync) (struct file *, loff_t, loff_t, int datasync);
    int (*flock) (struct file *, int, struct file_lock *);
    [...]
};
```

上面仅列出了该数据结构的一些重要方法，特别是与本书需求相关的方法。完整的代码位于内核源代码的 include/linux/fs.h 文件中。这些回调函数都是系统调用的后端，并且没有一个字段是必填的。下面解释了该数据结构中各个元素的含义。

● struct module *owner：这是一个必填字段，指向拥有该数据结构的模块，用于引用计数。在大多数情况下，它被设置为 THIS_MODULE，是在<linux/module.h>中定义的宏。

● loff_t (*llseek) (struct file *, loff_t, int)：该方法用于移动第一个参数所指文件中的当前光标位置。如果移动成功，此方法必须返回新位置，否则必须返回负值。如果没有实现此方法，则在修改文件结构中位置计数器（file->f_pos）的情况下，对该文件执行的每个 seek 操作都会成功，但有一个例外，就是相对于文件末尾的 seek 操作会失败。

- ssize_t (*read) (struct file *,char_user *,size_t,loff_t *)：该方法的作用是从设备中检索数据。由于返回值是 signed size 类型，因此该方法必须返回成功读取的字节数（正数），或者在出现错误时返回适当的错误码。如果未实现此方法，对设备文件执行的任何 read()系统调用都将失败，并返回-EINVAL（表示"无效参数"）。

- ssize_t (*write) (struct file *,const char_user*,size_t, loff_t *)：该方法的作用是向设备发送数据。它必须返回一个正数来表示成功写入的字节数，或者在出现错误时返回适当的错误码。同样，如果在驱动程序中未实现该方法，则 write()系统调用将会失败并返回-EINVAL。

- int (*flush) (struct file *, fl_owner_t id)：当文件结构正在被释放时，执行此文件操作。与 open 一样，release 可以为 NULL。

- unsigned int (*poll) (struct file *,struct poll_table_struct *)：此文件操作必须返回描述设备状态的位掩码。它是 poll()和 select()系统调用的内核后端，用于查询设备是否可写、可读或处于某些特殊状态。此方法的任何调用者都将被阻塞，直至设备进入请求状态。如果未实现此文件操作，则设备始终被认为是可读的、可写的且没有特殊状态。

- int (*mmap) (struct file *,struct vm_area_struct *)：此文件操作用于请求将设备的部分或全部内存映射到进程地址空间。如果未实现此文件操作，则任何在设备文件上执行 mmap()系统调用的尝试都将失败并返回-ENODEV。

- int (*open) (struct inode *,struct file *)：此文件操作是 open()系统调用的后端，如果未实现（为 NULL），则任何尝试打开设备的操作都将成功，且驱动程序不会收到关于该文件操作的通知。

- int (*release) (struct inode *,struct file *)：此文件操作在释放文件时被调用，与 close()系统调用对应。与 open 一样，release 不是必需的，可以为 NULL。

- int (*fsync) (struct file *,loff_t, loff_t,int datasync)：此文件操作是 fsync()系统调用的后端，旨在刷新任何待处理的数据。如果未实现此文件操作，对设备文件执行 fsync()系统调用将失败并返回-EINVAL。

- long (*unlocked_ioctl) (struct file *,unsigned int,unsigned long) ：此方法是 ioctl()系统调用的后端，旨在扩展可以发送给设备的命令（例如格式化软盘磁道的命令，既不读取也不写入）。此方法定义的命令将扩展一组预定义的命令，这些命令已被内核识别，不需要引用该文件操作。因此，对于任何未定义的命令（无论是因为未实现此方法还是因为不支持指定的命令），相应的系统调用都将返回

-ENOTTY，表示"设备没有此类 ioctl"。此方法返回的任何非负值都会传回调用程序，以指示该文件操作完成。

我们已经熟悉了文件操作的回调函数，接下来让我们深入了解内核的知识，并学习如何处理文件，以更好地理解字符设备背后的机制。

4.2.2　内核中文件的表示

查看文件操作表，每个文件操作至少有一个参数是 struct inode 或 struct file 类型之一。struct inode 指代的是磁盘上的文件。然而，要引用已打开的文件（与进程中的文件描述符相关联），则需要使用 struct file 类型。

以下是 inode 数据结构的声明：

```
struct inode {
    [...]
    union {
        struct pipe_inode_info  *i_pipe;
        struct cdev       *i_cdev;
        char              *i_link;
        unsigned          i_dir_seq;
    };
    [...]
}
```

该数据结构中最重要的字段是 union，特别是其中的 i_cdev 元素，当底层文件是字符设备时请设置该元素，这使得你可以在 struct inode 和 struct cdev 之间来回切换。

struct file 是文件系统的一个数据结构，用于保存有关文件的信息（例如文件类型、字符、块、管道等），其中大部分信息仅与操作系统相关。struct file（位于 include/linux/fs.h 文件中）具有以下定义：

```
struct file {
    [...]
    struct path f_path;
    struct inode *f_inode;
    const struct file_operations *f_op;
    loff_t f_pos;
    void *private_data;
    [...]
}
```

在上述数据结构中，f_path 表示文件在文件系统中的实际路径；　f_inode 是指向已打开文件的底层 inode，这使得你可以通过 f_inode 元素在 struct file 和 struct cdev 之间来回切换；f_op 表示文件操作表。因为 struct file 表示一个打开的文件描述符，所以它会跟踪已打开文件中的当前读写位置。这是通过 f_pos 元素来完成的，f_pos 是当前的读写位置。

4.3 创建设备节点

我们需要创建设备节点，以使设备对用户可见，并允许用户与底层设备进行交互。Linux 系统在创建设备节点之前需要执行一些中间步骤，下面讨论这些中间步骤。

4.3.1 设备识别

为了精确地识别设备，设备的标识符必须是唯一的。虽然标识符可以动态分配，但出于兼容性考虑，大多数驱动程序仍使用静态标识符。无论分配方法如何，Linux 内核都会将文件设备号存放在 dev_t 类型的元素中，这是一个 32 位的无符号整数，其中的主设备号由前 12 位表示，剩余的 20 位则用于对次设备号进行编码。

下面所有这些宏都声明在 include/linux/kdev_t.h 文件中，这些宏可以根据给定的 dev_t 类型变量返回次设备号或主设备号。

```
#define MINORBITS        20
#define MINORMASK        ((1U << MINORBITS) - 1)

#define MAJOR(dev)       ((unsigned int) ((dev) >> MINORBITS))
#define MINOR(dev)       ((unsigned int) ((dev) & MINORMASK))
#define MKDEV(ma,mi)     (((ma) << MINORBITS) | (mi))
```

上面的最后一个宏接受一个次设备号和一个主设备号，并返回 dev_t 类型的标识符。前面描述了如何通过位的移动构建字符设备标识符。此时，我们可以深入代码，使用内核为代码分配提供的 API。

4.3.2 字符设备号的注册和分配

处理设备号有两种方法——注册（静态方法）和分配（动态方法）。注册也称为静态分配，只有在你事先知道要从哪个主设备号开始，并确保它不会与使用相同主设备号的另一个驱动程序冲突时才有用（尽管这总是不可预测的）。注册是一种蛮力方法，你可以通过提供起始主/次设备号对和次设备号数量来让内核知道你想要的设备号，内核要么把它们授予你，要么不授予你（取决于它们的可用性）。用于设备号注册的函数定义如下：

```
int register_chrdev_region(dev_t first, unsigned int count, char *name);
```

该函数在设备号注册成功时返回 0，失败时返回错误码。first 是标识符，它必须使用你所需范围的主设备号和第一个次设备号来构建。你可以使用 MKDEV(maj,min)宏来实现这一点。count 是所需连续次设备号的数量，name 则是相关设备或驱动程序的名称。

请注意，如果你确切地知道自己想要哪些设备号，当然，这些设备号必须在系统中可用，那么 register_chrdev_region()可以很好地完成注册设备号的工作。因为这可能会与其他设备驱动程序发生冲突，所以最好使用动态分配，内核可以在运行时为你分配一个主设备号。alloc_chrdev_region()是必须用于动态分配的 API，其原型如下：

```
int alloc_chrdev_region(dev_t *dev, unsigned int firstminor,
        unsigned int count, char *name);
```

它在设备号注册成功时返回 0，失败时返回错误码。dev 是它唯一的输出参数，表示内核所分配的第一个设备号（使用分配的主设备号和请求的第一个次设备号构建）。firstminor 是请求的次设备号范围中的第一个次设备号，count 是需要的连续次设备号的数量，name 是相关设备或驱动程序的名称。

静态分配和动态分配的区别在于，对于前者，你应该事先知道需要哪个设备号。在另一台机器上加载驱动程序时，并不能保证所选的设备号在该机器上是可用的，这可能会导致冲突。我们鼓励新的驱动程序使用动态分配来获取主设备号，而不是从当前可用的设备号中随机选择一个，那很可能导致冲突。换句话说，驱动程序最好使用 alloc_chrdev_region()而不是 register_chrdev_region()。

4.3.3　在系统中初始化和注册字符设备

字符设备的注册是通过指定 dev_t 类型的设备标识符来完成的。在本小节中，我们将使用 alloc_chrdev_region()进行动态分配。在分配标识符之后，必须使用 cdev_init()和 cdev_add()分别对字符设备进行初始化并将其添加到系统中。其原型如下：

```
void cdev_init(struct cdev *cdev, const struct file_operations *fops);
int cdev_add(struct cdev * p, dev_t dev, unsigned count);
```

在 cdev_init()函数中，cdev 是要初始化的结构体；fops 是字符设备的 file_operations

实例，请将其准备好并添加到系统中。在 cdev_add()函数中，p 是字符设备的 cdev 结构体，dev 是字符设备的第一个设备号（动态获取），count 是对应于字符设备的连续次设备号的数量。字符设备添加成功时，cdev_add()返回 0，否则返回一个错误码。

cdev_add()的逆操作是 cdev_del()，后者从系统中删除字符设备，其原型如下：

```
void cdev_del(struct cdev *);
```

在这一步，字符设备已成为系统的一部分，但物理上还未实现。换句话说，字符设备在/dev 目录中还不可见。要创建节点，必须使用 device_create()函数，其原型如下：

```
struct device * device_create(struct class *class,
                              struct device *parent,
                              dev_t devt, void *drvdata,
                              const char *fmt, ...)
```

device_create()函数将创建一个设备并在 sysfs 中注册。class 是指向 struct class 的指针，应将此设备注册到该类；parent 是指向此设备的 struct device 的父指针（如果有的话）；devt 是要添加的设备的设备号；drvdata 是要添加到设备以用于回调函数的数据。

注意

如果有多个次设备，则可以将 device_create()和 device_destroy()函数放在 for 循环中，并为<device name format>字符串附加循环计数器，如下所示：

```
device_create(class,NULL,MKDEV(MAJOR(first_devt), MINOR(first_devt) + i), NULL,
"mynull%d", i);
```

因为在创建设备之前需要有一个类，所以必须创建一个类或使用一个现有的类。现在，我们将创建一个类，为此需要使用 class_create()函数，其原型如下：

```
struct class * class_create(struct module * owner, const char * name);
```

然后，该类将在/sys/class 目录中可见，我们可以使用该类来创建设备。下面是一个简单的例子：

```
#define EEP_NBANK 8
#define EEP_DEVICE_NAME "eep-mem"
#define EEP_CLASS "eep-class"

static struct class *eep_class;
static struct cdev eep_cdev[EEP_NBANK];
```

```
static dev_t dev_num;

static int __init my_init(void)
{
    int i;
    dev_t curr_dev;

    /* Request for a major and EEP_NBANK minors */
    alloc_chrdev_region(&dev_num, 0, EEP_NBANK, EEP_DEVICE_NAME);
    /* create our device class, visible in /sys/class */
    eep_class = class_create(THIS_MODULE, EEP_CLASS);

    /* Each bank is represented as a character device (cdev) */
    for (i = 0; i < EEP_NBANK; i++) {
        /* bind file_operations to the cdev */
        cdev_init(&my_cdev[i], &eep_fops);
        eep_cdev[i].owner = THIS_MODULE;

        /* Device number to use to add cdev to the core */
        curr_dev = MKDEV(MAJOR(dev_num), MINOR(dev_num) + i);

        /* Make the device live for the users to access */
        cdev_add(&eep_cdev[i], curr_dev, 1);

        /* create a node for each device */
        device_create(eep_class,
                NULL,    /* no parent device */
                curr_dev,
                NULL,    /* no additional data */
                EEP_DEVICE_NAME "%d", i); /* eep-mem[0-7] */
    }
    return 0;
}
```

在上述代码中，device_create() 函数将为每个设备创建一个节点，例如 /dev/eep-mem0、/dev/eep-mem1 等，创建的类由 eep_class 表示。此外，还可以在 /sys/class/eep-class 目录中查看设备。删除设备节点的操作如下：

```
for (i = 0; i < EEP_NBANK; i++) {
    device_destroy(eep_class,MKDEV(MAJOR(dev_num), (MINOR(dev_num) +i)));
    cdev_del(&eep_cdev[i]);
}
class_unregister(eep_class);
class_destroy(eep_class);
```

```
unregister_chrdev_region(chardev_devt, EEP_NBANK);
```

在上述代码中，device_destroy()函数将从/dev 目录中删除一个设备节点。cdev_del()函数将会使系统忘记这个设备，class_unregister()和 class_destroy()函数则将从系统中注销并删除该类。最后，unregister_chrdev_region()函数将会释放我们的设备号。

现在我们已经了解了有关字符设备的所有先决条件，下面我们开始实现文件操作，以使用户能够与底层设备进行交互。

4.4 实现文件操作

介绍完文件操作，现在是时候实现这些文件操作以增强驱动程序的功能，并将设备的方法公开给用户空间了（当然是通过系统调用）。设备的每个方法都有一些特点，本节将突出介绍这些特点。

4.4.1 在内核空间和用户空间之间交换数据

正如你在前面介绍文件操作表时所看到的，读取和写入方法用于与底层设备交换数据。由于它们都是系统调用，这意味着数据将来自用户空间或目的地是用户空间。当查看读取和写入方法的原型时，引起我们注意的第一点是使用了__user。这是 Sparse（内核使用的语义检查器，用于查找可能的编码错误）使用的 cookie，作用是让开发人员知道他们即将不当地使用一个不可信的指针（或者在当前虚拟地址映射中可能无效的指针），开发人员不应该对其进行解引用，而应该使用专用的内核函数来访问此指针指向的内存。

这引出了两个用于在内核空间和用户空间之间交换数据的函数：copy_from_user()和 copy_to_user()。前者将缓冲区从用户空间复制到内核空间，后者将缓冲区从内核空间复制到用户空间：

```
unsigned long copy_from_user(void *to,const void __user *from, unsigned long n)
unsigned long copy_to_user(void __user *to,const void *from, unsigned long n)
```

这两个函数都用于在内核空间和用户空间之间交换数据。其中，以__user 为前缀的指针指向用户空间（不受信任）。n 表示要复制的字节数，而无论是从用户空间复制到内核空间，还是从内核空间复制到用户空间。from 表示源地址，to 表示目标地址。如果有任何字节无法复制，这两个函数将返回未能复制的字节数，否则返回 0，表示复制成功。请注意，这两个函数可能会休眠，因为它们运行在用户上下文中，而不需要在原子上下文中进行调用。

4.4.2　实现打开文件操作

打开文件操作是 open()系统调用的后端。我们通常使用此方法执行设备和数据结构的初始化操作，操作成功时返回 0，出现错误时则应返回错误码。打开文件操作的原型如下：

```
int (*open) (struct inode *inode, struct file *filp);
```

如果未实现此文件操作，那么设备的打开操作将始终成功，但驱动程序不会意识到这一点。如果设备不需要特殊的初始化，那么不一定会产生问题。

每设备数据

正如我们在文件操作原型中所看到的，几乎总会有一个 struct file 类型的参数。file 结构体中有一个可供自由使用的字段，即 private_data。如果设置了 file->private_data，其可用性就可以延伸到同一文件描述符执行的其他系统调用中。你在文件描述符的整个生命周期内都可以使用此字段。在 open()中设置此字段是一个好习惯，因为它始终是任何文件的第一个系统调用。

以下是我们的数据结构：

```
struct pcf2127 {
    struct cdev cdev;
    unsigned char *sram_data;
    struct i2c_client *client;
    int sram_size;
    [...]
};
```

鉴于上述数据结构，文件打开操作如下：

```
static unsigned int sram_major = 0;
static struct class *sram_class = NULL;

static int sram_open(struct inode *inode,struct file *filp)
{
    unsigned int maj = imajor(inode);
    unsigned int min = iminor(inode);

    struct pcf2127 *pcf = NULL;
    pcf = container_of(inode->i_cdev,struct pcf2127, cdev);
    pcf->sram_size = SRAM_SIZE;
```

```
    if (maj != sram_major || min < 0 ){
        pr_err ("device not found\n");
        return -ENODEV;    /* No such device */
    }

    /* prepare the buffer if the device is
     * opened for the first time
     */
    if (pcf->sram_data == NULL) {
        pcf->sram_data = kzalloc(pcf->sram_size, GFP_KERNEL);
        if (pcf->sram_data == NULL) {
            pr_err("memory allocation failed\n");
            return -ENOMEM;
        }
    }
    filp->private_data = pcf;
    return 0;
}
```

在大多数情况下，文件打开操作会执行一些初始化操作并请求资源，这些资源可以在用户保持设备节点实例处于打开状态时使用。在文件打开操作中，必须完成的所有操作在设备关闭时必须撤销并释放。

4.4.3　实现释放文件操作

当设备关闭时，将调用 release()，release()是 open()的逆操作。然后，必须撤销文件打开操作中已完成的所有操作。换句话说，必须释放任何分配的私有内存并关闭设备（如果支持的话），并在最后一次关闭设备时丢弃每个缓冲区（假设设备支持多次打开，或者驱动程序可以同时处理多个设备）。

释放文件操作如下：

```
static int sram_release(struct inode *inode,struct file *filp)
{
    struct pcf2127 *pcf = NULL;
    pcf = container_of(inode->i_cdev,struct pcf2127, cdev);

    mutex_lock(&device_list_lock);
    filp->private_data = NULL;

    /* last close? */
    pcf2127->users--;
    if (!pcf2127->users) {
```

```
        kfree(tx_buffer);
        kfree(rx_buffer);
        tx_buffer = NULL;
        rx_buffer = NULL;

        [...]

        if (any_other_dynamic_struct)
                kfree(any_other_dynamic_struct);
    }
    mutex_unlock(&device_list_lock);
    return 0;
}
```

上述代码释放了打开设备时获取的所有资源。这确实是在释放文件操作中需要完成的所有工作。如果设备节点由硬件设备支持，则文件释放操作还可以将设备置于适当的状态。

现在，我们已经为字符设备实现了入口（open）和出口（release）。剩下要做的就是在入口和出口之间实现可能执行的每个操作。

4.4.4　实现写文件操作

write()用于向设备发送数据。每当用户在设备文件上执行 write()系统调用时，就会调用内核中的实现。其原型如下：

```
ssize_t(*write)(struct file *filp, const char __user *buf,
                size_t count, loff_t *pos);
```

写文件操作必须返回已写入的字节数（大小）。参数描述如下。

- buf 表示来自用户空间的数据缓冲区。
- count 是请求传输的大小。
- pos 表示应该从文件中（或者如果字符设备文件由内存支持，则从相应的内存区域中）的哪个位置开始写入数据。

通常，在写文件操作中，要做的第一件事是检查来自用户空间的错误或无效请求（例如，在内存支持的设备中检查大小限制和大小溢出）。以下是一个例子：

```
/* if trying to Write beyond the end of the file,
   * return error. "filesize" here corresponds to the size
   * of the device memory (if any)
   */
```

```
if (*pos >= filesize) return -EINVAL;
```

在检查完成后，通常需要进行一些调整，特别是对 count 进行调整，以避免超出文件大小，但这一步不是必需的。调整如下：

```
/* filesize corresponds to the size of device memory */
if (*pos + count > filesize)
    count = filesize - *pos;
```

下一步是找到开始写入的位置。这一步仅在设备由物理内存支持且数据应该存放在物理内存中的情况下才有意义：

```
/* convert pos into valid address */
void *from = pos_to_address(*pos);
```

最后，可以将数据从用户空间复制到内核内存，然后在支持设备上执行写入操作并调整 pos，如下所示：

```
if (copy_from_user(dev->buffer, buf, count) != 0){
    retval = -EFAULT;
    goto out;
}
/* now move data from dev->buffer to physical device */
write_error = device_write(dev->buffer, count);
if (write_error)
    return -EFAULT;

/* Increase the current position of the cursor in the file,
 * according to the number of bytes written and finally,
 * return the number of bytes copied
 */
*pos += count;
return count;
```

以下示例总结了前面描述的步骤：

```
ssize_teeprom_write(struct file *filp, const char __user *buf,
                    size_t count, loff_t *f_pos)
{
    struct eeprom_dev *eep = filp->private_data;
    int part_origin = PART_SIZE * eep->part_index;
    int register_address;
    ssize_t retval = 0;
```

```
    /* step (1) */
    if (*f_pos >= eep->part_size)
        return -EINVAL;

    /* step (2) */
    if (*pos + count > eep->part_size)
        count = eep->part_size - *pos;

    /* step (3) */
    register_address = part_origin + *pos;

    /* step(4) */
    /* Copy data from user space to kernel space */
    if (copy_from_user(eep->data, buf, count) != 0)
        return -EFAULT;
    /* step (5) */
    /* perform the write to the device */
    if (write_to_device(register_address, buff, count)< 0){
        pr_err("i2c_transfer failed\n");
        return -EFAULT;
    }

    /* step (6) */
    *f_pos += count;
    return count;
}
```

在读取和处理完数据之后，可能需要将输出写回。由于我们已经开始写文件操作，因此下一个操作可能会是读取文件操作。

4.4.5　实现读取文件操作

读取文件操作如下：

```
ssize_t (*read) (struct file *filp, char __user *buf,
                 size_t count, loff_t *pos);
```

读取文件操作是 read()系统调用的后端。参数描述如下。
- buf 表示来自用户空间接收数据的缓冲区。
- count 是请求传输的大小（即用户缓冲区的大小）。
- pos 表示应该从文件中的哪个位置开始读取数据。

read()必须返回成功读取的数据大小。但这个大小可能会小于 count（例如，在达到用户请求的 count 之前到达文件末尾的情况下）。

读取文件操作看起来像写文件操作，因为也需要执行一些健全性检查。这样可以防止读取超出文件大小的内容，并返回一个代表文件结束的值。

```
if (*pos >= filesize)
    return 0; /* 0 means EOF */
```

然后，用户应该确保读取的字节数不超过文件大小。为此，可以适当地调整 count：

```
if (*pos + count > filesize)
    count = filesize-(*pos);
```

接下来，用户可以找到开始读取的位置，之后将数据复制到用户空间，失败时则返回错误码，然后根据读取的字节数推进文件的当前位置，并返回复制的字节数。

```
/* convert pos into valid address */
void *from = pos_to_address (*pos);
sent = copy_to_user(buf, from, count);
if (sent)
    return -EFAULT;
*pos += count;
return count;
```

下面是读取文件操作的一个示例，旨在概述我们可以做些什么。

```
ssize_t eep_read(struct file *filp, char __user *buf,
                 size_t count, loff_t *f_pos)
{
    struct eeprom_dev *eep = filp->private_data;

    if (*f_pos >= EEP_SIZE) /* EOF */
        return 0;

    if (*f_pos + count > EEP_SIZE)
        count = EEP_SIZE - *f_pos;

    /* Find location of next data bytes */
    int part_origin = PART_SIZE * eep->part_index;
    int eep_reg_addr_start = part_origin + *pos;

    /* perform the read from the device */
    if (read_from_device(eep_reg_addr_start, buff, count)< 0){
        pr_err("i2c_transfer failed\n");
        return -EFAULT;
```

```
    }

    /* copy from kernel to user space */
    if(copy_to_user(buf, dev->data, count) != 0)
        return -EIO;

    *f_pos += count;
    return count;
}
```

虽然读写数据会移动光标位置，但有一个操作的主要目的是在不触及数据的情况下移动光标位置。将光标移到所需的位置，有助于我们从任何地方开始写入或读取数据。

4.4.6　实现 llseek 文件操作

llseek 文件操作是 lseek()系统调用的内核后端，用于在文件中移动光标位置。llseek 文件操作如下：

```
loff_t(*llseek) (struct file *filp, loff_t offset,int whence);
```

这个回调必须返回文件中的新位置。参数描述如下。

● loff_t 是一个相对于当前文件位置的偏移量，它定义了将要修改的幅度。

● whence 定义了从哪里开始寻找，可以设置的值如下。

➢ SEEK_SET：将光标移到文件开头的位置。

➢ SEEK_CUR：将光标移到与文件当前位置相对的位置。

➢ SEEK_END：将光标调整到文件末尾的位置。

在实现 llseek 文件操作时，最好使用 switch 语句检查每种可能的 whence 情况，因为它们是可枚举的，然后根据情况相应地调整新位置。具体操作如下：

```
switch( whence ){
    case SEEK_SET:/* relative from the beginning of file */
        newpos = offset; /* offset become the new position *
        break;
    case SEEK_CUR: /* relative to current file position */
        /* just add offset to the current position */
        newpos = file->f_pos + offset;
        break;
    case SEEK_END: /* relative to end of file */
        newpos = filesize + offset;
        break;
    default:
```

```
        return -EINVAL;
    }
    /* Check whether newpos is valid **/
    if ( newpos < 0 )
        return -EINVAL;
    /* Update f_pos with the new position */
    filp->f_pos = newpos;
    /* Return the new file-pointer position */
    return newpos;
```

下面的例子将依次读取和查找一个文件，然后由底层驱动程序执行 llseek 文件操作。

```
#include <unistd.h>
#include <fcntl.h>
#include <sys/types.h>
#include <stdio.h>

#define CHAR_DEVICE "foo"

int main(int argc, char **argv)
{
    int fd = 0;
    char buf[20];

    if ((fd = open(CHAR_DEVICE, O_RDONLY)) < -1)
        return 1;

    /* Read 20 bytes */
    if (read(fd, buf, 20) != 20)
        return 1;
    printf("%s\n", buf);

    /* Move the cursor to ten time relative to
     * its actual position
     */
    if (lseek(fd, 10, SEEK_CUR) < 0)
        return 1;
    if (read(fd, buf, 20) != 20)
        return 1;
    printf("%s\n",buf);

    /* Move the cursor seven time, relative from
     * the beginning of the file
     */
    if (lseek(fd, 7, SEEK_SET) < 0)
```

```
        return 1;
    if (read(fd, buf, 20) != 20)
        return 1;
    printf("%s\n",buf);

    close(fd);
    return 0;
}
```

输出如下:

```
jma@jma:~/work/tutos/sources$ cat toto
Lorem ipsum dolor sit amet, consectetur adipiscing elit, sed do eiusmod tempor
incididunt ut labore et dolore magna aliqua.
jma@jma:~/work/tutos/sources$ ./seek
Lorem ipsum dolor si
nsectetur adipiscing
psum dolor sit amet,
jma@jma:~/work/tutos/sources$
```

我们通过一个例子解释了搜索的概念,展示了相对搜索和绝对搜索的工作原理。现在你已经完成了移动数据的操作,接下来切换到下一个操作,检测字符设备中数据的可读性或可写性。

poll 方法

poll 方法是 poll() 和 select() 系统调用的后端。这两个系统调用用于被动地(通过休眠,不浪费 CPU 周期)检测文件的可读性/可写性。为了支持这两个系统调用,驱动程序必须实现轮询。poll 方法的原型如下:

```
unsigned int (*poll) (struct file *, struct poll_table_struct *);
```

poll 方法实现的核心内核函数是 poll_wait(),它定义在<linux/poll.h>头文件中,必须在驱动程序代码中包含该头文件。poll_wait()的声明如下:

```
void poll_wait(struct file * filp,
            wait_queue_head_t * wait_address, poll_table *p);
```

poll_wait()根据 poll_table 结构体中注册的事件,将与 file 结构体(作为第一个参数给出)关联的设备添加到可以唤醒进程的设备列表(在 wait_queue_head_t 结构体中作为第二个参数给出)中。用户进程可以执行 poll()、select()或 epoll()系统调用,将一组文件添加到它需要等待的列表中,以便了解相关的设备(如果有的话)是否就绪。然后,内核将调用与每个设备文件关联的驱动程序的 poll 方法。每个驱动程序的 poll 方法应该调用 poll_wait() 来注册需要由内核通知进程的事件，让进程进入休眠状态，直至其中一个事件发生，并将驱动程序注册为可以唤醒进程的其中一个驱动程序。通常的方法是根据 select()（或 poll()）系统调用支持的事件，为每种事件类型使用一个等待队列（一个等待队列用于可读性，另一个等待队列用于可写性。如果有必要，最后还需要一个等待队列用于异常的情况）。

(*poll) 文件操作的返回值，如果有数据要读取，则必须设置为 POLLIN | POLLRDNORM；如果设备是可写的，则必须设置为 POLLOUT | POLLWRNORM；如果没有新数据且设备还不可写，则必须设置为 0。在下面的例子中，假设设备同时支持对读和写进行阻塞。当然，用户只能对读或写进行阻塞。如果驱动程序没有定义 poll 方法，则设备将被视为始终可读可写，并且 poll() 或 select() 系统调用将立即返回。

实现轮询操作可能需要以如下方式调整读取文件操作或写文件操作，也就是在写时通知读取者可读，而在读时通知写入者可写。

```
#include <linux/poll.h>

/* declare a wait queue for each event type (read, write ...)
*/
static DECLARE_WAIT_QUEUE_HEAD(my_wq);
static DECLARE_WAIT_QUEUE_HEAD(my_rq);

static unsigned int eep_poll(struct file *file,poll_table *wait)
{
    unsigned int reval_mask = 0;

    poll_wait(file, &my_wq, wait);
    poll_wait(file, &my_rq, wait);

    if (new_data_is_ready)
        reval_mask |= (POLLIN | POLLRDNORM);
    if (ready_to_be_written)
        reval_mask |= (POLLOUT | POLLWRNORM);
    return reval_mask;
}
```

上述代码实现了轮询操作。如果设备不可写或不可读，则轮询操作可以使进程进入休眠状态。但是，当这些状态发生变化时，没有通知机制。因此，写操作（或任何使数据可读的操作，如 IRQ）必须通知可读性等待队列中正在休眠的进程；同样的情况也适用于读操作（或任何使设备准备好可写的操作），必须通知可写性等待队列中正在休眠的进程。示例如下：

```
wake_up_interruptible(&my_rq); /* Ready to read */
/* set flag accordingly in case poll is called */
new_data_is_ready = true;

wake_up_interruptible(&my_wq); /* Ready to be written to */
ready_to_be_written = true;
```

更准确地说，用户可以从驱动程序的 write() 方法内部通知一个可读事件，这意味着写入的数据可以读出；也可以从 IRQ 处理程序内部通知一个可读事件，这意味着外部设备发送的一些数据可以读出。另外，用户可以从驱动程序的 read() 方法内部通知一个可写事件，这意味着缓冲区是空的，可以再次填充；也可以从 IRQ 处理程序内部通知一个可写事件，这意味着设备已经完成一次数据发送，并准备再次接收数据。请不要忘记当状态改变时将标志设置回 false。

下面的代码在给定的字符设备上使用 select() 来检测数据的可用性。

```
#include <unistd.h>
#include <fcntl.h>
#include <stdio.h>
#include <stdlib.h>
#include <sys/select.h>

#define NUMBER_OF_BYTE 100
#define CHAR_DEVICE "/dev/packt_char"
char data[NUMBER_OF_BYTE];

int main(int argc, char **argv)
{
    int fd, retval;
    ssize_t read_count;
    fd_set readfds;

    fd = open(CHAR_DEVICE, O_RDONLY);
    if(fd < 0)
        /* Print a message and exit*/
        [...]

    while(1){
        FD_ZERO(&readfds);
        FD_SET(fd, &readfds);
```

```
        ret = select(fd + 1, &readfds, NULL, NULL, NULL);
        /* From here, the process is already notified */
        if (ret == -1) {
            fprintf(stderr, "select: an error ocurred");
            break;
        }

        /* we are interested in one file only */
        if (FD_ISSET(fd, &readfds)) {
            read_count = read(fd, data, NUMBER_OF_BYTE);
            if (read_count < 0)
                /* An error occurred. Handle this */
                [...]

        if (read_count != NUMBER_OF_BYTE)
            /* We have read less than needed bytes */
            [...] /* handle this */
        else
            /* Now we can process the data we have read */
            [...]
        }
    }
    close(fd);
    return EXIT_SUCCESS;
}
```

上述代码使用了没有超时的 select()，这意味着用户会收到 read 事件的通知。自此，进程进入休眠状态，直至收到为其注册的事件的通知。

ioctl 方法

典型的 Linux 系统包含大约 350 个系统调用（syscall），但其中只有少数与文件操作相关。有时，设备可能需要实现系统调用没有提供的特定命令，特别是与文件相关的命令。在这种情况下，解决方案是使用输入/输出控件（ioctl），这是一种扩展与设备关联的命令列表的方法。用户可以使用 ioctl 方法向设备发送特殊命令（重置、关机、配置等）。如果驱动程序没有定义 ioctl 方法，内核将向任何 ioctl() 系统调用返回 -ENOTTY 错误。ioctl 方法的原型如下：

```
long ioctl(struct file *f, unsigned int cmd,unsigned long arg);
```

其中，f 是指向表示已打开设备实例的文件描述符的指针；cmd 是 ioctl 命令；arg 是用户参数，表示任何驱动程序可以调用 copy_to_user() 或 copy_from_user() 的用户内存的地址。为了简洁起见，ioctl 命令需要用一个数字来标识，这个数字在系统中应该是唯一的。跨系统的 ioctl 编号的唯一性可以防止我们向错误的设备发送正确的命令，或者防止我们向正确的命令传递错误的参数（具有重复的 ioctl 编号）。Linux 系统提供了 4 个辅助宏来创建 ioctl 标识符，具体取决于是否有数据传输以及传输的方向，它们的原型分别如下：

```
_IO(MAGIC, SEQ_NO)
_IOR(MAGIC, SEQ_NO, TYPE)
_IOW(MAGIC, SEQ_NO, TYPE)
_IORW(MAGIC, SEQ_NO, TYPE)
```

对其描述如下。

● _IO：ioctl 命令不需要传输数据。

● _IOR：这意味着用户正在创建 ioctl 编号，用于将信息从内核空间传递到用户空间（正在读取数据）。驱动程序将被允许返回 sizeof(TYPE)字节给用户，而不会将此返回值视为错误。

● _IOW：与_IOR 相似，但把数据发送给驱动程序。

● _IORW：ioctl 命令同时需要读参数和写参数。

这 4 个辅助宏的参数的含义（按照传递的顺序）如下。

● 一个用 8 位编码的数字（0~255），称为幻数（magic number）。

● 序列号或命令 ID，也是 8 位。

● 一种数据类型（如果有的话），用于通知内核所要复制的大小。可以是数据结构或数据类型的名称。

以上内容在内核源代码的 Documentation/ioctl/ioctl-decoding.txt 文件中有很好的说明。现有的 ioctl 命令已在 Documentation/ioctl/ioctl-number.txt 文件中列出，当用户需要创建自己的 ioctl 命令时，这是一个很好的开始。

生成 ioctl 编号（命令）

建议你在专用的头文件中生成自己的 ioctl 编号，因为这个头文件也应该在用户空间中可用。换句话说，用户应该处理 ioctl 头文件的复制（例如，通过符号链接的方式）。这样一个在内核空间中，另一个在用户空间中，也可以包含在用户应用程序中。接下来让我们在真实的示例中生成一些 ioctl 编号，这个头文件名为 eep_ioctl.h，具体如下：

```
#ifndef PACKT_IOCTL_H
#define PACKT_IOCTL_H
```

```
/* We need to choose a magic number for our driver,
 * and sequential numbers for each command:
 */
#define EEP_MAGIC 'E'
#define ERASE_SEQ_NO 0x01
#define RENAME_SEQ_NO 0x02
#define GET_FOO 0x03
#define GET_SIZE 0x04

/*
 * Partition name must be 32 byte max
 */
#define MAX_PART_NAME 32

/*
 * Now let's define our ioctl numbers:
 */
#define EEP_ERASE    _IO(EEP_MAGIC, ERASE_SEQ_NO)
#define EEP_RENAME_PART _IOW(EEP_MAGIC, RENAME_SEQ_NO, unsigned long)
#define EEP_GET_FOO   _IOR(EEP_MAGIC, GET_FOO, struct my_struct *)
#define EEP_GET_SIZE _IOR(EEP_MAGIC, GET_SIZE, int *)
#endif
```

定义完命令之后，需要在最终代码中包含头文件。此外，因为它们都是唯一的和有限的，因此最好使用 switch…case 语句来处理每个命令，并在调用未定义的 ioctl 命令时返回-ENOTTY 错误。示例如下：

```
#include "eep_ioctl.h"
static long eep_ioctl(struct file *f, unsigned int cmd,unsigned long arg)
{
    int part;
    char *buf = NULL;
    int size = 2048;

    switch(cmd){
        case EEP_ERASE:
            erase_eepreom();
            break;
        case EEP_RENAME_PART:
            buf = kmalloc(MAX_PART_NAME, GFP_KERNEL);
            copy_from_user(buf, (char *)arg, MAX_PART_NAME);
            rename_part(buf);
            break;
        case EEP_GET_SIZE:
```

```
        if (copy_to_user((int*)arg,&size, sizeof(int)))
            return -EFAULT;
        break;
    default:
        return -ENOTTY;
    }
    return 0;
}
```

内核空间和用户空间都必须包含 ioctl 命令的头文件。因此，上述代码的第一行导入了 eep_ioctl.h，这是定义 ioctl 命令的头文件。

如果用户认为自己的 ioctl 命令需要多个参数，则应该把这些参数放到一个结构体中，然后把指向该结构体的指针传递给 ioctl 命令。

现在，从用户空间角度，用户必须使用与驱动程序代码中相同的 ioctl 头文件。

```
#include <stdio.h>
#include <stdlib.h>
#include <fcntl.h>
#include <unistd.h>
#include "eep_ioctl.h" /* our ioctl header file */


int main()
{
    int size = 0;
    int fd;
    char *new_name = "lorem_ipsum";

    fd = open("/dev/eep-mem1", O_RDWR);
    if (fd < 0){
        printf("Error while opening the eeprom\n");
        return 1;
    }

    /* ioctl to erase partition */
    ioctl(fd, EEP_ERASE);
    /* call to get partition size */
    ioctl(fd, EEP_GET_SIZE, &size);
    /* rename partition */
    ioctl(fd, EEP_RENAME_PART, new_name);

    close(fd);
    return 0;
```

```
}
```

在上面的代码中，我们演示了如何从用户空间使用内核 ioctl 命令。至此，你已经学习了如何实现字符设备的 ioctl 回调，以及如何在内核空间和用户空间之间交换数据。

4.5　总结

本章揭开了字符设备的神秘面纱，你看到了如何让用户通过设备文件与驱动程序进行交互。你还学习了如何向用户空间公开文件操作，并从内核中控制它们的行为，甚至实现多设备支持。

第 5 章更加面向硬件，因为涉及设备树，这是一种允许向内核声明系统上的硬件设备的机制。

第 2 篇　Linux 内核平台抽象和设备驱动程序

　　第 2 篇将介绍设备树的概念——设备树允许我们声明和描述系统中的不可发现设备，然后学习如何处理此类设备。在处理此类设备时，我们将介绍平台设备及其驱动程序的概念，并学习如何编写 I²C 和 SPI 设备驱动程序。

　　第 2 篇包含如下 5 章：

　　第 5 章"理解和利用设备树"；

　　第 6 章"设备、驱动程序和平台抽象简介"；

　　第 7 章"了解平台设备和驱动程序的概念"；

　　第 8 章"编写 I²C 设备驱动程序"；

　　第 9 章"编写 SPI 设备驱动程序"。

第 5 章
理解和利用设备树

设备树是一种易于阅读的硬件描述文件，其格式类似于 JSON。设备树具有简单的树形结构，其中的设备由节点和属性表示。这些属性可以是空的（即仅用属性的键来描述是否为真假），也可以是键值对，其中值可以包含任意字节流。本章将对设备树进行简单介绍。每个内核子系统或框架都绑定了自己的设备树，当涉及相关主题时，我们将讨论这些特定的绑定。

设备树起源于开放固件（Open Firmware，OF），这是业界认可的标准，主要目的是为计算机固件系统定义接口。也就是说，用户可以在 devicetree.org 网站上找到有关设备树规范的更多信息。

本章将讨论以下主题：

- 了解设备树机制的基本概念；
- 如何表示和寻址设备；
- 处理资源。

5.1 设备树机制的基本概念

通过将 CONFIG_OF 选项设置为 y，便可在内核中启用对设备树的支持。要从驱动程序中获取设备树 API，就必须添加以下头文件：

```
#include <linux/of.h>
#include <linux/of_device.h>
```

设备树支持一些数据类型和编写约定，可以用以下例子来总结。

```
/* This is a comment */
// This is another comment
node_label: nodename@reg{
```

```
        string-property = "a string";
        string-list = "red fish", "blue fish";
        one-int-property = <197>; /* One cell in the property */
        int-list-property = <0xbeef 123 0xabcd4>;
        mixed-list-property = "a string", <35>,[0x01 0x23 0x45];
        byte-array-property = [0x01 0x23 0x45 0x67];
        boolean-property;
    };
```

在上面的例子中，int-list-property 是一个属性，其中的每个数字（或单元格）都是 32 位的整数（uint32），该属性有 3 个单元格。顾名思义，mixed-list-property 则是一个混合了元素类型的属性。

下面是设备树中使用数据类型的一些约定。

- 文本字符串用双引号表示。可以使用逗号来创建一个字符串列表。
- 单元格是由尖括号分隔的 32 位无符号整数。
- 布尔数据不过是一个空属性。值的真或假取决于属性是否存在。

我们已经列举了可以在设备树中找到的数据类型。在开始学习可用于解析这些数据的 API 之前，首先让我们了解设备树的命名约定。

5.1.1 设备树命名约定

设备树中的每个节点必须有一个<name>[@<address>]形式的名称。其中的<name>是一个长度最多为 31 个字符的字符串；[@<address>]是可选的，具体取决于该节点是否代表可寻址设备。也就是说，<address>应该是用于访问设备的主地址。例如，对于内存映射设备，它必须对应于其内存区域的起始地址、I²C 设备的总线设备地址以及 SPI 设备节点的芯片选择（Chip Select，CS）索引（相对于控制器）。

下面是一些设备命名的例子。

```
i2c@021a0000 {
    compatible = "fsl,imx6q-i2c", "fsl,imx21-i2c";
    reg = <0x021a0000 0x4000>;
    [...]

    expander@20 {
        compatible = "microchip,mcp23017";
        reg = <20>;
        [...]
    };
};
```

设备树中的 I²C 控制器为内存映射设备，因此其节点名称的地址部分对应于其内存区域的起始地址（相对于 SoC 的内存映射）。但扩展器为 I²C 设备，因此其节点名称的地址部分对应于其 I²C 地址。

5.1.2　认识别名、标签、phandle 和路径

别名、标签、phandle 和路径是你在处理设备树时需要熟悉的几个术语。在处理设备驱动程序时，用户可能会至少遇到这些术语中的一个，甚至全部。为了描述这些术语，下面举个例子。

```
aliases {
    ethernet0 = &fec;
    gpio0 = &gpio1;
    [...];
};
bus@2000000 { /* AIPS1 */
    gpio1: gpio@209c000 {
        compatible = "fsl,imx6q-gpio", "fsl,imx35-gpio";
        reg = <0x0209c000 0x4000>;
        interrupts = <0 66 IRQ_TYPE_LEVEL_HIGH>,
                    <0 67 IRQ_TYPE_LEVEL_HIGH>;
        gpio-controller;
        #gpio-cells = <2>;
        interrupt-controller;
        #interrupt-cells = <2>;
    };
    [...];
};
bus@2100000 { /* AIPS2 */
    [...]
    i2c1: i2c@21a0000 {
        compatible = "fsl,imx6q-i2c", "fsl,imx21-i2c";
        reg = <0x021a0000 0x4000>;
        interrupts = <0 36 IRQ_TYPE_LEVEL_HIGH>;
        clocks = <&clks IMX6QDL_CLK_I2C1>;
    };
};

&i2c1 {
    eeprom-24c512@55 {
        compatible = "atmel,24c512";
        reg = <0x55>;
```

```
    };
    accelerometer@1d {
        compatible = "adi,adxl345";
        reg = <0x1d>;
        interrupt-parent = <&gpio1>;
        interrupts = <24 IRQ_TYPE_LEVEL_HIGH>,
        <25 IRQ_TYPE_LEVEL_HIGH>;
        [...]
    };
[...]
};
```

在设备树中，有两种方法可以引用节点：通过路径或通过 phandle。要想通过使用节点的路径引用节点，就必须显式地在设备树源中指定节点的完整路径，这对深度嵌套的节点来说可能比较复杂。phandle 则是与节点关联的唯一 32 位值，用于唯一地标识节点。该值可以通过 phandle 属性分配给节点，有时由于历史原因，需要在 Linux 系统中复制 phandle 属性。

然而，设备树源格式允许将标签附加到任何节点或属性值上。考虑到在给定板子的整个设备树源中，标签必须是唯一的，因此很明显可以将其用于标识一个节点。同时需要在设备树编译器（Device Tree Compiler，DTC）中添加逻辑，以便每当单元格属性中的标签名称以 "&" 符号作为前缀时，它会被替换为该标签所附加节点的 phandle。此外，使用相同的逻辑，每当在单元格之外遇到以 "&" 符号作为前缀的标签（简单值分配）时，它就会被替换为与标签相关联的节点的完整路径。这样，phandle 和路径引用便可以通过引用标签而不是显式指定 phandle 值或节点的完整路径来自动生成。

注意

标签只在设备树源格式中使用，而不会在设备树 Blob（Device Tree Blod，DTB）中进行编码。在编译时，每当一个节点被打上标签，并在其他地方使用该标签进行引用时，DTC 工具就会从该节点中删除该标签，并向该节点添加 phandle 属性，以生成并分配一个唯一的 32 位值。然后 DTC 工具将在标签被引用节点的每个单元格中使用此 phandle（前缀为 "&" 符号）。

回到本小节开头的那个例子，gpio@209c000 节点的标签是 gpio1，这个标签也可以用作引用，以指示 DTC 为该节点生成一个 phandle。因此，在 accelerometer@1d 节点中，interrupt-parent 属性中的单元格值（&gpio1）将被 gpio1 所附加节点的 phandle 替换（单元格内的赋值）。以同样的方式，在 aliases 节点内部，&gpio1 将被 gpio1 所附加节点的完整路径替换（单元格外的赋值）。

在编译和反编译原始的设备树摘录之后，我们得到了以下内容，其中标签不再存在，标签引用已被 phandle 或节点的完整路径替换。

```
aliases {
    gpio0 = "/soc/aips-bus@2000000/gpio@209c000";
    ethernet0 = "/soc/aips-bus@2100000/ethernet@2188000";
    [...]
};
aips-bus@2000000 {
    gpio@209c000 {
        compatible = "fsl,imx6q-gpio", "fsl,imx35-gpio";
        gpio-controller;
        #interrupt-cells = <0x2>;
        interrupts = <0x0 0x42 0x4 0x0 0x43 0x4>;
        phandle = <0x40>;
        reg = <0x209c000 0x4000>;
        #gpio-cells = <0x2>;
        interrupt-controller;
    };
};
aips-bus@2100000 {
    i2c@21a8000 {
        compatible = "fsl,imx6q-i2c", "fsl,imx21-i2c";
        clocks = <0x4 0x7f>;
        interrupts = <0x0 0x26 0x4>;
        reg = <0x21a8000 0x4000>;

        eeprom-24c512@55 {
            compatible = "atmel,24c512";
            reg = <0x55>;
        };

        accelerometer@1d {
            compatible = "adi,adxl345";
            interrupt-parent = <0x40>;
            interrupts = <0x18 0x4 0x19 0x4>;
            reg = <0x1d>;
        };
    };
};
```

在上面的代码片段中，accelerometer@ld 节点的 interrupt-parent 属性单元格被赋值为 0x40。查看 gpio@209c000 节点，可以看到这个值对应于其 phandle 属性的值，该属性是由 DTC 在编译时生成的。这同样适用于 aliases 节点，其中的节点引用已被它们的完整路径替换。

这就引出了别名的定义：别名只是在绝对路径下引用的节点，以便快速查找。别名节点可以看作一个快速查找表。与标签不同，别名确实出现在输出设备树中，尽管路径是通过引用标签生成的。对于别名，它所引用的节点的句柄只需要在 aliases 部分搜索即可获得，而不需要像使用 phandle 查找时那样在整个设备树中搜索。这里的别名可以看作一种快捷方式或类似于在 UNIX shell 中设置的别名，以指代一个完整/长/重复的路径/命令。

Linux 内核取消了对别名的引用，不再直接在设备树源代码中使用它们。当使用 of_find_node_by_path() 或 of_find_node_opts_by_ path() 查找给定路径的节点时，如果提供的路径不以 "/" 开头，那么路径的第一个元素必须是 /aliases 节点中的属性名。该元素将被替换为来自别名的完整路径。

注意

将一个节点标签化仅当该节点打算从其他节点的属性中引用时才有用。可以通过路径或引用将标签视为指向节点的指针。

5.1.3　理解节点和属性的覆盖

在仔细研究反编译摘录的结果后，你应该注意到另一件事：在源代码中，i2c@21a0000 节点是通过其标签作为外部节点引用(&i2c1{[…]})的，里面包含一些内容。然而奇怪的是，在反编译之后，i2c@21a0000 节点的最终内容已经与外部引用节点的内容合并，外部引用节点不再存在。

标签还允许覆盖节点和属性。在外部引用中，任何新内容（如节点或属性）都将在编译时被附加到原始节点。但是，在重复（节点或属性）的情况下，外部引用节点的内容将优先于原始节点内容。

请看下面的例子：

```
bus@2100000 { /* AIPS2 */
    [...]
    i2c1: i2c@21a0000 {
        [...]
        status = "disabled";
    };
};
```

可通过 i2c@21a0000 节点自身的 i2c1 标签来引用该节点，如下所示：

```
&i2c1 {
    [...]
    status = "okay";
};
```

编译结果是，status 属性的值为"okay"。这是因为外部引用节点的内容优先于原始节点内容。

总之，后面的定义总是覆盖前面的定义。要覆盖整个节点，只需要像对属性那样重新定义即可。

5.1.4　设备树源代码和编译器

设备树有两种形式：第一种是文本形式，表示源代码，也称为 DTS；第二种是二进制 Blob 形式，表示已编译的设备树，也称为 DTB（用于设备树 Blob）或 FDT（用于扁平设备树）。源文件的扩展名是.dts，二进制文件的扩展名是.dtb 或.dtbo。.dtbo 是一个特定的扩展名，用于已编译的设备树叠加层。另外，还有.dtsi 文本文件（其中末尾的 i 表示"inculde"）。这些文件包含 SoC 级别的定义，位于定义在主机板级别的.dts 文件中。

设备树的语法允许用户使用/include/或#include 来包含其他文件。这种包含机制也允许使用#define，但最重要的是，它允许将多个平台的共同方面抽象化并放在共享文件中。

这种抽象化让我们可以将源文件分为 3 个级别，其中最常见的是 SoC 级别，由 SoC 供应商（如 NXP）提供；第 2 个级别是系统模块（System on Module，SoM）级别，如 Engicam；最后一个级别是载板或客户板级别。

因此，使用相同 SoC 的所有电子板都不会重新定义 SoC 的所有外设：这种描述被分解到一个通用文件中。按照惯例，这样的通用文件使用.dtsi 扩展名，而最终的设备树使用.dts 扩展名。

在 Linux 内核源代码中，ARM 设备树源文件分别位于 32 位和 64 位 ARM SoC /单板的 arch/arm/boot/dts/和 arch/arm64/boot/dts/<vendor>/目录下。这两个目录下都有一个 Makefile，其中列出了可以编译的设备树源文件。

用于将.dts 文件编译为.dtb 文件的实用程序名为 DTC。DTC 的源代码位于两个地方。

● 作为独立的上游项目：DTC 上游项目在被持续维护，它会定期被拉入 Linux 内核源代码树。

● 内核中的 DTC：Linux 版本的 DTC 可以在内核源代码目录下的 scripts/DTC/子目录中找到。定期从 DTC 上游项目中拉取新版本。在需要时（例如，在编译设备树之前），Linux 内核构建过程将作为依赖项构建 DTC。如果用户希望显式地在 Linux 内核源代码树中构建脚本，则可以使用 make scripts 命令。

在内核源代码的主目录中，可以编译特定的设备树，也可以编译特定 SoC 的所有设备树。在这两种情况下，都必须启用适当的配置选项来启用设备树文件。对于单个设备树的编译，make 目标是将.dts 文件名中的.dts 更改为.dtb。对于所有已启用的设备树的编译，应使用 dtbs 作为 make 的目标。在这两种情况下，都应该确保已经设置了启用 dtb 的配置选项。

以下内容来自 arch/arm/boot/dts/Makefile：

```
dtb-$(CONFIG_SOC_IMX6Q) +=    \
    imx6dl-alti6p.dtb          \
    imx6dl-aristainetos_7.dtb \
    [...]
    imx6q-hummingboard.dtb                 \
    imx6q-hummingboard2.dtb                \
    imx6q-hummingboard2-emmc-som-v15.dtb \
    imx6q-hummingboard2-som-v15.dtb        \
    imx6q-icore.dtb                        \
    [...]
```

通过启用 CONFIG_SOC_IMX6Q，可以编译其中列出的所有设备树文件，也可以针对特定的设备树文件进行编译。通过运行 make dtbs，内核 DTC 将编译已启用的配置选项中列出的所有设备树文件。

首先，需要确保已经设置了适当的配置选项：

```
$ grep CONFIG_SOC_IMX6Q .config
CONFIG_SOC_IMX6Q =y
```

然后，编译所有的设备树文件：

```
ARCH=arm CROSS_COMPILE=arm-linux-gnueabihf- make dtbs
```

对于 ARM64 平台，命令如下：

```
ARCH=arm64 CROSS_COMPILE=aarch64-Linux-gun-make dabs
```

同样，必须设置正确的内核配置选项。针对特定的设备树构建（如 imx6q-hummingboard2.dts)，可以使用如下命令：

```
ARCH=arm CROSS_COMPLLE=arm-Linux-gnueabihf-make imx6q-numming boardz.dtb
```

必须注意的是，给定已编译的设备树文件，可以执行相反的操作并提取源文件：

```
$ dtc -I dtb -O dts arch/arm/boot/dts/imx6q-hummingboard2.dtb >
path/to/my_devicetree.dts
```

出于调试目的，向用户空间公开正在运行的系统的当前设备树（即所谓的活动设备树）可能很有用。为此，内核配置选项 CONFIG_ PROC_DEVICETREE 必须启用。然后，可以在/proc/device-tree 目录下探索和遍历设备树。

如果 DTC 安装在正运行的系统中，则可以使用以下命令将文件系统树转换为更可读的形式：

```
# dtc -I fs -O dts /sys/firmware/devicetree/base > MySBC.dts
```

执行完上述命令后，MySBC.dts 文件将包含与当前设备树对应的源文件。

设备树叠加层

设备树叠加层是一种机制，这种机制允许修改活动的设备树，也就是在运行时修改当前的设备树。它允许用户通过更新现有节点和属性或者创建新节点和属性来更新当前设备树。但是，它不允许删除节点或属性。

设备树叠加层有以下格式：

```
/dts-v1/;
/plugin/; /* allow undefined label references and record them */

/{
    fragment@0 { /* first child node */
        target=<phandle>; /* phandle of the target node to extend */
    or
        target-path="/path"; /* full path of the node to extend */

        __overlay__ {
            property-a;  /* add property-a to the target */
            property-b = <0x80>; /* update property-b value */
            node-a { /* add to an existing, or create a node-a */
                    ...
            };
        };
    };

    fragment@1 {
        /* second fragment overlay ... */
    };
```

```
    /* more fragments follow */

}
```

从中可以发现，需要叠加的基本设备树中的每个节点都必须包含在叠加层设备树的片段节点中。

每个片段有两个元素。

- target-path 或 target。
  - target-path：指定片段将修改节点的绝对路径。
  - target：指定片段将修改节点别名（前缀为 "&" 符号）的相对路径。
- 一个名为 __overlay__ 的节点，它包含应用于引用节点的更改。这样的更改可以是新节点被添加、新属性被添加或现有属性值被新属性值覆盖。由于不能删除属性或节点，因此不可能执行删除操作。

构建设备树叠加层

除非设备树叠加层仅在根节点下添加新节点（在这种情况下，可以在片段中指定 "/" 为目标路径属性），否则最好通过 phandle（<&label_name>）来指定目标节点，因为这可以缩短手动计算节点的完整路径。

基本设备树和设备树叠加层之间没有直接的关联或联系，它们都是独立构建的。因此，从设备树叠加层引用远程节点（即基本设备树中的节点）将引发错误，设备树叠加层的构建将因为未定义的引用或标签而失败。就像构建一个没有符号解析空间的动态链接应用程序一样。

为了解决这个问题，DTC 提供了-@选项，你必须为基本设备树和要编译的所有设备树叠加层指定此选项。它将指示 DTC 在根目录中生成额外的节点（例如__symbols__、__fixups__ 和__local_fixups__ 节点），这些节点包含用于 phandle 名称翻译的解析数据。这些额外的节点分布如下。

- 当添加-@选项来构建设备树叠加层时，它会识别标记设备树片段/对象的/plugin/;行。这一行控制了__fixups__ 和__local_fixups__ 节点的生成。
- 当添加-@选项来构建基本设备树时，/plugin/;行不存在，因此源头被识别为基本设备树，这导致只生成__symbols__ 节点。

这些额外的节点增大了符号解析的空间。

注意

-@选项只能在 DTC 的 1.4.4 或更高版本中找到。只有 4.14 或更高版本的 Linux 内核包含满足此要求的内置 DTC 版本。如果只在设备树叠加层中使用目标路径属性，则不需要使用-@选项。

构建二叉设备树叠加层的过程与构建传统二叉设备树的过程相同。例如，下面的基本设备树名为 base.dts：

```
/dts-v1/;
/ {
    foo: foonode {
        foo-bool-property;
        foo-int-property = <0x80>;
        status = "disabled";
    };
};
```

然后，用下面的命令构建这个基本设备树：

```
dtc -@ -I dts -O dtb -o base.dtb base.dts
```

接下来，考虑下面的设备树叠加层（名为 foo-verlay.dts）：

```
/dts-v1/;
/plugin/;
/ {
    fragment@1 {
            target = <&foo>;
             __overlay__ {
                overlay-1-property;
                status = "okay";
                bar: barnode {
                    bar-property;
                };
            };
    };
};
```

在上面的设备树叠加层中，基本设备树中 foo 节点的 status 属性已从 disabled 修改为 okay，这将激活该节点。之后添加了布尔属性 overlay-1-property，最后添加了带有单个布尔属性的 bar 子节点。这个设备树叠加层可以用下面的命令来编译：

```
dtc -@ -I dts -O dtb -o foo-overlay.dtbo foo-overlay.dts
```

注意

在 Yocto 构建系统中，可以将-@选项添加到机器配置中，或者在开发过程中添加到 local.conf 文件中，如下所示。

```
DEVICETREE_FLAGS += "-@"。
```

对于 Linux 内核，要构建设备树叠加层，则应将其添加到 SoC 架构的 Makefile 设备树中，例如 arch/arm64/boot/dts/freescale/Makefile 或 arm/arm/boot/dts/Makefile，以 dtbo 作为扩展名，如下所示。

```
dtb-y += foo-overlay.dtbo
```

通过 configfs 加载设备树叠加层

可通过 configfs 加载设备树叠加层，但加载设备树叠加层的方式不止一种。下面重点介绍加载设备树叠加层的方法，这是针对已经启动内核且根文件系统已经挂载的运行系统而言的。

为了实现这一点，内核在编译时必须启用 CONFIG_OF_OVERLAY 和 CONFIG_CONFIG_FS 选项以使之后的步骤生效。假设内核配置文件已经存在于目标机中，则可以通过输入以下命令对此进行检查：

```
~# zcat /proc/config.gz | grep CONFIGFS
CONFIG_CONFIGFS_FS=y
~# zcat /proc/config.gz | grep OF_OVERLAY
CONFIG_OF_OVERLAY=y
~#
```

下面使用 configfs 将设备树二进制文件插入正在运行的内核中。如果系统尚未挂载 configfs，则需要先挂载它：

```
# mount -t configfs none /sys/kernel/config
```

当 configfs 被正确挂载后，configfs 所挂载的目录应该包含默认子目录（device-tree/overlays）。根据我们的挂载路径，相应的目录应该是 /sys/kernel/config/device-tree/overlays，如下所示：

```
# mkdir -p /sys/kernel/config/device-tree/overlays/
```

然后，必须在 overlays 目录中添加每个叠加项。需要注意的是，叠加项是使用标准文件系统 I/O 进行创建和操作的。

要加载设备树叠加层，就必须在 overlays 目录下创建一个与该设备树叠加层对应的目录。在这个示例中，我们将使用 foo 作为该目录的名称。

```
# mkdir /sys/kernel/config/device-tree/overlays/foo
```

接下来，为了有效地加载设备树叠加层，可以将设备树叠加层固件文件路径 echo 到路径属性文件中，如下所示：

```
# echo /path/to/foo-overlay.dtbo > /sys/kernel/config/devicetree/overlays/foo/ path
```

另外，也可以使用 cat 命令将设备树叠加层的内容输出到.dtbo 文件中：

```
# cat foo.dtbo > /sys/kernel/config/device-tree/overlays/foo/dtbo
```

之后，设备树叠加层文件将生效，我们可以根据需要创建或销毁设备。

要删除设备树叠加层并撤销更改，只需要删除相应的设备树叠加层目录即可：

```
# rmdir /sys/kernel/config/device-tree/overlays/foo
```

虽然已经成功地动态加载了设备树叠加层，但这还不够。除非设备驱动程序被内置并启用（也就是说，在 make menuconfig 中选择 y），否则需要加载所添加的设备节点的设备驱动程序才能使设备正常工作。

现在，我们已经完成了与设备树相关的编译工作。接下来，我们将学习如何编写自己的设备树，让我们从设备的寻址和表示开始吧！

5.2 如何表示和寻址设备

在设备树中，节点是表示设备的单位。换句话说，至少一个节点代表一个设备。设备节点可以填充其他节点（从而创建父子关系），也可以填充属性（这些属性描述了与之对应的节点的设备）。

每个设备都可以独立运行，但在某些情况下，设备可能希望被其父设备访问，或者父设备可能想要访问其中一个子设备。例如，当总线控制器（父节点）想要访问位于其总线上的一个或多个设备（声明为子节点）时，就会出现这种情况。典型的示例包括 I²C 控制器和 I²C 设备、SPI 控制器和 SPI 设备、CPU 和内存映射设备等。因此，设备寻址的概念应运而生。设备寻址因 reg 属性而引入，该属性在每个可寻址设备中都会用到，但 reg 属性的具体含义或解释取决于父设备（大多数情况下是总线控制器）。在子设备中，

reg 属性的含义和解释取决于其父设备的#address-cells 和#size-cells 属性。

　　每个可寻址设备都有一个 reg 属性，它是一个元组列表，形式为 reg=<address0 size0 [address1 size1] [address2 size2] ...>，其中每个元组表示设备使用的地址范围。#size-cells 用于表示有多少个 32 位单元格来表示大小，如果大小不相关，则可能为 0。#address-cells 用于表示有多少个 32 位单元格来表示地址。也就是说，每个元组中的地址元素根据 #address-cells 进行解释；#address-cells 与#size-cells 大小相同，而每个元组中的空间大小 是根据#size-cells 进行解释的。

　　总之，可寻址设备从它们的父节点继承#size-cell 和#address-cell 属性，而父节点通常 表示总线控制器。如果设备本身具有#size-cell 和#address-cell 属性，这并不会影响该设备 本身的功能。

　　现在我们已经了解了地址寻址的一般方式，下面让我们来看一下非可发现设备的具 体寻址方式，让我们首先从 SPI 和 I²C 设备寻址开始。

5.2.1　如何处理 SPI 和 I²C 设备寻址

　　SPI 和 I²C 设备都属于非内存映射设备，因为它们的地址对 CPU 来说是不可访问的。 相反，父设备的驱动程序（即总线控制器驱动程序）代表 CPU 执行间接访问。每个 I²C / SPI 设备节点总是表示为其所在的 I²C / SPI 控制器节点的子节点。对于非内存映射设备， #size-cells 属性为 0，寻址元组中的大小元素为空。这意味着这种设备的 reg 属性始终为 一个单元格。以下是一个例子：

```
&i2c3 {
    [...]
    status = "okay";

    temperature-sensor@49 {
        compatible = "national,lm73";
        reg = <0x49>;
    };

    pcf8523: rtc@68 {
        compatible = "nxp,pcf8523";
        reg = <0x68>;
    };
};

&ecspi1 {
    fsl,spi-num-chipselects = <3>;
```

```
    cs-gpios = <&gpio5 17 0>, <&gpio5 17 0>, <&gpio5 17 0>;
    status = "okay";
    [...]

    ad7606r8_0: ad7606r8@1 {
        compatible = "ad7606-8";
        reg = <1>;
        spi-max-frequency = <1000000>;
        interrupt-parent = <&gpio4>;
        interrupts = <30 0x0>;
        convst-gpio = <&gpio6 18 0>;
    };
};
```

如果查看 arch/arm/boot/dts/imx6qdl.dtsi 中的 SoC 级别文件，就会注意到#size-cells 和#address-cells 分别在 I²C 和 SPI 控制器节点（标记为 i2c3 和 ecspi1）中设置为 0 和 1。这有助于你理解它们的 reg 属性，该属性仅为地址值设置了一个单元格，而对于大小值则未进行设置。

I²C 设备的 reg 属性用于指定设备在总线上的地址。对于 SPI 设备，reg 表示分配给该设备的片选线在控制器节点的片选列表中的索引。例如，对于 ad7606r8 ADC，片选索引为 1，对应于 cs-gpios 中的<&gpio5 17 0>。这是控制器节点的片选列表。其他控制器的绑定可能不同，可以参考位于 Documentation/devicetree/bindings/spi 目录中的文档。

5.2.2 内存映射设备和设备寻址

本小节介绍简单的内存映射设备，其中内存区域可由 CPU 访问。对于此类设备节点，reg 属性仍然定义设备的地址，并且采用 reg = <address0 size0 [address1 size1] [address2 size2] ...>的形式。每个内存区域由一个元组表示，其中第一个元素是内存区域的基地址，第二个元素是内存区域的大小。它可以转换为以下形式：reg = <base0 length0 [base1 length1] [address2 length2] ...>。在这里，每个元组表示设备使用的地址范围。

考虑下面的例子：

```
soc {
    #address-cells = <1>;
    #size-cells = <1>;
    compatible = "simple-bus";
    aips-bus@02000000 { /* AIPS1 */
        compatible = "fsl,aips-bus", "simple-bus";
        #address-cells = <1>;
```

```
            #size-cells = <1>;
            reg = <0x02000000 0x100000>;
            [...];

            spba-bus@02000000 {
                compatible = "fsl,spba-bus", "simple-bus";
                #address-cells = <1>;
                #size-cells = <1>;
                reg = <0x02000000 0x40000>;
                [...]

            ecspi1: ecspi@02008000 {
                #address-cells = <1>;
                #size-cells = <0>;
                compatible = "fsl,imx6q-ecspi", "fsl,imx51-ecspi";
                reg = <0x02008000 0x4000>;
                [...]
            };

            i2c1: i2c@021a0000 {
                #address-cells = <1>;
                #size-cells = <0>;
                compatible = "fsl,imx6q-i2c", "fsl,imx21-i2c";
                reg = <0x021a0000 0x4000>;
                [...]
            };
        };
    };
};
```

在上面的例子中，具有简单总线（simple-bus）属性的设备节点是 SoC 内部的内存映射总线控制器，用于连接 IP 核（例如 I^2C、SPI、USB、以太网和其他内部 SoC IP 核）与 CPU。它们的子节点，无论是 IP 核还是其他内部总线，都继承了#address-cells 和 #size-cells 属性。我们可以看到，标记为 i2c1 的 I^2C 控制器 i2c@021a0000 已连接到 spba-bus@02000000 总线上。所有这些设备在运行时都将以平台设备出现。此外，该 I^2C 控制器通过定义自己的#address-cells 和#size-cells 属性改变了寻址方式，连接到它的 I^2C 设备将继承该特性，SPI 控制器亦如此。

总之，在现实世界中，你不应该在不知道父节点的#size-cells 和#address-cells 属性的情况下解释子节点的 reg 属性。映射到内存的设备必须设置 reg 属性的 size 字段，且该字段必须设置为设备内存区域的大小。另外，还必须定义 address 字段，以使其对应于 SoC 内存映射中设备内存区域的开头，如 SoC 数据手册所示。

注意

"simple-bus-compatible"字符串还表示总线没有特殊驱动程序，无法动态探测总线，并且直接子节点（仅限于一级子节点）将被注册为平台设备。有时候，这在板级设备树中用于实例化基于 GPIO 的固定调节器。

5.3 处理资源

设备驱动程序的主要目的是为给定设备提供一组驱动功能，并向用户公开。在这里，目标是收集设备的配置参数，特别是资源（如内存区域、中断线、DMA 通道等），这些资源能帮助驱动程序执行其任务。

5.3.1 resource 结构体

一旦探测到设备，设备资源（无论处在设备本身还是处在板/机器文件中）的收集和分配就将通过 of_platform 或 platform 核心进行，其中会用到 resource 结构体，其定义如下：

```
struct resource {
    resource_size_t start;
    resource_size_t end;
    const char *name;
    unsigned long flags;
    [...]
};
```

下面列出了该数据结构中各元素的含义。

- start：根据资源标志位的不同，start 可能是内存区域的起始地址、中断线编号、DMA 通道编号或寄存器偏移量。
- end：这是内存区域或寄存器偏移量的结束位置。对于 IRQ 或 DMA 通道，大多数情况下，start 和 end 的值相同。
- name：如果有的话，是资源的名称。
- flags：表示资源的类型，可能的值如下。
  - ➢ IORESOURCE_IO：用于 PCI/ISA I/O 端口区域。start 是该区域的第一个端口，end 是最后一个端口。
  - ➢ IORESOURCE_MEM：用于 I/O 内存区域。start 表示该区域的起始地址，end 表示结束地址。

> ➢ IORESOURCE_REG：寄存器偏移量，主要用于 MFD（Multi-Function Device，多功能设备）。start 表示相对于父设备寄存器的偏移量，end 表示寄存器区段的结束位置。
>
> ➢ IORESOURCE_IRQ：IRQ 中断线编号。在这种情况下，要么 start 和 end 可能具有相同的值，要么 end 是无关紧要的。
>
> ➢ IORESOURCE_DMA：对于 DMA 通道标识符，end 的使用方式与 IRQ 相同。然而，当有多个单元格用于 DMA 通道标识符或者当有多个 DMA 控制器时，你将不太明确会发生什么。IORESOURCE_DMA 对于多个控制器系统并不具有可扩展性。

每个资源都会被分配一个 resource 结构体实例。这意味着对于一个被分配了两个内存区域和一个 IRQ 中断线的设备，将会分配 3 个 resource 结构体实例。此外，同一类型的资源将按照它们在设备树文件（或板级文件）中声明的顺序进行分配和索引（从 0 开始）。这意味着分配的第一个内存区域的索引是 0，依此类推。

为了获取相应的资源，我们可以使用通用的 API，即 platform_get_resource()。该函数需要提供资源类型和资源类型中的索引。该函数定义如下：

```
struct resource *platform_get_resource(
    struct platform_device *dev,
    unsigned int type, unsigned int num);
```

在上面的函数原型中，dev 是我们为其编写驱动程序的平台设备，type 是资源类型，num 是同一资源类型中资源的索引。如果成功，该函数将返回一个指向 resource 结构体的有效指针，否则返回 NULL。

当同一类型的资源有多个时，使用索引可能会产生歧义。为此，你可以选择使用资源名称作为替代方案，并且引入 platform_get_resource() 的变体函数 platform_get_resource_byname()。给定资源标志（或类型）和资源名称，该变体函数将返回对应的资源，而无论它们在声明中的顺序如何。

该变体函数定义如下：

```
struct resource *platform_get_resource_byname(
    struct platform_device *dev,
    unsigned int type,
    const char *name)
```

为了理解如何使用该变体函数，我们需要掌握命名资源的概念。

命名资源的概念

当驱动程序期望获得某种类型的资源列表时（比如两个 IRQ 中断线，其中一个用于 Tx，另一个用于 Rx），由于不能保证资源列表的顺序，因此驱动程序不应该做出任何假设。如果驱动程序逻辑被硬编码为期望先得到 Rx IRQ，但设备树中已经用 Tx IRQ 填充了，则会发生不匹配异常。为了避免这种不匹配，我们引入了命名资源（如时钟、IRQ、DMA 通道和内存区域）的概念。这包括定义资源列表并对其命名，这样无论它们的索引是什么，给定的名称都将与资源匹配。命名资源的概念还使得设备树资源的分配易于阅读和理解。

对应于命名资源的属性如下。

- reg-names：用于在 reg 属性中为内存区域指定名称列表。
- interrupt-names：用于在 interrupts 属性中为每个中断线指定名称。
- dma-names：用于 dma 属性。
- clock-names：用于为 clocks 属性中的时钟指定名称。注意，时钟不在本书讨论范围内。

为了说明这个概念，考虑下面虚构的设备节点：

```
fake_device {
    compatible = "packt,fake-device";
    reg = <0x4a064000 0x800>,
        <0x4a064800 0x200>,
        <0x4a064c00 0x200>;
    reg-names = "ohci", "ehci", "config";
    interrupts = <0 66 IRQ_TYPE_LEVEL_HIGH>,
                <0 67 IRQ_TYPE_LEVEL_HIGH>;
    interrupt-names = "ohci", "ehci";
};
```

在上面的示例中，我们为设备分配了 3 个内存区域和两个中断线。资源名称列表和资源之间是一对一的映射关系。这意味着索引为 0 的名称将分配给相同索引处的资源。在驱动程序中提取每个命名资源的代码如下：

```
struct resource *res_mem_config, resirq, *res_mem1;
int txirq, rxirq;

/*let's grab region <0x4a064000 0x800>*/
res_mem1 = platform_get_resource_byname(pdev, IORESOURCE_MEM, "ohci");
/*let's grab region <0x4a064c00 0x200>*/
res_mem_config = platform_get_resource_byname(pdev,IORESOURCE_MEM, "config");
```

```
txirq = platform_get_resource_byname(pdev, IORESOURCE_IRQ, "ohci");
rxirq = platform_get_resource_byname(pdev, IORESOURCE_MEM, "ehci");
```

正如你所看到的，以命名方式请求资源不太容易出错。无论是 platform_get_resource()
还是 platform_get_resource_byname()，都是用于处理资源的通用 API。也有专门的 API
可以让你减少开发工作量[例如 platform_get_irq_byname()、platform_get_irq()和 platform_
get_and_ioremap_resource()]，我们将在以后的章节中学习这些 API。

5.3.2　提取应用程序的特定数据

应用程序的特定数据是指超出常规资源（不包括 IRQ 编号、内存区域、调节器或时
钟等）范畴的数据。它们可分配给设备的任意属性和子节点。通常，这些属性使用制造
商的名称作为前缀。它们可以是任何类型的字符串、布尔值或整数值，也可以是定义在
Linux 源代码的 drivers/of/base.c 中的 API。请注意，这里讨论的示例并非详尽无遗。下
面让我们重用本章前面定义的节点：

```
node_label: nodename@reg{
    string-property = "a string";
    string-list = "red fish", "blue fish";
    one-int-property = <197>; /* One cell property */
    / * in the following line, each number (cell) is a
    * 32-bit integer(uint32). There are 3 cells in
    * this property */
     int-list-property = <0xbeef 123 0xabcd4>;
     mixed-list-property = "a string", <0xadbcd45>,<35>, [0x01 0x23 0x45];
     byte-array-property = [0x01 0x23 0x45 0x67];
     one-cell-property = <197>;
     boolean-property;
};
```

接下来，我们将学习如何获取上述设备树节点摘录中的每个属性。

提取字符串属性

以下代码展示了单个字符串和多个字符串属性：

```
string-property = "a string";
string-list = "red fish", "blue fish";
```

回到驱动程序，我们根据需要可以使用不同的 API。比如使用 of_property_

read_string*()函数读取单个字符串属性。该函数定义如下：

```
int of_property_read_string(const struct device_node *np,
                            const char *propname,
                            const char **out_string)
int of_property_read_string_index(const struct
                                  device_node *np,
                                  const char *propname,
                                  int index,
                                  const char **output)
int of_property_read_string_array(const struct device_node *np,
                                  const char *propname,
                                  const char **out_strs,
                                  size_t sz)
```

其中，np 是需要读取字符串属性的节点；propname 是包含字符串或字符串列表属性的变量名或标识符；sz 是要读取的数组元素数量；out_string 是一个输出参数，其指针值将被更改以指向字符串值。

如果属性没有值，of_property_read_string()和 of_property_read_string_index()将返回-ENODATA；如果属性根本不存在，它们将返回-EINVAL；如果字符串在属性数据的长度内没有以 NULL 结尾，它们将返回-EILSEQ。最后，当成功时，它们将返回 0。

of_property_read_string_array()在给定的设备树节点中搜索指定的属性，并检索该属性中以 NULL 结尾的字符串列表（实际上是指向这些字符串的指针），然后将其分配给out_strs 参数。除了 of_property_read_string()和 of_property_read_string_index()返回的值，如果目标指针数组不为 NULL，则还会返回已读取的字符串数量。如果只想计算属性中字符串的数量，则可以省略 out_strs 参数。

以下代码展示了如何使用它们：

```
size_t count;
const char **res;
const char *my_string = NULL;
const char *blue_fish = NULL;
of_property_read_string(pdev->dev.of_node, "string-property", &my_string);
of_property_read_string_index(pdev->dev.of_node, "string-list", 1, &blue_fish);
count = of_property_read_string_array(dp, "string-list", res, count);
```

在上面的例子中，我们学习了如何从单值属性或列表中提取字符串属性。请注意，返回的是指向字符串（或字符串列表）的指针。此外，在上述代码的最后一行，我们看到了如何从数组中提取给定数量的以 NULL 结尾的字符串元素，这里也返回指向这些字符串元素的指针。

读取单元格和无符号的 32 位整数

以下是 int 属性:

```
one-int-property = <197>;
int-list-property = <1350000 0x54dae47 1250000 1200000>;
```

回到驱动程序,与字符串属性一样,根据需要,有一组 API 可供我们选择。应使用 of_property_read_u32 ()函数读取单元格值。该函数定义如下:

```
int of_property_read_u32(const struct device_node *np,
                         const char *propname,
                         u32 *out_value)
int of_property_read_u32_index(
                            const struct device_node *np,
                            const char *propname,
                            u32 index, u32 *out_value)
int of_property_read_u32_array(
                            const struct device_node *np,
                            const char *propname,
                            u32 *out_values, size_t sz)
```

上面的 API 与它们的_string、_string_index 和_string_array 对应项的行为相同。这是因为它们都在成功时返回 0,在属性根本不存在时返回-EINVAL,而在属性没有值时返回-ENODATA。不同之处在于,它们要读取的值类型在这种情况下为 u32,在属性数据不足时会出现-EOVERFLOW 错误,并且必须先分配 out_values 的空间,因为要返回的值已经被复制到这个空间。

下面展示了这些 API 的用法:

```
unsigned int number;
of_property_read_u32(pdev->dev.of_node,"one-cell-property", &number);
```

可以使用 of_property_read_u32_array()来读取单元格列表。该函数定义如下:

```
int of_property_read_u32_array(
                            const struct device_node *np,
                            const char *propname,
                            u32 *out_values, size_t sz);
```

在这里,sz 是要读取的数组元素数量。请查看 drivers/of/base.c 以了解如何解释其返回值:

```
unsigned int cells_array[4]; /* return value by copy */
if (!of_property_read_u32_array(pdev->dev.of_node,
    "int-list-property", cells_array, 4))
    dev_info(&pdev->dev, "u32 list read successfully\n");
/* can now process values in cells_array */
[...]
```

我们已经演示了如何轻松处理单元格数组，接下来我们将学习处理布尔属性。

处理布尔属性

你应该使用 of_property_read_bool()来读取函数的第二个参数所给定的布尔属性名称：

```
bool my_bool = of_property_read_bool(pdev->dev.of_node,"boolean-property");
if(my_bool){
      /* boolean is true */
} else
      /* boolean is false */
}
```

上面的示例演示了如何处理布尔属性。现在从提取和解析子节点开始，我们可以学习更复杂的 API。

提取和解析子节点

请注意，你可以向设备节点添加任何子节点。在许多例子中，这种用法很常见，例如在 MTD（Memory Technology Device，内存技术设备）节点中填充分区或在电源管理芯片节点中描述稳压器约束条件。给定表示闪存设备的节点，可以将分区表示为嵌套的子节点。以下代码显示了如何实现此操作：

```
eeprom: ee241c512@55 {
    compatible = "microchip,24xx512";
    reg = <0x55>;

    partition@1 {
        read-only;
        part-name = "private";
        offset = <0>;
        size = <1024>;
    };

    config@2 {
```

```
        part-name = "data";
        offset = <1024>;
         size = <64512>;
    };
};
```

可以使用 for_each_child_of_node()函数遍历给定节点的子节点：

```
structdevice_node *np = pdev->dev.of_node;
structdevice_node *sub_np;
for_each_child_of_node(np, sub_np) {
    /* sub_np will point successively to each sub-node */
    [...]
    int size;
    of_property_read_u32(client->dev.of_node,"size", &size);
    ...
}
```

5.4　总结

是时候从硬编码设备配置转换到设备树了。本章为你提供了处理设备树的所有基础知识。现在，你已经具备必要的技能，可以自定义或添加任何节点和属性到设备树，并从驱动程序中提取它们。

第 6 章将介绍 Linux 内核平台抽象和数据结构，以及设备和驱动程序匹配机制。

第 6 章
设备、驱动程序和平台抽象简介

LDM 是 Linux 内核引入的一个概念，用于描述和管理内核对象（例如需要引用计数的文件、设备、总线，甚至驱动程序），它们之间的层次结构，以及如何与其他对象绑定。LDM 引入了对象生命周期管理、引用计数、内核中的面向对象（Object-Oriented，OO）编程风格和其他优势，还包括代码可重用性和重构、自动资源释放等。

由于引用计数和对象生命周期管理位于 LDM 的最底层，因此我们将讨论更高级别的表示形式，例如如何处理常见的内核数据对象和结构，包括设备、驱动程序和总线。

本章将讨论以下主题：
- Linux 内核平台抽象和数据结构；
- 设备与驱动程序匹配机制详解。

6.1　Linux 内核平台抽象和数据结构

LDM 基于一些基本数据结构，包括 struct device、struct device_driver 和 struct bus_type。其中第一个数据结构表示要驱动的设备；第二个数据结构表示旨在驱动设备的软件实体；最后一个数据结构表示设备和 CPU 之间的通道。

6.1.1　device 结构体

设备建立在 device 结构体之上，device 结构体定义在 include/linux/device.h 文件中：

```
struct device{
    struct device *parent;
    struct kobject kobj;
    struct bus_type *bus;
    struct device_driver *driver;
```

```
    void *platform_data;
    void *driver_data;
    struct dev_pm_domain *pm_domain;
    struct device_node *of_node;
    struct fwnode_handle *fwnode;
    dev_t devt;
    u32 id;
    [...]
};
```

让我们来看一下这个结构体中的每个字段。

- parent：这是设备的父设备，即该设备连接到的设备。在大多数情况下，父设备是某种总线或主机控制器。如果父设备为 NULL，则该设备是顶层设备。例如，总线控制器设备就是这种情况。

- kobj：这是最低级别的数据结构，用于跟踪内核对象（总线、驱动程序、设备等）。这是 LDM 的核心。我们将在第 14 章中讨论这个数据结构。

- bus：指定设备所在的总线类型。它是设备和 CPU 之间的通道。

- driver：指定哪个驱动程序分配这个设备。

- platform_data：提供特定于设备的平台数据。当从开发板文件中声明设备时，此字段将被自动设置。换句话说，它指向特定于开发板的结构，该结构位于开发板的设置文件中，设置文件描述了设备及其接线方式。它有助于将#ifdef 最小化到设备驱动程序代码中。它包含诸如芯片变体、GPIO 引脚角色和中断线等资源。

- driver_data：一个指向驱动程序特定信息的私有指针。总线控制器驱动程序负责提供辅助函数，即访问器，用于获取/设置此字段。

- pm_domain：指定电源管理特定的回调函数，在系统电源状态（挂起、休眠、系统恢复以及运行时电源管理转换）更改期间以及子系统级和驱动程序级回调函数中执行该回调函数。

- of_node：与设备相关联的设备树节点。当从设备树中声明设备时，该字段会由 OF 核心自动填充。你可以通过检查 platform_data 或 of_node 是否已设置，来确定设备已在何处声明。

- id：设备实例。

设备很少由裸设备结构体表示，因为大多数子系统会跟踪其托管的设备的额外信息。相反，该结构体通常被嵌入设备的更高级别表示中。i2c_client、spi_device、usb_device 和 platform_device 结构体就是这种情况，它们都在自己的成员中嵌入了一个 device 结构体元素（spi_device->dev、i2c_client->dev、usb_device->dev 和 platform_device->dev）。

6.1.2　device_driver 结构体

device_driver 结构体是任何设备驱动程序的基本元素。在面向对象编程语言中，该结构体将作为基类，由每个设备驱动程序继承。

该结构体定义在 include/linux/device/driver.h 文件中：

```
struct device_driver{
    const char *name;
    struct bus_type *bus;
    struct module *owner;
    const struct of_device_id *of_match_table;
    const struct acpi_device_id *acpi_match_table;
    int (*probe)(struct device *dev);
    int (*remove)(struct device *dev);
    void (*shutdown)(struct device *dev);
    int (*suspend)(struct device *dev,pm_message_t state);
    int (*resume)(struct device *dev);
    const struct dev_pm_ops *pm;
};
```

让我们来看一下这个结构体中的每个字段。

- name：设备驱动程序的名称。当没有匹配成功的名称时，可将它作为后备选项（也就是将该名称与设备名称匹配）。
- bus：此字段是必填项，表示设备驱动程序所属的总线。如果未设置此字段，设备驱动程序将注册失败，因为它的探测方法负责将驱动程序与设备匹配。
- owner：此字段指定模块所有者。
- of_match_table：这是 OF 表，表示用于设备树匹配的 of_device_id 结构体数组。
- acpi_match_table：这是 ACPI（Advanced Configuration and Power Interface，高级配置和电源接口）匹配表。它与 of_match_table 相同，但用于 ACPI 匹配。
- probe：此函数用于查询特定设备的存在性，以及判断是否可以使用这个驱动程序并将这个驱动程序绑定到特定设备。总线驱动程序负责在给定时刻调用此函数。
- remove：当从系统中移除设备时，调用此函数可以将设备与驱动程序解绑。
- shutdown：当设备即将关闭时，就会发出此命令。
- suspend：这是一个回调函数，它允许你将设备置于睡眠模式。
- resume：该函数由驱动程序核心调用，用于唤醒处于睡眠模式的设备。
- pm：表示一组电源管理回调函数。

在上述数据结构中，shutdown、suspend、resume 和 pm 是可选的，它们用于电源管理。是否提供它们取决于底层设备的功能（是否可以关闭、挂起或执行其他与电源管理相关的功能）。

注册驱动程序

首先，你应该记住，注册设备包括将设备插入由其总线驱动程序维护的设备列表中。同样，注册驱动程序包括将驱动程序插入由其所在总线的驱动程序维护的驱动程序列表中。例如，注册 USB 设备驱动程序将导致 USB 设备驱动程序被插入由 USB 控制器驱动程序维护的驱动程序列表中。同样，注册 SPI 设备驱动程序将导致 SPI 设备驱动程序被插入由 SPI 控制器驱动程序维护的驱动程序列表中。driver_register()是用于将驱动程序注册到总线的低级函数，它会将驱动程序添加到总线驱动程序维护的驱动程序列表中。当你向总线注册设备驱动程序时，内核将遍历总线的设备列表，并为每个没有与之关联的驱动程序的设备调用总线的 match()回调函数，以查找驱动程序可以处理的任何设备。当匹配发生时，设备和驱动程序将绑定在一起。将设备与驱动程序关联的过程称为绑定。

你可能永远不想直接使用driver_register()函数，而是要求总线驱动程序提供特定于总线的注册函数，该注册函数将基于driver_register()进行封装。到目前为止，总线特定的注册函数始终匹配{bus_name}_register_driver()模式。例如，USB、SPI、I²C和PCI设备驱动程序的注册函数分别是usb_register_driver()、spi_register_driver()、i2c_register_driver()和pci_register_driver()。

建议在模块的 init/exit 函数中注册/注销驱动程序，它们分别在模块加载/卸载阶段执行。在许多情况下，注册/注销驱动程序是你想在 init/exit 函数中执行的唯一操作。在这种情况下，每个总线核心将提供特定的辅助宏，该辅助宏可以扩展为模块的 init/exit 函数，并在内部调用总线特定的注册/注销函数。这些总线宏遵循 module_{bus_name}_driver(__{bus_name}_driver)的模式，其中__{bus_name}_driver 是相应总线的驱动程序结构体。表 6.1 给出了 Linux 系统支持的总线非详尽列表以及它们的宏。

表 6.1 一些总线及其（取消）注册宏

总线	（取消）注册宏
I²C	module_i2c_driver(__i2c_driver);
SPI	module_spi_driver(__spi_driver);
pseudo-platform	module_platform_driver(__platform_driver);
USB	module_usb_driver(__usb_driver);
PCI	module_pci_driver(__pci_driver);

总线控制器代码负责提供这些宏，但情况并非总是如此。例如，MDIO（Management Data Input/Output，管理数据输入/输出）总线（一种用于控制网络设备的 2 线串行总线）驱动程序不提供 module_mdio_driver()宏。因此在使用它之前，应该检查设备所在的总线是否提供此宏。下面展示了两个不同总线的示例：一个使用总线提供的注册/注销宏，另一个则不使用。让我们先看看不使用宏时的代码是什么样子：

```
static struct platform_driver mypdrv = {
    .probe = my_pdrv_probe,
    .remove = my_pdrv_remove,
    .driver = {
        .name = KBUILD_MODNAME,
        .owner = THIS_MODULE,
    },
};
static int __init my_drv_init(void)
{
    /* Registering with Kernel */
    platform_driver_register(&mypdrv);
    return 0;
}


static void __exit my_pdrv_remove(void)
{
    /* Unregistering from Kernel */
    platform_driver_unregister(&my_driver);
}


module_init(my_drv_init);
module_exit(my_pdrv_remove);
```

上面的示例不使用宏。下面让我们看看使用宏的代码是什么样子：

```
static struct platform_driver mypdrv = {
    .probe = my_pdrv_probe,
    .remove = my_pdrv_remove,
    .driver = {
        .name = KBUILD_MODNAME,
        .owner = THIS_MODULE,
    },
};
module_platform_driver(my_driver);
```

在这里，你可以看到代码是如何分解的，这对于编写驱动程序来说是一个重要的优点。

在驱动程序中公开支持的设备

内核必须知道给定的驱动程序支持哪些设备以及它们是否存在于系统中，以便每当其中一个设备出现在系统中（或总线上）时，内核知道哪个驱动程序负责该设备，并运行其探测函数。也就是说，驱动程序的探测函数只有在加载相应的驱动程序（加载是一个用户空间的操作）时才会运行，否则什么也不会发生。6.1.3 节将解释如何管理驱动程序自动加载，以便当设备出现时，其驱动程序会自动加载并调用探测函数。

如果查看每个特定于总线的设备驱动程序结构体（platform_driver、i2c_driver、spi_driver、pci_driver 和 usb_driver），你将看到一个 id_table 字段，其类型取决于总线类型。此字段应该被赋予一个设备 ID 数组，这些设备 ID 对应驱动程序支持的设备。表 6.2 显示了一些总线及其设备 ID 结构体。

表 6.2　　　　　　　　　　　　一些总线及其设备 ID 结构体

总线	设备 ID 结构体
I²C	i2c_device_id
SPI	spi_device_id
pseudo-platform	platform_device_id
PCI	pci_device_id
USB	usb_device_id

有两种特殊情况我们故意省略了：设备树和 ACPI。它们可以通过使用 driver.of_match_table 或 driver.acpi_match_table 字段，在设备树或 ACPI 中公开设备的硬件信息，这些字段不是总线特定驱动程序结构的直接元素。简单来说，设备树和 ACPI 可以让驱动程序声明设备，而不用直接在总线特定驱动程序结构中对它们进行声明，如表 6.3 所示。

表 6.3　　　　　　　　　　　　伪总线及其设备 ID 结构体

伪总线	设备 ID 结构体
OF	of_device_id
ACPI	acpi_device_id

这些结构体都定义在内核源代码的 include/linux/mod_devicetable.h 文件中，它们的名称与 {bus_name}_device_id 模式匹配。我们已经在适当的章节中讨论了其中的每个结

构体。下面让我们看一个使用 spi_device_id 和 of_device_id 公开 SPI 设备的例子。

```
static const struct spi_device_id mcp23s08_ids[] = {
    {"mcp23s08", MCP_TYPE_S08},
    {"mcp23s17", MCP_TYPE_S17},
    {"mcp23s18", MCP_TYPE_S18},
    {},
};

static const struct of_device_id mcp23s08_spi_of_match[] = {
    {
        .compatible = "microchip,mcp23s08",
        .data = (void *)MCP_TYPE_S08,
    },
    {
        .compatible = "microchip,mcp23s17",
        .data = (void *)MCP_TYPE_S17,
    },
    {
        .compatible = "microchip,mcp23s18",
        .data = (void *)MCP_TYPE_S18,
    },
    {},
};

static struct spi_driver mcp23s08_driver = {
    .probe = mcp23s08_probe,   /* don't care about this */
    .remove = mcp23s08_remove, /* don't care about this */
    .id_table = mcp23s08_ids,
    .driver = {
        .name = "mcp23s08",
        .of_match_table =of_match_ptr(mcp23s08_spi_of_match),
    },
}
```

　　上面的例子展示了一个驱动程序如何声明它所支持的设备。这个示例是一个 SPI 驱动程序，所涉及的结构体是 spi_device_id。结构体 of_device_id 则用于在驱动程序中根据兼容字符串匹配设备的任何驱动程序。

　　我们已经了解了驱动程序如何公开它所支持的设备，下面让我们深入了解设备和驱动程序绑定的机制，以了解当设备和驱动程序匹配时会发生什么。

6.1.3　设备/驱动程序匹配和模块（自动）加载

总线是设备驱动程序和设备依赖的基本元素。从硬件角度看，总线是设备和 CPU 之间的链接；而从软件角度看，总线驱动程序是设备与其驱动程序之间的链接。每当设备或驱动程序被添加/注册到系统中时，它都会被自动添加到它所在的总线驱动程序维护的驱动程序列表中。例如，注册一组 I²C 设备，它们可以由给定的驱动程序（i2c）管理，这将导致这些设备排队到一个全局列表中，该全局列表维护 I²C 适配器驱动程序，并提供一个 USB 设备表，以便将这些设备插入由 USB 控制器驱动程序维护的设备列表中。另一个例子涉及注册新的 SPI 设备驱动程序，该 SPI 设备驱动程序将被插入由 SPI 控制器驱动程序维护的驱动程序列表中。如果没有这个过程，内核就不知道哪个驱动程序应该处理哪个设备。

每个设备驱动程序都应该公开其支持的设备列表，并使该设备列表可访问驱动程序核心（特别是总线驱动程序）。这个设备列表称为 id_table，可以在驱动程序代码中对其进行声明和填充。id_table 是一个设备 ID 数组，其中每个设备 ID 的类型取决于设备的类型（如 I²C、SPI、USB 等）。这样，每当设备出现在总线上时，总线驱动程序就会遍历其设备驱动程序列表，并查看每个 id_table 以找到对应于这个新设备的条目。在其 id_table 中包含设备 ID 的每个驱动程序都将运行它们的 probe() 函数，并将新设备作为参数传递。这个过程称为匹配循环。驱动程序的工作方式与此类似。每当把新的驱动程序注册到总线上时，总线驱动程序就会遍历其设备列表，并查找出现在注册的驱动程序的 id_table 中的设备 ID。对于每个匹配项，相应的设备将作为参数传递给驱动程序的 probe() 函数，并且 probe() 函数将根据命中数运行多次。

匹配循环的问题在于，只有加载的模块才会调用驱动程序的 probe() 函数。换句话说，如果相应的模块没有加载（insmod、modprobe）或内置，匹配循环将无效。你必须在设备出现在总线上之前手动加载模块。解决这个问题的方法是让模块自动加载。由于大多数情况下，模块加载是用户空间的操作（当内核不使用 request_module() 函数请求模块时），内核必须找到一种方法来将驱动程序及其设备列表暴露给用户空间。于是出现了一个名为 MODULE_DEVICE_TABLE 的宏：

```
MODULE_DEVICE_TABLE(<bus_type_name>, <array_of_ids>);
```

这个宏用于支持热插拔，它描述了每个特定驱动程序可以支持哪些设备。在编译时，构建过程从驱动程序中提取出这些信息，并构建一个可读的表格，称为 modules.alias，它位于 /lib/modules/kernel_version/ 目录下。

<bus_type_name> 参数应该是总线的通用名称，你需要为其添加模块的自动加载支

持。对于 SPI 总线，它应该是"spi"；对于设备树，它应该是"of"；对于 I²C 总线，它
应该是"i2c"，等等。换句话说，它应该是设备列表（请注意，并非所有总线都会列出）
中第一列（总线类型）的元素之一。下面让我们为之前使用过的同一驱动程序
（gpio-mcp23s08）添加模块的自动加载支持：

```
MODULE_DEVICE_TABLE(spi, mcp23s08_ids);
MODULE_DEVICE_TABLE(of, mcp23s08_spi_of_match);
```

假设你使用的是基于 Yocto 的镜像操作系统的 i.MX6 开发板，并且你把上面的两行
代码添加到了如下 modules.alias 文件中。接下来让我们看看这两行代码的作用是什么。

```
root:/lib/modules/5.10.10+fslc+g8dc0fcb# cat modules.alias
# Aliases extracted from modules themselves.
alias fs-msdos msdos
alias fs-binfmt_misc binfmt_misc
alias fs-configfs configfs
alias iso9660 isofs
alias fs-iso9660 isofs
alias fs-udf udf
alias of:N*T*Cmicrochip,mcp23s17* gpio_mcp23s08
alias of:N*T*Cmicrochip,mcp23s18* gpio_mcp23s08
alias of:N*T*Cmicrochip,mcp23s08* gpio_mcp23s08
alias spi:mcp23s17 gpio_mcp23s08
alias spi:mcp23s18 gpio_mcp23s08
alias spi:mcp23s08 gpio_mcp23s08
alias usb:v0C72p0011d*dc*dsc*dp*ic*isc*ip*in* peak_usb
alias usb:v0C72p0012d*dc*dsc*dp*ic*isc*ip*in* peak_usb
alias usb:v0C72p000Dd*dc*dsc*dp*ic*isc*ip*in* peak_usb
alias usb:v0C72p000Cd*dc*dsc*dp*ic*isc*ip*in* peak_usb
alias pci:v00008086d000015B8sv*sd*bc*sc*i* e1000e
alias pci:v00008086d000015B7sv*sd*bc*sc*i* e1000e
[...]
alias usb:v0416pA91Ad*dc*dsc*dp*ic0Eisc01ip00in* uvcvideo
alias of:N*T*Ciio-hwmon* iio_hwmon
alias i2c:lm73 lm73
alias spi:ad7606-4 ad7606_spi
alias spi:ad7606-6 ad7606_spi
alias spi:ad7606-8 ad7606_spi
```

另外在解决方案中，内核可以通过 netlink 套接字向用户空间通知一些事件（称为
uevent）。设备出现在总线上之后，总线驱动程序代码将创建并发出一个事件，其中包含
相应的模块别名（如 pci:v00008086d000015B8sv*sd*bc*sc*i*）。这个事件将被系统的热

插拔管理器（大多数机器上的 udev）捕获，热插拔管理器将在查找具有相同别名的条目时解析 module.alias 文件，并加载相应的模块（如 e1000 模块）。一旦模块加载成功，设备就会被探测。以上就是 MODULE_DEVICE_TABLE 宏的运作方式。

6.1.4 设备声明——填充设备

设备声明不是 LDM 的一部分，它包括声明系统中存在（或不存在）的设备，而模块设备表涉及向驱动程序提供它们所支持的设备。有以下 3 个地方可以声明/填充设备。

● 来自板级文件或单独的模块（旧的且已弃用的方法）。

● 来自设备树（新的且推荐使用的方法）。

● 来自 ACPI，这里不会讨论。

任何已声明的设备为了能让驱动程序进行处理，都应至少存在于一个模块设备表中，否则，该设备将被简单地忽略，除非在该设备的模块设备表中加载或者已经加载了具有设备 ID 的驱动程序。

总线结构体

bus_type 是内核用来表示总线（无论是物理总线还是虚拟总线）的结构体。总线控制器是任何层次结构的根元素。从物理上讲，总线是处理器与一个或多个设备之间的通道。从软件角度看，总线（struct bus_type）是设备（struct device）和驱动程序（struct device_driver）之间的链接。如果没有该链接，系统中什么也不会添加，因为总线负责匹配设备和驱动程序：

```
struct bus_type{
    const char *name;
    struct device *dev_root;
    int (*match)(struct device *dev,struct device_driver *drv);
    int (*probe)(struct device *dev);
    int (*remove)(struct device *dev);
    /* [...] */
};
```

下面让我们来看看这个结构体中的元素。

● name：这是总线的名称，它将出现在/sys/bus/目录中。

● match：这是一个回调函数，每当新的设备或驱动程序被添加到总线上时就会调用该函数。回调函数必须足够智能，并在设备和驱动程序之间存在匹配时返回非零值。它们都将作为参数给出，匹配回调函数的主要目的是允许总线确定是否可以由给定的驱动程序处理特定设备；或者如果给定的驱动程序支持特定设备，则允许总线执行其他逻辑。大多数情况下，验证过程是通过进行简单的字符串比较（设备和驱动程序名称，或表格和设备树兼容性属性）完成的。对于枚举的设备（如 PCI 和 USB），验证过程是通过比较驱动程序支持的设备 ID 和给定设备的设备 ID 完成的，而不会损失总线特定的功能。

- probe：这也是一个回调函数，当新的设备或驱动程序被添加到总线上，并且已经发生匹配时就会调用这个函数。该函数负责分配特定的总线设备结构，并调用给定驱动程序的探测函数，探测函数被设计用于管理设备（之前已经分配了探测函数）。
- remove：一个函数，当你从总线上移除设备时就会调用这个函数。

当你为设备编写驱动程序时，如果这个设备连接在所谓的总线控制器（bus controller）的物理总线上，则该设备必须依赖这个总线的驱动程序（也就是控制器驱动程序），该驱动程序负责在设备之间对总线进行共享访问。控制器驱动程序会在设备和总线之间提供一个抽象层。例如，每当你在 I²C 或 USB 总线上执行读取或写入操作时，I²C/USB 总线控制器就会在后台透明地管理时钟、移动数据等。每个总线控制器驱动程序都会导出一组函数，以便更轻松地为连接到该总线的设备开发驱动程序，这种方式适用于很多总线（包括 I²C、SPI、USB、PCI、SDIO 总线等）。

至此，我们已经了解了总线驱动程序和模块如何加载，下面我们将讨论设备与驱动程序匹配机制，该机制试图将特定的设备与其驱动程序绑定在一起。

6.2 设备与驱动程序匹配机制详解

设备驱动程序和设备总是注册在总线上。当涉及将驱动程序支持的设备导出（也就是将设备导出添加到设备树或总线的设备列表中）时，可以使用 driver.of_match_table、driver.of_match_table 或 _driver.id_table（具体取决于特定的设备类型，例如 i2c_device.id_table 或 platform_device.id_table）。

每个总线驱动程序都有责任提供匹配的函数，当有新的设备或设备驱动程序在该总线上注册时，内核就会运行其提供的匹配函数。也就是说，平台设备有 3 种匹配机制，其中每一种匹配机制都涉及字符串比较。这 3 种匹配机制都基于设备树表、ACPI 表、设备和驱动程序名称。下面让我们看看伪平台（pseudo-platform）和 I²C 总线是如何使用这些匹配机制实现匹配函数的：

```
static int platform_match(struct device *dev, struct device_driver *drv)
```

```
{
    struct platform_device *pdev =to_platform_device(dev);
    struct platform_driver *pdrv =to_platform_driver(drv);

    /* Only bind to the matching driver when
     * driver_override is set
     */
    if (pdev->driver_override)
        return !strcmp(pdev->driver_override, drv->name);

    /* Attempt an OF style match first */
    if (of_driver_match_device(dev, drv))
        return 1;

    /* Then try ACPI style match */
    if (acpi_driver_match_device(dev, drv))
        return 1;

    /* Then try to match against the id table */
    if (pdrv->id_table)
        return platform_match_id(pdrv->id_table,pdev) != NULL;

    /* fall-back to driver name match */
    return (strcmp(pdev->name, drv->name) == 0);
}
```

上面的代码给出了伪平台总线的匹配函数，该函数定义在 drivers/base/platform.c 文件中。下面的代码给出了 I²C 总线的匹配函数，该函数定义在 drivers/i2c/i2c-core.c 文件中：

```
static const struct i2c_device_id *i2c_match_id(
            const struct i2c_device_id *id,
            const struct i2c_client *client)
{
    while (id->name[0]) {
        if (strcmp(client->name, id->name) == 0)
            return id;
        id++;
    }
    return NULL;
}

static int i2c_device_match(struct device *dev, struct device_driver *drv)
{
```

```
struct i2c_client *client = i2c_verify_client(dev);
struct i2c_driver *driver;

if (!client)
    return 0;

/* Attempt an OF style match */
if (of_driver_match_device(dev, drv))
    return 1;

/* Then ACPI style match */
if (acpi_driver_match_device(dev, drv))
    return 1;

driver = to_i2c_driver(drv);
/* match on an id table if there is one */
if (driver->id_table)
    return i2c_match_id(driver->id_table,client) != NULL;
return 0;
}
```

案例研究：OF 匹配机制

在设备树中，每个设备都由一个节点表示，并声明为总线节点的子节点。在启动时，内核（OF 核心）解析设备树中的每个总线节点（以及它们的子节点，即连接到总线节点的设备）。对于每个设备节点，内核将执行以下操作。

- 标识设备节点所属的总线。
- 根据设备节点中包含的属性，使用 of_device_alloc()函数分配平台设备，并对其进行初始化，built_pdev->dev.of_node 将设置为当前设备树节点。
- 使用 bus_for_each_drv()函数遍历与先前确定的总线关联（即由其维护）的设备驱动程序列表。
- 对于设备驱动程序列表中的每个设备驱动程序，内核将执行以下操作。
  - 调用总线匹配函数，将找到的设备驱动程序和先前构建的设备结构作为参数传递给该函数，即 bus_found->match(cur_drv, cur_dev)。
  - 如果总线驱动程序支持设备树匹配机制，则总线匹配函数将调用 of_driver_match_device()，给定的参数与先前提到的相同，即 of_driver_match_device(cur_drv,cur_dev)。
  - of_driver_match_device()将遍历与当前驱动程序相关联的 of_match_table，这

是一个数组，其中的每个元素都是名为 of_device_id 的结构体。对于该数组中的每个 of_device_id 元素，内核将比较当前 of_device_id 元素和 built_pdev-> dev.of_node 的 compatible 属性是否相同。如果相同（假设它们匹配），则运行当前驱动程序的探测函数。

- 如果没有找到支持该设备的驱动程序，该设备仍将被注册到总线上。然后，探测机制将被延迟到以后的某个时间，以便每当新的驱动程序被注册到总线上时，内核就遍历由总线维护的设备列表；任一设备如果不与任一驱动程序相关联，就将再次被探测。对于每个新注册的驱动程序，比较与之关联的 of_node 的 compatible 属性和与 of_match_table 相关联的每个 of_device_id 的 compatible 属性是否兼容。

以上就是将驱动程序与设备树中声明的设备进行匹配的方式。对于不同类型的设备（如板级文件、ACPI 等）声明，这个过程都是以相同的方式进行的。

6.3　总结

在本章中，我们学习了如何处理设备和驱动程序，以及它们彼此之间的联系。我们还揭开了设备与驱动程序匹配机制的神秘面纱。在继续阅读第 7 章、第 8 章和第 9 章之前，请确保完全理解了这些内容，这 3 章都涉及设备驱动程序开发，内容涵盖了设备、驱动程序和总线结构。在接下来的第 7 章中，我们将深入研究平台驱动程序的开发。

第 7 章
平台设备和驱动程序的概念

Linux 内核使用总线来处理设备，总线连接了 CPU 与这些设备。有些总线足够智能，并内嵌了可发现性逻辑以枚举连接到总线上的设备。在引导阶段的初期，Linux 内核会请求这些总线提供它们所枚举的设备以及这些设备正常工作所需的资源（如中断线和内存区域）。PCI、USB 和 SATA 总线都属于这种可发现性总线的范畴。

但实际情况往往并不能如我们所愿。有许多设备，CPU 仍然无法检测到。其中大部分不可发现的设备位于芯片内部，尽管有些设备位于慢速或低级总线上，这些总线并不支持设备发现。

因此，内核必须提供机制来接收有关硬件的信息，用户必须告诉内核可以从哪里找到这些设备。在 Linux 内核中，这些不可发现的设备称为平台设备（platform device）。由于它们并没有位于已知的 I²C、SPI 总线或任何不可发现的总线上，Linux 内核实现了平台总线（也称为伪平台总线）的概念，以维护"设备始终通过总线连接到 CPU"的范式。

在本章中，我们将学习如何以及在何处实例化平台设备及其资源，并学习如何编写它们的驱动程序，即平台驱动程序。

本章将讨论以下主题：

- 理解 Linux 内核中的平台核心抽象；
- 处理平台设备；
- 平台驱动程序抽象和架构；
- 从零开始编写平台驱动程序。

7.1　Linux 内核中的平台核心抽象

为了涵盖越来越流行的 SoC 中使用的众多不可发现设备，平台核心被引入。在这个框架中，最重要的 3 个数据结构如下：一个表示平台设备，另一个表示平台资源，还有一个表示平台驱动程序。

平台设备在内核中表示为 platform_device 结构体实例，该结构体定义在<linux/platform_device.h>文件中，如下所示：

```
struct platform_device {
    const char        *name;
    u32               id;
    struct device     dev;
    u32               num_resources;
    struct resource   *resource;
    const struct platform_device_id *id_entry;
    struct mfd_cell *mfd_cell;
};
```

在上述数据结构中，name 表示平台设备的名称。必须谨慎选择分配给平台设备的名称。平台设备与平台驱动程序的匹配是在伪平台总线匹配函数 platform_match()中进行的，在这个函数中，在某些情况下（没有设备树或 ACPI 支持且没有 id 表匹配），匹配会回退到名称匹配，即比较驱动程序的名称和平台设备的名称。

在 Linux 内核中，平台核心抽象 dev 是 LDM 的基础设备结构，id 则用于扩展设备名称。以下描述了 id 的使用方法。

- 当 id 为-1（对应 PLATFORM_DEVID_NONE 宏）时，底层设备的名称将与平台设备的名称相同。平台核心会执行以下操作：

```
dev_set_name(&pdev->dev, "%s", pdev->name);
```

- 当 id 为-2（对应 PLATFORM_DEVID_AUTO 宏）时，内核将自动生成一个有效的设备 id，并将底层设备命名为下列形式：

```
dev_set_name(&pdev->dev, "%s.%d.auto", pdev->name,<auto_id>);
```

- 在其他情况下，id 将按如下方式使用：

```
dev_set_name(&pdev->dev, "%s.%d", pdev->name,pdev->id);
```

　　resource 是分配给平台设备的资源数组，num_resources 是该数组中元素的数量。

　　对于通过 id 表进行平台设备和驱动程序匹配的情况，pdev->id_entry 将指向 struct platform_device_id 类型的匹配 id 表条目，该条目将使平台驱动程序与此平台设备匹配。

　　无论平台设备如何注册，它们都需要由适当的驱动程序（即平台驱动程序）驱动。此类驱动程序必须实现一组回调函数，当设备在平台总线上出现/消失时，平台核心会使用这些回调函数。

　　平台驱动程序在 Linux 内核中表示为 platform_driver 结构体实例，该结构体定义如下：

```
struct platform_driver {
    int (*probe)(struct platform_device *);
    int (*remove)(struct platform_device *);
    void (*shutdown)(struct platform_device *);
    int (*suspend)(struct platform_device *,pm_message_t state);
    int (*resume)(struct platform_device *);
    struct device_driver driver;
    const struct platform_device_id *id_table;
    bool prevent_deferred_probe;
};
```

下面介绍上述数据结构中的元素。

- probe：这是匹配发生后设备声明驱动程序时调用的探测函数。后面我们会看到内核是如何调用探测函数的。探测函数声明如下：

```
int my_pdrv_probe(struct platform_device *pdev);
```

  内核负责为 platform_device 提供参数。当设备驱动程序在内核中注册时，总线驱动程序将调用探测函数。

- remove：当设备不再需要驱动程序时，将调用此移除函数来删除驱动程序。移除函数声明如下：

```
static void my_pdrv_remove(struct platform_device *pdev);
```

- driver：设备模型的基础驱动程序结构，必须提供名称（名称必须谨慎选择）、所有者以及其他一些字段（如设备树匹配表）。对于平台驱动程序，在对驱动程序和设备进行匹配之前，platform_device.name 和 platform_driver.driver.name 字段必须相同。

- id_table：平台驱动程序向总线代码提供的一种将实际设备绑定到驱动程序的方式。还有一种方式是通过设备树进行绑定，详见 7.3.2 节。

我们已经介绍了平台设备和平台驱动程序中的数据结构，接下来介绍它们是如何被创建和注册到系统中的。

7.2 处理平台设备

在开始编写平台驱动程序之前，我们先来了解如何实例化平台设备以及在何处实例化平台设备。只有在了解平台设备的实例化方法之后，我们才能深入研究平台驱动程序的实现。Linux 内核中的平台设备实例化由来已久，并且在各个内核版本中都得到了改进，我们将在本节中讨论各种平台设备实例化方法。

7.2.1 分配和注册平台设备

由于平台设备无法自行向系统注册，因此必须手动填充并注册平台设备到系统中，同时也需要注册它们的资源和私有数据。在早期的平台核心阶段，平台设备在板级文件（如 i.MX6 的 arch/arm/mach-imx/mach-imx6q.c）中声明，并使用 platform_device_add()或 platform_device_register()注册到内核中，具体使用哪一个取决于平台设备的分配方式。

由此我们可以得出结论：有两种分配和注册平台设备的方法。一种是静态方法。你需要在代码中枚举平台设备并在每个平台上调用 platform_device_register()函数来进行注册。这个函数定义如下：

```
int platform_device_register(struct platform_device *pdev)
```

静态方法的例子如下：

```
static struct platform_device my_pdev = {
    .name = "my_drv_name",
    .id = 0,
    .ressource = jz4740_udc_resources,
    .num_ressources = ARRY_SIZE(jz4740_udc_resources),
};


int foo()
{
    [...]
    return platform_device_register(&my_pdev);
}
```

通过静态方法，平台设备被静态初始化并传递给 platform_device_register()函数。静态方法还允许批量添加平台设备，相应的函数可以使用 platform_add_devices()，它接收一个指向平台设备的指针数组和该数组中元素的数量作为参数。该函数定义如下：

```
int platform_add_devices(struct platform_device **devs, int num);
```

另一种是动态方法。需要先调用 platform_device_alloc() 函数以动态分配和初始化平台设备，该函数定义如下：

```
struct platform_device *platform_device_alloc(const char *name, int id);
```

其中，name 是所要添加的设备的基本名称，id 是平台设备的实例 id。如果执行成功，此函数将返回一个有效的平台设备对象，执行失败则返回 NULL。

使用动态方法分配的平台设备专门使用 platform_device_add() 函数向系统注册，该函数定义如下：

```
int platform_device_add(struct platform_device *pdev);
```

这个函数唯一的参数是使用 platform_device_alloc() 函数分配的平台设备。如果执行成功，该函数返回 0；如果执行失败，则返回错误码。

如果使用 platform_device_add() 注册平台设备失败，则应该使用 platform_device_put() 函数释放 platform_device 结构体占用的内存。该函数定义如下：

```
void platform_device_put(struct platform_device *pdev);
```

下面是一个例子：

```
status = platform_device_add(evm_led_dev);
if (status < 0) {
    platform_device_put(evm_led_dev);
    [...]
}
```

也就是说，无论平台设备以何种方式分配和注册，都必须使用 platform_device_unregister() 函数取消注册，该函数定义如下：

```
void platform_device_unregister(struct platform_device *pdev);
```

需要注意的是，platform_device_unregister() 会在内部调用 platform_device_put()。

现在我们已经知道了如何以传统方式实例化平台设备，下面让我们看看采用另一种方式（设备树）来实现相同的目标需要多少工作量。

7.2.2 在代码中如何避免分配平台设备

过去，平台设备要么是在板级文件中声明的，要么是从其他驱动程序中引入的。这种方法缺乏灵活性。添加/移除平台设备时，在最好的情况下需要重新编译一个模块，在最坏的情况下需要重新编译整个内核。这种已经弃用的方法也不具备可移植性。

如今，设备树已经存在了很长时间，用于声明系统中存在的不可发现设备。作为独立的实体，设备树可以独立于内核或其他模块进行构建。结果表明，这可能是添加/注册平台设备的最佳选择。

这是通过在设备树中将这些平台设备声明为节点来实现的，这些节点位于一个兼容字符串属性为 simple-bus 的节点下。这个兼容字符串意味着该节点被视为不需要特定处理或驱动程序的总线。此外，它还表明没有办法动态探测总线，并且查找总线的子设备的唯一方法是使用设备树中的地址信息。然后在 Linux 的实现中，对于具有 simple-bus 兼容属性的节点下的每个一级子节点，都会创建一个平台设备。

下面是一个例子：

```
foo {
    compatible = "simple-bus";

    bar: bar@0 {
        compatible = "labcsmart,something";
        [...]

        baz: baz@0 {
            compatible = "labcsmart,anotherthing";
            [...]
        }
    }

    foz: foz@1 {
        compatible = "company,product";
        [...]
    };
}
```

在上面的例子中，只有 bar 和 foz 节点被注册为平台设备，baz 节点不会被注册（其直接父节点在 compatible 字符串中没有 simple-bus）。因此，只要有任何平台驱动程序的 compatible 匹配表中包含 company、product 和/或 labcsmart、something，这些平台设备就将被探测。

　　常见的一种用法是在 SoC 节点或片上内存映射总线下声明芯片上的设备。另一种用法是声明调节器设备，如下所示：

```
regulators {
    compatible = "simple-bus";
    #address-cells = <1>;
    #size-cells = <0>;

    reg_usb_h1_vbus: regulator@0 {
        compatible = "regulator-fixed";
        reg = <0>;
        regulator-name = "usb_h1_vbus";
        regulator-min-microvolt = <5000000>;
        regulator-max-microvolt = <5000000>;
        enable-active-high;
        startup-delay-us = <2>;
        gpio = <&gpio7 12 0>;
    };

    reg_panel: regulator@1 {
        compatible = "regulator-fixed";
        reg = <1>;
        regulator-name = "lcd_panel";
        enable-active-high;
         gpio = <&gpio1 2 0>;
     };
};
```

　　在上面的示例中，我们将注册两个平台设备，其中的每个平台设备对应一个固定的调节器。

7.2.3　使用平台资源

　　可热插拔设备可枚举并广告所需的资源，与之相反，内核并不知道系统中的平台设备是什么、它们具备什么功能或者它们需要什么资源才能正常工作。由于缺乏自动协商过程，为内核提供给定平台设备所需资源的任何信息都是受欢迎的。这些资源可以是 IRQ 线、DMA 通道、内存区域、I/O 端口等。

　　资源在代码中表示为 resource 结构体实例，该结构体定义在 include/linux/ioport.h 文件中，如下所示：

```
struct resource {
```

```
    resource_size_t start;
    resource_size_t end;
    const char *name;
    unsigned long flags;
};
```

在上述数据结构中，start/end 指向资源的开始/结束。它们指示 I/O 或内存区域的开始和终止位置。因为 IRQ 线、总线和 DMA 通道没有范围，所以通常为 start 和 end 赋予相同的值。

flags 是描述资源类型的掩码，如 IORESOURCE_BUS。flags 可能的值如下。

- IORESOURCE_IO 表示 PCI/ISA I/O 端口。
- IORESOURCE_MEM 表示内存区域。
- IORESOURCE_REG 表示寄存器偏移量。
- IORESOURCE_IRQ 表示 IRQ 线。
- IORESOURCE_DMA 表示 DMA 通道。
- IORESOURCE_BUS 表示总线。

最后，用 name 字段标识或描述资源，因此我们可以通过 name 字段来提取资源。

将这些资源分配给平台设备的方式有两种，第一种是在同一编译单元中声明和注册平台设备时进行分配，第二种是从设备树中进行分配。

前面描述了资源并展示了它们的用法，下面让我们看看如何将它们提供给平台设备。

平台资源分配：废弃的旧方法

旧方法主要在不支持设备树的内核中使用，主要用于多功能设备，其中的主芯片（封装芯片）与子设备共享资源。资源的提供方式与平台设备相同。下面是一个例子：

```
static struct resource foo_resources[] = {
    [0]= { /* The first memory region */
        .start = 0x10000000,
        .end = 0x10001000,
        .flags = IORESOURCE_MEM,
        .name = "mem1",
     },
    [1] = {
        .start = JZ4740_UDC_BASE_ADDR2,
        .end = JZ4740_UDC_BASE_ADDR2 + 0x10000 -1,
        .flags = IORESOURCE_MEM,
        .name = "mem2",
     },
    [2] = {
        .start = 90,
```

```
            .end = 90,
            .flags = IORESOURCE_IRQ,
            .name = "mc-irq",
        },
};
```

上面的代码展示了 3 个资源（两个内存类型的资源和一个 IRQ 类型的资源），它们的类型可以用 IORESOURCE_IRQ 和 IORESOURCE_MEM 进行标识。第 1 个是 4KB 的内存区域；第 2 个也是一个内存区域，其范围由一个宏定义；最后一个是 IRQ 90。

将这些资源分配给平台设备是一个简单的操作。对于静态分配的平台设备，资源应该按以下方式分配：

```
static struct platform_device foo_pdev = {
    .name = "foo-device",
    .resource = foo_resources,
    .num_ressources = ARRY_SIZE(foo_resources),
    [...]
};
```

对于动态分配的平台设备，资源的分配是在一个函数中完成的，分配方式如下：

```
struct platform_device *foo_pdev;
[...]
my_pdev = platform_device_alloc("foo-device", ...);
if (!my_pdev)
    return -ENOMEM;

my_pdev->resource = foo_resources;
my_pdev->num_ressources = ARRY_SIZE(foo_resources);
```

可以从资源数组中获取数据，下面是 3 个辅助函数：

```
struct resource *platform_get_resource(struct platform_device *pdev,
                    unsigned int type, unsigned int n);
struct resource *platform_get_resource_byname(struct platform_device *pdev,
                    unsigned int type, const char *name);
int platform_get_irq(struct platform_device *pdev,unsigned int n);
```

参数 n 表示需要哪种类型的资源，若为 0，则表示第一个 MMIO 区域。例如，驱动程序可以通过以下代码找到它的第二个 MMIO 区域：

```
r = platform_get_resource(pdev, IORESOURCE_MEM, 1);
```

理解平台数据的概念

到目前为止，我们使用的 struct resource 数据结构足以为简单的平台设备实例化资源，但许多平台设备比这复杂。这种数据结构只能编码有限数量的信息类型。作为扩展，platform_ device. device.platform_data 用于将任何其他额外信息分配给平台设备。

数据可以包含在更大的结构体中，并赋值给这个额外的字段（platform_data）。这些数据可以是驱动程序所能理解的任何类型，但大多数情况下，它们不属于我们之前所列的资源类型。它们可以是稳压器约束条件，甚至是指向设备函数的一组指针。

以下代码描述了额外的平台数据，这些数据对应一组指向平台设备类型私有函数的指针：

```
static struct foo_low_level foo_ops = {
    .owner = THIS_MODULE,
    .hw_init = trizeps_pcmcia_hw_init,
    .socket_state = trizeps_pcmcia_socket_state,
    .configure_socket = trizeps_pcmcia_configure_socket,
    .socket_init = trizeps_pcmcia_socket_init,
    .socket_suspend = trizeps_pcmcia_socket_suspend,
    [...]
};
```

对于静态分配的平台设备，执行以下命令：

```
static struct platform_device my_device = {
    .name = "foo-pdev",
    .dev = {
        .platform_data = (void*)&trizeps_pcmcia_ops,
    },
    [...]
};
```

如果发现平台设备是动态分配的，则使用 platform_device_add_data() 函数分配数据，该函数定义如下：

```
int platform_device_add_data(struct platform_device *pdev,
                        const void *data, size_t size);
```

上述函数如果执行成功，则返回 0。参数 data 是用作平台数据的数据，size 是数据的大小。

回到我们的一组函数示例，执行以下操作：

```
int ret;
[…]

ret = platform_device_add_data(foo_pdev,&foo_ops, sizeof(foo_ops));

if (ret == 0)
    ret = platform_device_add(trizeps_pcmcia_device);

if (ret)
    platform_device_put(trizeps_pcmcia_device);
```

在平台驱动程序中，平台设备的 pdev->dev.platform_data 字段将指向平台数据。虽然我们可以引用该字段，但建议使用内核提供的 dev_get_platdata()函数，该函数定义如下：

```
void *dev_get_platdata(const struct device *dev);
```

为了获取包含函数结构的集合，驱动程序可以执行以下操作：

```
struct foo_low_level *my_ops = dev_get_platdata(&pdev->dev);
```

驱动程序无法检查传递的数据类型。驱动程序只能简单地假设已经提供预期类型的结构，因为平台数据接口缺乏任何类型的检查。

平台资源分配：推荐的新方法

旧的资源分配方法有一些缺点，包括任何更改都需要重新构建内核或已更改的模块，这可能会增加内核大小。

随着设备树的出现，事情变得更加简单了。为了保持兼容性，设备树中指定的内存区域、中断和 DMA 资源被转换为 resource 结构体实例，以便平台核心可以通过 platform_get_resource()、platform_get_resource_by_name()或 platform_get_irq()返回合适的资源，无论这个资源是以传统方式获取的还是从设备树中获取的，都没有影响。

设备树允许传递驱动程序可能需要了解的所有数据类型的信息。这些数据类型可用于传递任何设备/驱动程序特定的数据。然而，设备树不知道给定驱动程序用于其平台数据的具体结构，因此无法以该形式提供这些信息。为了传递这样的额外数据，驱动程序可以使用 of_device_id 中的.data 字段，以使平台设备和驱动程序匹配。然后，.data 字段可以指向平台数据。

如果驱动程序期望以传统方式接收平台数据，则应该检查 platform_device->dev.platform_data 指针。如果该指针有非空值，则意味着设备是以传统方式实例化的，同时与平台数据一起使用，而没有使用设备树。在这种情况下，平台数据应像往常一样使用。

然而，如果设备是从设备树代码实例化的，则 platform_data 指针将为 NULL，表示必须直接从设备树获取信息。在这种情况下，驱动程序将在平台设备的 dev.of_node 字段中找到一个 device_node 指针，然后便可以使用各种设备树访问例程[特别是 of_get_property()]从设备树中提取所需的数据。

现在我们已经熟悉了平台资源是如何分配的，接下来让我们学习如何设计平台驱动程序。

7.3　平台驱动程序抽象和架构

需要注意的是，并非所有平台设备都由平台驱动程序（或者说伪平台驱动程序）处理。平台驱动程序专门用于处理不基于常规总线的设备。I²C 设备或 SPI 设备是平台设备，但它们分别依赖于 I²C 或 SPI 总线而非平台总线。使用平台驱动程序时需要手动完成所有操作。

7.3.1　探测和释放平台设备

平台驱动程序的入口点是探测函数，该函数在与平台设备匹配后会被调用。探测函数原型如下：

```
int pdrv_probe(struct platform_device *pdev);
```

参数 pdev 对应于以传统方式实例化的平台设备，或对应于由平台核心分配的新设备，因为相关的设备树节点在其 compatible 属性中具有简单总线的直接父节点。如果该节点是平台设备的父节点，则设置平台数据和资源。如果参数 pdev 中的平台设备是驱动程序预期的设备，则探测函数必须返回 0，否则必须返回适当的错误码。

无论平台设备以传统方式实例化还是从设备树中创建，都可以使用传统的平台核心 API[如 platform_get_resource()、platform_get_resource_by_name()、platform_get_irq()等类似的 API]来提取其资源。

在探测函数中，必须请求驱动程序所需的任何资源（如 GPIO、时钟、IIO 通道等）和数据。如果需要进行映射，则可以在探测函数中执行此操作。

当从系统中移除设备或注销平台驱动程序时，必须撤销探测函数已完成的所有操作。移除函数就是用来实现这一目的的，移除函数原型如下：

```
int pdrv_remove(struct platform_device *dev);
```

移除函数只有在所有资源被释放和清理完毕后才应返回 0，否则应返回适当的错误码以通知用户。移除函数的参数包括之前传递给探测函数的同一平台设备。

在前面从零开始编写平台驱动程序的示例中，我们讨论了实现探测函数和移除函数的所有技巧。

驱动程序的回调函数已经准备好了，接下来填充这个驱动程序将要处理的设备。

7.3.2　在驱动程序中对它所支持的设备进行配置

驱动程序本身是无用的，要使其对设备有用，就必须告诉内核驱动程序可以管理哪些设备。为此，必须提供一个 id 表，并将它分配给 platform_driver.id_table 字段。这将允许平台设备匹配。但是，为了将此功能扩展到模块自动加载，就必须将同样的 id 表提供给 MODULE_DEVICE_TABLE，以便生成模块别名。

id 表中的每一项都是 platform_device_id 结构体实例，该结构体定义如下：

```
struct platform_device_id {
    char name[PLATFORM_NAME_SIZE];
    kernel_ulong_t driver_data;
};
```

在上述数据结构中，name 是设备的名称；driver_data 是驱动程序的状态值，可以设置为指向每个设备数据结构的指针。下面是一个来自 drivers/mmc/host/mxs-mmc.c 的例子：

```
static const struct platform_device_id mxs_ssp_ids[] = {
    {
        .name = "imx23-mmc",
        .driver_data = IMX23_SSP,
    }, {
        .name = "imx28-mmc",
        .driver_data = IMX28_SSP,
    }, {
        /* sentinel */
    }
};
MODULE_DEVICE_TABLE(platform, mxs_ssp_ids);
```

当把 mxs_ssp_ids 赋值给 platform_driver.id_table 字段时，平台设备将能够根据它们的名称与任意 platform_device_id.name 表项进行匹配，platform_device.id_entry 将指向此表中触发匹配的表项。

为了允许通过设备树中声明的兼容字符串匹配平台设备，平台驱动程序必须使用

struct of_device_id 的元素列表设置 platform_driver.driver.of_match_table。然后，为了允许从设备树匹配自动加载模块，必须将设备树匹配表提供给 MODULE_DEVICE_ TABLE。以下是一个示例：

```
static const struct of_device_id mxs_mmc_dt_ids[] = {
    {
        .compatible = "fsl,imx23-mmc",
        .data = (void *) IMX23_SSP,
    },{
        .compatible = "fsl,imx28-mmc",
        .data = (void *) IMX28_SSP,
    }, {
        /* sentinel */
    }
};
MODULE_DEVICE_TABLE(of, mxs_mmc_dt_ids);
```

如果在驱动程序中设置了 of_device_id，则匹配是根据任意 of_device_id.compatible 元素与设备节点中 compatible 属性的值是否匹配来判断的。要获得导致匹配的 of_device_id 表项，驱动程序应调用 of_match_device()，将设备树匹配表和底层设备结构 platform_ device.dev 作为参数传递。

以下是一个示例：

```
static int mxs_mmc_probe(struct platform_device *pdev)
{
    const struct of_device_id *of_id =
        of_match_device(mxs_mmc_dt_ids, &pdev->dev);
    struct device_node *np = pdev->dev.of_node;
    [...]
}
```

在定义了这些匹配表之后，可以将它们赋值给平台驱动程序数据结构，代码如下：

```
static struct platform_driver imx_uart_platform_driver = {
    .probe = imx_uart_probe,
    .remove = imx_uart_remove,

    .id_table = imx_uart_devtype,
    .driver = {
        .name = "imx-uart",
        .of_match_table = imx_uart_dt_ids,
    },
};
```

在上面的平台驱动程序数据结构中，我们提供了设备与平台驱动程序匹配的方法，可以基于设备树匹配表、id 表或驱动程序名称进行匹配。

7.3.3 驱动程序的初始化和注册

向内核注册平台驱动程序很简单，只需要在模块的初始化函数中调用 platform_driver_register()或 platform_driver_probe()函数即可。而为了删除已注册的平台驱动程序，则要求模块必须调用 platform_driver_unregister()函数。

以下是这些函数的原型：

```
int platform_driver_register(struct platform_driver *drv);
void platform_driver_unregister(struct platform_driver *);
int platform_driver_probe(struct platform_driver *drv,
                          int (*probe)(struct platform_device *));
```

platform_driver_ register()和 platform_driver_probe()函数的区别如下。

- platform_driver_register()函数用于将驱动程序注册并放入内核维护的驱动程序列表中，这意味着可以按需调用其探测函数，前提是与平台设备的匹配发生了新的变化。使用 platform_driver_register()函数注册的任何平台驱动程序都必须使用 platform_driver_unregister()函数来注销。
- 若使用 platform_driver_probe()函数，内核将立即运行匹配循环以检查是否有平台设备可以与该平台驱动程序匹配，并为每个匹配的设备调用其探测函数。如果此时没有找到设备，则简单地忽略该平台驱动程序。这种方法可以防止延迟探测，因为不会在系统中注册驱动程序。探测函数被放置在__init 部分，当内核启动完成时，这部分将被释放（前提是驱动程序被编译为静态模块），从而避免了延迟探测，减少了驱动程序占用的内存。如果完全确定设备在系统中，请使用这种方法。

  ```
  ret = platform_driver_probe(&mypdrv, my_pdrv_probe);
  ```

  如果已知设备不支持热插拔，则可以将探测函数放置在__init 部分。

在模块加载完成后立即注册平台驱动程序是正确的选择。注销平台驱动程序亦如此，必须在模块的卸载路径中完成。注销平台驱动程序的适当位置是 module_exit()函数。

下面是向平台核心注册驱动程序的典型实例：

```
#include <linux/module.h>
#include <linux/kernel.h>
#include <linux/init.h>
#include <linux/platform_device.h>
```

```
static int my_pdrv_probe (struct platform_device *pdev)
{
    pr_info("Hello! device probed!\n");
    return 0;
}

static void my_pdrv_remove(struct platform_device *pdev)
{
    pr_info("good bye reader!\n");
}

static struct platform_driver mypdrv = {
    .probe = my_pdrv_probe,
    .remove = my_pdrv_remove,
    [...]
};

static int __init foo_init(void)
{
    [...] /* My init code */
    return platform_driver_register(&mypdrv);
}
module_init(foo_init);

static void __exit foo_cleanup(void)
{
    [...] /* My clean up code */
    platform_driver_unregister(&my_driver);
}
module_exit(foo_cleanup);
```

在初始化/退出函数中，我们的模块除了向平台核心注册/注销驱动程序外，不执行任何其他操作。这是一种常见情况，在这种情况下，我们可以摆脱 module_init()和 module_exit()，而是使用 module_platform_driver()宏，如下所示：

```
[...]
static int my_pdrv_probe(struct platform_device *pdev)
{
    [...]
}

static void my_pdrv_remove(struct platform_device *pdev)
{
```

```
    [...]
}

static struct platform_driver mypdrv = {
    [...]
};

module_platform_driver(mypdrv);
```

虽然我们在上面的示例中只插入了一些代码片段，但它们足以演示如何减少代码并使代码更清晰易读。

7.4　从零开始编写平台驱动程序

本节将尽可能总结到目前为止本章所讲的知识。现在，让我们想象一个平台设备，它是内存映射设备，其映射的内存范围控制在从地址 0x02008000 开始，大小为 0x4000。然后，假设该平台设备可以在任务完成时向 CPU 发送中断，并且中断线号为 31。为了简化问题，我们不需要为该平台设备提供任何其他资源（如时钟、DMA、调节器等）。

首先，让我们从设备树中实例化这个平台设备。要将一个节点注册为平台设备，该节点的直接父节点就必须在其兼容性字符串列表中包含"simple-bus"，这也是下面所要实现的内容：

```
demo {
    compatible = "simple-bus";

    demo_pdev: demo_pdev@0 {
        compatible = "labcsmart,demo-pdev";
        reg = <0x02008000 0x4000>;
        interrupts = <0 31 IRQ_TYPE_LEVEL_HIGH>;
    };
};
```

如果按照传统方式实例化这个平台设备及其资源，则需要在一个名为 demo-pdev-init.c 的文件中执行以下操作：

```
#include <linux/module.h>
#include <linux/init.h>
#include <linux/platform_device.h>

#define DEV_BASE 0x02008000
```

```
#define PDEV_IRQ 31

static struct resource pdev_resource[] = {
    [0] = {
        .start = DEV_BASE,
        .end   = DEV_BASE + 0x4000,
        .flags = IORESOURCE_MEM,
    },
    [1] = {
        .start = PDEV_IRQ,
        .end   = PDEV_IRQ,
        .flags = IORESOURCE_IRQ,
    },
};
```

在上面的代码中，我们首先定义了平台资源。现在我们可以实例化平台设备并将这些资源分配如下，代码依然保存在 demo-pdev-init.c 中：

```
struct platform_device demo_pdev = {
    .name = "demo_pdev",
    .id = 0,
    .num_resources = ARRAY_SIZE(pdev_resource),
    .resource = pdev_resource,
    /*.dev = {
    * .platform_data = (void*)&big_struct_1,
    *}*/,
};
```

在上面的代码中，我们注释掉了与 dev 有关的赋值语句，这只是为了演示我们可以定义更大的结构体，其中包含驱动程序所需的任何其他信息，并将该结构体作为平台数据以参数传递。

现在所有的数据结构都设置好了，我们可以通过在 demo-pdev-init.c 文件内容的底部添加以下代码来注册平台设备：

```
static int demo_pdev_init()
{
    return platform_device_register(&demo_pdev);
}
module_init(demo_pdev_init);

static void demo_pdev_exit()
{
    platform_device_unregister(&demo_pdev);
```

```
    }
module_exit(demo_pdev_exit);
```

上述代码除了向系统注册平台设备，什么也不做。在这个例子中，我们使用了静态初始化。不过，使用动态初始化与此相比也不会有太大的区别。

我们完成了平台设备的实例化，下面让我们集中精力于平台驱动程序本身，将其编译单元命名为 demo-pdriver.c，并将以下头文件添加到其中：

```
#include <linux/module.h>
#include <linux/init.h>
#include <linux/interrupt.h>
#include <linux/of_platform.h>
#include <linux/platform_device.h>
```

既然已经有了支持必要 API 并使用适当的数据结构所需的头文件，下面让我们从设备树中枚举可以与此平台驱动程序匹配的设备：

```
static const struct of_device_id labcsmart_dt_ids[] = {
    {
        .compatible = " labcsmart,demo-pdev",
        /* .data = (void *)&big_struct_1, */
    },{
        .compatible = " labcsmart,other-pdev ",
        /* .data = (void *) &big_struct_2, */
    }, {
        /* sentinel */
    }
};
MODULE_DEVICE_TABLE(of, labcsmart_dt_ids);
```

在上述代码中，设备树匹配表枚举了支持的设备，并根据它们的 compatible 属性进行了区分。这里我们再次注释掉了.data 赋值语句，这只是为了展示我们如何根据与平台设备匹配的条目，传递特定于平台的数据结构。这个特定于平台的数据结构可以是 big_struct_1 或 big_struct_2。当需要传递平台数据但仍想使用设备树时，建议使用这种方式。

为了提供使用 id 表进行匹配的机会，可以按如下方式填充 id 表：

```
static const struct platform_device_id labcsmart_ids[] = {
    {
        .name = "demo-pdev",
        /*.driver_data = &big_struct_1,*/
    }, {
        .name = "other-pdev",
```

```
        /*.driver_data = &big_struct_2,*/
    }, {
        /* sentinel */
    }
};
MODULE_DEVICE_TABLE(platform, labcsmart_ids);
```

上面被注释掉的部分展示了如何根据正在处理的设备使用额外的数据，前面的内容不需要进行特殊的注释。

现在，我们可以开始实现探测函数了。在我们的示例平台驱动编译单元中，添加以下内容：

```
static u32 *reg_base;
static struct resource *res_irq;

static int demo_pdrv_probe(struct platform_device *pdev)
{
    struct resource *regs;
    regs = platform_get_resource(pdev, IORESOURCE_MEM, 0);
    if (!regs) {
        dev_err(&pdev->dev, "could not get IO memory\n");
        return -ENXIO;
    }

    /* map the base register */
    reg_base = devm_ioremap(&pdev->dev, regs->start,resource_size(regs));
     if (!reg_base) {
        dev_err(&pdev->dev, "could not remap memory\n");
        return 0;
    }

     res_irq = platform_get_resource(pdev,IORESOURCE_IRQ, 0);
     /* we could have used
     * irqnum = platform_get_irq(pdev, 0); */
     devm_request_irq(&pdev->dev, res_irq->start,
                 top_half, IRQF_TRIGGER_FALLING,
                 "demo-pdev", NULL);
    [...]
     return 0;
}
```

在上面的探测函数中，可以添加许多内容或以不同的方式执行操作。其中一种情况是，如果驱动程序只与设备树兼容，并且相关的平台设备也从设备树进行实例化，则执行以下操作：

```
struct device_node *np = pdev->dev.of_node;

const struct of_device_id *of_id =
        of_match_device(labcsmart_dt_ids, &pdev->dev);
struct big_struct *pdata_struct = (big_struct*)of_id->data;
```

在上述代码中，我们获取了与平台设备相关联的设备树节点的引用，然后可以使用任何与设备树相关的 API[如 of_get_property()]从中提取数据。接下来，在设备树匹配表中为支持的设备提供特定于平台的数据结构，使用 of_match_device()指向对应的条目，并提取特定平台的数据。

如果匹配是通过 id 表发生的，pdev->id_entry 将指向导致匹配发生的条目，pdev->id_entry->driver_data 将指向适当的大型数据结构。

然而，如果平台数据是使用传统方法声明的，则使用以下数据结构：

```
struct big_struct *pdata_struct =
                  (big_struct*)dev_get_platdata(&pdev->dev);
```

需要特别提醒你的是，探测函数专门使用 devm_前缀函数处理资源。这些函数会在适当的时机释放资源。

这意味着不需要移除函数。然而，为了教学目的，这里不使用资源管理函数。下面是移除函数的示例：

```
int demo_pdrv_remove(struct platform_device *dev)
{
    free_irq(res_irq->start, NULL);
    iounmap(reg_base);
    return 0;
}
```

在上述代码中，IRQ 资源被释放，内存映射被销毁。现在一切就绪，可以使用以下函数初始化和注册平台驱动程序：

```
static struct platform_driver demo_driver = {
    .probe    = demo_pdrv_probe,
    /* .remove = demo_pdrv_remove, */
    .driver   = {
        .owner    = THIS_MODULE,
        .name     = "demo_pdev",
     },
```

```
};
module_platform_driver(demo_driver);
```

还有一个重要的问题需要考虑：平台设备、平台驱动程序和设备树中设备节点的名称。它们都相同，名为 demo_pdev。这是一种提供匹配机会的方式，即通过平台设备和平台驱动程序名称进行匹配，因为当设备树、id 表和 ACPI 匹配全部失败时，名称匹配将被用作后备选项。

7.5　总结

现在，内核虚拟平台总线对你来说已经没有任何秘密了。有了总线匹配机制，就可以了解驱动程序何时、如何以及为什么被加载，以及驱动程序是为哪个设备编写的。我们可以基于所需的匹配机制实现任何探测函数。由于设备驱动程序的主要目的是处理设备，因此我们现在能够以传统方式或从设备树中填充系统中的设备。最后，我们从零开始实现了一个功能完整的平台驱动程序。

在第 8 章中，我们将继续学习如何为隐藏的设备编写驱动程序，但这次是在 I²C 总线上。

第8章
编写 I²C 设备驱动程序

I²C 是由飞利浦（现为 NXP）公司发明的一种串行、多主、异步总线，尽管多主模式并未广泛使用。作为一种双向总线，I²C 总线由串行数据（SDA）线和串行时钟（SCL 或 SCK）线两条信号线构成。I²C 设备则是通过 I²C 总线与另一个设备进行交互的芯片。在 I²C 总线上，SDA 和 SCL 信号线都是用于数据传输的开漏/开集电极输出，这意味着每个输出都可以驱动其输出低电平，但没有拉升电阻就不能驱动其输出高电平。SCL 由主机生成以同步总线上的数据传输（通过 SDA 进行）。从机和主机都可以发送数据（当然不是同时发送），这使得 SDA 线成为双向线路。也就是说，SCL 信号也是双向的，因为从机可以通过保持 SCL 线为低电平来延长时钟。总线由主机控制，它在这里是 SoC 的一部分。I²C 总线经常用于在嵌入式系统中连接串行 EEPROM、RTC 芯片、GPIO 扩展器、温度传感器等设备。

图 8.1 显示了连接到 I²C 总线的各种设备（也称为从机）。

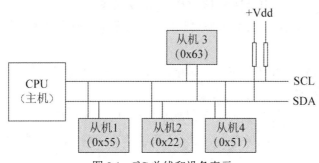

图 8.1　I²C 总线和设备表示

Linux 内核中的 I²C 框架可以表示为:

```
CPU<--platform bus-->i2c adapter<---i2c bus---> i2c slave
```

CPU 是承载 I²C 控制器（也称为 I²C 适配器）的主控制器，它实现 I²C 协议并管理承载 I²C 设备的总线。在 Linux 内核的 I²C 框架中，适配器由平台驱动程序管理，而从机由 I²C 驱动程序驱动。但是，这两个驱动程序都使用 I²C 核心提供的 API。在本章中，我们主要关注 I²C 设备驱动程序，如有必要，我们也会提到适配器。

回到硬件方面，I²C 时钟速度从 10kHz 到 100kHz 或从 400kHz 到 2MHz 不等。对于 I²C，没有严格的数据传输速度要求，并且位于给定总线上的所有从机将使用总线配置的相同时钟速度。这与 SPI 不同，SPI 的时钟速度是按每个设备单独应用的。可以在内核源代码的 drivers/i2c/busses/i2c-imx.c 中找到 I²C 控制器（如 i.MX6 芯片）驱动程序的示例，I²C 规范可以在 NXP 公司网站提供的 UM10204.pdf 中找到。

本章将讨论以下主题：
- Linux 内核中的 I²C 框架抽象；
- I²C 设备驱动程序抽象和架构；
- 如何避免编写 I²C 设备驱动程序。

8.1　Linux 内核中的 I²C 框架抽象

Linux 内核中的 I²C 框架由一些数据结构组成，其中最为重要的数据结构如下。
- struct i2c_adapter：抽象 I²C 主设备，用于标识物理 I²C 总线。
- struct i2c_algorithm：用于抽象 I²C 总线事务接口。这里的事务是指传输，例如读操作或写操作。
- struct i2c_client：用于抽象 I²C 总线上的从设备。
- struct i2c_driver：从设备的驱动程序，其中包含一组特定的驱动函数，用于处理从设备。
- struct i2c_msg：用于定义设备地址、事务标志（发送或接收）、指向要发送/接收的数据的指针以及数据的大小。

由于本章的讨论范围仅限于从设备驱动程序，因此我们将重点讨论上述最后 3 种数据结构。但是，为了理解这些内容，你还需要了解适配器和算法数据结构。

8.1.1　struct i2c_adapter 简介

内核使用 struct i2c_adapter 数据结构来表示物理 I²C 总线以及访问该总线所需的算法，该数据结构定义如下：

```
struct i2c_adapter {
    struct module *owner;
    const struct i2c_algorithm *algo;
    [...]
};
```

上述数据结构中的各个字段含义如下。

- owner：大多数情况下，可通过 THIS_MODULE 进行设置。这是所有者，用于引用计数。
- algo：这是控制器驱动程序用来驱动 I²C 总线的一组回调。这些回调允许生成 I²C 访问周期所需的信号。

算法数据结构定义如下：

```
struct i2c_algorithm {
    int (*master_xfer)(struct i2c_adapter *adap,
                        struct i2c_msg *msgs, int num);
    int (*smbus_xfer)(struct i2c_adapter *adap, u16 addr,
                        unsigned short flags, char read_write,
                        u8 command, int size,
                        union i2c_smbus_data *data);
    /* To determine what the adapter supports */
    u32 (*functionality)(struct i2c_adapter *adap);
    [...]
};
```

在上述数据结构中，不重要的字段已省略，部分字段含义如下。

- master_xfer：这是核心传递函数，必须为它的算法驱动程序提供纯 I²C 访问。该函数将在 I²C 设备驱动程序需要与底层 I²C 设备通信时被调用。但是，如果该函数没有实现（如果它为 NULL），则调用 smbus_xfer 函数。
- smbus_xfer：这个函数由 I²C 控制器驱动程序设置，前提是它的算法驱动程序可以执行 SMBus 访问。当 I²C 设备驱动程序想要使用 SMBus 协议与芯片设备通信时，可以使用该函数。但如果它为 NULL，则使用 master_xfer 函数，并模拟 SMBus。
- functionality：这个函数由 I²C 核心调用，以确定适配器的功能。该函数决定了 I²C 适配器驱动程序可以进行什么样的读取和写入。

在上述代码中，functionality 是一个健全的回调函数，I²C 核心或设备驱动程序都可以调用它，并通过 i2c_check_functionality() 来检查给定的适配器是否能够提供启动访问之前所需的 I²C 访问。例如，不是所有适配器都支持 10 位寻址模式。因此需要在芯片驱动程序中调用 i2c_check_functionality(client->adapter,I2C_FUNC_10BIT_ADDR)，以确定适配器是否支持 10 位寻址模式以及访问是否安全。所有标志都采用 I2C_FUNC_XXX 的形式，虽然每个标志都可以单独检查，但是 I²C 核心已根据逻辑功能对它们进行了划分，如下所示：

```
#define I2C_FUNC_I2C            0x00000001
#define I2C_FUNC_10BIT_ADDR     0x00000002
#define I2C_FUNC_SMBUS_BYTE   (I2C_FUNC_SMBUS_READ_BYTE |
                    I2C_FUNC_SMBUS_WRITE_BYTE)
#define I2C_FUNC_SMBUS_BYTE_DATA(I2C_FUNC_SMBUS_READ_BYTE_DATA |
                I2C_FUNC_SMBUS_WRITE_BYTE_DATA)
#define I2C_FUNC_SMBUS_WORD_DATA(I2C_FUNC_SMBUS_READ_WORD_DATA |
                    I2C_FUNC_SMBUS_WRITE_WORD_DATA)
#define I2C_FUNC_SMBUS_BLOCK_DATA(I2C_FUNC_SMBUS_READ_BLOCK_DATA |
                    I2C_FUNC_SMBUS_WRITE_BLOCK_DATA)
#define I2C_FUNC_SMBUS_I2C_BLOCK(I2C_FUNC_SMBUS_READ_I2C_BLOCK |
                    I2C_FUNC_SMBUS_WRITE_I2C_BLOCK)
```

使用上面的代码可以检查 I2C_FUNC_SMBUS_BYTE 标志，以确保适配器支持面向 SMBus 字节的命令。

8.1.2　I²C 客户端和驱动程序数据结构

struct i2c_client 数据结构的声明如下：

```
struct i2c_client {
    unsigned short flags;
    unsigned short addr;
    char name[I2C_NAME_SIZE];
    struct i2c_adapter *adapter;
    struct device dev;
    int irq;
};
```

上述数据结构包含了 I²C 设备的属性。其中，flags 是设备标志，用于表示其是否为 10 位芯片地址。addr 表示芯片地址，对于 7 位地址芯片，只会存储低 7 位。name 是设备名称，最多包含 I2C_NAME_SIZE（在 include/linux/mod_devicetable.h 中设置为 20）个字符。adapter 是适配器（记住，它是 I²C 总线），设备将被连接到该适配器上。dev 是设备模型的基础设备结构，irq 是分配给设备的中断线。

你已经熟悉了 I²C 设备的数据结构，下面重点关注它的驱动程序，驱动程序由 struct i2c_driver 数据结构抽象实现，该数据结构定义如下：

```
struct i2c_driver {
    unsigned int class;
    /* Standard driver model interfaces */
    int (*probe)(struct i2c_client *client,const struct i2c_device_id *id);
    int (*remove)(struct i2c_client *client);
    int (*probe_new)(struct i2c_client *client);
    void (*shutdown)(struct i2c_client *client);
    struct device_driver driver;
    const struct i2c_device_id *id_table;
};
```

上述数据结构中的各个字段含义如下。

- probe：设备绑定的回调函数，成功时返回 0，失败时返回相应的错误码。
- remove：设备解绑定的回调函数，用于撤销探测函数执行的操作。
- shutdown：设备关机的回调函数。
- probe_new：新的驱动程序模型接口。这将弃用遗留的探测函数，以摆脱通常不使用的第二个参数（即 struct i2c_device_id 参数）。
- driver：底层设备驱动程序模型的驱动程序数据结构。
- id_table：驱动程序支持的 I²C 设备列表。

struct i2c_msg 数据结构表示 I²C 事务的一个操作，该数据结构可以这样声明：

```
struct i2c_msg {
    __u16 addr;
    __u16 flags;
#define I2C_M_TEN 0x0010
#define I2C_M_RD 0x0001
    __u16 len;
    __u8 * buf;
};
```

上述数据结构中的每个字段都是不言自明的。

- addr：这是从地址。
- flags：一个事务可以由多个操作组成，这个字段是操作的标志。在写操作（主设备发送给从设备的操作）的情况下，它应该设置为 0。但是，对于读操作（主设备从从设备读取），则可以使用 I2C_M_RD 或 I2C_M_TEN（假设设备是一个 10 位地址芯片）。
- len：这是缓冲区中数据的大小。在读操作中，它对应于要从设备上读取的字节数，并存储在 buf 中；在写操作中，它对应于 buf 中要写入设备的字节数。

● buf：这是读/写缓冲区，必须按长度分配。

注意

自 i2c_msg.len 的类型变成 u16 开始，必须确保读/写缓冲区的距离总是小于 2^{16}。

至此，最为重要的 3 个 I²C 数据结构已介绍完毕，下面让我们看一下由 I²C 核心公开的 API（其中大部分涉及 I²C 适配器）以充分利用我们的设备。

8.1.3　I²C 通信接口

一旦驱动程序和数据结构被初始化，从设备和主设备之间的通信就可以进行了。串行总线事务只是简单的寄存器访问问题，无论是获取还是设置它们的内容，I²C 设备都遵循这一原则。

普通 I²C 通信

让我们从最底层开始。i2c_transfer() 是用于传输 I²C 消息的核心函数。其他 API 封装了这个函数，该函数由适配器的 algo->master_xfer 支持。其原型如下：

```
int i2c_transfer(struct i2c_adapter *adap,struct i2c_msg *msg, int num);
```

使用 i2c_transfer() 函数时，在同一事务的读/写操作中，字节之间不会发送停止位。这对于那些在地址写入和数据读取之间不需要停止位的设备非常有用。以下代码展示了它的用法：

```
static int i2c_read_bytes(struct i2c_client *client,
                          u8 cmd, u8 *data, u8 data_len)
{
    struct i2c_msg msgs[2];
    int ret;
    u8 *buffer;
    buffer = kzalloc(data_len, GFP_KERNEL);
    if (!buffer)
        return -ENOMEM;;
    msgs[0].addr = client->addr;
    msgs[0].flags = client->flags;
    msgs[0].len = 1;
    msgs[0].buf = &cmd;

    msgs[1].addr = client->addr;
    msgs[1].flags = client->flags | I2C_M_RD;
```

```
    msgs[1].len = data_len;
    msgs[1].buf = buffer;
    ret = i2c_transfer(client->adapter, msgs, 2);
    if (ret < 0)
        dev_err(&client->adapter->dev,"i2c read failed\n");
    else
        memcpy(data, buffer, data_len);
    kfree(buffer);
    return ret;
}
```

如果设备在读取序列的中间需要停止位，则应该将传输事务拆分为两部分（即两个操作）——使用一个 i2c_transfer()（带有单个写操作）进行地址写入，并使用另一个 i2c_transfer()（带有单个读操作）进行数据读取，如下所示：

```
static int i2c_read_bytes(struct i2c_client *client,
                          u8 cmd, u8 *data, u8 data_len)
{
    struct i2c_msg msgs[2];
    int ret;
    u8 *buffer;
    buffer = kzalloc(data_len, GFP_KERNEL);
    if (!buffer)
        return -ENOMEM;;
    msgs[0].addr = client->addr;
    msgs[0].flags = client->flags;
    msgs[0].len = 1;
    msgs[0].buf = &cmd;
    ret = i2c_transfer(client->adapter, msgs, 1);
    if (ret < 0) {
        dev_err(&client->adapter->dev, "i2c read failed\n");
        kfree(buffer);
        return ret;
    }
    msgs[1].addr = client->addr;
    msgs[1].flags = client->flags | I2C_M_RD;
    msgs[1].len = data_len;
    msgs[1].buf = buffer;
    ret = i2c_transfer(client->adapter, &msgs[1], 1);
    if (ret < 0)
        dev_err(&client->adapter->dev, "i2c read failed\n");
    else
        memcpy(data, buffer, data_len);
    kfree(buffer);
```

```
        return ret;
    }
```

也可以使用其他 API，例如 i2c_master_send() 和 i2c_master_recv() 函数，其原型如下：

```
int i2c_master_send(struct i2c_client *client,const char *buf, int count);
int i2c_master_recv(struct i2c_client *client,char *buf, int count);
```

这两个函数都是基于 i2c_transfer() 函数实现的。i2c_master_send() 实际上实现了一个带有单个写操作的 I²C 函数，而 i2c_master_recv() 则使用单个读操作执行相同的 I²C 函数。

第 1 个参数是要访问的 I²C 设备，第 2 个参数是读/写缓冲区，第 3 个参数表示要读取或写入的字节数，返回值是被读取/写入的字节数。以下代码是简化版：

```
static int i2c_read_bytes(struct i2c_client *client,
                          u8 cmd, u8 *data, u8 data_len)
{
    struct i2c_msg msgs[2];
    int ret;
    u8 *buffer;
    buffer = kzalloc(data_len, GFP_KERNEL);
    if (!buffer)
        return -ENOMEM;
    ret = i2c_master_send(client, &cmd, 1);
    if (ret < 0) {
        dev_err(&client->adapter->dev, "i2c read failed\n");
        kfree(buffer);
        return ret;
    }
    ret = i2c_master_recv(client, buffer, data_len);
    if (ret < 0)
        dev_err(&client->adapter->dev, "i2c read failed\n");
    else
        memcpy(data, buffer, data_len);
    kfree(buffer);
    return ret;
}
```

通过以上内容，我们已经了解了在内核中如何实现普通 I²C 通信。

然而，还有一类设备需要我们关注——SMBus 兼容设备——虽然它们位于同一物理总线上，但它们与 I²C 设备不同。

系统管理总线（SMBus）兼容 API

SMBus 是由 Intel 公司开发的双向总线，非常类似于 I²C 总线。此外，SMBus 是 I²C 总线的一个子集，这意味着 I²C 设备兼容 SMBus 设备，但反过来不一定成立。SMBus 是 I²C 总线的一个子集，这意味着 I²C 控制器支持大多数 SMBus 操作。然而，对于 SMBus 控制器来说并非如此，因为它们可能不支持 I²C 控制器提供的所有协议选项。因此在编写驱动程序时，在对芯片有疑问的情况下，最好使用 SMBus API。

以下是一些 SMBus API：

```
s32 i2c_smbus_read_byte_data(struct i2c_client *client, u8 command);
s32 i2c_smbus_write_byte_data(struct i2c_client *client,u8 command, u8 value);
s32 i2c_smbus_read_word_data(struct i2c_client *client, u8 command);
s32 i2c_smbus_write_word_data(struct i2c_client *client,u8 command, u16 value);
s32 i2c_smbus_read_block_data(struct i2c_client *client, u8 command, u8 *values);
s32 i2c_smbus_write_block_data(struct i2c_client *client,
                               u8 command, u8 length, const u8 *values);
```

SMBus API 的完整列表可在内核源代码的 include/linux/i2c.h 中找到。每个 SMBus API 都是不言自明的。以下示例展示了一个简单的读/写操作，其中使用 SMBus 兼容 API 访问 I²C 接口的 GPIO 扩展器：

```
struct mcp23016 {
    struct i2c_client   *client;
    struct gpio_chip    chip;
    struct mutex        lock;
};
[...]
static int mcp23016_set(struct mcp23016 *mcp,unsigned offset, intval)
{
    s32 value;
    unsigned bank = offset / 8;
    u8 reg_gpio = (bank == 0) ? GP0 : GP1;
    unsigned bit = offset % 8;

    value = i2c_smbus_read_byte_data(mcp->client, reg_gpio);
    if (value >= 0) {
        if (val)
```

```
            value |= 1 << bit;
        else
            value &= ~(1 << bit);
        return i2c_smbus_write_byte_data(mcp->client,reg_gpio, value);
    } else
        return value;
}
```

SMBus 部分就像可用的 API 列表一样简单明了。你现在已经可以使用普通的 I²C 函数或 SMBus 函数访问设备了，下面实现 I²C 设备驱动程序的主体部分。

8.2   I²C 设备驱动程序抽象和架构

struct i2c_driver 数据结构包含了处理它所负责的 I²C 设备所需的驱动方法。一旦将设备添加到总线上，设备就需要进行探测，这使得 i2c_driver.probe_new 方法成为驱动程序的入口点。

8.2.1   探测 I²C 设备

在 struct i2c_driver 数据结构中，每当在总线上实例化 I²C 设备并声明使用其驱动程序时，探测函数就会被调用。它可以执行以下操作。

- 使用 i2c_check_functionality()函数检查 I²C 总线控制器（即 I²C 适配器）是否支持设备所需的功能。
- 检查设备是否符合预期。
- 初始化设备。
- 如有必要，设置设备特定数据。
- 向适当的内核框架进行注册。

以前，探测函数被分配给 struct i2c_driver 数据结构中的 probe 字段，它具有以下原型：

```
int foo_probe(struct i2c_client *client,const struct i2c_device_id *id);
```

因为第二个参数很少使用，所以上面这个回调函数已被弃用，而采用下面的 probe_new 回调函数原型：

```
int probe(struct i2c_client *client);
```

其中，i2c_client 结构体类型的指针表示 I²C 设备本身。参数 client 由核心预先构建和初始化（根据设备的描述），这不是在设备树中完成，就是在板级文件中完成。

不建议在探测函数中较早地访问设备。因为每个 I²C 适配器具有不同的功能，你最好知道它支持哪些功能，并相应地调整驱动程序的行为：

```
#define CHIP_ID 0x13
#define DA311_REG_CHIP_ID  0x000f

static int fake_i2c_probe(struct i2c_client *client)
{
    int err;
    int ret;
    if (!i2c_check_functionality(client->adapter,I2C_FUNC_SMBUS_BYTE_DATA))
        return -EIO;

    /* read family id */
    ret = i2c_smbus_read_byte_data(client, REG_CHIP_ID);
    if (ret != CHIP_ID)
        return (ret < 0) ? ret : -ENODEV;

    /* register with other frameworks */
    [...]
    return 0;
}
```

在上面的例子中，我们检查了底层适配器是否支持设备所需的类型/命令。只有在成功进行完整的检查之后，我们才能安全地访问设备，并分配所有类型的资源，在必要时向其他框架进行注册。

8.2.2　实现 i2c_driver.remove 回调函数

i2c_driver.remove 回调函数必须撤销探测函数执行的所有操作，包括注销你在探测中注册的每个框架，并释放请求的每个资源。此回调函数具有以下原型：

```
static int remove(struct i2c_device *client);
```

其中，client 是传递给探测函数的相同 I²C 设备数据结构，这意味着探测时存储的任何数据都可以在此处检索。例如，可能需要根据探测函数中设置的私有数据来执行一些清理操作或其他操作：

```
static int mc9s08dz60_remove(struct i2c_client *client)
{
    struct mc9s08dz60 *mc9s;
```

```
    /* We retrieve our private data */
    mc9s = i2c_get_clientdata(client);
  /* Which hold gpiochip we want to work on */
    return gpiochip_remove(&mc9s->chip);
}
```

上面的示例很简单，可能代表了你将在驱动程序中看到的大多数情况。由于此回调函数在成功时返回零，因此失败原因可能包括设备无法关闭电源、设备仍在使用等。这意味着在此回调函数中，可能存在需要查询设备并执行一些额外操作的情况。

到了开发过程中的这个阶段，所有的回调函数都已经准备好了。现在是时候在 I²C 核心中注册驱动程序了。

8.2.3　驱动程序的初始化和注册

I²C 设备驱动程序是分别使用 i2c_add_driver()和 i2c_del_driver()函数在 I²C 核心中进行注册和注销的。其中，前者是由 i2c_register_driver()函数支持的宏。以下代码展示了它们的原型：

```
int i2c_add_driver(struct i2c_driver *drv);
void i2c_del_driver(struct i2c_driver *drv);
```

在这两个函数中，drv 是先前设置好的 i2c_driver 结构体。注册 API 在成功时返回零，在失败时返回错误码。

驱动程序的注册大多在模块初始化时进行，驱动程序的注销则通常在模块退出函数中完成。以下是注册 I²C 设备驱动程序的典型示例：

```
static int __init foo_init(void)
{
    [...] /*My init code */
    return i2c_add_driver(&foo_driver);
}
module_init(foo_init);

static void __exit foo_cleanup(void)
{
    [...] /* My clean up code */
    i2c_del_driver(&foo_driver);
}
module_exit(foo_cleanup);
```

如果驱动程序在模块初始化/清除期间除了注册/注销之外不需要执行其他操作，则可以使用 module_i2c_driver()宏来简化上述代码，如下所示：

```
module_i2c_driver(foo_driver);
```

这个宏将在构建时被扩展到适当的模块初始化/退出函数中，负责注册/注销 I²C 设备驱动程序。

8.2.4　在驱动程序中配置设备

为了让匹配循环调用我们的 I²C 设备驱动程序，i2c_driver.id_table 字段必须使用 i2c_device_id 结构体实例设置 I²C 设备 id 列表，该结构体定义如下：

```
struct i2c_device_id {
    char name[I2C_NAME_SIZE];
    kernel_ulong_t driver_data;
};
```

其中，name 是设备的名称；而 driver_data 是驱动程序状态数据，它是私有于驱动程序的，它可以使用指向每个设备数据结构的指针进行设置。此外，为了进行设备匹配和模块（自动）加载，需要将同一设备 id 数组传递给 MODULE_DEVICE_TABLE 宏。

然而，这与设备树匹配无关。对于设备树中的设备节点来说，为了与驱动程序匹配，i2c_driver.device.of_match_table 必须设置为 of_device_id 结构体类型的元素列表，该列表中的每个条目将描述可以从设备树中匹配的 I²C 设备。of_device_id 结构体定义如下：

```
struct of_device_id {
    [...]
    char  compatible[128];
    const void *data;
};
```

其中，compatible 是描述性的字符串，可用于在设备树中匹配驱动程序；而 data 可以指向任何东西，例如每个设备的资源。同样，为了因设备树匹配而进行模块（自动）加载，必须将 of_device_id 结构体类型的元素列表传递给 MODULE_DEVICE_TABLE 宏。

举例如下：

```
#define ID_FOR_FOO_DEVICE  0
#define ID_FOR_BAR_DEVICE  1


static struct i2c_device_id foo_idtable[] = {
```

```
    { "foo", ID_FOR_FOO_DEVICE },
    { "bar", ID_FOR_BAR_DEVICE },
    { },
};
MODULE_DEVICE_TABLE(i2c, foo_idtable);
```

现在，对于在设备树匹配后进行模块（自动）加载，需要执行以下操作：

```
static const struct of_device_id foobar_of_match[] = {
        { .compatible = "packtpub,foobar-device" },
        { .compatible = "packtpub,barfoo-device" },
        {},
};
MODULE_DEVICE_TABLE(of, foobar_of_match);
```

上面显示了 i2c_driver 的最终内容，其中相应的设备表指针也已设置：

```
static struct i2c_driver foo_driver = {
    .driver        = {
        .name  = "foo",
        /* The below line adds Device Tree support */
        .of_match_table = of_match_ptr(foobar_of_match),
    },
    .probe        = fake_i2c_probe,
    .remove        = fake_i2c_remove,
    .id_table       = foo_idtable,
};
```

由此，我们可以看到一个 I²C 设备驱动程序设置完数据结构后的外形。

8.2.5　实例化 I²C 设备

我们在旧的驱动程序中使用的板级文件已经远远落后了。I²C 设备必须声明为它们所在总线节点的子节点。以下是绑定它们所需要使用的属性。

- reg：表示设备在总线上的地址。
- compatible：这是一个字符串，用于对设备与驱动程序进行匹配。它必须与驱动程序的 of_match_table 中的条目匹配。

以下是在同一适配器上声明两个 I²C 设备的示例：

```
&i2c2 { /* Phandle of the bus node */
    pcf8523: rtc@68 {
        compatible = "nxp,pcf8523";
        reg = <0x68>;
```

```
    };
    eeprom: ee24lc512@55 { /* eeprom device */
        compatible = "labcsmart,ee24lc512";
        reg = <0x55>;
    };
};
```

上面的示例声明了同一总线（SoC 的 I²C 总线编号为 2）上地址分别为 0x68 和 0x55 的 RTC 芯片和 EEPROM。I²C 核心将依赖于 compatible 字符串属性和 i2c_device_id 表来绑定设备和驱动程序。请尝试使用兼容字符串（OF 样式，即设备树）匹配设备；如果失败，I²C 核心将尝试通过 id 表格来匹配设备。

8.3 如何避免编写 I²C 设备驱动程序

避免编写 I2C 设备驱动程序的方法是编写适当的用户代码来处理底层硬件。尽管是用户代码，但内核始终会介入以简化开发过程。I2C 适配器由内核在用户空间中作为字符设备公开，格式为/dev/i2c--<X>，其中<X>是总线编号。一旦打开与所使用的设备所在的适配器对应的字符设备文件，就可以执行一系列命令。

首先，处理用户空间的 I²C 设备所需的头文件如下：

```
#include <linux/i2c-dev.h>
#include <i2c/smbus.h>
#include <linux/i2c.h>
```

以下是可能用到的命令。
- ioctl(file,I2C_FUNCS,unsigned long *funcs)：这个命令可能是你应该发出的第一个命令。它相当于内核中的 i2c_check_functionality()函数，用于返回所需的适配器功能（在*funcs 参数中）。返回的标志也以 I2C_FUNC_*的形式表示：

```
unsigned long funcs;
if (ioctl(file, I2C_FUNCS, &funcs) < 0)
        return -errno;
if (!(funcs & I2C_FUNC_SMBUS_QUICK)) {
    /* Oops, SMBus write_quick) not available! */
     exit(1);
 }
/* Now it is safe to use SMBus write_quick command */
```

- ioctl(file,I2C_TENBIT,long select)：用于设置需要通信的从设备是不是一个 10 位地址芯片（如果是，select=1，否则 select=0）。

- ioctl(file,I2C_SLAVE,long addr)：用于设置你需要在该适配器上通信的芯片地址。地址存储在 addr 的 7 个低位（对于 10 位地址，传递的是 10 个低位）。这个芯片可能已经在使用，此时可以使用 I2C_SLAVE_FORCE 来强制使用。

- ioctl(file,I2C_RDWR,struct i2c_rdwr_ioctl_data *msgset)：用于在不间断的情况下执行组合的普通 I²C 读/写事务。比较有趣的数据结构是 struct i2c_rdwr_ioctl_data，其定义如下：

```
struct i2c_rdwr_ioctl_data {
    struct i2c_msg *msgs; /* ptr to array of messages */
    int nmsgs; /* number of messages to exchange */
}
```

下面是一个例子：

```
int ret;
uint8_t buf [5] = {regaddr, '0x55', '0x65', '0x88', '0x14'};

struct i2c_msg messages[] = {
    {
        .addr = dev,
        .buf = buf,
        .len = 5, /* buf size is 5 */
    },
};


struct i2c_rdwr_ioctl_data payload = {
    .msgs = messages,
    .nmsgs = sizeof(messages)
            /sizeof(messages[0]),
};

ret = ioctl(file, I2C_RDWR, &payload);
```

也可以使用 read() 系统和 write() 系统调用来完成普通的 I²C 事务（假设用 I2C_SLAVE 设置了地址）。

- ioctl(file,I2C_SMBUS,struct i2c_smbus_ioctl_data *args)：用于发出 SMBus 传输。数据结构 struct i2c_smbus_ioctl_data 具有以下原型：

```
struct i2c_smbus_ioctl_data {
    __u8 read_write;
    __u8 command;
    __u32 size;
    union i2c_smbus_data __user *data;
};
```

在上述数据结构中，read_write 决定传输的方向——使用 I2C_SMBUS_READ 读取还是使用 I2C_SMBUS_WRITE 写入。command 是可以被芯片解释的命令，例如寄存器地址。size 是消息的长度，buf 是消息缓冲区。请注意，标准化大小已经由 I²C 核心公开，它们分别是 I2C_SMBUS_BYTE、I2C_SMBUS_BYTE_DATA、I2C_SMBUS_WORD_DATA、I2C_SMBUS_BLOCK_DATA 和 I2C_SMBUS_I2C_ BLOCK_DATA，分别对应 1 字节大小、2 字节大小、3 字节大小、5 字节大小和 8 字节大小。完整列表可在 include/uapi/linux/i2c.h 中找到。下面的例子展示了如何在用户空间中执行 SMBus 传输：

```
uint8_t buf [5] = {'0x55', '0x65', '0x88'};
struct i2c_smbus_ioctl_data payload = {
    .read_write = I2C_SMBUS_WRITE,
    .size = I2C_SMBUS_WORD_DATA,
    .command = regaddr,
    .data = (void *) buf,
};

ret = ioctl (fd, I2C_SLAVE_FORCE, dev);
if (ret < 0)
    /* handle errors */

ret = ioctl (fd, I2C_SMBUS, &payload);
if (ret < 0)
    /* handle errors */
```

可以使用简单的 read()/write() 系统调用来进行普通的 I²C 传输（尽管在每次传输后会发送一个停止位），I²C 核心提供了以下 API 来执行 SMBus 传输：

```
__s32 i2c_smbus_write_quick(int file, __u8 value);
__s32 i2c_smbus_read_byte(int file);
__s32 i2c_smbus_write_byte(int file, __u8 value);
__s32 i2c_smbus_read_byte_data(int file, __u8 command);
__s32 i2c_smbus_write_byte_data(int file, __u8 command,__u8 value);
__s32 i2c_smbus_read_word_data(int file, __u8 command);
__s32 i2c_smbus_write_word_data(int file, __u8 command,__u16 value);
```

```
__s32 i2c_smbus_read_block_data(int file, __u8 command, __u8 *values);
__s32 i2c_smbus_write_block_data(int file, __u8 command,
                                 __u8 length, __u8 *values);
```

建议使用这些 API 而不是 ioctl。如果发生故障，所有这些事务都将返回-1，可以检查 errno 以更好地了解发生了什么错误。成功时，*_write_*函数将返回 0；而*_read_*函数将返回读取的值，除了*_read_block_*函数，它将返回已读取的值的数量。在面向块的操作中，缓冲区不需要超过 32 字节。

除了使用需要编写一些代码的 API，还可以使用一个名为 i2ctools 的 CLI（Command Line Interface，命令行接口）包，其中包含以下工具。

- i2cdetect：用于枚举给定适配器上的 I²C 设备。
- i2cget：用于转储设备寄存器的内容。
- i2cset：用于设置设备寄存器的内容。

上面我们学习了如何使用用户空间 API 和命令或命令行工具与 I²C 设备进行通信。虽然所有这些对于原型设计可能很有用，但处理支持中断或其他基于内核的资源（如时钟）的设备可能会很困难。

8.4　总结

在本章中，我们学习了如何编写 I²C 设备驱动程序。现在是时候选择市面上的 I²C 设备，并编写相应的驱动程序，以及进行必要的设备树支持了。本章讨论了内核 I²C 核心及相关 API，包括设备树支持，为你提供了与 I²C 设备通信所需的必要技能。你现在应该能够编写高效的探测函数并将它们注册到内核 I²C 核心中。

在第 9 章中，我们将使用本章所学的技能编写一个 SPI 设备驱动程序。

第 9 章
编写 SPI 设备驱动程序

  SPI 是至少有 4 条信号线的总线，这 4 条信号线分别是主输入从输出（Master Input Slave Output，MISO）信号线、主输出从输入（Master Output Slave Input，MOSI）信号线、串行时钟（Serial Clock，SCK）信号线和 CS 信号线，SPI 用于连接串行闪存和 DAC/ADC。主设备始终生成时钟，其时钟速度可以达到 80MHz，尽管没有真正的速度限制（这比 I²C 快得多），但同样适用于 CS 信号线，CS 信号线始终由主设备管理。

  图 9.1 显示了 SPI 设备如何通过总线连接到控制器。

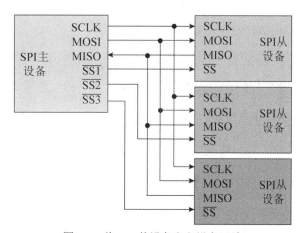

图 9.1 将 SPI 从设备和主设备互连

Linux 内核中的 SPI 框架可以表示如下：

```
CPU <--platform bus--> SPI master <---SPI bus---> SPI slave
```

　　CPU 是主设备，负责托管 SPI 控制器，也称为 SPI 主设备。SPI 主设备管理托管了 SPI 从设备的总线。在 Linux 内核的 SPI 框架中，总线由平台驱动程序管理，而从设备由 SPI 设备驱动程序驱动。这两个驱动程序都使用 SPI 核心提供的 API。在本章中，我们将重点关注 SPI 设备驱动程序，必要时也会提到 SPI 控制器。

　　本章将讨论以下主题：

- Linux 内核中的 SPI 框架抽象；
- SPI 设备驱动程序抽象和架构；
- 如何避免编写 SPI 设备驱动程序。

9.1　Linux 内核中的 SPI 框架抽象

　　Linux 内核中的 SPI 框架由一些数据结构组成，其中最为重要的几个如下。

- struct spi_controller：用于抽象 SPI 主设备。
- struct spi_device：用于抽象 SPI 总线上的从设备。
- struct spi_driver：从设备的驱动程序。
- struct spi_transfer：用于表示主设备和从设备之间的单个操作。
- struct spi_message：这是一个原子传输序列。

9.1.1　struct spi_controller 简介

　　由于控制器与从设备和其他组成 SPI 框架的数据结构紧密耦合，因此有必要介绍其数据结构。控制器的数据结构用 struct spi_controller 表示，定义如下：

```
struct spi_controller {
    struct device    dev;
    u16          num_chipselect;
    u32          min_speed_hz;
    u32          max_speed_hz;
    int          (*setup)(struct spi_device *spi);
    in(*set_cs_timing)( struct spi_device *spi,
                   struct spi_delay *setup,
                   struct spi_delay *hold,
                   struct spi_delay *inactive);
    int (*transfer)( struct spi_device *spi,
                struct spi_message *mesg);

    bool (*can_dma)( struct spi_controller *ctlr,
```

```
                        struct spi_device *spi,
                        struct spi_transfer *xfer);

    struct kthread_worker    *kworker;
    struct kthread_work      pump_messages;
    spinlock_t               queue_lock;
    struct list_head         queue;
    struct spi_message       *cur_msg;
    bool                     busy;
    bool                     running;
    bool                     rt;


    int                      (*transfer_one_message)(
                              struct spi_controller *ctlr,
                              struct spi_message *mesg);
    [...]
    int (*transfer_one_message)(
         struct spi_controller *ctlr,
         struct spi_message *mesg);

    void   (*set_cs)( struct spi_device *spi, bool enable);
    int    (*transfer_one)( struct spi_controller *ctlr,
                            struct spi_device *spi,
                            struct spi_transfer *transfer);
    [...]
    /* DMA channels for use with core dmaengine helpers */
    struct dma_chan   *dma_tx;
    struct dma_chan   *dma_rx;

    /* dummy data for full duplex devices */
    void   *dummy_rx;
    void   *dummy_tx;
};
```

上述代码只列出了一些重要字段，它们有助于我们更好地理解控制器的数据结构。部分字段含义如下。

- num_chipselect 指定分配给控制器的 CS 数量。CS 用于区分各个 SPI 从设备，编号从 0 开始。
- min_speed_hz 和 max_speed_hz 分别是控制器支持的最低和最高传输速度。
- set_cs_timing 是一个指向函数的指针，可在 SPI 控制器支持 CS 定时配置的情况下使用。在这种情况下，客户端驱动程序可以搭配请求的时间来使用

spi_set_cs_timing()调用这个指针指向的函数，但这种调用方式在最近的内核版本补丁中被弃用（删除）了。

● transfer 向控制器的传输队列添加一条消息。在控制器注册过程中用到的 spi_register_controller()会检查该字段是否为 NULL。

如果为 NULL，SPI 核心将检查是否设置了 transfer_one 或 transfer_one_message 字段，如果设置了，则假定此控制器支持消息队列，并调用 spi_controller_initialize_queue() 函数。该函数将使用 spi_queued_transfer（设置该字段，spi_queued_transfer）是 SPI 的核心辅助函数，用于将 SPI 消息排入控制器的消息队列，并在它尚未运行或繁忙时调度消息泵 kworker。

  ➢ 此外，spi_controller_initialize_queue()函数将为控制器创建专用的内核工作线程 （kworker 元素）和一个结构体（pump_messages 元素）。为了按照 FIFO（First In First Out，先进先出）顺序处理消息队列，这个内核工作线程会被频繁调度。

  ➢ 接下来，SPI 核心将控制器的 queued 元素设置为 true。

  ➢ 最后，如果驱动程序在调用注册 API 之前将控制器的 rt 元素设置为 true，则 SPI 核心将工作线程的调度策略设置为实时的 FIFO 策略，优先级为 50。

    ◆ 如果为 NULL，并且 transfer_one 和 transfer_one_message 也为 NULL， 则说明出错，因为没有注册控制器。

    ◆ 如果不为 NULL，SPI 核心会认为控制器不支持排队，因而不会调用 spi_controller_ initialize_queue()函数。

● transfer_one 和 transfer_one_message 是互斥的。如果两者都被设置，则 SPI 核心不会调用前者。transfer_one 传输单个 SPI 操作，并且没有 spi_message 的概念。如果驱动程序提供了 transfer_one_message，则必须在 spi_message 的基础上工作，并负责所有消息的传输。如果控制器驱动程序不用关心消息处理算法，那么只需要设置 transfer_one。在这种情况下，SPI 核心将把 transfer_one_message 设置为 spi_transfer_one_message。在调用驱动程序为消息中的每个传输操作提供的 transfer_one 回调之前，spi_transfer_one_message 将处理所有消息逻辑、定时、CS 和其他硬件相关属性。CS 在整个消息传输过程中都保持活动状态，除非它被具有 spi_transfer.cs_change=1 语句的传输操作修改。消息传输操作将使用此设备先前应用的时钟和 SPI 模式参数执行，这些参数是通过 setup()函数设置的。

● kworker 是专用于消息泵程序的内核线程。

● pump_messages 是 struct kthread_work 这一数据结构的抽象，用于调度处理 SPI 消息队列的函数，它在 kworker 中被调度。该数据结构由 spi_pump_messages() 方法支持，该方法检查消息队列中是否有需要处理的 SPI 消息。如果有，则调用驱动程序初始化硬件并传输每个消息。

- queue_lock 表示自旋锁，用于同步访问消息队列。
- queue 表示控制器的消息队列。
- idling 表示控制器设备是否进入空闲状态。
- cur_msg 表示当前传输操作中的 SPI 消息。
- busy 表示消息泵的繁忙程度。
- running 表示消息泵正在运行。
- rt 表示 kworker 是否以实时优先级运行消息泵。
- dma_tx 表示 DMA 发送通道（当控制器支持时）。
- dma_rx 表示 DMA 接收通道（当控制器支持时）。

SPI 传输操作总是读取和写入相同的字节数，这意味着即使客户端驱动程序发出半双工传输，SPI 核心也会使用 dummy_rx 和 dummy_tx 模拟全双工传输以实现此目的。

- dummy_rx：这是一个用于全双工设备的虚拟接收缓冲区。例如，如果传输操作的接收缓冲区为 NULL，接收的数据将在被丢弃之前转移到这个虚拟接收缓冲区。
- dummy_tx：这是一个用于全双工设备的虚拟发送缓冲区。例如，如果传输操作的发送缓冲区为 NULL，这个虚拟发送缓冲区将被填充零并用作发送缓冲区。

请注意，SPI 核心将 SPI 消息泵工作线程命名为控制器设备名（dev->name），控制器设备名在 spi_register_controller() 中被设置如下：

```
dev_set_name(&ctlr->dev, "spi%u", ctlr->bus_num);
```

稍后，当在消息队列初始化过程中创建工作线程时，即运行 spi_controller_initialize_queue() 时，工作线程的名称将像下面这样被给定：

```
ctlr->kworker = kthread_create_worker(0, dev_name(&ctlr->dev));
```

想要识别 SPI 消息泵工作线程，可以运行以下命令：

```
root@yocto-imx6:~# ps | grep spi
65 root          0 SW [spi1]
```

在上面的代码片段中，可以看到工作线程的名称是由总线名称和总线编号组成的。

在本小节中，我们介绍了控制器端的一些概念，以帮助你理解 Linux 内核中的整个 SPI 从设备是如何实现的。控制器的数据结构非常重要，如果你在接下来的内容中感觉不懂其中的任何机制，建议回顾本小节的内容。现在我们可以彻底地把目光转移到 SPI 设备的数据结构上。

9.1.2　struct spi_device 简介

struct spi_device 数据结构表示 SPI 设备，该数据结构定义在 include/linux/spi/spi.h 中：

```
struct spi_device {
        struct device dev;
        struct spi_controller *controller;
        struct spi_master *master;
        u32        max_speed_hz;
        u8         chip_select;
        u8         bits_per_word;
        bool       rt;
        u16        mode;
        int        irq;
        [...]
        int cs_gpio; /* LEGACY: chip select gpio */
        struct gpio_desc *cs_gpiod; /* chip select gpio desc */
        struct spi_delay word_delay; /* inter-word delay */
        /* the statistics */
         struct spi_statistics statistics;
};
```

为了提高可读性，以上列出的字段已减少到本书所需的最小数量，部分字段含义如下。

- controller 表示从设备所属的 SPI 控制器。换句话说，它表示连接设备的 SPI 控制器（总线）。

- 出于兼容性方面的原因，master 元素仍然存在，但它很快就会被弃用。这是控制器的原名。

- max_speed_hz 是与从设备一起使用的最大时钟频率，这个参数可以在驱动程序中修改。我们可以使用 spi_transfer.speed_hz 覆盖每次 SPI 传输的最大时钟频率。稍后我们将讨论 SPI 传输。

- chip_select 是分配给此设备的 CS 信号线。默认低电平为有效状态。这种行为可以通过添加 SPI_CS_HIGH 标志来改变。

- mode 定义了数据如何随着时钟信号进行传输。SPI 设备驱动程序可能会改变这一点。默认情况下，传输操作中每个字的数据时钟信号以最高有效位（Most Significant Bit，MSB）为优先顺序。可以通过指定 SPI_LSB_FIRST 来覆盖此行为，使数据时钟信号变为以最低有效位（Least Significant Bit，LSB）为优先顺序。

- irq 表示中断号（在板级初始化文件或设备树中作为设备资源注册），你应该将中断号传递给 request_irq() 以接收来自此设备的中断。

- cs_gpio 和 cs_gpiod 都是可选的。前者是 CS 信号线遗留的基于整数的 GPIO 编号，后者是推荐的基于 GPIO 描述符的新接口。

可以使用如下两个特征来构建 SPI 模式。

- CPOL（Clock Polarity，时钟极性）是初始时钟的极性。
  - ➢ 0：初始时钟状态为低电平，第一个边沿是上升的。
  - ➢ 1：初始时钟状态为高电平，第一个状态为下降状态。
- CPHA（Clock Phase，时钟相位）决定了在哪个边沿对数据进行采样。
  - ➢ 0：数据在下降沿（从高到低过渡）被锁存，输出在上升沿发生变化。
  - ➢ 1：数据在上升沿（从低到高过渡）被锁存，输出在下降沿发生变化。

这使得我们能够区分 4 种 SPI 模式，它们都是由两个主要宏混合而成的宏，这两个主要宏定义在 include/linux/spi/spi.h 中，如下所示：

```
#define SPI_CPHA 0x01
#define SPI_CPOL 0x02
```

这两个主要宏可以组合出 4 种 SPI 模式，如表 9.1 所示。

表 9.1 SPI 模式的内核宏定义

模式	CPOL	CPHA	内核宏定义
0	0	0	#define SPI_MODE_0 (0|0)
1	0	1	#define SPI_MODE_1 (0|SPI_CPHA)
2	1	0	#define SPI_MODE_2 (SPI_CPOL|0)
3	1	1	#define SPI_MODE_3 (SPI_CPOL|SPI_CPHA)

图 9.2 给出了这 4 种 SPI 模式的示意图。需要说明的是，这里只画出了 MOSI 线，MISO 线的原理是一样的。

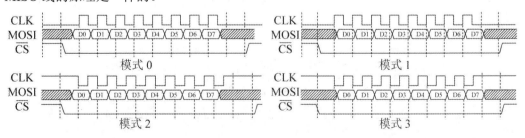

图 9.2 4 种 SPI 模式的示意图

9.1.3　struct spi_driver 简介

SPI 设备驱动程序也称为协议驱动程序,负责驱动 SPI 总线上的设备。它在内核中由数据结构 struct spi_driver 抽象,该数据结构声明如下:

```
struct spi_driver {
        const struct spi_device_id *id_table;
        int         (*probe)(struct spi_device *spi);
        int         (*remove)(struct spi_device *spi);
        void        (*shutdown)(struct spi_device *spi);
        struct device_driver driver;
};
```

下面给出了上述数据结构中各个字段的含义。

- id_table:此驱动程序支持的 SPI 设备列表。
- probe:用于将驱动程序绑定到 SPI 设备。此探测函数将在使用该驱动程序的任何设备上调用,并决定该驱动程序是否负责该设备。如果负责该设备,则会发生绑定。
- remove:解除驱动程序与 SPI 设备的绑定。
- shutdown:此函数在系统状态发生改变时调用,例如关机和停机。
- driver:这是设备和驱动程序模型的底层驱动程序数据结构。

除了每个 SPI 设备驱动程序必须填充并公开一个 spi_driver 结构体实例,此处并未涉及其他更多信息。

9.1.4　消息传输数据结构

SPI I/O 模型由一个消息队列组成,其中的每个消息则可以由一个或多个 SPI 传输操作组成。即单个消息由一个或多个 spi_transfer 结构体实例组成,每个 SPI 传输操作表示一个全双工 SPI 事务。消息以同步或异步的方式提交和处理。图 9.3 解释了消息和 SPI 传输操作的关系。

图 9.3　消息与 SPI 传输操作的关系

你已经熟悉了理论方面的内容，下面介绍 SPI 传输操作的数据结构 struct spi_transfer，该数据结构声明如下：

```
struct spi_transfer {
    const void *tx_buf;
    void        *rx_buf;
    unsigned len;

    dma_addr_t tx_dma;
    dma_addr_t rx_dma;
    struct sg_table tx_sg;
    struct sg_table rx_sg;

    unsigned cs_change:1;
    unsigned tx_nbits:3;
    unsigned rx_nbits:3;
#define SPI_NBITS_SINGLE 0x01 /* 1bit transfer */
#define SPI_NBITS_DUAL       0x02 /* 2bits transfer */
#define SPI_NBITS_QUAD       0x04 /* 4bits transfer */
    u8        bits_per_word;
    u16       delay_usecs;
    struct    spi_delay delay;
    struct    spi_delay cs_change_delay;
    struct    spi_delay word_delay;
    u32       speed_hz;
    u32       effective_speed_hz;
 [...]
   struct list_head transfer_list;
#define SPI_TRANS_FAIL_NO_START BIT(0)
    u16       error;
};
```

以上数据结构中各个字段的含义如下。

- tx_buf 是一个指向缓冲区的指针，该缓冲区含有要写入的数据。如果设置为 NULL，此传输操作将被视为只读事务的半双工通信。当需要通过 DMA 执行 SPI 事务时，应确保它是 DMA 安全的。
- rx_buf 指针则指向要从中读取数据的缓冲区（rx_buf 与 tx_buf 具有相同的属性），它在只写事务中为 NULL。
- tx_dma 是 tx_buf 的 DMA 地址，在 spi_message.is_dma_mapped 设置为 1 时生效。
- rx_dma 与 tx_dma 类似，但 rx_dma 用于 rx_buf。

- len 表示 rx 和 tx 缓冲区的大小（以字节为单位）。数据只有当到达 len 字节时才会被移出（或移进），并且试图移出部分数据将导致错误。
- speed_hz 能够取代 spi_device.max_speed_hz 中指定的默认速度，但仅适用于当前传输。如果它为 0，则使用来自 spi_device 的默认值。
- bits_per_word：数据传输涉及一个或多个字。字是一种数据单位，以位为单位的字大小能够根据需要而变化。在这里，bits_per_word 表示 SPI 传输中每个字的位大小。这将覆盖 spi_device_bits_per_word 提供的默认值。如果它为 0，则使用来自 spi_device 的默认值。
- cs_change 用于确定传输完成后 CS 是否变为不活动状态。所有 SPI 传输操作都将从适当的 CS 信号开始。通常，在完成消息的最后一次传输之前，它会一直保持选中状态。当 cs_change 不为 0 时，驱动程序可以改变 CS 信号。

  当传输操作不是消息中的最后一个传输操作时，cs_change 用于在消息间隙（即在处理指定它的 spi_transfer 之前）临时禁用 CS。以这种方式切换 CS 可能需要完成芯片命令，从而允许单个 SPI 消息处理整个芯片事务集。
- delay_usecs 表示此次传输之后的延迟（以微秒为单位），其间可以选择更改 chip_select 状态，然后开始下一次传输或完成当前的 spi_message 传输。

注意

SPI 传输操作总是在读取时写入相同数量的字节，即使在半双工事务中也是如此。SPI 核心通过控制器的 dummy_rx 和 dummy_tx 元素实现了这一点。当发送缓冲区为 NULL 时，spi_transfer->tx_buf 将设置为控制器的 dummy_tx。然后，在把从设备返回的数据填充到 rx_buf 时，0 会被移出。如果接收缓冲区为 NULL，spi_transfer->rx_buf 将设置为控制器的 dummy_rx，移入的数据将被丢弃。

struct spi_message 简介

struct spi_message 数据结构用于原子性地发出一个传输操作序列，其中的每个传输操作由一个 spi_transfer 结构体实例表示。原子性是指在传输完这样的序列之前，没有其他的 spi_message 可以使用 SPI 总线。但请注意，有些平台可以用一次编程的 DMA 传输操作处理许多这样的序列。struct spi_message 数据结构声明如下：

```
struct spi_message {
    struct list_head  transfers;
    struct spi_device *spi;
    unsigned    is_dma_mapped:1;
```

```
void      (*complete)(void *context);
void      *context;
unsigned  frame_length;
unsigned  actual_length;
int  status;
 };
```

下面给出了上述数据结构中各个字段的含义。

- transfers 是构成消息的传输操作序列。稍后我们将看到如何将传输操作添加到这个序列中。在最后一次传输操作中使 spi_transfer.cs_change 标志生效可能会潜在地节省 CS 操作和撤销 CS 操作的成本。
- is_dma_mapped 通知控制器是否使用 DMA 来执行事务。你的代码需要为每个传输缓冲区提供 DMA 和 CPU 虚拟地址。
- complete 是事务完成时调用的回调函数，context 是要传递给该回调函数的参数。
- frame_length 将根据消息中的总字节数自动设置。
- actual_length 是分段传输成功的总字节数。
- status 报告传输操作的状态，成功时为 0，否则为-errno。

消息中的 spi_transfer 按 FIFO 顺序处理。在消息完成（即表示传输完成的回调函数被执行）之前，用户必须确保不使用传输缓冲区，以避免损坏数据。向底层提交 spi_message（及其 spi_transfer）的代码负责管理其内存。在消息提交之后，驱动程序必须忽略该消息（及其传输），至少在其回调函数被调用之前应如此。

9.1.5 访问 SPI 设备

SPI 控制器能够与一个或多个从设备（即一个或多个 spi_device 结构体实例）通信。它们组成了一个微型总线，共享 MOSI、MISO 和 SCK 信号，但不共享 CS 信号。由于这些共享信号在未选择芯片时会被忽略，因此每个设备可以被编程以利用不同的时钟频率。SPI 控制器驱动程序通过 spi_message 事务队列来管理与这些设备的通信，在 CPU 内存和 SPI 从设备之间移动数据。spi_message 事务队列中每个消息实例的 complete 回调函数会在事务完成时被调用。

在将消息提交到总线之前，必须使用 spi_message_init()函数对其进行初始化，该函数原型如下：

```
void spi_message_init(struct spi_message *message);
```

spi_message_init()函数会将 spi_message 中的每个元素归零，并初始化传输操作序列。

对于每个要添加到消息对象中的传输操作，都应该调用 spi_message_add_tail()函数进行处理，以便将该传输操作放入消息的传输队列。该函数声明如下：

```
spi_message_add_tail(struct spi_transfer *t, struct spi_message  *m);
```

一旦完成该操作，就有以下两种选择来启动事务。

- 使用 int spi_sync(struct spi_device *spi, struct spi_message *message)函数同步传输数据，成功时返回 0，否则返回错误码。该函数可能会睡眠，因此不能在中断上下文中使用。但要注意，该函数可能以不可中断的方式进入睡眠状态，并且不允许指定睡眠时间。支持 DMA 的控制器驱动程序可以利用 DMA 功能直接从消息缓冲区接收数据或将数据发送到消息缓冲区。

  SPI 设备的片选信号在整个消息传输期间（从第一次传输到最后一次传输）由核心激活，然后通常在消息之间被禁用。一些驱动程序为了尽量减少 CS 操作的影响（如节省功耗），会保持芯片处于选中状态，并预期下一条消息将被推送到同一芯片。

- 使用 int spi_async(struct spi_device *spi, struct spi_message *message)函数可以异步地在任何（原子或非原子的）上下文中执行操作。因为该函数只完成提交且处理是异步的，所以，它是与上下文无关的。然而，complete 回调函数是无法在睡眠的上下文中调用的。在调用这个回调函数之前，message->status 的值是未定义的。调用后，message->status 保存了完成状态，它的值要么是 0（表示完全成功），要么是一个错误码。

  这个回调函数返回后，发起传输请求的驱动程序可以释放相关的内存，因为它已经不再被任何 SPI 核心或控制器驱动程序代码使用。在当前处理消息的 complete 回调函数返回之前，不会处理设备队列中的后续 spi_message，这一规则也适用于同步传输的回调。如果成功，该函数返回 0，否则返回错误码。

下面的代码展示了 SPI 消息和传输的初始化以及提交：

```
static int regmap_spi_gather_write(
                void *context, const void *reg,
                size_t reg_len, const void *val,
                size_t val_len)
{
    struct device *dev = context;
    struct spi_device *spi = to_spi_device(dev);
    struct spi_message m;
    u32 addr;
    struct spi_transfer t[2] = {
      { .tx_buf = &addr, .len = reg_len, .cs_change = 0,},
```

```
    { .tx_buf = val, .len = val_len, },
    };
    addr = TCAN4X5X_WRITE_CMD |(*((u16 *)reg) << 8) | val_len >> 2;

    spi_message_init(&m);
    spi_message_add_tail(&t[0], &m);
    spi_message_add_tail(&t[1], &m);
    return spi_sync(spi, &m);
}
```

上述代码展示了静态初始化会在函数的返回路径上丢弃消息和传输。在某些情况下，驱动程序可能希望在其生命周期内预先分配消息及其传输结构，以避免频繁初始化。在这种情况下，可以使用 spi_message_alloc() 动态分配内存，并使用 spi_message_free() 释放内存。它们的原型如下：

```
struct spi_message *spi_message_alloc(unsigned ntrans, gfp_t flags);
void spi_message_free(struct spi_message *m);
```

其中，ntrans 是要为这个新的 spi_message 分配的传输数量；而 flags 是新分配内存的标志，这里使用 GFP_KERNEL 就足够了。如果成功，将返回分配的新消息及其传输结构。可以使用内核的链表相关宏来访问传输元素，如 list_first_entry、list_next_entry 和 list_for_each_entry。下面是一些例子：

```
static void my_complete(void *context)
{
    struct spi_message *msg = context;
    [...]
    spi_message_free(m);
}

static int example_spi_async(struct spi_device *spi,
         struct my_fake_spi_reg *cmds, unsigned len)
{
    struct spi_transfer *xfer;
    struct spi_message *msg;

    msg = spi_message_alloc(len, GFP_KERNEL);
    if (!msg)
        return -ENOMEM;

    msg->complete = my_complete;
    msg->context = msg;
```

```
list_for_each_entry(xfer, &msg->transfers,transfer_list)
{
xfer->tx_buf = (u8 *)cmds;
[...]
xfer->len = 2;
xfer->cs_change = true;
cmds++;
}

return spi_async(spi, msg);
}
```

通过上面的代码片段，我们不仅了解了如何动态地分配消息及其传输结构，还知道了如何使用 spi_async() 函数。这个例子没什么用，因为分配的消息及其传输结构在传输完成后会被立即释放。动态分配的最佳实践是动态分配 tx 和 rx 缓冲区，并在驱动程序的生命周期内将它们保持在触手可及的范围内。

但要注意，设备驱动程序负责组织消息，并按照设备最合适的方式进行传输。

● 考虑何时开始双向读写，以及 spi_transfer 请求序列是如何安排的。

● I/O 缓冲区准备是指在每个传输方向都会为每个 spi_transfer 封装一个缓冲区，支持全双工传输（即使一个指针为 NULL，在这种情况下，控制器将使用其虚拟缓冲区之一）。

● 可以选择使用 spi_transfer.delay_usecs 来定义传输后的时间间隔。

● 考虑 CS 是否应该使用 spi_transfer.cs_change 标志，以便在传输后的任何时间间隔改变状态（变为不活动）。

SPI 设备驱动程序利用 spi_async() 函数将消息排队，注册一个 complete 回调函数，唤醒消息泵并立即返回。当传输完成时，complete 回调函数将被调用。因为消息队列和消息泵调度都不会被阻塞，所以 spi_async() 函数被认为是上下文无关的。然而，它要求你等待 complete 回调函数执行完才能访问你提交的 spi_transfer 指针所指向的缓冲区。另外，spi_sync() 函数会将消息排队并阻塞，直至它们完成，而不需要调用 complete 回调函数。当 spi_sync() 函数返回时，就可以安全地访问数据缓冲区了。如果在 drivers/spi/spi.c 中查看 spi_sync() 函数的实现，就会看到它利用 spi_async() 函数让调用线程进入睡眠状态，直至调用 complete 回调函数。从 4.0 内核开始，Linux 系统对 spi_sync() 函数做了改进，当队列中没有任何东西时，消息泵将在调用者的上下文中执行，而不是在消息泵线程中执行，从而避免了上下文切换的开销。

在介绍完 SPI 框架中最为重要的数据结构和 API 之后，接下来讨论如何实现真正的 SPI 设备驱动程序。

9.2　SPI 设备驱动程序抽象和架构

SPI 设备驱动程序由数据结构 struct spi_driver 组成，该数据结构已用一些驱动函数填充，这些函数允许你探测和控制底层设备。

9.2.1　探测 SPI 设备

SPI 设备由 spi_driver.probe 回调函数探测。spi_driver.probe 回调函数负责确保驱动程序在和设备绑定到一起之前识别出给定的设备。这个回调函数的原型如下：

```
int probe(struct spi_device *spi);
```

如果成功，该回调函数必须返回 0，否则返回错误码。唯一的参数是要探测的 SPI 设备，其结构已经由内核根据设备树中的描述预先初始化。

但是，正如我们在描述其结构时所看到的，SPI 设备的大多数属性可以被覆盖。如果 SPI 设备不使用其默认方式工作，则 SPI 协议驱动程序可能需要更新传输模式。它们可能需要根据初始值更新时钟频率或字长。这要归功于 spi_setup() 辅助函数，其原型如下：

```
int spi_setup(struct spi_device *spi);
```

该辅助函数必须在能够独占睡眠的上下文中调用。在参数 spi_device 中，要覆盖的属性必须在它们各自的字段中设置。除了立即生效的 SPI_CS_HIGH，更改将在下一次访问设备时生效（无论是对被选中设备读还是写）。SPI 设备在该辅助函数的返回路径上被取消选中。成功时返回 0，失败时返回错误码。注意返回值，如果提供了底层控制器或其驱动程序不支持的选项，则该调用不会成功。例如，一些硬件使用 9 位的字、LSB 优先的编码或高电平有效的 CS 信号来处理传输操作序列。

在向设备提交任何 I/O 请求之前，你可能想在探测函数中调用 spi_setup()。但是，spi_setup() 可以在代码中的任何地方调用，前提是设备没有消息挂起。

下面的探测示例将设置 SPI 设备、检查 SPI 设备的族 id，并在成功（识别到设备）时返回 0：

```
#define FAMILY_ID 0x57
static int fake_probe(struct spi_device *spi)
{
```

```
    int err;
    u8 id;

    spi->max_speed_hz =min(spi->max_speed_hz, DEFAULT_FREQ);
    spi->bits_per_word = 8;
    spi->mode = SPI_MODE_0;
    spi->rt = true;
    err = spi_setup(spi);
    if (err)

        return err;
    /* read family id */
    err = get_chip_version(spi, &id);
    if (err)
        return -EIO;

    /* verify family id */
    if (id != FAMILY_ID) {
        dev_err(&spi->dev""chip family: expected 0x%02x but 0x%02x rea"\n",
                FAMILY_ID, id);
        return -ENODEV;
    }

    /* register with other frameworks */
    [...]

    return 0;
}
```

一个真正的探测函数也可能处理一些驱动状态数据结构或者其他单个设备的数据结构。get_chip_version()函数定义如下：

```
#define REG_FAMILY_ID 0x2445
#define DEFAULT_FREQ 10000000

static int get_chip_version(spi_device *spi, u8 *id)
{
    struct spi_transfer t[2];
    struct spi_message m;
    u16 cmd;
    int err;

    cmd = REG_FAMILY_ID;
    spi_message_init(&m);
```

```
    memset(&t, 0, sizeof(t));

    t[0].tx_buf = &cmd;
    t[0].len = sizeof(cmd);
    spi_message_add_tail(&t[0], &m);

    t[1].rx_buf = id;
    t[1].len = 1;
    spi_message_add_tail(&t[1], &m);

    return spi_sync(spi, &m);
}
```

你已经知道了如何探测 SPI 设备，你现在有必要了解一下如何告诉 SPI 核心驱动程序可以支持哪些设备。

注意

SPI 核心允许使用 spi_get_drvdata()和 spi_set_drvdata()来设置/获取驱动状态数据，就像我们在第 8 章中讨论 I²C 设备驱动程序时所做的那样。

9.2.2　在驱动程序中提供设备信息

就像我们必须提供一个 i2c_device_id 列表来告诉 I²C 核心， I²C 设备驱动程序可以支持哪些设备那样；我们也必须提供一个 spi_device_id 数组来告诉 SPI 核心，我们的 SPI 设备驱动程序都支持哪些设备。在这个数组被填充之后，必须把它分配给 spi_driver.id_table 字段。此外，为了进行设备匹配和模块加载，还需要将相同的数据提供给 MODULE_DEVICE_TABLE 宏。在 include/linux/mod_devicetable.h 中，struct spi_device_id 数据结构被声明如下：

```
struct spi_device_id {
    char name[SPI_NAME_SIZE];
    kernel_ulong_t driver_data;
};
```

其中，name 是设备的描述性名称；driver_data 是驱动程序状态值，它可以设置为一个指向任意设备的数据结构的指针。示例如下：

```
#define ID_FOR_FOO_DEVICE 0
#define ID_FOR_BAR_DEVICE 1

static struct spi_device_id foo_idtable[] = {
```

```
    "{" "oo", ID_FOR_FOO_DEVICE },
    "{" "ar", ID_FOR_BAR_DEVICE },
    { },
};
MODULE_DEVICE_TABLE(spi, foo_idtable);
```

为了匹配设备树中声明的设备，我们需要定义一个 of_device_id 数组，并将其分配给 spi_driver，然后调用 MODULE_DEVICE_TABLE 宏。下面的例子展示了最终的 spi_driver 设置后的样子：

```
static const struct of_device_id foobar_of_match[] = {
    { .compatible" = "packtpub,foobar-devi"ce" },
    { .compatible" = "packtpub,barfoo-devi"ce" },
    {},
  };
 MODULE_DEVICE_TABLE(of, foobar_of_match);
```

最终的 spi_driver 内容如下：

```
static struct spi_driver foo_driver = {
   .driver           = {
     .name "=" "oo",
      /* The below line adds Device Tree support */
     .of_match_table = of_match_ptr(foobar_of_match),
    },
   .probe            = my_spi_probe,
   .id_table         = foo_idtable,
};
```

9.2.3　实现 spi_driver.remove 回调函数

必须使用 spi_driver.remove 回调函数来释放占用的每个资源，并撤销探测函数执行的所有操作。这个回调函数的原型如下：

```
static int remove(struct spi_device *spi);
```

其中，spi 是 SPI 设备的数据结构，与探测函数使用的参数相同，这简化了从探测到删除设备期间的设备状态数据结构的跟踪过程。成功时返回 0，失败时返回错误码。你还必须确保设备处于一致且稳定的状态。下面是一个例子：

```
static int mc33880_remove(struct spi_device *spi)
{
```

```
struct mc33880 *mc;
mc = spi_get_drvdata(spi); /* Get our data back */
if (!mc)

    return -ENODEV;
/*
 * unregister from frameworks with which we
 * registered in the probe function
 */
gpiochip_remove(&mc->chip);
[...]
/* releasing any resource */
mutex_destroy(&mc->lock);
return 0;
}
```

在上面的例子中，我们执行了从注销框架到释放资源的所有操作。在大多数情况下，这是你将要面对的经典流程。

9.2.4　驱动程序的初始化和注册

驱动程序实现到这一步，代码几乎已经准备好了，接下来要做的就是通知 SPI 设备驱动程序的 SPI 核心。对于 SPI 设备驱动程序，SPI 核心提供了 spi_register_driver()和 spi_unregister_driver()函数来注册和注销 SPI 设备驱动程序与 SPI 核心。这两个函数的原型如下：

```
int spi_register_driver(struct spi_driver *sdrv);
void spi_unregister_driver(struct spi_driver *sdrv);
```

在这两个函数中，sdrv 是先前设置的 SPI 设备驱动程序数据结构。注册成功时返回 0，失败时返回错误码。

驱动程序的注册和注销通常是在模块初始化函数和模块退出函数中完成的。以下是注册 SPI 设备驱动程序的典型示例：

```
static int __init foo_init(void)
{
   [...] /*My init code */
   return spi_register_driver(&foo_driver);
}
module_init(foo_init);
static void __exit foo_cleanup(void)
{
```

```
    [...] /* My clean up code */
    spi_unregister_driver(&foo_driver);
}
module_exit(foo_cleanup);
```

如果你在初始化模块时除了注册/注销驱动程序什么也不做，则可以使用 module_spi_driver()宏来分解代码，如下所示：

```
module_spi_driver(foo_driver);
```

这个宏将填充模块初始化函数和清理函数，并在其中调用 spi_register_driver()和 spi_unregister_driver()函数。

9.2.5 实例化 SPI 设备

SPI 从设备节点必须是 SPI 控制器节点的子节点。在主模式下，可以存在一个或多个从设备节点（不超过 CS 的数量）。

必需的属性如下。

- compatible：在驱动程序中定义的用于设备匹配的兼容字符串。
- reg：设备相对于控制器的 CS 索引。
- spi-max-frequency：设备的最大 SPI 时钟频率，单位为 Hz。

所有从设备节点都可以包含以下可选属性。

- spi-cpol：布尔属性，表示设备需要反向的 CPOL 模式。
- spi-cepa：布尔属性，表示设备需要移位的 CPHA 模式。
- spi-cs-hi-h：空属性，表示设备需要 CS 高电平有效。
- spi-3wire：布尔属性，表示设备需要三线模式才能正常工作。
- spi-lsb-first：布尔属性，表示设备需要 LSB 优先模式才能正常工作。
- spi-tx-bus-width：表示用于 MOSI 的总线宽度。如果不存在，默认为 1。
- spi-rx-bus-width：表示用于 MISO 的总线宽度。如果不存在，默认为 1。
- spi-rx-delay-s：用于指定读取传输后以微秒为单位的延迟。
- spi-tx-delay-us：用于指定写入传输后以微秒为单位的延迟。

以下设备树列表来自真实的 SPI 设备：

```
ecspi1 {
    fsl,spi-num-CSs = <3>;
    cs-gpios = <&gpio5 17 0>, <&gpio5 17 0>, <&gpio5 17 0>;
    pinctrl-0 = <&pinctrl_ecspi1 &pinctrl_ecspi1_cs>;
```

```
#address-cells = <1>;
#size-cells = <0>;
compatible = "fsl,imx6q-ecspi", "fsl,imx51-ecspi";
reg = <0x02008000 0x4000>;
status = "okay";

ad7606r8_0: ad7606r8@0 {
    compatible = "ad7606-8";
    reg = <0>;
    spi-max-frequency = <1000000>;
    interrupt-parent = <&gpio4>;
    interrupts = <30 0x0>;
};
label: fake_spi_device@1 {
    compatible = "packtpub,foobar-device";
    reg = <1>;
    a-string-param = "stringvalue";
    spi-cs-high;
};
mcp2515can: can@2 {
    compatible = "microchip,mcp2515";
    reg = <2>;
    spi-max-frequency = <1000000>;
    clocks = <&clk8m>;
    interrupt-parent = <&gpio4>;
    interrupts = <29 IRQ_TYPE_LEVEL_LOW>;
};
};
```

在上面的设备树列表中，ecspi1 表示主控制器。fake_spi_device 和 mcp2515can 表示 SPI 从设备，它们的 reg 属性则代表它们相对于主控制器的 CS 索引。

你已经熟悉了面向从设备的 SPI 框架的所有内核知识，下面让我们看看如何避免和内核打交道，并尝试在用户空间中实现所有内容。

9.3　如何避免编写 SPI 设备驱动程序

处理 SPI 设备的常用方法是编写内核代码来驱动 SPI 设备。如今，spidev 接口使得无须编写内核代码就可以处理此类设备。然而，这个接口的使用应该被限制在简单的用例中，例如与（slave microcontroller）从微控制器通信或用于原型设计。使用此接口，你将无法处理设备可能支持的各种中断（IRQ），并且无法利用其他内核框架。

spidev 接口以/dev/spidevX.Y 的形式公开了一个字符设备节点。其中 X 代表设备所在的总线，Y 代表设备树中分配给设备节点的 CS 索引（相对于控制器）。例如，/dev/spidev1.0 表示 SPI 总线 1 上的设备 0。这同样适用于 sysfs 目录项，形式是/sys/class/spidev/spidevX.Y。

在字符设备出现于用户空间之前，设备节点必须在设备树中声明为 SPI 控制器节点的子节点。示例如下：

```
&ecspi2 {
    pinctrl-names= "default";
    pinctrl-0 = <&pinctrl_teoulora_ecspi2>;
    cs-gpios = <&gpio2 26 1
                &gpio2 27 1>;
    num-cs = <2>;
    status = "okay";

    spidev@0 {
        reg = <0>;
        compatibe="semtech,sx1301";
        spi-max-frequency = <20000000>;
    };
};
```

其中，spidev@0 对应于 SPI 设备节点。reg = <0>则告诉控制器此设备正在使用第一个 CS 信号线（索引从 0 开始）。compatible="semtech,sx1301"用于匹配 spidev 驱动程序中的条目。不建议使用 "spidev" 作为兼容字符串，否则将会发出警告。最后，spi-max-frequency = <20000000>设置了设备运行时的默认时钟频率（这里是 20MHz），除非使用适当的 API 对它进行更改。

从用户空间来看，处理 spidev 接口所需的头文件如下：

```
#include <fcntl.h>
#include <unistd.h>
#include <sys/ioctl.h>
#include <linux/types.h>
#include <linux/spi/spidev.h>
```

因为是字符设备，所以只允许使用基本的系统调用，例如 open()、read()、write()、ioctl()和 close()系统调用。下面的例子展示了一些基本用法，其中只包含 read()和 write()系统调用：

```
#include <stdio.h>
```

```
#include <stdlib.h>

int main(int argc, char **argv)
{
    int i,fd;
    char *device = "/dev/spidev0.0";
    char wr_buf[]={0xff,0x00,0x1f,0x0f};
    char rd_buf[10];

    fd = open(device, O_RDWR);
    if (fd <= 0) {
        printf("Failed to open SPI device %s\n", device);
        exit(1);
    }

    if (write(fd, wr_buf, sizeof(wr_buf)) != sizeof(wr_buf))
        perror("Write Error");
    if (read(fd, rd_buf, sizeof(rd_buf)) != sizeof(rd_buf))
        perror("Read Error");
    else
        for (i = 0; i < sizeof(rd_buf); i++)
            printf("0x%02X", rd_buf[i]);
    close(fd);
    return 0;
}
```

在上面的代码中，你应该注意到标准的 read()和 write()系统调用是半双工的，并且 CS 是无效的。为了做到全双工，你别无选择，只能使用 ioctl()系统调用。在这里，你可以根据需要传递输入和输出缓冲区。此外，通过 ioctl()系统调用，你可以使用一组 SPI_IOC_RD_*和 SPI_IOC_WR_*命令来获取 RD 并设置 WR 以覆盖设备当前的设置。完整的列表和文档可以在内核源代码的 Documentation/spi/spidev 目录中找到。

ioctl()系统调用允许在不停用 CS 的情况下执行复合操作，并使用 SPI_IOC_MESSAGE(N)请求。这将产生一个新的数据结构，即 struct spi_ioc_transfer，它是用户空间中与 struct spi_transfer 等价的数据结构。使用 ioctl 命令的例子如下：

```
#include <stdint.h>
#include <stdio.h>
#include <stdlib.h>
#include <string.h>
/* include required headers, listed early in the section */
[...]
```

```
static int pabort(const char *s)
{
    perror(s);
    return -1;
}

static int spi_device_setup(int fd)
{
    int mode, speed, a, b, i;
    int bits = 8;

    /* spi mode: mode 0 */
    mode = SPI_MODE_0;
    a = ioctl(fd, SPI_IOC_WR_MODE, &mode); /* set mode */
    b = ioctl(fd, SPI_IOC_RD_MODE, &mode); /* get mode */
    if ((a < 0) || (b < 0)) {
        return pabort("can't set spi mode");
    }

    /* Clock max speed in Hz */
    speed = 8000000; /* 8MHz */
    a = ioctl(fd, SPI_IOC_WR_MAX_SPEED_HZ, &speed); /* set */
    b = ioctl(fd, SPI_IOC_RD_MAX_SPEED_HZ, &speed); /* get */
    if ((a < 0) || (b < 0))
        return pabort("fail to set max speed hz");
    /*
     * Set SPI to MSB first.
     * Here, 0 means "not to use LSB first".
     * To use LSB first, argument should be > 0
     */
    i = 0;
    a = ioctl(dev, SPI_IOC_WR_LSB_FIRST, &i);
    b = ioctl(dev, SPI_IOC_RD_LSB_FIRST, &i);
    if ((a < 0) || (b < 0))
        pabort("Fail to set MSB first\n");

    /* setting SPI to 8 bits per word */
    bits = 8;
    a = ioctl(dev, SPI_IOC_WR_BITS_PER_WORD, &bits); /* set */
    b = ioctl(dev, SPI_IOC_RD_BITS_PER_WORD, &bits); /* get */
    if ((a < 0) || (b < 0))
        pabort("Fail to set bits per word\n");

    return 0;
}
```

上面的例子仅用于演示。在执行完等价的 SPI_IOC_WR_*命令后，并不一定要执行 SPI_IOC_RD_*命令。你现在已经了解了大多数 ioctl 命令，下面让我们看看如何开始事务传输：

```c
static void do_transfer(int fd)
{
    int ret;
    char txbuf[] = {0x0B, 0x02, 0xB5};
    char rxbuf[3] = {0, };
    char cmd_buff = 0x9f;

    struct spi_ioc_transfer tr[2] = {
        0 = {
            .tx_buf = (unsigned long)&cmd_buff,
            .len = 1,
            .cs_change = 1;    /* We need CS to change */
            .delay_usecs = 50, /* wait after this transfer */
            .bits_per_word = 8,
        },
        [1] = {
            .tx_buf = (unsigned long)tx,
            .rx_buf = (unsigned long)rx,
            .len = txbuf(tx),
            .bits_per_word = 8,
        },
    };

    ret = ioctl(fd, SPI_IOC_MESSAGE(2), &tr);
    if (ret == 1){
        perror("can't send spi message");
        exit(1);
    }

    for (ret = 0; ret < sizeof(tx); ret++)
        printf("%.2X ", rx[ret]);
    printf("\n");
}
```

前面介绍了用户空间中的消息和事务传输的概念。辅助函数已经定义好了，你可以通过编写 main()函数来使用它们，如下所示：

```c
int main(int argc, char **argv)
{
```

```
char *device = "/dev/spidev0.0";
int fd;
int error;

fd = open(device, O_RDWR);
if (fd < 0)
    return pabort("Can't open device ");

error = spi_device_setup(fd);
if (error)
    exit (1);

do_transfer(fd);

close(fd);
return 0;
}
```

尽管我们已经学会了如何使用用户空间中的 SPI API 和命令与 SPI 设备进行交互，但我们仍然受到限制，因为无法利用设备中断线或其他内核框架。

9.4　总结

在本章中，我们学习了 SPI 设备驱动程序。SPI 总线的速度相比 I²C 总线快得多。我们浏览了 Linux 内核的 SPI 框架中的所有数据结构，并重点讨论了 SPI 设备上的信息传输。也就是说，我们通过 SPI 总线访问的内存是芯片外的——我们可能需要进行更多的抽象以避免 SPI API。

第3篇 充分发挥硬件的潜力

第 3 篇主要介绍 Linux 内核内存分配与 DMA。其次，为简化内存访问操作，我们将介绍 Linux 内核中内存访问抽象化的 Regmap APl，最后介绍 LDM，以便更好地理解系统中的设备层级结构。

第 3 篇包含下 5 章：

第 10 章 "深入理解 Linux 内核内存分配"；

第 11 章 "实现 DMA 支持"；

第 12 章 "内存访问抽象化——Regmap API 简介：寄存器映射抽象化"；

第 13 章 "揭秘内核 IRQ 框架"；

第 14 章 "LDM 简介"。

第 10 章
深入理解 Linux 内核内存分配

Linux 系统使用了一种称为"虚拟内存"的机制。虚拟内存机制使得每个内存地址都是虚拟的，这意味着它们不会直接指向 RAM 中的任何地址。这样每当我们访问内存中的存储单元时，都会进行地址转换以匹配相应的物理内存。

在本章中，我们将讲解整个 Linux 内存分配和管理系统。本章将讨论以下主题：

- Linux 内核内存相关术语简介；
- 揭开地址转换和 MMU（Memory Management Unit，内存管理单元）的神秘面纱；
- 内存分配机制及其 API；
- 使用 I/O 内存与硬件通信；
- 内存（重）映射。

10.1　Linux 内核内存相关术语简介

尽管某些允许扩展的计算机可以增加系统内存，但物理内存是计算机系统中有限的资源。

虚拟内存机制让每个进程误认为自己拥有大量且几乎无限的内存，有时甚至误认为自己拥有超过系统实际拥有的内存。为了介绍相关内容，我们将引入地址空间、虚拟或逻辑地址、物理地址和总线地址等术语。

- 物理地址标识物理内存位置。由于虚拟内存机制，用户或内核从不直接访问物理地址，而是通过相应的逻辑地址来访问它们。
- 虚拟地址在物理上不必存在。当 CPU 代表 MMU 访问物理内存时，虚拟地址被用作参考地址。MMU 位于 CPU 核心和内存之间，通常是物理 CPU 本身的一部分。也就是说，在 ARM 架构中，MMU 是已获得许可的处理器核心的一部分，负责在每次访问内存时将虚拟地址转换为物理地址，这个过程被称为地址转换。
- 逻辑地址是由线性映射生成的地址，是在 PAGE_OFFSET 之上进行映射得出的结果。逻辑地址与其物理地址具有固定偏移量的虚拟地址。因此，逻辑地址始终是虚拟地址，反之则不然。

- 在计算机系统中，地址空间是为计算实体（在本例中为 CPU）的所有可能地址而分配的内存大小。地址空间可以是虚拟的，也可以是物理的。虽然物理地址空间可以达到系统中安装的 RAM 大小（理论上受 CPU 地址总线和寄存器宽度的限制），但虚拟地址空间的范围可以扩展到 RAM 或操作系统体系架构所允许的最高地址（例如，在 1GB RAM 系统中可以寻址高达 4GB 的虚拟内存）。

MMU 是内存管理的核心，它将内存组织成固定大小的逻辑单元，称为页（page）。页大小是 2 的幂（以字节为单位），并且因系统而异。页由页框（page frame）支持，并且页与页框的大小匹配。在进一步学习内存管理之前，需要掌握如下术语。

- 内存页（又称为虚拟页或简称页）是指虚拟内存中固定长度（PAGE_SIZE）的块。
- 页框是指物理内存（RAM）中固定长度的块，操作系统会将一个块映射到页。页与页框的大小匹配。每个页框都有编号，称为页框编号（Page Frame Number，PFN）。
- 页表（page table）是一种内核数据结构，与体系架构相关，用于存放虚拟地址和物理地址之间的映射。键对页/框（page/frame）描述页表中的单个表项，并表示一种映射。
- "页对齐"用于限定刚好从页的开头开始的地址。不言而喻，任何地址是页大小整数倍的内存都是页对齐的。例如，在 4KB 页大小的系统中，4 096、20 480 和 40 960 是页对齐内存地址的实例。

注意

页大小是由 MMU 确定的，操作系统无法修改它。但是，一些处理器支持多页大小（例如，ARMv8-A 支持 3 种不同的页大小，分别是 4KB、16KB 和 64KB），操作系统可以决定使用哪种页大小。尽管如此，4KB 仍是一种广泛使用的页大小。

我们已经介绍完处理内存时经常使用的术语，下面让我们专注于内核的内存管理和组织。

Linux 是一种虚拟内存操作系统。在 Linux 操作系统中，每个进程甚至内核本身（和某些设备）都被分配了地址空间，这是处理器的虚拟地址空间的一部分（请注意，内核和进程都不处理物理地址，物理地址由 MMU 处理）。

虚拟地址空间被拆分成内核空间和用户空间。拆分因体系架构而异，并由

CONFIG_PAGE_OFFSET 内核配置选项保存。对于 32 位系统，默认情况下在 0xC0000000 处拆分，称为 3GB/1GB 拆分，其中用户空间位于较低的 3GB 虚拟地址空间。但是，可以通过使用 CONFIG_VMSPLIT_1G、CONFIG_VMSPLIT_2G 和 CONFIG_VMSPLIT_3G_OPT 内核配置选项（参见 arch/x86/Kconfig 和 arch/arm/Kconfig），根据需要为内核提供不同数量的地址空间。对于 64 位系统，拆分因体系架构而异。以 64 位 ARM 架构为例，地址空间的上限为 0x8000000000000000，而 x86_64 为 0xFFFF880000000000。

在使用默认拆分方案的 32 位系统中，典型进程的虚拟地址空间布局如图 10.1 所示。

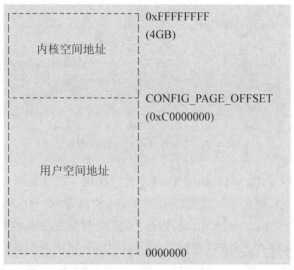

图 10.1 32 位系统中的内存拆分

虽然这种内存拆分在 64 位系统中是透明的，但在 32 位系统中需要引入一些特殊性。接下来，我们将详细研究这种内存拆分的产生原因、用法以及适用范围。

10.1.1 32 位系统中的内核地址空间布局：低端内存和高端内存的概念

理想情况下，所有内存都是永久可映射的。但是，32 位系统对此有一些限制，这导致只有一部分 RAM 被永久映射。这部分内存可以直接（通过简单地取消引用）由内核访问，称为低端内存，而（物理）内存中未被永久映射覆盖的部分则称为高端内存。至于边界的确切位置，则存在与各种体系架构相关的约束。例如，Intel 公司的 CPU 核心最多只能永久映射 RAM 的前 1GB。事实上则更少，只有 896MB 的 RAM，因为这个低端内存的一部分被用于动态映射高端内存，如图 10.2 所示。

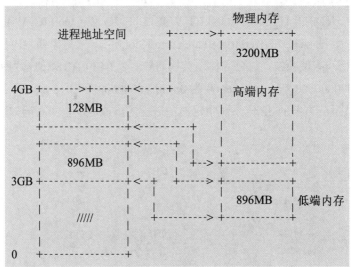

图 10.2　高端内存和低端内存的划分

从图 10.2 中可以看出，128MB 的内核地址空间用于在需要时动态映射高端内存，896MB 的内核地址空间则被永久线性映射到 RAM 的低端 896MB 部分。

高端内存机制还可以在 1GB RAM 系统中使用，以便在内核需要访问时动态映射用户内存。内核可以将整个 RAM 映射到其地址空间这一事实并不意味着用户空间无法访问它。一个 RAM 页框可能存在多个映射：它既可以永久映射到内核内存空间，也可以在选择执行进程时映射到用户空间中的某个地址。

注意

通过先前展示的进程地址空间布局，可以判断一个虚拟地址是内核空间地址还是用户空间地址。如果一个地址小于 PAGE_OFFSET，那么它来自用户空间，否则它来自内核空间。

10.1.2　低端内存的细节

前 896MB 的内核地址空间构成低端内存区域。在引导过程的早期，内核会将 896MB 永久映射到物理 RAM 上。由该映射生成的地址称为逻辑地址。这是虚拟地址，但它可以通过减去固定偏移量转换为物理地址，因为映射是永久性的并且事先已知。低端内存与物理地址的下限匹配。你可以将低端内存定义为内核空间中存在逻辑地址的内存。内核的核心保留在低端内存中。因此，大多数内核内存函数返回低端内存。例如，为了达到不同的目的，内核内存被划分为多个区域。例如，LOWMEM 的前 16MB 被保留用于DMA。由于受到限制，硬件并不总是允许将所有页视为相同。然后，我们可以在内核空间中识别以下 3 个不同的内存区域。

- ZONE_DMA：其中包含 16MB 以下的内存页框，为 DMA 保留。
- ZONE_NORMAL：其中包含 16MB 以上、896MB 以下的内存页框，供正常使用。
- ZONE_HIGHMEM：其中包含 896MB 及以上的内存页框。

但是，在只有 512MB 内存的系统中，没有 ZONE_HIGHMEM，16MB 用于 ZONE_DMA，496MB 用于 ZONE_NORMAL。

从前面所有的内容来看，我们可以完成逻辑地址的定义，补充说明内核空间中的地址线性映射到物理地址，并且可以使用偏移量获取相应的物理地址。内核虚拟地址类似于逻辑地址，因为它们是从内核空间地址到物理地址的映射。不同之处在于，内核虚拟地址与逻辑地址并不总是具有相同的、一对一的线性物理位置映射。

注意

可以通过 _pa(address) 宏将物理地址转换为逻辑地址，或者通过 _va(address) 宏将逻辑地址转换为物理地址。

10.1.3　理解高端内存

内核地址空间的前 128MB 称为高端内存区域，内核使用它来临时映射 1GB 以上（实际为 896MB 以上）的物理内存。

当需要访问 1GB（或更准确地说 896MB）以上的物理内存时，内核使用高端内存区域创建临时映射到其虚拟地址空间的方式，从而实现能够访问所有物理页的目标。你可以将高端内存定义为逻辑地址不存在且未永久映射到内核地址空间的内存。896MB 以上的物理内存将按需映射到 128MB 的高端内存区域。

访问高端内存的映射由内核动态创建，并在完成后销毁。这使得高端内存访问速度变慢。但是，由于 64 位系统中地址范围极大（264TB），因此高端内存没有存在的意义，其中的 3GB/1GB 拆分（或任何其他类似的拆分）也不再有意义。

内核中的进程地址空间概述

在 Linux 系统中，内核中的每个进程都表示为一个 task_struct（详见 include/ linux/sched.h）结构体实例，该结构体实例表征并描述了这个进程。在进程开始运行之前，系统会为其分配一个内存映射表，该表存放在 struct mm_struct 类型（详见 include/linux/mm_types.h）的变量中。可以通过查看以下代码片段中 struct task_struct 数据结构的定义来验证，其中嵌入了指向 struct mm_struct 类型元素的指针：

```
struct task_struct{
    […]
    struct mm_struct *mm, *active_mm;
    […]
}
```

在内核中，全局变量 current 始终指向当前进程，current->mm 字段指向当前的进程内存映射表。在进一步解释之前，让我们先看看 struct mm_struct 数据结构的定义：

```
struct mm_struct {
    struct vm_area_struct *mmap;
    unsigned long mmap_base;
    unsigned long task_size;
    unsigned long highest_vm_end;
    pgd_t * pgd;
    atomic_t mm_users;
    atomic_t mm_count;
    atomic_long_t nr_ptes;
#if CONFIG_PGTABLE_LEVELS > 2
    atomic_long_t nr_pmds;
#endif
    int map_count;
    spinlock_t page_table_lock;
    unsigned long total_vm;
    unsigned long locked_vm;
    unsigned long pinned_vm;
    unsigned long data_vm;
    unsigned long exec_vm;
    unsigned long stack_vm;
    unsigned long start_code, end_code, start_data, end_data;
    unsigned long start_brk, brk, start_stack;
    unsigned long arg_start, arg_end, env_start, env_end;

    /* ref to file /proc/<pid>/exe symlink points to */
    struct file __rcu *exe_file;
    };
```

我们故意删除了一些不感兴趣的字段。还有一些字段将在后面讨论，例如 pgd 字段，它是指向进程的顶层表的指针，这个顶层表被称为页全局目录（Page Global Directory，

PGD），用于在上下文切换时将 CPU 的转换表基址写入其中。为了更好地理解 struct mm_struct 数据结构，如图 10.3 所示。

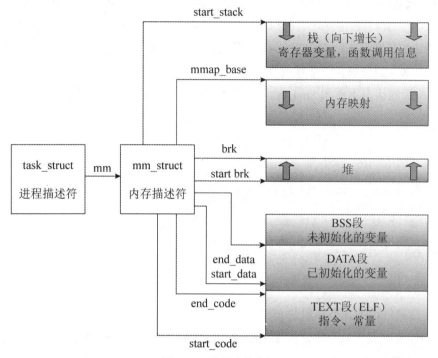

图 10.3　进程地址空间

从进程的角度看，可以将内存映射视为一组页表项（Page Table Entry，PTE），专用于描述连续的虚拟地址范围。该"连续的虚拟地址范围"称为内存区域或虚拟内存区域（Virtual Memory Area，VMA）。每个内存映射用开始地址和长度、权限（如程序是否可以从该内存读取、写入或执行）以及相关资源（如物理页、交换页和文件内容）来描述。

struct mm_struct 提供了两种存放进程区域的方法。

● 在红黑树（自平衡二叉搜索树）中，根元素由 mm_struct->mm_rb 字段指向。

● 在链表中，第一个元素由 mm_struct->mmap 字段指向。

我们已经概述了进程地址空间，它由一组 VMA 组成，接下来让我们深入了解细节并研究这些 VMA 背后的机制。

理解 VMA 的概念

在内核中，进程内存映射被组织成多个区域，每个区域称为一个 VMA。在 Linux 系统的每个正在运行的进程中，代码片段、每个映射的文件区域（如库文件）或每个不同的内存映射（如果有的话）都由 VMA 来实现。VMA 独立于体系架构，具有权限和访问控制标志，由起始地址和长度定义。它们的大小始终是页大小（PAGE_SIZE）的倍数。一个 VMA 由几个页组成，每个页在页表中都有一个 PTE。

VMA 在内核中表示为 vma_area 结构体实例，vma_area 结构体定义如下：

```
struct vm_area_struct {
    unsigned long vm_start;
    unsigned long vm_end;
    struct vm_area_struct *vm_next, *vm_prev;
    struct mm_struct *vm_mm;
    pgprot_t vm_page_prot;
    unsigned long vm_flags;
    unsigned long vm_pgoff;
    struct file * vm_file;
    [...]
}
```

以上数据结构中各个字段的含义如下。

- vm_start 是 VMA 在进程地址空间（vm_mm）中的起始地址。它是 VMA 中的第一个地址。
- vm_end 是 VMA 在进程地址空间（vm_mm）中的结束地址。它是 VMA 之外的第一个地址。
- vm_next 和 vm_prev 用于实现每个任务的 VMA 区域的链表，按地址排序。
- vm_mm 是 VMA 所属的进程地址空间。
- vm_page_prot 和 vm_flags 表示 VMA 的访问权限。前者与体系架构相关，其更新被直接应用于底层体系架构的 PTE，它是从 vm_flags 进行缓存转换的一种形式。vm_flags 以独立于体系架构的方式存放合适的保护位和映射类型。
- vm_file 是支持这种映射的文件，可以为 NULL（例如，对于匿名映射，vm_file 可以是进程的堆或堆栈）。
- vm_pgoff 是以页大小为单位的偏移量（在 vm_file 之内）。此偏移量以页数来衡量。

图 10.4 是进程内存映射的示意图，其中突出显示了每个 VMA，并描述了里面的一些元素。

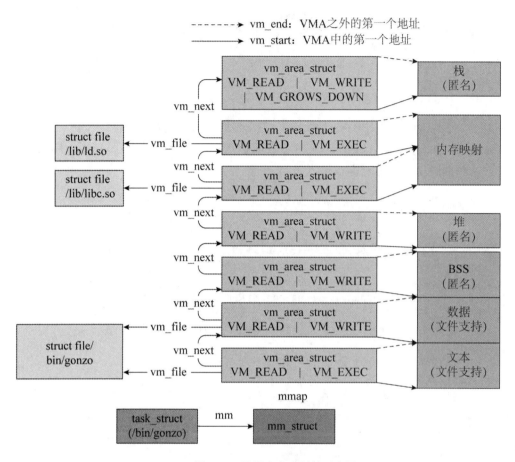

图 10.4 进程内存映射的示意图

图 10.4 描述了进程（从/bin/gonzo 开始）的内存映射，我们可以看到 struct task_struct 与其地址空间元素（mm）之间的交互。图 10.4 还列出并描述了每个 VMA（开始、结束和支持文件）。

可以使用 find_vma() 函数查找与给定虚拟地址对应的 VMA。find_vma() 函数在 linux/mm.h 文件中的声明如下：

```
extern struct vm_area_struct * find_vma(
        struct mm_struct * mm, unsigned long addr);
```

该函数搜索并返回满足 vm_start<=addr<vm_end 的第一个 VMA，如果未找到，则返回 NULL。mm 是要搜索的进程地址空间。下面是一个例子。

下面的代码将查找内存边界包含 0x603000 的 VMA：

```
struct vm_area_struct *vma =find_vma(task->mm, 0x603000);
if (vma == NULL) /* Not found ? */
    return -EFAULT;
/* Beyond the end of returned VMA ? */
if (0x13000 >= vma->vm_end)
    return -EFAULT;
```

给定一个标识符为 \<PID\> 的进程，可以通过读取 /proc/\<PID\>/maps 、 /proc/\<PID\>/smaps 和/proc/\<PID\>/pagemap 文件来获取该进程的整个内存映射。下面列出了正在运行的进程的映射，其进程标识符为 1073:

```
# cat /proc/1073/maps
00400000-00403000 r-xp 00000000 b3:04 6438           /usr/
sbin/net-listener
00602000-00603000 rw-p 00002000 b3:04 6438           /usr/
sbin/net-listener
00603000-00624000 rw-p 00000000 00:00 0              [heap]
7f0eebe4d000-7f0eebe54000 r-xp 00000000 b3:04 11717 /usr/
lib/libffi.so.6.0.4
7f0eebe54000-7f0eec054000 ---p 00007000 b3:04 11717 /usr/
lib/libffi.so.6.0.4
7f0eec054000-7f0eec055000 rw-p 00007000 b3:04 11717 /usr/
lib/libffi.so.6.0.4
7f0eec055000-7f0eec069000 r-xp 00000000 b3:04 21629 /lib/
libresolv-2.22.so
7f0eec069000-7f0eec268000 ---p 00014000 b3:04 21629 /lib/
libresolv-2.22.so
[...]
7f0eee1e7000-7f0eee1e8000 rw-s 00000000 00:12 12532 /dev/
shm/sem.thk-mcp-231016-sema
[...]
```

以上输出列表中的每一行都表示一个 VMA，其中的字段对应于 {地址（开始-结束）}{权限}{偏移量}{设备（主设备号:次设备号）}{索引节点号}{路径名（映像）}模式。

- 地址：表示 VMA 的起始地址和结束地址。
- 权限：描述内存区域的访问权限，如 r（读取）、w（写入）和 x（执行）。p 表示私有映射，s 表示共享映射。
- 偏移量：如果发生文件映射（mmap 系统调用），则是发生映射的文件中的偏移量，否则为 0。
- 主设备号:次设备号：如果发生文件映射，则是文件所在设备（保存文件的设备）的主设备号和次设备号。

- 索引节点号：如果发生文件映射，则是所映射文件的索引节点号。
- 路径名：这是所映射文件的名称，也可留空或使用其他内存区域名称，如[heap]、[stack]或[vdso]。vdso 代表虚拟动态共享对象（virtual dynamic shared object）——内核映射到每个进程地址空间的共享库，用于减少系统调用切换到内核模式时的性能损失）。

分配给进程的每个页都属于一个内存区域，因此任何不在 VMA 中的页事实上都不存在，并且不能被进程引用。

高端内存非常适合用户空间，因为必须显式映射其地址空间。因此，大多数高端内存由用户应用程序使用。GFP_HIGHMEM 和 GFP_HIGHUSER 是请求分配（潜在）高端内存的标志。如果没有这些标志，所有内核分配都只返回低端内存。在 Linux 系统中，无法从用户空间中分配连续的物理内存。

至此，VMA 对我们来说已没有更多的秘密，下面让我们描述一下将虚拟地址转换为相应物理地址所涉及的硬件概念，并描述它们的创建和分配过程（如果有的话）。

10.2　揭开地址转换和 MMU 的神秘面纱

MMU 不仅可以将虚拟地址转换为物理地址，还可以保护内存免受未经授权的访问。给定一个进程，需要从此进程访问的任何页都必须位于一个 VMA 中，且必须位于进程的页表中（每个进程都有自己的页表）。

回想一下，内存按照固定大小的块来组织，对于虚拟内存来说称为页（page），对于物理内存来说称为页框（frame）。在我们的例子中，页大小为 4KB。然而，在内核中也可以使用 PAGE_SIZE 宏来定义和访问页大小。但是请记住，页大小是由硬件决定的。以 4KB 页大小的系统为例，0~4095 字节属于第 0 页，4096~8191 字节属于第 1 页，依此类推。

引入页表的概念是为了管理页和框架之间的映射。页分布在页表中，因此每个 PTE 对应于页和页框之间的映射关系。然后便可为每个进程提供一组页表来描述其所有内存区域。

为了遍历所有页，每个页都被分配一个索引，称为页号。当提到页框时，我们说的是 PFN。这样，VMA（更准确地说逻辑地址）便由两部分组成：页号和偏移量。在 32 位系统中，偏移量表示地址的最低 12 位；而在 8KB 页大小的系统中，偏移量表示地址的最低 13 位。图 10.5 是将逻辑地址拆分为虚拟页号和偏移量的示意图。

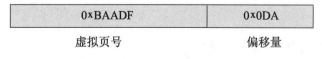

图 10.5　逻辑地址表示

操作系统或 CPU 如何知道哪个物理地址对应于给定的逻辑地址？它们使用页表作为转换表，并且知道每个表项的索引都是虚拟页号，索引处的值是 PFN。要访问给定虚拟内存所对应的物理内存，可以首先提取偏移量和虚拟页号，然后遍历进程的页表以便对虚拟页号与物理页号进行匹配。一旦匹配，就可以访问页框中的数据，如图 10.6 所示。

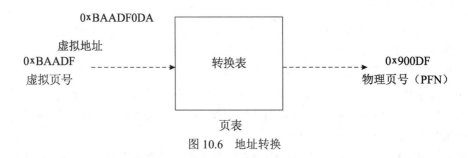

图 10.6　地址转换

偏移量用于指向页框中的正确位置。页表不仅保存物理页号和虚拟页号之间的映射关系，还保存访问控制信息（读/写访问信息、权限信息等）。

图 10.7 描述了地址解码和页表查找，以指向相应页框中的适当位置。

用于表示偏移量的位数由 PAGE_SHIFT 定义。PAGE_SHIFT 既是为了获得 PAGE_SIZE 的值而左移 1 位所需的次数，也是右移页的逻辑地址以获取页号所需的次数，与右移页的物理地址以获取页框编号的次数相同。PAGE_SHIFT 依赖于体系架构，它的值取决于页的粒度：

```
#ifdef CONFIG_ARM64_64K_PAGES
#define PAGE_SHIFT          16
#elif defined(CONFIG_ARM64_16K_PAGES)
#define PAGE_SHIFT          14
#else
#define PAGE_SHIFT          12
#endif
#define PAGE_SIZE           (_AC(1, UL) << PAGE_SHIFT)
```

默认情况下（无论是在 ARM 还是 ARM64 架构中），PAGE_SHIFT 为 12，这意味着页大小为 4KB。在 ARM64 架构中，当分别选择 16KB 或 64KB 的页大小时，PAGE_SHIFT 为 14 或 16。

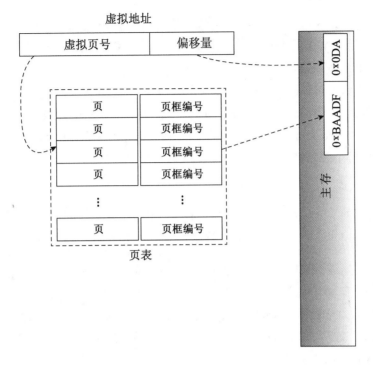

图 10.7 从虚拟地址到物理地址的转换

根据我们对地址转换的理解，页表只是部分解决方案，下面让我们看看这是为什么。大多数 32 位体系架构需要 32 位（4 字节）来表示 PTE。在此类系统（32 位）中，每个进程都有自己私有的 3GB 用户地址空间，于是就需要 786 432 个表项来表示和覆盖进程的整个地址空间。这表示每个进程仅仅为了存储内存映射就要占用很多物理内存。事实上，进程通常仅使用其虚拟地址空间中分散的一小部分。为了解决这个问题，我们引入"级"的概念。页表按级（页级）分层。存储多级页表所需的空间仅取决于实际使用的虚拟地址空间，而非与虚拟地址空间的最大大小成正比。这样对未使用的内存将不再表示，以减少页表查找时间。此外，级别 N 中的每个表项将指向页表中级别 $N+1$ 的表项，级别 1 是最高级别。

Linux 最多支持 4 个级别的分页。但是，需要使用的级别数取决于体系架构。每个级别的说明如下。

● 页全局目录（Page Global Directory，PGD）：这是第 1 级（级别 1）页表。每个表项都是内核中的 pgd_t 类型（通常为无符号长整型），并指向页表中第 2 级（级别 2）的表项。在 Linux 内核中，struct tastk_struct 是对进程的描述，该数据结构中有一个成员 mm，其类型为 struct mm_struct，用于描述和表示进程的内存空间。

在 struct mm_struct 中，有一个与处理器相关的字段 pgd，它是指向进程的 PGD
页表中第一个表项（表项 0）的指针。每个进程都有且只有一个 PGD，最多可以
包含 1024 个表项。

- 页上部目录（Page Upper Directory，PUD）：这是第 2 个间接级别（级别 2）。
- 页中间目录（Page Middle Directory，PMD）：这是第 3 间接级别（级别 3）。
- 页表项（Page Table Entry，PTE）：这是树的叶子（级别 4）。它是一个 pte_t 数组，
  其中的每个表项都指向一个物理页。

注意

并不是所有的页表级别都会用到。i.MX6 的 MMU 仅支持两级页表（PGD 和 PTE），
这也是所有 32 位 CPU 的情况。在这种情况下，PUD 和 PMD 只是简单地被忽略。

重要的是要知道 MMU 不存储任何映射。MMU 是位于 RAM 中的数据结构。但 CPU
有一个特殊的寄存器，称为页表基本寄存器（Page Table Base Register，PTBR）或转换
表基本寄存器 0（Translation Table Base Registero，TTBR0），它指向进程的 1 级（顶级）
页表的基址（表项 0）。这正是 struct mm_struct 的 pdg 字段所指向的位置：
current->mm.pgd==TTBR0。

在进行上下文切换时（即新进程被调度并赋予 CPU 时），内核会立即配置 MMU，
并使用新进程的 pgd 更新 PTBR。现在，当向 MMU 提供虚拟地址时，它会首先使用 PTBR
的内容来查找进程的 1 级页表；然后使用从虚拟地址的 MSB 中提取的 1 级索引来查找
相应的表项，其中包含指向相应二级页表的基址的指针；接下来从该基址开始，使用 2
级索引查找相应的表项，依此类推，直至到达 PTE。ARM 架构（在我们的例子中为 i.MX6）
有一个 2 级页表。在这种情况下，级别 2 的表项是 PTE，并指向物理页（PFN）。于是在
这一步仅找到物理页。为了访问页中的确切内存位置，MMU 将提取内存偏移量（也是
虚拟地址的一部分），并指向物理页中相同的偏移量。

为了便于理解，前面的描述仅限于两级分页方案，但它可以轻松扩展，如图 10.8
所示。

当进程需要读取或写入内存单元时（当然，我们讨论的是虚拟内存），MMU 会对该
进程的页表进行转换以查找正确的 PTE。虚拟页号（从虚拟地址中）被提取并由处理器
用作进程的页表索引以检索 PTE。如果 PTE 的有效位为 1，处理器将从该 PTE 中获取页
框编号；否则表示进程访问了其虚拟内存的未映射区域，然后引发页错误。

在现实世界中，地址转换需要对页表进行遍历，并且需要遍历不只一次。内存访问
次数至少与页表的级别数量一样多。

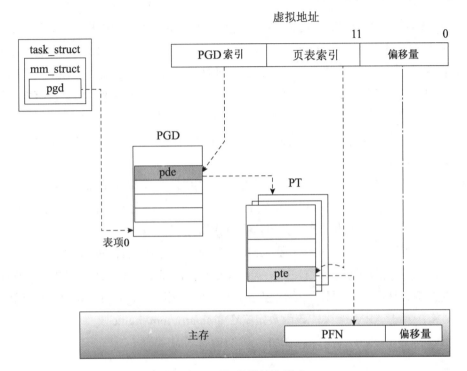

图 10.8　两级地址转换模式

　　4 级页表需要 4 次内存访问。换句话说，每次虚拟内存的访问都会导致 5 次物理内存访问。如果虚拟内存的访问速度比物理内存访问慢 80%，则虚拟内存将毫无用处。幸运的是，SoC 制造商努力寻找有效的技术来解决这一性能问题：现代 CPU 使用称为转换后备缓冲区（Translation Lookaside Buffer，TLB）的小型关联且高速的内存，来缓存最近访问的虚拟页的 PTE。

10.2.1　页查找和 TLB

　　在使用 MMU 进行地址转换之前，还涉及另一个步骤。由于最近访问的数据存放在缓存中，因此最近转换的地址也存放在缓存中。数据缓存加快了数据访问过程，TLB 则加快了虚拟地址的转换过程（地址转换是一项十分耗时的任务）。TLB 是内容可寻址内存（Content Addressable Memory，CAM），其中键是虚拟地址，值是物理地址。换句话说，TLB 是 MMU 的缓存。每次访问内存时，MMU 首先检查 TLB 中最近使用的页，TLB 包含当前物理页分配到的一些虚拟地址范围。

10.2.2　TLB 如何运作

访问内存时，CPU 将遍历 TLB，并尝试查找正在访问的页的虚拟页号，这一过程称为 TLB 查找。当找到 TLB 表项（发生匹配）时，称为 TLB 命中，CPU 将继续运行并使用它在 TLB 表项中找到的 PFN 来计算目标物理地址。发生 TLB 命中时没有页错误。如果可以在 TLB 中找到转换，虚拟内存访问将与物理内存访问一样快。如果没有发生 TLB 命中，则称为 TLB 未命中。

当 TLB 未命中时，有两种可能性。根据处理器类型，TLB 未命中事件可由软件、硬件或 MMU 来处理。

- 软件处理：CPU 引发 TLB 未命中中断，该中断被操作系统捕获。然后，操作系统将遍历进程的页表以找到正确的 PTE。如果存在匹配且有效的表项， CPU 将在 TLB 中添加新的转换，否则执行页错误处理程序。
- 硬件处理：由 CPU（实际上是 MMU）在硬件上遍历进程的页表。如果存在匹配，CPU 将添加新的转移到 TLB 中；否则，CPU 将引发由操作系统处理的页错误中断。

在以上两种情况下，页错误处理程序是相同的，都是 do_page_fault()。该函数依赖于体系架构；对于 ARM 架构，该函数定义在 arch/arm/mm/fault.c 文件中。

图 10.9 描述了 TLB 查找、TLB 命中和 TLB 未命中事件。

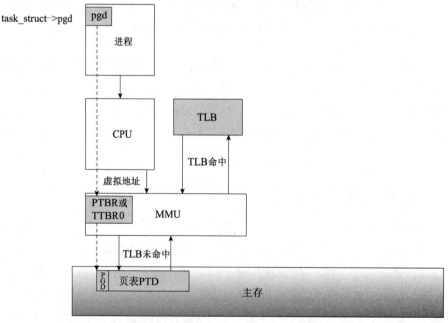

图 10.9　MMU 和 TLB 转换过程

页表和页目录表项依赖于体系架构。操作系统必须确保页表的结构与 MMU 识别的结构相对应。在 ARM 处理器上，转换表的位置必须写入控制协处理器 15（Control Coprocessor 15，CP15）c2 寄存器，然后通过写入 CP15 c1 寄存器启用缓存和 MMU。

10.3　内存分配机制及其 API

图 10.10 显示了 Linux 系统中不同的内存分配器。

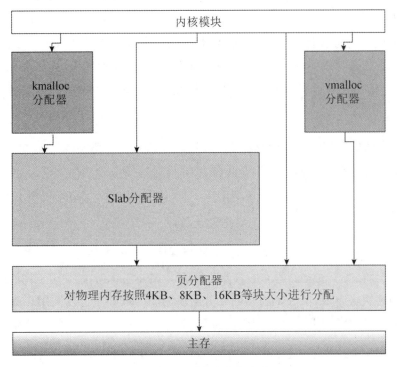

图 10.10　Linux 系统中的内存分配器

总有一种内存分配机制可以满足任何类型的内存请求。根据所需内存用途的不同，你可以选择最接近目标的内存分配器。最低级别的分配器是页分配器，它以页为单位分配内存（页是它可以提供的最小内存单元）。然后是 Slab 分配器，它建立在页分配器的基础上，从中获取页并将它们拆分为较小的内存实体（通过 Slab 和缓存）。kmalloc 分配器依赖于 Slab 分配器。

虽然 kmalloc 分配器可用于从 Slab 分配器请求内存，但我们可以直接与 Slab 分配器通信以便从缓存中请求内存，甚至构建我们自己的缓存。

10.3.1　页分配器

页分配器是 Linux 系统中的低级分配器，其他分配器都建立在页分配器的基础上。页分配器引入了页（虚拟页）和页框的概念。系统的物理内存被拆分为固定大小的块（称为页框），虚拟内存则被组织成名为页的固定大小块。页大小始终与页框大小相同。由于这是最低级别的分配器，因此页是操作系统将在低级别为任何内存请求提供的最小内存单位。在 Linux 内核中，页表示为 struct page，需要使用专用 API 进行操作。

页分配 API

作为最低级别的分配器，页分配器使用伙伴算法分配和解除分配页块。页按块分配，块的大小为 2 的幂（以便从伙伴算法中获得最佳效果）。这意味着可以分配 1 页、2 页、4 页、8 页、16 页的块。返回的页在物理上是连续的。alloc_pages() 是主 API，该函数定义如下：

```
struct page *alloc_pages(gfp_t mask, unsigned int order);
```

该函数在无法分配任何页时将返回 NULL；否则，它将分配 2^{order} 个页并返回指向 page 结构体实例的指针，该指针指向保留块的第一页。辅助宏 alloc_page() 可用于分配单个页。这个宏定义如下：

```
#define alloc_page(gfp_mask) alloc_pages(gfp_mask, 0);
```

这个宏会将 alloc_pages() 的 order 参数设置为 0。_free_pages() 必须用于释放 alloc_pages() 所分配的内存页。_free_pages() 将指向已分配块的第一页的指针以及用于分配的 order 一起作为参数，其定义如下：

```
void _free_pages(struct page *page, unsigned int order);
```

还有其他函数也以相同的方式工作，但它们不是 page 结构体实例，而是返回保留块的（逻辑）地址。比如 __get_free_pages() 和 get_zeroed_page()，它们的定义如下：

```
unsigned long __get_free_pages(gfp_t mask, unsigned int order);
unsigned long get_zeroed_page(gfp_t mask);
```

free_pages() 用于释放 _get_free_pages_ 所分配的内存页。它采用表示已分配页的起始区域的内核地址和 order 作为参数：

```
free_pages(unsigned long addr, unsigned int order);
```

无论分配器是什么，掩码都应指定从中分配页的内存区域以及分配器的行为。以下是可能的掩码值。

- GFP_USER：用于用户内存分配。
- GFP_KERNEL：内核分配的常用标志。
- GFP_HIGHMEM：从 HIGH_MEM 内存区域请求内存。
- GFP_ATOMIC：以无法休眠的原子方式分配内存。当需要从中断上下文中分配内存时，你会用到该掩码值。

但你应该注意，不应使用 _get_free_pages()（或 _get_free_page()）指定 GFP_HIGHMEM。GFP_HIGHMEM 在这两个函数中已被屏蔽，以确保返回的地址永远不表示高端内存（因为它们是非线性/永久映射）。如果需要高端内存，请使用 alloc_pages() 分配它，然后使用 kmap() 访问。

_free_pages() 和 free_pages() 可以混合使用。它们的主要区别在于，free_pages() 将逻辑地址作为参数，而 _free_pages() 采用 page 结构体实例作为参数。

注意

可以分配的最大页数因体系架构而不同。它取决于 FORCE_MAX_ZONEORDER 内核配置选项，该选项默认为 11。在本例中，可以分配的最大页数为 1024。这意味着在 4KB 大小的系统中，最多可以分配 1024×4KB=4MB。在 ARM64 架构中，可以分配的最大页数会因页大小而变化。如果页大小为 16KB，则可以分配的最大页数为 12；如果页大小为 64KB，则可以分配的最大页数为 14。

页和地址转换功能

Linux 内核公开了一些函数，以便在 page 结构体实例和对应的逻辑地址之间来回切换。例如，page_to_virt() 用于将 page 结构体实例（由 alloc_pages() 返回）转换为内核逻辑地址。virt_to_page() 则用于获取内核逻辑地址并返回与之关联的 page 结构体实例（就像它是使用 alloc_pages() 分配的一样）。virt_to_page() 和 page_to_virt() 在 <asm/page.h> 中的声明如下：

```
struct page *virt_to_page(void *kaddr);
void *page_to_virt(struct page *pg);
```

page_address() 用于返回传递的内存页的逻辑地址，其声明如下：

```
void *page_address(const struct page *page);
```

10.3.2 Slab 分配器

Slab 分配器是 kmalloc 分配器所依赖的分配器。其主要目的是消除内存分配导致的碎片化

（这是在内存分配量较小的情况下由伙伴系统引起的），并加快常用对象的内存分配速度。

理解伙伴算法

若要分配内存，则请求的大小将向上舍入为 2 的幂，并且伙伴分配器将搜索相应的列表。如果请求的列表中不存在任何表项，则来自下一个上层列表（其块大小是前一个列表的两倍）的表项将分成两半（称为伙伴）。分配器使用前半部分，后半部分则被添加到下一个列表中。这是一种递归方法，当伙伴分配器成功找到可以拆分的块或达到最大块大小并且没有可用的块时，递归将停止。

如果最小分配大小为 1KB，内存大小为 1MB，则伙伴分配器将分别为 1KB、2KB、4KB、8KB、16KB、32KB、64KB、128KB、256KB、512KB 和 1MB 空洞创建一个列表。它们最初都是空的，最后一个列表除外，其中只有一个空洞。

想象一个场景，我们想要分配 70KB 的块。伙伴分配器会将其四舍五入到 128KB，并将 1MB 内存拆分为两个 512KB 的块，然后是 256KB，接下来是 128KB，最后将其中一个 128KB 的块分配给用户，如图 10.11 所示。

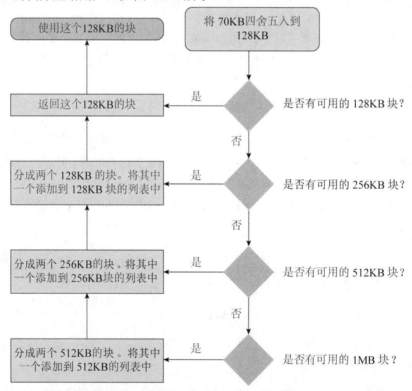

图 10.11　使用伙伴算法进行内存分配

内存的释放与分配一样快，如图 10.12 所示。

图 10.12   使用伙伴算法释放内存

Slab 分配器概述

在介绍 Slab 分配器之前，让我们先定义它使用的一些术语。

● Slab：由多个页框组成的连续物理内存。每个 Slab 被分成大小相同的块，用于存储特定类型的内核对象，例如 inode 和 mutex 对象。一个 Slab 可以视为相同大小的块的数组。

● 缓存：由链表中的一个或多个 Slab 组成。缓存仅存储相同类型的对象（如 inode，对象）。Slab 可能处于以下状态之一。

● 空闲：Slab 上的所有对象（块）都被标记为空闲。

- 部分空闲：Slab 中存在已使用对象和空闲对象。
- 满：Slab 上的所有对象都被标记为已使用。

内存分配器负责构建缓存。最初，每个 Slab 都是空的并被标记为空闲。当为内核对象分配内存时，分配器会在该类型对象的缓存中的空闲/部分空闲 Slab 上查找该对象的可用位置。如果未找到，分配器将分配一个新的 Slab 并将其添加到缓存中。新对象从该 Slab 中分配，并且该 Slab 被标记为部分空闲。代码使用完内存（内存被释放）后，对象将简单地返回到处于初始化状态的 Slab 缓存中。这就是内核提供辅助函数来获取归零初始化内存的原因。Slab 保留了正在使用多少个对象的引用计数，以便当缓存中的所有 Slab 都已满并且请求另一个对象时，Slab 分配器能够添加新的 Slab。

图 10.13 阐释了 Slab、缓存及其不同状态的概念。

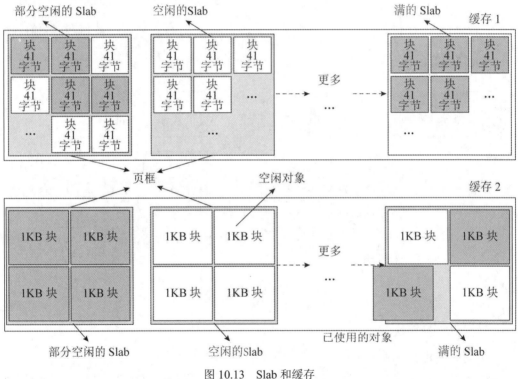

图 10.13　Slab 和缓存

这有点像创建每个对象的分配器。内核为每种类型的对象分配一个缓存，并且只有相同类型的对象才能存储在同一个缓存中（例如只存储 task_struct 结构体实例）。

Linux 内核有不同类型的 Slab 分配器，具体如何选择取决于是否需要紧凑性、缓存友好性或原始速度，如下。

- SLAB：尽可能对缓存友好，这是原始内存分配器。
- SLOB：尽可能紧凑，适用于内存非常小的系统，比如只有几兆字节或几十兆字节的嵌入式系统。
- SLUB：非常简单，需要的指令成本更少。这是下一代的替换内存分配器，用于增强和替换 SLAB。SLUB 基于 SLAB，但修复了 SLAB 中的一些缺陷，尤其是在具有大量处理器的系统中。自内核 2.6.23（CONFIG_SLUB=y）以来，SLUB 一直是（并且仍然是）Linux 内核中默认的内存分配器。

注意

Slab 已经成为一个通用名词，指的是采用对象缓存的内存分配策略，以有效地分配和释放内核对象。请你不要将它和 SLAB 弄混，后者现在已被 SLUB 取代。

10.3.3　kmalloc 分配器

kmalloc 分配器是一个内核内存分配函数。它分配物理上连续的（但不一定是页对齐的）内存。图 10.14 描述了 kmalloc 分配器如何分配内存并将其返回给调用方。

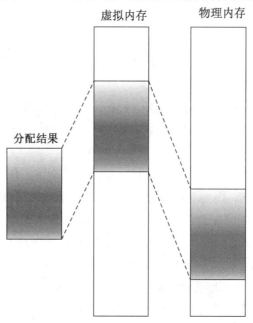

虚拟内存　　物理内存

分配结果

图 10.14　使用 kmalloc 分配器分配内存并将其返回给调用方

kmalloc 分配器是内核中级别最高的通用内存分配 API，其实现依赖于 Slab 分配器。

除非给 kmalloc 分配器指定 HIGH_MEM 标志，否则内存将从 LOW_MEM 区域分配，因此 kmalloc 分配器返回的是内核逻辑地址。该 API 声明在<linux/slab.h>头文件中，因此在使用它之前需要包含这个头文件。该 API 定义如下：

```
void *kmalloc(size_t size, int flags);
```

其中，size 指定了要分配的内存大小（以字节为单位），flags 确定如何分配内存以及在哪里分配内存。flags 的取值为页分配器（GFP_KERNEL、GFP_ATOMIC、GFP_DMA 等），具体如下。

- GFP_KERNEL：这是标准标志。我们不能在中断处理程序中使用此标志，因为它可能导致程序睡眠。若使用该标志，将总是从 LOM_MEM 区域分配内存（因此返回值是内核逻辑地址）。
- GFP_ATOMIC：此标志保证了分配的原子性。当需要从中断上下文中执行分配时，应使用此标志。由于内存是从紧急池或紧急内存中分配的，因此不应滥用该标志。
- GFP_USER：此标志表示将内存分配给用户空间进程。因此，使用该标志分配的内存与分配给内核的内存不同且相互隔离。
- GFP_NOWAIT：如果从原子上下文（如中断处理程序）中执行分配，则应使用此标志。此标志在执行分配时禁止直接回收、I/O 和文件系统操作。与 GFP_ATOMIC 不同，它不使用保留的内存。因此，在内存紧张的情况下，GFP_NOWAIT 分配可能会失败。
- GFP_NOIO：与 GFP_USER 类似，此标志可以阻塞进程；但与 GFP_USER 不同，它不会启动磁盘 I/O。换句话说，它在执行分配时可以防止任何 I/O 操作。此标志主要用于块/磁盘层。
- GFP_NOFS：此标志允许使用直接回收，但禁止使用任何文件系统接口。
- __GFP_NOFAIL：因为调用者无法处理虚拟内存分配失败的情况，所以必须无限重试。内存分配可能会无限期停顿，但永远不会失败。
- GFP_HIGHUSER：此标志从 HIGH_MEM 区域分配内存。
- GFP_DMA：此标志从 DMA_ZONE 区域分配内存。

成功分配内存后，kmalloc 分配器返回所分配内存块的虚拟地址（即逻辑地址，除非指定了高端内存），并保证在物理上是连续的。如果出错，则返回 NULL。

然而，对于设备驱动程序，建议使用管理版本的 devm_kmalloc()，该函数不一定需要手动释放内存，因为释放内存由内存核心在内部处理。该函数的原型如下：

```
void *devm_kmalloc(struct device *dev, size_t size, gfp_t gfp);
```

其中，dev 是要为其分配内存的设备。

请注意，kmalloc 分配器在分配小尺寸内存时依赖于 SLAB 缓存。因此，它需要将分配的内存向上取整到最小 SLAB 缓存的大小，以便在这个缓存中容纳该内存。这可能导致返回的内存比请求的内存更多。好在可以使用 ksize() 来确定分配的实际内存（以字节为单位）。即使最初使用 kmalloc() 调用指定了较少的内存，也可以使用此方法附加内存。

ksize() 函数的原型如下：

```
size_t ksize(const void *objp);
```

其中，objp 是返回的对象，其实际大小以字节为单位。

kmalloc 分配器分配的内存有大小限制，限制额度与页分配相关 API 的额度相同。例如， FORCE_MAX_ZONEORDER 默认设置为 11，在这种情况下，使用 kmalloc 分配器每次分配的最大内存为 4MB。

可以使用 kfree() 函数释放由 kmalloc 分配器分配的内存。该函数定义如下：

```
void kfree(const void *ptr);
```

以下是使用 kmalloc() 和 kfree() 分配和释放内存的示例：

```
#include <linux/init.h>
#include <linux/module.h>
#include <linux/slab.h>
#include <linux/mm.h>

static void *ptr;

static int alloc_init(void)
{
    size_t size = 1024; /* allocate 1024 bytes */
    ptr = kmalloc(size,GFP_KERNEL);
    if(!ptr) {
        /* handle error */
        pr_err("memory allocation failed\n");
        return -ENOMEM;
    } else {
        pr_info("Memory allocated successfully\n");
    }
    return 0;
}
```

```
static void alloc_exit(void)
{
    kfree(ptr);
    pr_info("Memory freed\n");
}

module_init(alloc_init);
module_exit(alloc_exit);

MODULE_LICENSE("GPL");
MODULE_AUTHOR("John Madieu");
```

Linux 内核提供了一些基于 kmalloc 分配器的辅助函数，如下所示：

```
void kzalloc(size_t size, gfp_t flags);
void kzfree(const void *p);
void *kcalloc(size_t n, size_t size, gfp_t flags);
void *krealloc(const void *p, size_t new_size,gfp_t flags);
```

krealloc()是与 realloc()函数对应的内核函数。kmalloc()返回的内存保留了以前的内容，你可以使用 kzalloc()将 kmalloc()分配的内存清零。kzfree()是 kzalloc()的释放函数。kcalloc()用于为数组分配内存，参数 n 和 size 分别表示数组中的元素数量和元素大小。

由于 kmalloc()返回的内存位于内核永久映射中，因此可以使用 virt_to_phys()将逻辑地址转换为物理地址，或者使用 virt_to_bus()将其转换为 I/O 总线地址。如果需要的话，这些宏会在内部调用__pa()或__va()。将物理地址[virt_to_phys(kmalloc()分配的地址)]右移 PAGE_SHIFT 位，便可产生分配块所在的第一页的 PFN。

10.3.4　vmalloc 分配器

vmalloc 分配器能够返回虚拟地址空间中完全连续的内存。但底层页框是分散的，正如你在图 10.15 中所看到的。

观察图 10.15，我们可以看到内存在物理上并不是连续的。此外，vmalloc 分配器返回的内存总是来自 HIGH_MEM 区域。返回的地址是纯虚拟的（而不是逻辑的），不能转换为物理地址或总线地址，因为无法保证底层内存在物理上是连续的。这意味着 vmalloc 分配器返回的内存不能在微处理器之外使用（例如，你不能轻而易举地将其用于 DMA）。正确的做法是使用 vmalloc 分配器为大的内存块分配大量的页（只分配一个页是没有意义的），这些页只存在于软件中，如网络缓冲区。需要注意的是，vmalloc 分配器比 kmalloc 分配器和页分配器慢，因为它必须检索内存并构建页表，甚至需要重新映射到虚拟连续的范围，而 kmalloc 分配器从不这样做。

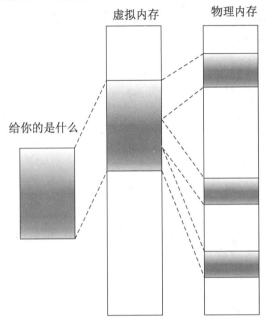

图 10.15　vmalloc 内存组织

在使用 vmalloc 分配器之前，应包括如下头文件：

```
#include <linux/vmalloc.h>
```

Linux 内核提供了一些基于 vmalloc 分配器的辅助函数，如下所示：

```
void *vmalloc(unsigned long size);
void *vzalloc(unsigned long size);
void vfree(void *addr);
```

其中，size 是需要分配的内存大小。成功分配内存后，将返回已分配内存块的首字节的地址。如果失败，则返回 NULL。vfree()执行相反的操作——释放由 vmalloc()分配的内存。vzalloc()返回用零初始化过的内存。

下面是一个例子：

```
#include<linux/init.h>
#include<linux/module.h>
#include <linux/vmalloc.h>

static void *ptr;
```

```
static int alloc_init(void)
{
    unsigned long size = 8192; /* 2 x 4KB */
    ptr = vmalloc(size);
    if(!ptr)
    {
        /* handle error */
        pr_err("memory allocation failed\n");
        return -ENOMEM;
    } else {
        pr_info("Memory allocated successfully\n");
    }
    return 0;
}

static void my_vmalloc_exit(void)
{
    vfree(ptr);
    pr_info("Memory freed\n");
}
module_init(my_vmalloc_init);
module_exit(my_vmalloc_exit);

MODULE_LICENSE("GPL");
MODULE_AUTHOR("john Madieu, john.madieu@gmail.com");
```

　　vmalloc 分配器将分配非连续的物理页并将它们映射到连续的虚拟地址区域。这些虚拟地址受限于内核空间的一定区域，由 VMALLOC_START 和 VMALLOC_END 定界，这取决于体系架构。内核通过/proc/vmallocinfo 来显示系统中所有通过 vmalloc 分配器分配的内存。

10.3.5　关于进程内存分配的幕后短故事

　　vmalloc 分配器优先选择 HIGH_MEM 区域（如果存在的话），这对于进程是合适的，因为它们需要隐式和动态映射。然而，由于内存是有限的资源，内核直到必要时（通过读取或写入访问）才会报告页框（物理页）的分配。这种按需分配又称为惰性分配，旨在消除分配的页永远不会被使用的风险。

　　每当请求页时，只有页表被更新。在大多数情况下，一个新的 PTE 会被创建，这意味着只分配了虚拟内存。只有当用户访问该页时，才会引发所谓的缺页中断。这种中断有一个专用的处理程序，称为缺页中断处理程序。当试图访问某一虚拟内存而并未成功时，　MMU 就会调用缺页中断处理程序。

事实上，无论对页的访问类型是读取、写入还是执行，只要页表中对应的 PTE 没有设置适当的权限位以允许该类型的访问，就会产生缺页中断。对该中断的响应有以下 3 种方式。

- 硬故障（hard fault）：当页既不驻留于物理内存，也不在内存映射文件中时，就意味着处理程序无法立即解决故障，于是处理程序执行 I/O 操作，以准备所需的物理页来解决故障。在解决故障的过程中，可以暂停被中断的进程并切换到其他进程。
- 软故障（soft fault）：当页位于内存中的其他位置（在另一个进程的工作集中）时，就意味着故障处理程序可以立即通过将一个物理内存页附加到相应的 PTE 来调整该 PTE，并恢复中断的指令以解决故障。
- 无法解决的故障：这将导致总线错误或分段违规（segv）。一个分段违规信号（SIGSEGV）被发送到有问题的进程，并杀死该进程（默认行为），除非已为 SIGSEGV 安装了信号处理程序以更改默认行为。

总之，内存映射通常开始时没有分配任何物理页，只是定义了虚拟地址的范围，而没有任何关联的物理内存。

当访问内存时，实际的物理内存是在缺页中断异常中稍后分配的，因为内核提供了一些标志来确定对内存尝试进行的访问是否合法，并指定缺页中断处理程序的行为。因此，brk()、mmap() 等类似的函数将分配（虚拟）空间，但物理内存稍后才进行关联。

注意

中断上下文中发生的缺页中断会导致双重故障中断，这通常会使内核崩溃[调用 panic() 函数]。这就是在中断上下文中分配内存时，从内存池中获取内存而不会引发缺页中断的原因。如果在处理双重故障时发生中断，则会生成三重故障异常，导致 CPU 关闭并立即重新启动操作系统。这种行为取决于体系架构。

写时复制

考虑一个需要被两个或多个任务共享的内存区域或数据。写时复制（Copy on Write，CoW）机制在 fork() 系统调用中使用广泛，它允许操作系统不为共享数据立即分配内存，而直到其中一个任务修改（写入）内容时，才为其私有副本分配内存（因此得名 CoW）。下面考虑一个共享内存页并描述缺页中断处理程序如何管理 CoW。

- 当页需要被共享时，在访问共享页的每个进程的进程页表中添加指向此共享页的 PTE（将目标标记为不可写）。这是一个初始映射。

- 该映射将导致每个进程创建一个 VMA，该 VMA 将被添加到每个进程的 VMA 列表中。将共享页与这些 VMA（即先前为每个进程创建的 VMA）关联起来，这些 VMA 此时被标记为可写。只要没有进程尝试修改共享页的内容，就不会发生任何其他情况。
- 当一个进程试图写入共享页时（在它第一次被写入时），缺页处理程序注意到 PTE 标志（先前标记为不可写）和 VMA 标志（标记为可写）之间的差异，这意味着这是写时复制。它将分配一个物理页，并将其分配给先前添加的 PTE（进而替换先前分配的共享页），更新标志（其中一个标志对应于将 PTE 标记为可写），刷新 TLB，然后执行 do_wp_page() 函数。该函数会将共享地址的内容复制到新的位置，新位置是发出写操作的进程私有的。此进程的后续写入将在私有副本中进行，而不是在共享页中进行。

10.4 使用 I/O 内存与硬件通信

我们已经讨论过主存了，我们曾经用 RAM 代指内存。RAM 只是众多外设之一，它的存储范围与其大小对应。RAM 的独特之处在于它完全由内核管理，因而对用户是透明的。RAM 控制器被连接到 CPU 的数据/控制/地址总线，它与其他设备共享这些总线。这些设备又称为内存映射设备，因为它们与这些总线相关，与这些设备进行的通信则称为 MMIO。这些设备包括 CPU 提供的各种总线控制器（USB、UART、SPI、I^{2}C、PCI 和 SATA），以及 VPU、GPU、图像处理单元和安全非易失性存储器等。

在 32 位系统中，CPU 有多达 2^{32} 个内存单元（0~0xFFFFFFFF）选择。问题在于，并非所有这些地址都与内存相关。其中一些是为外设访问预留的，称为 I/O 内存。I/O 内存被划分为不同大小的范围，然后分配给这些外设，这样每当 CPU 收到来自内核的物理内存访问请求时，便可以将请求路由到地址范围包含指定物理地址的设备。分配给每个设备（包括 RAM 控制器）的地址范围通常定义在 SoC 数据表的内存映射（memory map）部分。

由于内核专门通过页表处理虚拟地址，因此访问任何设备的特定地址都需要首先映射该地址（如果有 IOMMU，IOMMU 即 I/O 设备的 MMU，则更是如此）。这种对 RAM 模块以外的内存地址的映射，会导致系统地址空间中出现一个典型的空洞（因为地址空间在内存和 I/O 之间是共享的）。

图 10.16 描述了 CPU 如何访问 I/O 内存和主存。

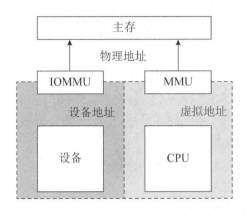

图 10.16 （IO）MMU 和主存概述

注意

CPU 通过 MMU 访问主存，并通过 IOMMU 访问设备。

这种通信方式的主要优点是可以使用相同的指令传输数据到内存和 I/O，减少了软件编码逻辑。但也有一些缺点，比如每个设备必须完全解码整个地址总线，这增加了向机器添加硬件的成本，导致体系架构变得复杂。

另外，在 32 位系统中，即使安装了 4GB 的 RAM，由于内存映射设备造成的空洞，操作系统永远无法使用整个内存。x86 体系架构采用了另一种称为端口输入输出（Port Input Output，PIO）的方法，借助专用总线，通过特定指令（通常是汇编语言中的 in 和 out 指令）访问输入/输出寄存器。在这种情况下，设备寄存器不映射到内存，因此系统可以寻址 RAM 的整个地址范围。

10.4.1 PIO 设备访问

在使用 PIO 的系统中，I/O 设备被映射到单独的地址空间中。这通常是通过使用一组不同的信号线来指示内存访问与设备访问来实现的。此类系统具有两个不同的地址空间，一个用于系统内存（我们已经讨论过了）；另一个用于 I/O 端口，有时称为端口地址空间，最多可以有 65 536 个端口。这是一种旧的方法，现在已经很少使用了。

内核导出了一些函数（符号）来处理 I/O 端口。在访问任何端口区域之前，必须首先通知内核我们正在使用一组端口，这可以通过使用 request_region()函数做到，如果出错，该函数将返回 NULL。一旦完成对端口区域的访问，就必须调用 release_region()函数以释放端口区域。这两个函数在 linux/ioport.h 中有以下声明：

```
struct ressource *request_region(unsigned long start,
                        unsigned long len, char *name);
void release_region(unsigned long start,unsigned long len;
```

这两个函数用于告知内核你打算使用/释放从 start 开始的长度为 len 的端口区域。name 参数应设置为设备名称或其他有意义的名称。但是，它们的使用并非强制性。它们可以防止两个或多个驱动程序引用相同的端口范围。你可以通过读取/proc/ioports 文件的内容来查看当前正在使用的端口。

端口区域预留成功后，可以使用以下函数访问端口：

```
u8 inb(unsigned long addr);
u16 inw(unsigned long addr);
u32 inl(unsigned long addr);
```

上面的函数分别用于从 addr 端口读取 8 位、16 位和 32 位大小（宽度）的数据。用于写入的变体函数定义如下：

```
void outb(u8 b, unsigned long addr);
void outw(u16 b, unsigned long addr);
void outl(u32 b, unsigned long addr);
```

上面的函数用于将 b 数据写入 addr 端口，b 数据可以是 8 位、16 位或 32 位大小。

PIO 使用一组不同的指令来访问 I/O 端口或 MMIO 的事实是一个不利因素，因为我们需要比正常访问内存更多的指令才能完成相同的任务。例如，在 MMIO 中，1 位测试只有一条指令；而在 PIO 中，则需要将数据读入寄存器后再测试位，这需要不只一条指令。PIO 的优点之一是需要较少的逻辑来解码地址，因而降低了添加硬件设备的成本。

10.4.2　MMIO 设备访问

主存地址和 MMIO 地址位于相同的地址空间中。内核将设备寄存器映射到通常由 RAM 使用的地址空间的一部分，以便利用这部分空间进行 I/O 设备注册，而不是用于系统内存（即 RAM）。因此，与 I/O 设备通信类似于读写专用于 I/O 设备的内存地址。

如果需要访问分配给 IPU-2 设备的 I/O 内存的 4MB（地址空间为 0x02400000~0x027FFFFF），CPU 将（通过 IOMMU）分配给我们 0x10000000~0x103FFFFF 的地址，这些地址当然是虚拟的。这并不会消耗物理 RAM（除了构建和存储 PTE），只是占用地址空间[现在你明白为什么 32 位系统在扩展卡（例如具有 GB 级内存的高端 GPU）方面会遇到问题了吗？]，这意味着内核将不再使用此虚拟内存范围来映射 RAM。现在，对地址 0x10000004 的内存写/读将被路由到 IPU-2 设备。这是 MMIO 的基本前提。

与 PIO 类似，也有 MMIO 函数用于通知内核我们使用内存区域的意图（请记住，这种通知信息是纯预留的），如 request_mem_region() 和 release_mem_region() 函数，它们的定义如下：

```
struct ressource* request_mem_region(unsigned long start,
                        unsigned long len, char *name);
void release_mem_region(unsigned long start,unsigned long len);
```

request_mem_region() 构建并返回一个适当的 resource 结构体实例，它对应着内存区域的起始地址和长度；release_mem_region() 则释放内存区域。

对于设备驱动程序，建议使用托管版本，因为它简化了代码并能够释放资源。这个托管版本被定义为：

```
struct ressource* devm_request_region(
                    struct device *dev, resource_size_t start,
                    resource_size_t n, const char *name);
```

其中，dev 是内存区域所属设备，其他参数与非托管版本相同。内存区域请求成功后将在/proc/iomem 文件中可见，该文件还包含系统中正在使用的内存区域。

在访问内存区域之前（并在请求成功后），必须通过调用特殊的体系架构相关的函数，将该内存区域映射到内核地址空间中（这些函数利用 IOMMU 构建页表，因此不能从中断处理程序中调用）。例如 ioremap() 和 iounmap() 函数，它们还处理缓存一致性。它们的定义如下：

```
void __iomem *ioremap(unsigned long phys_addr,unsigned long size);
void iounmap(void __iomem *addr);
```

其中，phys_addr 对应于设备树或板级文件中指定的设备物理地址；size 对应于要映射的内存区域的大小。ioremap() 函数会返回一个 __iomem void 指针，指向要映射的内存区域的起始位置。再次强调，应使用具有以下定义的托管版本：

```
void __iomem *devm_ioremap(struct device *dev,
                    resource_size_t offset,
                    resource_size_t size);
```

注意

ioremap() 函数会建立新的页表，就像 vmalloc() 函数一样。然而，它并不会分配任何内存，而是返回一个特殊的虚拟地址，通过该地址可以访问指定的 I/O 地址。在 32 位系统中，MMIO 会占用物理内存地址空间来创建 MMIO 设备的映射，这是一个劣势，因为它会阻止系统将节省的内存用于一般 RAM 目的。

由于映射 API 是体系架构相关的，因此不应该对这些指针解引用（即通过读写指针来获取/设置其值）。Linux 内核提供了一些可移植的函数来访问内存映射区域，例如：

```
unsigned int ioread8(void __iomem *addr);
unsigned int ioread16(void __iomem *addr);
unsigned int ioread32(void __iomem *addr);
void iowrite8(u8 value, void __iomem *addr);
void iowrite16(u16 value, void __iomem *addr);
void iowrite32(u32 value, void __iomem *addr);
```

上面的函数分别用于读取和写入 8 位、16 位和 32 位的值。

注意

__iomem 是内核的一个标记，由 Sparse 使用。Sparse 是内核使用的语义检查器，用于查找可能存在的编码错误。它可以防止你将普通指针与 I/O 内存指针混合使用（如解引用）。

10.5　内存（重）映射

内核内存有时需要重新映射，无论是从内核空间到用户空间，还是从高端内存到低端内存（从内核到内核空间）。常见情况是将内核内存重新映射到用户空间，但还有其他情况，例如需要访问高端内存的情况。

10.5.1　了解 kmap()的用法

Linux 内核将其地址空间的 896MB 永久映射到物理内存的较低 896MB（低端内存）。在拥有 4GB 内存的系统中，内核仅有 128MB 可用于映射剩余的 3.2GB 物理内存（高端内存）。然而，由于永久且一对一的映射，低端内存可直接由内核寻址。当涉及高端内存（896MB 之前的内存）时，内核必须将所请求的高端内存映射到其地址空间中，并且先前提到的 128MB 正是特别为此保留的。用于执行此操作的函数是 kmap()。kmap()函数用于将给定页映射到内核地址空间中。

```
void *kmap(struct page *page);
```

其中，page 是指向要映射的 page 结构体的指针。当分配高端内存页时，它不是直接可寻址的。kmap() 函数可以将高端内存临界时映射到内核地址空间，映射将持续到调用 kunmap() 函数为止：

```
void kunmap(struct page *page);
```

"临时"意味着在不需要时应解除映射。最佳编程实践是当不再需要高端内存映射时取消映射。

kmap() 函数同时适用于高端内存和低端内存。如果页属于低端内存，则仅返回页的虚拟地址（因为低端内存页已有永久映射）；而如果页属于高端内存，则在内核的页表中创建永久映射并返回地址：

```
void *kmap(struct page *page)
{
    BUG_ON(in_interrupt());
    if (!PageHighMem(page))
        return page_address(page);

    return kmap_high(page);
}
```

kmap_high() 和 kunmap_high() 定义在 mm/highmem.c 中，它们是这些实现的核心。然而，kmap() 使用引导期间分配的物理连续的页表集将页映射到内核空间。因为页表都连接在一起存放，所以可以通过简单地移动指针或索引来访问页表，而不必遍历页目录。你应该注意，kmap 页表对应于以 PKMAP BASE 开头的内核虚拟地址，这会因体系架构而异，其 PTE 的引用计数存放在名为 pkmap_count 的单独数组中。

要将页对应的页框映射到内核空间，需要将页的 struct *page 参数传递给 kmap()，它可以是常规页或高端内存页。对于常规页，kmap() 只需要返回直接映射的地址。对于高端内存页，kmap() 会在 kmap 页表（在引导时分配）中搜索未使用的表项，即 pkmap_count 引用计数为 0 的表项。如果没有可用表项，则进入睡眠状态，等待另一个进程执行 kunmap 操作。当找到未使用的表项时，将其插入我们想要映射的页的物理页地址处，同时增加相应表项的 pkmap_count 引用计数，并将虚拟地址返回给调用者。页结构的 page->virtual 也将更新以反映映射的地址。

kunmap() 需要一个表示要取消映射的页的 page 结构体实例。它将查找页的虚拟地址处的 pkmap_count 引用计数，并将其递减。

10.5.2　将内核内存映射到用户空间

映射物理地址是常见操作之一，特别是在嵌入式系统中。有时，你可能想与用户空间共享内核内存的一部分。如前所述，CPU 在用户空间中运行在非特权模式下。为了能让一个进程访问内核内存区域，我们需要将该区域重新映射到进程地址空间中。

使用 remap_pfn_range()

remap_pfn_range()通过 VMA 将物理上连续的内存映射到进程地址空间中，这在实现 mmap 文件操作时特别有用，它是 mmap()系统调用的底层实现机制之一。

在文件描述符（不管文件是否存放在设备上）上执行 mmap()系统调用并给定区域的起始地址和长度后，CPU 的运行将切换到特权模式。初始的内核代码将创建一个几乎为空的 VMA，其大小与请求的映射区域一样大，执行相应的 file_operations.mmap()回调函数，并将 VMA 作为参数传递。然后，此回调函数应调用 remap_pfn_range()函数，这个函数将更新 VMA，并将其添加到进程的页表之前，然后导出映射区域的内核 PTE。当然，进程 PTE 和内核 PTE 会有不同的保护标志。进程 VMA 列表的更新是通过插入具有适当属性的 VMA 表项来实现的，该 VMA 将使用导出的内核 PTE 访问相同的内存。这样，内核空间和用户空间都通过自己的页表同时指向相同的物理内存区域，但每个空间都具有不同的保护标志。因此，内核不需要通过复制页来浪费内存和 CPU 周期，仅复制 PTE 即可，每个 PTE 都有自己的属性。

remap_pfn_range()函数定义如下：

```
int remap_pfn_range(struct vm_area_struct *vma,
                    unsigned long addr,
                    unsigned long pfn,
                    unsigned long size, pgprot_t flags);
```

调用成功时返回 0，失败时返回错误码。在执行 mmap()系统调用时，需要提供这个函数的大部分参数，这些参数描述如下。

- vma：内核在调用 file_operations.mmap 时提供的 VMA 区域。它对应于用户进程的 VMA，映射应在该 VMA 中进行。
- addr：告知 VMA 应该从哪个用户（虚拟）地址开始（大多数情况下是vma->vm_start）。它将导致从 addr 到 addr+size 的映射。
- pfn：要映射的物理内存区域的页框编号。要获取此页框编号，就必须考虑如何执行内存分配。
  - ➤ 对于使用 kmalloc()或任何其他通过返回内核逻辑地址来对内存进行分配的

API 分配的内存[例如带有 GFP_KERNEL 标志的 __get_free_pages()]，可以按照以下方式获取 pfn（获取物理地址并将此物理地址右移 PAGE_SHIFT 次）：

```
unsigned long pfn =virt_to_phys((void *)kmalloc_area)>>PAGE_SHIFT;
```

➢ 对于使用 alloc_pages()分配的内存，可以按照以下方式获取 pfn（其中 page 是分配时返回的指针）：

```
unsigned long pfn = page_to_pfn(page);
```

➢ 对于使用 vmalloc()分配的内存，可以按照以下方式获取 pfn：

```
unsigned long pfn = vmalloc_to_pfn(vmalloc_area);
```

- size：重新映射的内存区域大小，以字节为单位。如果它没有与页对齐，内核会负责将它与（下一个）页边界对齐。
- flags：新的 VMA 所要求的保护。驱动程序可以更改最终值，但你应该将初始默认值（可在 vma->vm_page_prot 中找到）作为骨架，使用 OR 运算符（在 C 语言中表示为 "|"）。这些默认值是用户空间设置的值。其中一些标志如下。
  ➢ VM_IO：指定设备的 MMIO。
  ➢ VM_PFNMAP：通过纯粹的 PFN（页框编号）而不是 struct page 指定所管理的页的范围。大多数时候用于 I/O 内存映射。换句话说，它意味着基本页只是原始 PFN 的映射，并且没有与它们相关联的 struct page。
  ➢ VM_DONTCOPY：告诉内核不要在 fork 上复制此 VMA。
  ➢ VM_DONTEXPAND：防止 VMA 通过 mremap()进行扩展。
  ➢ VM_DONTDUMP：防止即使关闭 VM_IO，VMA 也被包括在核心转储中。

内存映射处理的内存区域大小是 PAGE_SIZE 的倍数。例如，你应该分配整个页而不是使用 kmalloc 分配器分配的缓冲。如果请求的内存区域大小不是 PAGE_SIZE 的倍数，kmalloc() 可能会返回一个没有按页对齐的指针。在这种情况下，在 remap_pfn_range()函数中使用这样一个非对齐的地址是非常不明智的。没有什么能保证 kmalloc()返回的地址是按页对齐的，因此可能会破坏 Slab 内部数据结构。相反，你应该使用 kmalloc(PAGE_SIZE *npages)或者其他更好的页分配 API（或类似的函数），因为这些函数总是返回一个按页对齐的指针。

如果你的备份对象（文件或设备）支持偏移，则应该考虑通过 VMA 偏移（对象内映射必须开始之处）来产生映射必须开始之处的 PFN。vma->vm_pgoff 将包含此偏移（假设用户空间在 mmap()中指定了偏移量），以页数为单位。最终的 PFN 计算（或映射必须开始之处）如下：

```
unsigned long pos
unsigned long off = vma->vm_pgoff;
/*compute the initial PFN according to the memory area */
[...]
/* Then compute the final position */
pos = pfn + off
[...]
return remap_pfn_range(vma, vma->vm_start,
    pos, vma->vm_end - vma->vm_start,
    vma->vm_page_prot);
```

在上面的代码摘录中，偏移量（以页数为单位指定）已包含在最终位置的计算中。然而，如果驱动程序的实现不需要通过偏移来支持，则可以将其忽略。

注意

偏移量允许以不同的方式使用，可以通过将 PAGE_SIZE 左移以按字节数获取偏移量（offset = vma->vm_pgoff << PAGE_SHIFT），然后将偏移量添加到内存起始地址以计算最终的 PFN（pfn = virt_to_phys(kmalloc_area + offset) >> PAGE_SHIFT）。

重新映射 vmalloc 分配器分配的页

请注意，使用 vmalloc 分配器分配的内存在物理上不是连续的。因此，如果需要映射 vmalloc 分配器分配的内存区域，则必须逐个地映射每个页并计算每个页的物理地址。这可以通过循环遍历 vmalloc 分配器分配的内存区域中的所有页并调用 remap_pfn_range() 来实现，如下所示：

```
while (length > 0) {
    pfn = vmalloc_to_pfn(vmalloc_area_ptr);
    if ((ret = remap_pfn_range(vma, start, pfn,PAGE_SIZE, PAGE_SHARED)) < 0) {
        return ret;
    }
    start += PAGE_SIZE;
    vmalloc_area_ptr += PAGE_SIZE;
    length -= PAGE_SIZE;
}
```

在上面的代码摘录中，length 对应于 VMA 大小（length = vma->vm_end - vma->vm_start）。对于每个页，都会计算出 pfn，并且下一个映射的起始地址会增加 PAGE_SIZE，以便映射下一页。start 的初始值为 start = vma->vm_start。

也就是说，在内核内部可以正常使用 vmalloc 分配器分配的内存。分页使用只是为了重新映射。

重新映射 I/O 内存

重新映射 I/O 内存需要设备的物理地址，就像在设备树或板级文件中需要指定物理地址一样。在这种情况下，为了便于移植，应使用适当的函数 io_remap_pfn_range()，其参数与 remap_pfn_range() 函数相同。唯一不同的是 PFN 的来源。io_remap_pfn_range() 函数的原型如下：

```
int io_remap_page_range(struct vm_area_struct *vma,
                        unsigned long start,
                        unsigned long phys_pfn,
                        unsigned long size, pgprot_t flags);
```

其中，vma 和 start 的含义与 remap_pfn_range() 函数相同。但是，phys_pfn 的获取方式不同：它必须对应于物理 I/O 内存地址，因为它将被传递给 ioremap() 并右移 PAGE_SHIFT 次。

对于常见的驱动程序，则有一个简化版的 io_remap_pfn_range() 函数，名为 vm_iomap_memory()。该函数定义如下：

```
int vm_iomap_memory(struct vm_area_struct *vma,
                    phys_addr_t start, unsigned long len);
```

其中，vma 是要映射到用户空间的 VMA，start 是要映射的 I/O 内存区域的起始地址 [就像传递给 ioremap() 一样]，len 是 I/O 内存区域的大小。使用 vm_iomap_memory() 函数，驱动程序只需要提供要映射的物理内存范围即可，该函数将从 vma 信息中找到其余部分。它与 io_remap_pfn_range() 函数一样，执行成功时返回 0，否则返回错误码。

内存重映射和缓存问题

虽然缓存通常是一个好主意，但它可能会引入副作用，特别是对于内存映射设备（甚至 RAM），写入存储映射寄存器的值必须立即对设备可见。

你应该注意，默认情况下，内核会启用缓存和缓冲区，以便将内存重新映射到用户空间。要更改默认行为，驱动程序必须在调用重新映射 API 之前在 VMA 上禁用缓存。为此，内核提供了 pgprot_noncached() 函数。除了禁用缓存，该函数还禁用了指定区域的缓冲区。该函数采用初始 VMA 访问保护并返回已禁用缓存的更新版本。

它的使用方法如下：

```
vma->vm_page_prot = pgprot_noncached(vma->vm_page_prot);
```

笔者在测试自己开发的内存映射设备驱动程序时，遇到了一个问题——当使用缓存时，会有大约 20ms 的延迟（从通过 mmap 区域在用户空间更新设备寄存器到它对设备可见的时间）。

禁用缓存后，这种延迟几乎消失了，太棒了！

实现 mmap 文件操作

在用户空间中，mmap() 系统调用可用于将物理内存映射到调用进程的地址空间中。为了在驱动程序中支持此系统调用，驱动程序必须实现 file_operations.mmap 钩子函数。完成映射后，用户进程将能够通过返回的地址直接写入设备内存。内核则通过常见的指针解引用，将对该映射内存区域的任何访问转换为对文件的操作。

mmap() 系统的调用声明如下：

```
int mmap(void *addr, size_t len, int prot,int flags, int fd, ff_t offset);
```

从内核层面看，驱动程序文件操作结构体（file_operations 结构体）中的 mmap 字段具有以下原型：

```
int (*mmap)(struct file *filp,struct vm_area_struct *vma);
```

其中，filp 是一个指针，指向驱动程序打开的设备文件，该指针是由系统调用中的 fd 参数转换来的。vma 由内核分配并作为参数给出，它指向用户进程的 VMA，此 VMA 应该进行映射。为了了解内核如何创建新的 VMA，可以使用 mmap() 系统调用给出的参数，这些参数会以某种方式影响 VMA 的一些字段，具体如下。

- addr 是用户空间的虚拟地址，映射应该从此处开始，它会对 vma->vm_start 产生影响。如果为 NULL（可移植方式），内核将自动选择一个空闲地址。
- len 指定映射的长度，它间接影响 vma->vm_end。请记住，VMA 的大小始终是 PAGE_SIZE 的倍数。这意味着 PAGE_SIZE 是 VMA 可能具有的最小尺寸。如果 len 不是页大小的倍数，它将向上取整到下一个最高的页大小倍数。
- prot 影响 VMA 的权限，驱动程序可以在 vma->vm_page_prot 中找到它。
- flags 确定驱动程序可以在 vma->vm_flags 中找到的映射类型。映射可以是私有的或共享的。
- offset 指定映射区域内的偏移量。它由内核计算，并以 PAGE_SIZE 为单位存放在 vma->vm_pgoff 中。

在定义了以上所有这些参数之后，我们可以将 mmap 文件操作的实现分解为以下 6 个步骤。

（1）获取映射偏移量并检查它是否超出缓冲区大小：

```
unsigned long offset = vma->vm_pgoff << PAGE_SHIFT;
if (offset >= buffer_size)
        return -EINVAL;
```

（2）检查映射的长度是否大于缓冲区大小：

```
unsigned long size = vma->vm_end - vma->vm_start;
if (buffer_size < (size + offset))
    return -EINVAL;
```

（3）计算缓冲区中偏移量所在页对应的 PFN。请注意，获得 PFN 的方式取决于缓冲区是如何分配的：

```
unsigned long pfn;
pfn = virt_to_phys(buffer + offset) >> PAGE_SHIFT;
```

（4）如果需要的话，设置适当的标志来禁用缓存。

- 使用 vma->vm_page_prot = pgprot_noncached(vma>vm_page_prot)来禁用缓存。
- 如果需要的话，设置 VM_IO 标志：vma->vm_flags |= VM_IO。这也可以防止 VMA 被包含在进程的核心转储中。
- 防止 VMA 被交换出去：vma->vm_flags |= VM_DONTEXPAND | VM_DONTDUMP。在 3.7 之前的内核版本中，使用的是 VM_RESERVED。

（5）使用之前计算好的 PFN、大小和保护标志调用 remap_pfn_range()。如果是 I/O 内存映射，则调用 vm_iomap_memory()：

```
if (remap_pfn_range(vma, vma->vm_start, pfn,size, vma->vm_page_prot)) {
    return -EAGAIN;
}
return 0;
```

（6）将 mmap 传递给 struct file_operations 数据结构：

```
static const struct file_operations my_fops = {
    .owner = THIS_MODULE,
    [...]
    .mmap = my_mmap,
    [...]
};
```

10.6　总结

　　本章非常重要，它揭示了 Linux 内核中内存管理和分配（如何分配以及在哪里分配）的奥秘，还详细介绍了映射和地址转换的工作原理，并讨论了其他一些相关话题，比如与硬件设备通信、为用户空间重新映射内存[mmap()系统调用是其中的代表]等。这为我们介绍后续内容提供了坚实的基础，第 11 章将介绍 DMA。

第 11 章
实现 DMA 支持

DMA 是计算机系统的一种特性，它允许设备在没有 CPU 干预的情况下访问主系统内存，使 CPU 能够专注于其他任务。它的使用示例包括网络流量加速、音频数据或视频帧抓取等，它的使用并不限于特定领域。负责管理 DMA 事务的外围设备是 DMA 控制器，它存在于大多数现代处理器和微控制器中。

DMA 的工作方式如下：当驱动程序需要传输数据块时，便使用源地址、目标地址和要复制的总字节数设置 DMA 控制器。然后，DMA 控制器自动将数据地址从源地址传输到目标地址，而不会占用 CPU 周期。当剩余字节数为 0 时，数据块传输结束并通知驱动程序。

注意

DMA 并不总是意味着复制速度会更快。它并不会直接带来速度上的提升，但首先，它是一个真正的后台操作，这使得 CPU 可以干其他的事情。其次，在 DMA 操作期间，通过保持 CPU 缓存/预取器状态，可以带来性能上的提升（在使用普通的 memcpy 时，由于在 CPU 上执行，缓存状态很可能会被破坏）。

本章涉及一致和非一致的 DMA 映射，还涉及一致性问题、DMA 引擎的 API，以及 DMA 和设备树绑定。

本章将讨论以下主题：

- 设置 DMA 映射；
- 完成（completion）的概念；
- DMA 引擎 API；
- 将所有东西放在一起——单缓冲区的 DMA 映射；
- 关于循环 DMA 的说明；
- 了解 DMA 和设备树绑定。

11.1　设置 DMA 映射

对于任何类型的 DMA 传输，都需要提供源地址和目标地址，以及要传输的字数。在外设 DMA 的情况下，此外设的 FIFO 充当源头或目标，具体取决于传输方向。当外设充当源头时，目标地址是内存位置（内部或外部）；当外设充当目标时，源地址是内存位置（内部或外部）。换句话说，DMA 传输需要适当的内存映射。

11.1.1　缓存一致性和 DMA 的概念

在配备缓存的 CPU 上，最近访问的内存区域的副本被缓存，甚至为 DMA 映射的内存区域也会被缓存。现实情况是，两个独立设备之间共享的内存通常是产生缓存一致性问题的根源。缓存不一致源于其他设备可能不知道另一个设备的更新写入。另外，缓存一致性确保每个写操作似乎是即时发生的，这意味着共享同一内存区域的所有设备将看到完全相同的更改序列。

Linux Device Drivers，3rd Edition 对缓存一致性问题做了详细说明：

"假设一个 CPU 配备了缓存以及一个可以通过 DMA 直接访问设备的外存。当 CPU 访问内存位置 X 时，当前值会存储在缓存中。对 X 的后续操作将更新 X 的缓存副本，但不会更新 X 的外存版本（假设是写回缓存）。如果在下一次设备试图访问 X 之前没有将缓存刷新到内存，则设备将收到 X 的旧值。同样，如果在设备写入新值到内存时，X 的缓存副本没有被无效化， CPU 将操作 X 的旧值。"

这个问题有两种解决方案。

● 硬件解决方案。这些系统是一致性系统。

● 软件解决方案，其中操作系统负责确保缓存一致性。这些系统是非一致性系统。

你已经了解了 DMA 的缓存方面，下面让我们向前迈进一步，学习如何进行 DMA 的内存映射。

11.1.2　DMA 的内存映射

为 DMA 目的分配的内存缓冲区必须相应地被映射。DMA 映射包括为 DMA 分配内存缓冲区，并为此缓冲区生成总线地址。

我们需要区分两种类型的 DMA 映射：一致性 DMA 映射和流 DMA 映射。前者自动解决缓存一致性问题，它是一种很好的候选方案，可以在多个传输之间重用，而不必在传输之间解除映射。这可能会在某些平台上产生相当大的开销，但无论如何，保持内存同步都有一定的成本。流 DMA 映射在编码方面有很多限制，并且不会自动解决缓存一致性问题，但对比有一种解决方案，就是在每次传输之间进行多个函数调用。一致性 DMA 映射通常存在于驱动程序的生命周期中，而流 DMA 映射通常在 DMA 传输完成后解除映射。

注意

如果可以，建议使用流 DMA 映射；如果必须，建议使用一致性 DMA 映射。如果 CPU 或 DMA 控制器无法预测性地访问缓存区，则应考虑使用一致性 DMA 映射，因为此时内存总是同步的；否则，应考虑使用流 DMA 映射，因为你确切地知道何时需要访问缓存区，在这种情况下，你首先需要在访问缓冲区之前刷新缓存（从而同步缓冲区）。

处理 DMA 映射的主要头文件如下：

```
#include <linux/dma-mapping.h>
```

然而，映射不同，可以使用的 API 也不同。在深入了解与映射相关的 API 之前，我们需要了解 DMA 映射期间执行的操作。

（1）假设设备支持 DMA，如果驱动程序使用 kmalloc() 设置缓冲区，则得到一个虚拟地址（称为 X），该地址尚未指向任何地方。

（2）虚拟内存系统（借助 MMU）将 X 映射到系统 RAM 中的物理地址（称为 Y），假设仍有可用的空闲内存。因为 DMA 不通过虚拟内存系统流动，驱动程序此时可以使用虚拟地址 X 访问缓冲区，但设备本身无法访问。

（3）在一些简单的系统（没有 I/O MMU 的系统）中，设备可以直接对物理地址 Y 进行 DMA。但在许多其他系统中，设备可以通过 I/O MMU 看到主存。因此，I/O MMU 硬件可以将 DMA 地址转换为物理地址。

（4）映射相关 API 介入的地方如下。

● 驱动程序可以将虚拟地址 X 传递给 dma_map_single() 函数（详见 11.1.5 节），该函数设置任何适当的 I/O MMU 映射并返回 DMA 地址 Z。

● 驱动程序指示设备对地址 Z 进行 DMA。

● I/O MMU 最终将它映射到系统 RAM 中物理地址 Y 的缓冲区中。

上面介绍了 DMA 的内存映射概念，下面创建映射，让我们从最简单的一致性 DMA 映射开始。

11.1.3　创建一致性 DMA 映射

这种映射常用于长时间、双向的 I/O 缓冲区。以下函数设置了一个一致性 DMA 映射：

```
void *dma_alloc_coherent(struct device *dev, size_t size,
                     dma_addr_t *dma_handle, gfp_t flag);
```

这个函数负责缓冲区的分配和映射，并返回缓冲区的内核虚拟地址，缓冲区大小为 size 字节，可由 CPU 访问。size 参数可能让人产生误解，因为 get_order() 首先使用 size 来获取与之对应的页幂次 order。因此，该映射至少是按页计算的，页数为 2 的幂。dev 是设备结构。dma_handle 是指向相关总线地址的输出参数。为映射分配的内存在物理上必须是连续的，flag 决定了应该如何分配内存，通常为 GFP_KERNEL 或 GFP_ATOMIC（在原子上下文中）。

请注意，一致性 DMA 映射具有以下特点。

- 一致（协同）性，因为缓冲区内容在所有子系统（设备或 CPU）中始终相同。
- 同步性，因为设备或 CPU 的写入可以立即读取，无须担心缓存一致性问题。

要释放映射，可以使用以下函数：

```
void dma_free_coherent(struct device *dev, size_t size,
                   void *cpu_addr, dma_addr_t dma_handle);
```

其中，cpu_addr 和 dma_handle 分别对应于 dma_alloc_coherent() 返回的内核虚拟地址和总线地址。这两个参数是 MMU（返回虚拟地址）和 I/O MMU（返回总线地址）释放映射所必需的。

11.1.4　创建流 DMA 映射

流 DMA 映射内存缓冲区通常在传输之前进行映射，传输之后取消映射。这种映射具有更多的约束条件，并且与一致性 DMA 映射不同，原因如下。

- 映射需要与之前动态分配的缓冲区一起使用。
- 映射可能接收多个分散的非连续缓冲区。
- 对于读取事务（从设备到 CPU），缓冲区属于设备，不属于 CPU。在 CPU 可以使用缓冲区之前，首先应该取消对缓冲区的映射（在调用 dma_unmap_{single,sg}() 之后），或者在这些缓冲区上调用 dma_sync_{single,sg}_for_cpu()。这样做的主要原因就是为了缓存。
- 对于写入事务（从 CPU 到设备），驱动程序应在建立映射之前将数据放入缓冲区。

- 必须指定传输方向，并且数据应该根据传输方向移动和使用。

流 DMA 映射有以下两种形式。

- 单缓冲区映射，允许对一个物理上连续的缓冲区进行映射。

- 分散/聚集映射，允许传递多个缓冲区（分散在内存中）。

对于这两种映射，传输方向应由 dma_data_direction 类型的枚举符号指定，该类型定义在 include/linux/dma-direction.h 中，如下所示：

```
enum dma_data_direction{
    DMA_BIDIRECTIONAL = 0,
    DMA_TO_DEVICE = 1,
    DMA_FROM_DEVICE = 2,
    DMA_NONE = 3,
};
```

注意

一致性 DMA 映射隐含着一个针对 DMA_BIDIRECTIONAL 的方向属性设置。

你已经了解了两种流 DMA 映射方法，下面介绍它们的实现，让我们从单缓冲区映射开始。

11.1.5　单缓冲区映射

单缓冲区映射是一种偶尔才使用的流 DMA 映射。你可以使用 dma_map_single()函数设置此类映射，该函数定义如下：

```
dma_addr_t dma_map_single(struct device *dev, void *ptr,
        size_t size, enum dma_data_direction direction);
```

当 CPU 充当源头（向设备写入数据）或目标（从设备读取数据）时，以及当映射的访问是双向（在一致性 DMA 映射中隐式使用）时，direction 应分别为 DMA_TO_DEVICE、DMA_FROM_DEVICE 或 DMA_BIDIRECTIONAL。dev 是硬件设备的底层结构。ptr 是输出参数，也是缓冲区的内核虚拟地址。该函数返回 dma_addr_t 类型的成员，它是由 I/O MMU（如果存在的话）返回给设备的总线地址，以便设备可以进行 DMA。你应该使用 dma_mapping_error()（如果没有错误发生，则必须返回 0）来检查映射是否返回有效地址，如果出现错误，请不要继续进行。

可以通过以下函数释放此类映射：

```
void dma_unmap_single(struct device *dev, dma_addr_t dma_addr,
                      size_t size, enum_dma_data_direction direction);

int dma_mapping_error(struct device *dev, dma_addr_t dma_addr);
```

另一种流 DMA 映射是分散/聚集映射，内存缓冲区在分配时分散在系统中，并由驱动程序聚集。

11.1.6　分散/聚集映射

分散/聚集映射是一种特殊类型的流 DMA 映射，它可以在一次操作中传输多个缓冲区，而不是单独映射每个缓冲区并逐个传输它们。假设有多个缓冲区，它们在物理上或许不是连续的，所有这些缓冲区都需要同时被传输到设备或从设备传出。此种情形可能由以下原因引起。

● readv()或 writev()系统调用。

● 磁盘 I/O 请求。

● 页的链表或 vmalloc 分配器分配的内存区域。

在使用这样的映射之前，必须建立分散的数组，其中的每个元素应该描述一个单独缓冲区的映射情况。上述分散元素在内核中被抽象为 scatterlist 结构体实例，该结构体定义如下：

```
struct scatterlist{
    unsigned long page_link;
    unsigned int    offset;
    unsigned int    length;
    dma_addr_t      dma_address;
    unsigned int    dma_length;
};
```

为了建立分散列表的映射，应进行如下操作。

● 分配分散的缓冲区。

● 创建分散数组，使用 sg_init_table()初始化该数组，并使用 sg_set_buf()分配内存以填充该数组。请注意，每个分散元素必须是页大小（结尾除外）。

● 在分散数组上调用 dma_map_sg()。

● 一旦完成 DMA，就调用 dma_unmap_sg()来取消对分散数组的映射。

图 11.1 描述了分散列表的大部分概念。

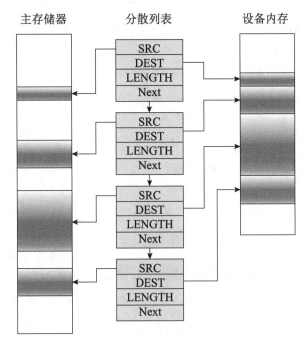

主存储器　　　分散列表　　　设备内存

图 11.1　DMA 分散/聚集内存组织

虽然可以对多个缓冲区的内容分别进行 DMA，但分散/聚集方式可以通过将分散数组的地址和长度（即分散数组中的元素数量）一起发送给设备，一次性地对整个分散列表进行 DMA。

sg_init_table()、sg_set_buf() 和 dma_map_sg() 函数的原型如下：

```
void sg_init_table(struct scatterlist *sgl,unsigned int nents);
void sg_set_buf(struct scatterlist *sg, const void *buf,unsigned int buflen);
int dma_map_sg(struct device *dev,struct scatterlist *sglist, int nents,
        enum dma_data_direction dir);
```

其中，sgl 是要初始化的分散数组，nents 是分散数组中的元素数量。sg_set_buf() 函数会将 scatterlist 元素设置为给定的数据。在该函数中，sg 是分散数组中的元素，buf 是与元素对应的缓冲区，buflen 是缓冲区的大小。dma_map_sg() 函数则返回分散数组中已成功映射元素数量。如果发生错误，该函数将返回 0。

下面的代码演示了分散/聚集映射的原理：

```
u32 *wbuf, *wbuf2, *wbuf3;
wbuf = kzalloc(SDMA_BUF_SIZE, GFP_DMA);
```

```
wbuf2 = kzalloc(SDMA_BUF_SIZE, GFP_DMA);
wbuf3 = kzalloc(SDMA_BUF_SIZE / 2, GFP_DMA);


struct scatterlist sg[3];
sg_init_table(sg, 3);
sg_set_buf(&sg[0], wbuf, SDMA_BUF_SIZE);
sg_set_buf(&sg[1], wbuf2, SDMA_BUF_SIZE);
sg_set_buf(&sg[2], wbuf3, SDMA_BUF_SIZE / 2);
ret = dma_map_sg(dev, sg, 3, DMA_TO_DEVICE);
if (ret != 3){
    /*handle this error*/
}
/* As of now you can use 'ret' or 'sg_dma_len(sgl)' to retrievethe
 * length of the scatterlist array.
 */
```

我们在 11.1.5 节中描述的规则同样适用于分散/聚集映射。

要取消映射列表，就必须使用 dma_unmap_sg_ attrs()函数，该函数定义如下：

```
void dma_unmap_sg_attrs(struct device *dev, struct scatterlist *sg,
                    enum dma_data_direction dir, int nents);
```

其中，dev 指向一个设备，该设备已用于映射；sg 是要取消的映射列表（实际上是指向映射列表中第一个元素的指针）；dir 是 DMA 方向，它应该与映射方向对应；nents 是分散数组中的元素数量。

下面是解除映射的一个例子：

```
dma_unmap_sg(dev, sg, 3, DMA_TO_DEVICE);
```

在上面的例子中，我们使用的参数与映射过程中的相同。

11.1.7 流 DMA 映射的隐式和显式缓存一致性

在流 DMA 映射中，dma_map_single()/dma_unmap_single()和 dma_map_sg()/dma_unmap_sg()函数组合用于处理缓存一致性问题。对于 CPU 到设备的情况（设置了 DMA_TO_DEVICE 方向标志），由于在建立映射之前数据必须放在缓冲区中，因此 dma_map_sg()/dma_map_single()将处理缓存一致性问题。对于设备到 CPU 的情况（设置了 DMA_FROM_DEVICE 方向标志），在 CPU 能够访问缓冲区之前，必须首先释放映射关系，这是因为 dma_unmap_single()/dma_unmap_sg()会隐式地处理缓存一致性问题。

然而，如果需要多次使用相同的流式 DMA 区域，并且在 DMA 传输之间处理数据，则缓冲区必须正确地同步，以便设备和 CPU 看到 DMA 缓冲区的最新且正确的副本。为了避免缓存一致性问题，驱动程序必须在开始从 RAM 到设备的 DMA 传输之前调用 dma_sync_{single,sg}_for_device()（在将数据放入缓冲区之后，在实际将缓冲区交给硬件之前）。如有必要，这个函数调用将刷新 DMA 缓冲区所对应的硬件缓存行。类似地，驱动程序不应该在完成从设备到 RAM 的 DMA 传输后立即访问内存缓冲区；相反，在读取缓冲区之前，驱动程序应该调用 dma_sync_{single,sg}_for_cpu()，这将在必要时使相关的硬件缓存行无效。换句话说，当源缓冲区是设备内存时，缓存应该失效（缓存数据不是"脏数据"，因为 CPU 没有向任何缓冲区写入任何数据）；而当源缓冲区是 RAM（目标缓冲区是设备内存）时，则意味着 CPU 可能已经向源缓冲区写入了一些数据，这些数据可能在硬件缓存行中，因此缓存应该被刷新。

以上这些同步 API 的原型如下：

```
void dma_sync_sg_for_cpu(struct device *dev,
                         struct scatterlist *sg,
                         int nents,
                         enum dma_data_direction direction);
void dma_sync_sg_for_device(struct device *dev,
                            struct scatterlist *sg, int nents,
                            enum dma_data_direction direction);
void dma_sync_single_for_cpu(struct device *dev,
                             dma_addr_t addr, size_t size,
                             enum dma_data_direction dir);
void dma_sync_single_for_device(struct device *dev,
                                dma_addr_t addr, size_t size,
                                enum dma_data_direction dir);
```

在上述所有 API 中，direction 必须与对应缓冲区映射期间指定的方向保持一致。

在本小节中，我们学习了如何建立流 DMA 映射。我们已经完成了映射操作，下面介绍 completion 的概念，它用于通知我们 DMA 传输已完成。

11.2　完成（completion）的概念

本节简要介绍完成（completion）和 DMA 传输所需的 API，完整描述请查阅 Documentation/scheduler/completion.txt 中的内核文档。在内核编程中，一种常见的做法是在当前线程之外启动某个活动，然后等待该活动完成。完成变量是使用等待队列实现的，它们与等待队列的唯一区别是无须维护等待队列。

使用完成变量之前需要包含如下头文件：

```
# include<linux/completion.h>
```

完成变量在内核中表示为 completion 结构体实例，该结构体可以静态初始化如下：

```
DECLARE_COMPLETION(my_comp);
```

动态分配时的初始化方式如下：

```
struct completion my_comp;
init_completion(&my_comp);
```

当驱动程序启动的工作（在本例中为 DMA 事务）必须等待完成时，只需要将完成事件传递给 wait_for_completion()函数即可，该函数的原型如下：

```
void wait_for_completion(struct completion *comp);
```

当完成事件发生后，驱动程序可以使用以下 API 之一唤醒等待者：

```
void complete(struct completion *comp);
void complete_all(struct completion *comp);
```

complete()只会唤醒一个等待任务，而 complete_all()会唤醒等待该完成事件的所有任务。完成的实现方式使得即使在调用 wait_for_completion()之前调用 complete()，完成也能正常工作。

本节介绍了如何实现一个完成回调函数来通知你 DMA 传输已完成。你已经熟悉了DMA 的所有常见概念，通过使用 DMA 引擎 API，我们可以开始应用这些概念，这将帮助我们更好地理解 DMA 的整体工作流程。

11.3　DMA 引擎 API

DMA 引擎是一个通用的内核框架，用于开发 DMA 控制器驱动程序，并从客户端利用 DMA 控制器。通过这个框架，DMA 控制器驱动程序会暴露一组可以被客户设备使用的通道。然后这个框架使得客户驱动程序（也称为从设备）能够请求并使用 DMA 通道从控制器发起的 DMA 传输，如图 11.2 所示。

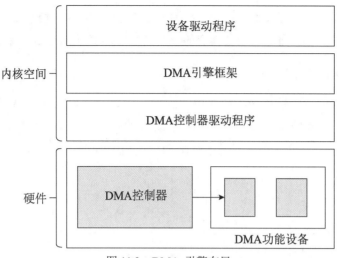

图 11.2 DMA 引擎布局

这里将简单介绍这个（从设备）API，它只适用于从设备 DMA 用法。必须引用的头文件如下：

```
#include <linux/dmaengine.h>
```

从设备 DMA 用法很简单，步骤如下。

（1）通知内核关于设备的 DMA 寻址能力。

（2）向一个 DMA 通道发出请求。

（3）如果成功，配置这个 DMA 通道。

（4）准备或配置 DMA 传输。这一步将返回表示 DMA 传输的传输描述符。

（5）使用传输描述符提交 DMA 传输。然后将 DMA 传输添加到与指定通道相对应的控制器挂起队列中。这一步将返回一个特殊的 cookie，你可以用它来检查 DMA 活动的进展情况。

（6）在指定的通道上开始 DMA 传输，以便在该通道空闲时启动控制器挂起队列中的第一个 DMA 传输。

你已经了解了实现 DMA 传输所需要执行的步骤，下面让我们在使用相应的 API 之前学习 DMA 引擎框架中涉及的数据结构。

11.3.1 DMA 控制器接口简介

DMA 控制器接口由两部分组成：控制器和通道。控制器执行内存传输（无须 CPU

干预），通道则是客户端驱动程序（即支持 DMA 的驱动程序）向控制器提交作业的方式。毫无疑问，控制器与其通道是紧密耦合的，前者会将后者暴露给客户端。

DMA 控制器的数据结构

DMA 控制器在 Linux 内核中被抽象为 dma_device 结构体实例。就其本身而言，控制器在没有客户端的情况下是没有用的，这是因为客户端会使用控制器所暴露的通道；而且控制器驱动程序必须暴露回调函数给通道，用于通道配置。dma_device 结构体定义如下：

```
struct dma_device{
    unsigned int chancnt;
    unsigned int privatecnt;
    struct list_head channels;
    struct list_head global_node;
    struct dma_filter filter;
    dma_cap_mask_t cap_mask;

    u32 src_addr_widths;
    u32 dst_addr_widths;
    u32 directions;
    int (*device_alloc_chan_resources)(struct dma_chan *chan);
    void (*device_free_chan_resources)(struct dma_chan *chan);
    struct dma_async_tx_descriptor*(*device_prep_dma_memcpy)(
            struct dma_chan *chan, dma_addr_t dst,
            dma_addr_t src, size_t len, unsigned long flags);
    struct dma_async_tx_descriptor*(*device_prep_dma_memset)(
            struct dma_chan *chan, dma_addr_t dest, int value,
            size_t len, unsigned long flags);
    struct dma_async_tx_descriptor*(*device_prep_dma_memset_sg)(
            struct dma_chan *chan, struct scatterlist *sg,
            unsigned int nents, int value,
            unsigned long flags);
    struct dma_async_tx_descriptor*(*device_prep_dma_interrupt)(
            struct dma_chan *chan, unsigned long flags);
    struct dma_async_tx_descriptor*(*device_prep_slave_sg)(
            struct dma_chan *chan, struct scatterlist *sgl,
            unsigned int sg_len,
            enum dma_transfer_direction direction,
            unsigned long flags, void *context);
    struct dma_async_tx_descriptor*(*device_prep_dma_cyclic)(
            struct dma_chan *chan, dma_addr_t buf_addr,
            size_t buf_len, size_t period_len,
```

```
      enum dma_transfer_direction direction,
      unsigned long flags);
void (*device_caps)(struct dma_chan *chan,struct dma_slave_caps *caps);
int (*device_config)(struct dma_chan *chan,struct dma_slave_config *config);
void (*device_synchronize)(struct dma_chan *chan);
enum dma_status (*device_tx_status)(
        struct dma_chan *chan, dma_cookie_t cookie,
        struct dma_tx_state *txstate);
void (*device_issue_pending)(struct dma_chan *chan);
void (*device_release)(struct dma_device *dev);
};
```

以上数据结构的完整定义可以在 include/linux/ dmaengine.h 中找到。上面只列出了我们感兴趣的字段，它们的含义如下。

- chancnt：指定控制器支持多少个 DMA 通道。
- channels：struct dma_chan 数据结构的链表，对应于控制器所暴露的 DMA 通道。
- privatecnt：表示 dma_request_channel()函数请求了多少个 DMA 通道，该函数是用于请求 DMA 通道的 DMA 引擎 API。
- cap_mask：一个或多个 dma_capability 标志，代表控制器的能力。它可能的取值如下：

```
enum dma_transaction_type{
    DMA_MEMCPY,     /* Memory to memory copy */
    DMA_XOR,        /* Memory to memory XOR*/
    DMA_PQ,         /* Memory to memory P+Q computation */
    DMA_XOR_VAL,    /* Memory buffer parity check using XOR */
    DMA_PQ_VAL,     /* Memory buffer parity check using P+Q */
    DMA_INTERRUPT,  /* The device can generate dummy transfer that will generate
                     * interrupts */
    DMA_MEMSET_SG,  /* Prepares a memset operation over a scatter list */
    DMA_SLAVE,      /* Slave DMA operation, either to or  from a device */
    DMA_PRIVATE,    /* channels are not to be used
                     * for global memcpy. Usually used with DMA_SLAVE */
    DMA_SLAVE,      /* Memory to device transfers */
    DMA_CYCLIC,     /* can handle cyclic tranfers */
    DMA_INTERLEAVE, /* Memory to memory interleaved transfer */
}
```

例如，它在 i.MX DMA 控制器驱动程序中的设置如下：

```
    dma_cap_set(DMA_SLAVE, sdma->dma_device.cap_mask);
```

```
dma_cap_set(DMA_CYCLIC, sdma->dma_device.cap_mask);
dma_cap_set(DMA_MEMCPY, sdma->dma_device.cap_mask);
```

- src_addr_widths：设备支持的源地址宽度的位掩码。这个宽度必须以字节为单位提供。例如，如果设备支持的宽度为 4，那么位掩码应该设置为 BIT(4)。

- dst_addr_widths：设备支持的目的地址宽度的位掩码。

- directions：设备支持的从属方向的位掩码。因为 enum dma_transfer_direction 不包括每种类型的位标志，所以 DMA 控制器应该设置 BIT(<TYPE>)，并且同样应该由控制器进行检查。

  它在 i.MX SDMA 控制器驱动程序中的设置如下：

```
#define SDMA_DMA_DIRECTIONS (BIT(DMA_DEV_TO_MEM) | BIT(DMA_MEM_TO_DEV) |
                             BIT(DMA_DEV_TO_DEV))
[...]
sdma -> dma_device.directions = SDMA_DMA_DIRECTIONS;
```

- device_alloc_chan_resources：一个通用的回调函数，用于分配资源并返回分配的描述符的数量。当在这个控制器上请求一个通道时，该函数将由 DMA 引擎核心调用。

- device_free_chan_resources：一个控制器回调函数，用于释放 DMA 通道的资源。该函数依赖于控制器的能力，如果在 cap_mask 中设置了能力位掩码，就必须提供相关的能力信息。

- device_prep_dma_memcpy：准备执行 memcpy 操作。如果在 cap_mask 中设置了 DMA_MEMCPY，则必须设置这个字段。对于每个设置的标志，必须提供相应的回调函数，否则控制器注册将失败。这适用于所有的 device_prep_* 回调函数。

- device_prep_dma_xor：准备执行 XOR 操作。

- device_prep_dma_xor_val：准备执行 XOR 验证操作。

- device_prep_dma_memset：准备执行 memset 操作。

- device_prep_dma_memset_sg：准备对分散列表执行 memset 操作。

- device_prep_dma_interrupt：准备执行链末中断操作。

- device_prep_slave_sg：准备执行从属 DMA 操作。

- device_prep_dma_cyclic：准备执行循环的 DMA 操作。这样的 DMA 操作在音频或 UART 驱动程序中经常使用。该函数需要一个大小为 buf_len 的缓冲区。在传输完 period_len 字节后，该函数将被调用，详见 11.5 节。

- device_prep_interleaved_dma：以一种通用的方式传输表达式（这里的表达式表示

数据、消息、指令等不同类型的信息）。

- device_config：向通道推送新的配置。如果推送成功，返回 0，否则返回错误码。
- device_pause：暂停通道上当前的任何传输。如果暂停有效，返回 0，否则返回错误码。
- device_resume：恢复通道上先前暂停的任何传输。如果恢复有效，返回 0，否则返回错误码。
- device_terminate_all：终止一个通道上的所有传输。如果成功，返回 0，否则返回错误码。
- device_synchronize：数据传输终止后，将这一情况通知当前上下文。
- device_tx_status：对传输完成情况进行投票。可选的 txstate 参数可以用来获得一个结构体，该结构体包含辅助传输状态的信息；否则，该调用将只返回简单的状态码。
- device_issue_pending：一个强制性的回调函数，用于将待处理事务推送到硬件。它是 dma_async_issue_ pending() API 的后端函数。

虽然大多数驱动程序通过 dma_chan->dma_dev->device_prep_dma_*直接调用这些回调函数，但你应该使用 DMA 引擎 API dmaengine_prep_*，这些 API 在调用适当的回调函数之前，还会进行一些合理性检查。例如，对于内存到内存复制，驱动程序应该使用 device_prep_dma_memcpy()封装函数。

DMA 通道的数据结构

DMA 通道是客户端驱动程序向 DMA 控制器提交 DMA 事务（I/O 数据传输）的方式。它的工作原理如下：具有 DMA 能力的驱动程序（客户端驱动程序）请求一个（或多个）通道，然后重新配置这个（或这些）通道，并要求控制器使用这个（或这些）通道来完成所提交的 DMA 传输。通道的定义如下：

```
struct dma_chan{
    struct dma_device *device;
    struct device *slave;
    dma_cookie_t cookie;
    dma_cookie_t completed_cookie;
[...]
};
```

你可以把 DMA 通道看作 I/O 数据传输的高速公路。以上数据结构中每个字段的含义如下。

- device：这是一个指向提供该通道的 DMA 设备（控制器）的指针。如果通道申请成功，则这个字段永远不能为 NULL，因为一个通道总是属于一个控制器。
- slave：这是一个指向使用该通道的设备的底层 struct device 数据结构的指针（该设备的驱动程序是一个客户端驱动程序）。
- cookie：该通道最后返回给客户端的 cookie 值。
- completed_cookie：该通道最后完成的 cookie 值。

struct dma_chan 数据结构的完整定义可以在 include/linux/dmaengine.h 中找到。

注意

在 DMA 引擎框架中，cookie 只不过是一个 DMA 事务标识符，用于检查它所标识的事务的状态和进展情况。

DMA 事务描述符的数据结构

事务描述符仅用于表征和描述 DMA 事务（或者说 DMA 传输），而不会执行其他操作。事务描述符在内核中使用 struct dma_async_tx_descriptor 数据结构来表示，该数据结构定义如下：

```
struct dma_async_tx_descriptor{
    dma_cookie_t cookie;
    struct dma_chan *chan;
    dma_async_tx_callback callback;
    void *callback_param;
[...]
};
```

以上数据结构中各个字段的含义如下。

- cookie：当前事务的跟踪 cookie，用于检查事务的进展情况。
- chan：此操作的目标通道。
- callback：一旦此操作完成，就应该被调用一个函数。
- callback_param：作为回调函数的一个参数给出。

该数据结构的完整定义可以在 include/linux/dmaengine.h 中找到。

11.3.2 处理设备 DMA 寻址能力

内核默认设备可以处理 32 位的 DMA 地址。然而，设备可以访问的 DMA 内存地址范围可能是有限的，这缘于制造商或历史原因。例如，有些设备可能只支持低 24 位的寻址。这种限制缘于 ISA 总线，ISA 总线是 24 位宽的，而 DMA 缓冲区只能存在于系统内存的 16MB 低地址中。

尽管如此，我们仍然可以使用 DMA 掩码的概念来告知内核这种限制，目的是让内核知道设备的 DMA 寻址能力。

这可以通过 dma_set_mask_and_coherent() 函数来实现，该函数的原型如下：

```
int dma_set_mask_and_coherent(struct device *dev, u64 mask);
```

鉴于 DMA API 保证了相干 DMA 掩码可以设置为与流式 DMA 掩码相同或更小，上面的函数将为流 DMA 映射和一致性 DMA 映射设置相同的掩码。

然而，对于特殊需求，可以使用 dma_set_mask() 或 dma_set_coherent_mask() 函数来设置相应的掩码。这两个函数的原型如下：

```
int dma_set_mask(struct device *dev, u64 mask);
int dma_set_coherent_mask(struct device *dev, u64 mask);
```

其中，dev 是底层设备结构；mask 是位掩码，用于描述设备支持哪些位的地址，可以使用 DMA_BIT_MASK 宏指定要使用的位掩码及其实际的位顺序。

dma_set_mask() 和 dma_set_coherent_mask() 函数都返回 0，表示设备可以在给定地址掩码的机器上正常进行 DMA。任何其他的返回值都是错误，意味着给定的掩码太小，系统不支持。在这种失败的情况下，可以选择回退到非 DMA 模式来进行驱动程序中的数据传输；或者，如果 DMA 支持是强制性的，则简单地禁用设备中要求 DMA 支持的功能，甚至不对设备进行探测。

建议让你的驱动程序在设置 DMA 掩码失败时打印一条内核警告[dev_warn() 或 pr_warn()]消息。下面是一个例子：

```
#define PLAYBACK_ADDRESS_BITS DMA_BIT_MASK(32)
#define RECORD_ADDRESS_BITS DMA_BIT_MASK(24)
struct my_sound_card *card;
struct device *dev;
...
if (!dma_set_mask(dev, PLAYBACK_ADDRESS_BITS)){
    card->playback_enabled = 1;
}else{
    card->playback_enabled = 0;
    dev_warn(dev,
            "%s: Playback disabled due to DMA limitations\n",
            card->name);
}
```

```
if (!dma_set_mask(dev, RECORD_ADDRESS_BITS)){
    card->record_enabled = 1;
}else{
    card->record_enabled = 0;
    dev_warn(dev,
            "%s: Record disabled due to DMA limitations\n",
            card->name);
}
```

在上面的例子中，我们使用 DMA_BIT_MASK 宏来定义 DMA 掩码。然后在所需的 DMA 掩码不被支持的情况下，我们禁用了强制要求 DMA 支持的功能。在以上任何一种情况下，都会打印一条警告消息。

11.3.3　请求 DMA 通道

dma_request_channel()函数用于请求一个通道。该函数的原型如下：

```
struct dma_chan *dma_request_channel(
                    const dma_cap_mask_t *mask,
                    dma_filter_fn fn, void *fn_param);
```

其中，mask 必须是一个位掩码，这个位掩码代表通道必须满足的能力。它本质上用来指定驱动程序需要执行的传输类型，该传输类型必须在 dma_device.cap_mask 中得到支持。

dma_cap_zero()和 dma_cap_set()函数用于清除掩码和设置我们所需的能力，例如：

```
dma_cap_mask my_dma_cap_mask;
struct dma_chan *chan;
dma_cap_zero(my_dma_cap_mask);

/* Memory 2 memory copy */
dma_cap_set(DMA_MEMCPY, my_dma_cap_mask);
chan = dma_request_channel(my_dma_cap_mask, NULL, NULL);
```

其中，fn 是一个回调函数指针，其类型定义如下：

```
typedef bool (*dma_filter_fn)(struct dma_chan *chan,void *filter_param);
```

实际上，dma_request_channel()函数会遍历系统中可用的 DMA 控制器（定义在 drivers/dma/dmaengine.c 中的 dma_device_list），并为每个 DMA 控制器寻找一个与请求相对应的通道。如果 dma_filter_fn 函数（可选）为 NULL，dma_request_channel()函数将简单地返回第一个满足能力掩码的通道；否则，当掩码不足以指定所需的通道时，可以将

dma_filter_fn 函数作为一个过滤器，系统中的每个可用通道都会被传递给这个过滤器。内核会为系统中的每个空闲通道调用一次 dma_filter_fn 函数。当发现合适的通道时，dma_filter_fn 函数应该返回 DMA_ACK，这将标记给定的通道为 dma_request_channel() 函数的返回值。

在调用 dma_release_channel() 函数之前，通过这个函数分配的通道对调用方是专用的。该函数定义如下：

```
void dma_release_channel(struct dma_chan *chan);
```

该函数将释放 DMA 通道，以使其可被其他客户端请求。

作为补充信息，系统中可用的 DMA 通道可以通过 ls /sys/class/dma/命令在用户空间中列出，如下所示：

```
root@raspberrypi4-64:~# ls /sys/class/dma/
dma0chan0 dma0chan1 dma0chan2 dma0chan3 dma0chan4
dma0chan5 dma0chan6 dma0chan7 dma1chan0 dma1chan1
```

在上面的代码片段中，chan<通道索引>通道名称与它所属的 DMA 控制器 dma<DMA 索引>相连接。一个通道是否在使用，可以通过打印相应通道目录下的 in_use 文件值来看，如下所示：

```
root@raspberrypi4-64:~# cat /sys/class/dma/dma0chan0/in_use
1
root@raspberrypi4-64:~# cat /sys/class/dma/dma0chan1/in_use
1
root@raspberrypi4-64:~# cat /sys/class/dma/dma0chan2/in_use
1
root@raspberrypi4-64:~# cat /sys/class/dma/dma0chan3/in_use
0
root@raspberrypi4-64:~# cat /sys/class/dma/dma0chan4/in_use
0
root@raspberrypi4-64:~# cat /sys/class/dma/dma0chan5/in_use
0
root@raspberrypi4-64:~# cat /sys/class/dma/dma0chan6/in_use
0
root@raspberrypi4-64:~#
```

我们可以看到，dma0chan1 正在使用，dma0chan6 则没有使用。

11.3.4　配置 DMA 通道

为了使 DMA 传输在通道上正常工作，必须对这个通道进行客户端特定的配置。因此，DMA 引擎框架使用 struct dma_slave_config 数据结构来进行这种配置，该数据结构表示 DMA 通道的运行时配置。这样客户端就可以指定诸如 DMA 方向、DMA 地址（源地址和目标地址）、总线宽度和 DMA 突发长度等外设的参数。然后通过 dmaengine_slave_config()函数，将这种配置作用于底层硬件上，该函数定义如下：

```
int dmaengine_slave_config(struct dma_chan *chan,
                           struct dma_slave_config *config);
```

其中，chan 是要配置的 DMA 通道，config 是要应用的配置。

为了更好地微调这个配置，我们必须看一下 struct dma_slave_config 数据结构，该数据结构定义如下：

```
struct dma_slave_config{
    enum dma_transfer_direction direction;
    phys_addr_t src_addr;
    phys_addr_t dst_addr;
    enum dma_slave_buswidth src_addr_width;
    enum dma_slave_buswidth dst_addr_width;
    u32 src_maxburst;
    u32 dst_maxburst;
    [...]
};
```

以上数据结构中各个字段的含义如下。

- direction 表示在这个从设备通道上，数据现在应该是输入还是输出。可能的值如下：

```
/* dma transfer mode and direction indicator */
enum dma_transfer_direction{
    DMA_MEM_TO_MEM, /* Async/Memcpy mode */
    DMA_MEM_TO_DEV, /* From Memory to Device */
    DMA_DEV_TO_MEM, /* From Device to Memory */
    DMA_DEV_TO_DEV, /* From Device to Device */
    DMA_TRANS_NONE,
};
```

- src_addr 是应该从 DMA 从机读取数据时所在缓冲区的物理地址（实际上是总线地址）。
- dst_addr 是应该写入 DMA 从机数据时所在缓冲区的物理地址（实际上也是总线地址）。如果源地址是内存，这个字段会被忽略。
- src_addr_width 是应该读取 DMA 数据的源寄存器的字节宽度。如果源地址是内存，则这个字段可能会根据架构的不同而被忽略。

- dst_addr_width 与 src_addr_width 相似，但用于目标寄存器。

任何总线宽度都必须是以下枚举值之一：

```
enum dma_slave_buswidth {
    DMA_SLAVE_BUSWIDTH_UNDEFINED = 0,
    DMA_SLAVE_BUSWIDTH_1_BYTE = 1,
    DMA_SLAVE_BUSWIDTH_2_BYTES = 2,
    DMA_SLAVE_BUSWIDTH_3_BYTES = 3,
    DMA_SLAVE_BUSWIDTH_4_BYTES = 4,
    DMA_SLAVE_BUSWIDTH_8_BYTES = 8,
    DMA_SLAVE_BUSWIDTH_16_BYTES = 16,
    DMA_SLAVE_BUSWIDTH_32_BYTES = 32,
    DMA_SLAVE_BUSWIDTH_64_BYTES = 64,
};
```

下面是一个配置 DMA 通道的例子：

```
struct dma_chan *my_dma_chan;
dma_addr_t dma_src_addr, dma_dst_addr;
struct dma_slave_config channel_cfg = {0};

/* No filter callback, neither filter param */
my_dma_chan = dma_request_channel(my_dma_cap_mask,NULL, NULL);

/* scr_addr and dst_addr are ignored for mem to mem copy */
channel_cfg.direction = DMA_MEM_TO_MEM;
channel_cfg.dst_addr_width = DMA_SLAVE_BUSWIDTH_32_BYTES;

dmaengine_slave_config(my_dma_chan, &channel_cfg);
```

在上面的代码片段中，dma_request_channel()用来请求一个 DMA 通道，然后使用 dmaengine_slave_config()对它进行配置。

11.3.5 配置 DMA 传输

这一步是为了确定 DMA 传输的方式。要进行一次 DMA 传输，就需要用到与 DMA 通道对应的控制器中的一些函数，这些函数名为 device_prep_dma_*，它们可以帮助我们设置传输参数。这些函数会给我们返回一个传输描述符，它是 dma_async_tx_descriptor 结构体实例，我们可以用它来修改传输的细节，之后再把传输交给 DMA 通道执行。

例如，对于内存到内存传输，应该使用 device_prep_dma_memcpy()回调函数，如下所示：

```
struct dma_device *dma_dev = my_dma_chan->device;
struct dma_async_tx_descriptor *tx_desc = NULL;
tx_desc = dma_dev->device_prep_dma_memcpy(
                        my_dma_chan, dma_dst_addr,
                        dma_src_addr, BUFFER_SIZE, 0);
if (!tx_desc){
    /* dma_unmap_* the buffer */
    handle_error();
}
```

在上面的代码片段中，我们解除了对控制器回调函数的调用，而我们本可以先检查它是否存在。出于理智和可移植性的考虑，建议使用 DMA 引擎 API dmaengine_prep_*，而不是直接调用控制器回调函数。然后采用以下形式分配 tx_desc：

```
tx_desc = dmaengine_prep_dma_memcpy(my_dma_chan,
        dma_dst_addr, dma_src_addr, BUFFER_SIZE, 0);
```

这种方式更安全，也更容易适应控制器数据结构的变化。

此外，客户端驱动程序可以使用 dma_async_tx_descriptor 结构体（由 dmaengine_prep_*函数给出）的 callback 元素来设置传输完成后就要调用的函数。

11.3.6　提交 DMA 传输

为了把事务放到驱动程序的事务待处理队列中，可以使用 dmaengine_submit()函数，其原型如下：

```
dma_cookie_t dmaengine_submit(struct dma_async_tx_descriptor *desc);
```

该函数是控制器的 device_issue_pending 回调函数的对外接口。该回调函数会返回一个 cookie，你可以通过其他 DMA 引擎，用该 cookie 来查看 DMA 活动的进展。为了检查返回的 cookie 是否有效，你可以使用 dma_submit_error()函数。假设还没有提供 completion 回调函数，则可以在提交 DMA 传输前设置它，示例如下：

```
struct completion transfer_ok;
init_completion(&transfer_ok);
/*
 * you can also set the parameter to be given to this
 * callback in tx->callback_param
 */
```

```
Tx_desc->callback = my_dma_callback;

/* Submitting our DMA transfer */
dma_cookie_t cookie = dmaengine_submit(tx);
if (dma_submit_error(cookie)){
    /* handle error */
    [...]
}
```

要向该回调函数传递一个参数，就必须在描述符的 callback_param 字段中进行设置。例如，它可以是一个设备状态数据结构。

注意

在每次 DMA 传输完成后，就会产生一个中断（来自 DMA 控制器），之后启动待处理队列中的下一个传输，一个小任务（tasklet）被激活。如果客户端驱动程序提供了 completion 回调函数，则小任务被调度时会调用该回调函数。因此，completion 回调函数运行在一个中断上下文中。

11.3.7　发出待处理的 DMA 请求并等待回调通知

启动传输是 DMA 传输设置的最后一步。可以通过在通道上调用 dma_async_issue_pending() 来激活通道待处理队列中的传输。如果通道处于空闲状态，则启动待处理队列中的第一个传输，后续的传输将被排队。DMA 操作结束后，执行下一个操作并调度一个 tasklet。这个 tasklet 会调用客户端驱动程序的 completion 回调函数来通知客户端。dma_async_ issue_pending() 函数定义如下：

```
void dma_async_issue_pending(struct dma_chan *chan);
```

该函数是对控制器的 device_issue_pending 回调函数的封装。示例如下：

```
dma_async_issue_pending(my_dma_chan);
wait_for_completion(&transfer_ok);


/* may be unmap buffer if necessary and if it is not
 * done in the completion callback yet
 */
[...]
/* Process buffer through rx_data and tx_data virtual addresses. */
[...]
```

wait_for_completion()函数将使当前任务进入睡眠状态，直至调用 DMA 回调函数更新 completion 变量以恢复被阻塞的代码。这是一种替代 while (!done) msleep(SOME_TIME); 的有效方法。下面是一个例子：

```
static void my_dma_complete_callback(void *param)
{
    complete(transfer_ok);
    [...]
}
```

以上就是 DMA 传输实现的全部内容。当 completion 回调函数返回后，主代码将恢复并继续正常的工作流程。

11.4　综合实例——单缓冲区的 DMA 映射

考虑映射一个单一的缓冲区（流 DMA 映射），并把数据从源地址 src 传输到目标地址 dst。我们可以使用字符设备，如此一来，这个字符设备上的任何写操作都会触发 DMA，且任何读操作都会比较源地址和目标地址，并检查它们是否匹配。

首先列出需要引入的头文件，以便使用必要的 API：

```
#define pr_fmt(fmt) "DMA-TEST: " fmt

#include <linux/module.h>
#include <linux/slab.h>
#include <linux/init.h>
#include <linux/dma-mapping.h>
#include <linux/fs.h>
#include <linux/dmaengine.h>
#include <linux/device.h>
#include <linux/io.h>
#include <linux/delay.h>
```

然后为驱动程序定义一些全局变量：

```
/* we need page aligned buffers */
#define DMA_BUF_SIZE 2 * PAGE_SIZE

static u32 *wbuf;
static u32 *rbuf;
static int dma_result;
```

```
static int gMajor; /* major number of device */
static struct class *dma_test_class;
static struct completion dma_m2m_ok;
static struct dma_chan *dma_m2m_chan;
```

其中，wbuf 代表源缓冲区，rbuf 代表目标缓冲区。我们的实现是基于字符设备的，因此 gMajor 和 dma_test_class 被用来表示字符设备的主设备号和类别。

因为 DMA 映射将设备结构作为第一个参数，所以需要创建一个虚拟的设备结构：

```
static void dev_release(struct device *dev)
{
    pr_info("releasing dma capable device\n");
}
static struct device dev = {
    .release = dev_release,
    .coherent_dma_mask = ~0,              // allow any address
    .dma_mask = &dev.coherent_dma_mask, // use the same mask
};
```

我们使用了静态设备，并在设备结构中设置了设备的 DMA 掩码。如果是平台驱动程序，则可以使用 dma_set_mask_and_coherent() 来实现这一点。

现在是时候实现我们的第一个文件操作（即打开文件操作）了，我们的例子中，该文件操作只是分配缓冲区：

```
int dma_open(struct inode *inode, struct file *filp)
{
    init_completion(&dma_m2m_ok);
    wbuf = kzalloc(DMA_BUF_SIZE, GFP_KERNEL | GFP_DMA);
    if (!wbuf){
        pr_err("Failed to allocate wbuf!\n");
        return -ENOMEM;
    }
    rbuf = kzalloc(DMA_BUF_SIZE, GFP_KERNEL | GFP_DMA);
    if (!rbuf){
        kfree(wbuf);
        pr_err("Failed to allocate rbuf!\n");
        return -ENOMEM;
    }
    return 0;
}
```

上面打开字符设备的操作，除了分配传输所用的缓冲区，没有做任何其他事情。这些缓冲区将在设备文件关闭时被释放，这将导致调用设备的释放函数，实现方法如下：

```
int dma_release(struct inode *inode, struct file *filp)
{
    kfree(wbuf);
    kfree(rbuf);
    return 0;
}
```

下面是读取函数的实现。读取函数只是向内核的消息缓冲区中添加一条消息，并报告 DMA 操作的结果。实现方法如下：

```
ssize_t dma_read(struct file *filp, char __user *buf,
            size_t count, loff_t *offset)
{
    pr_info("DMA result: %d!\n", dma_result);
    return 0;
}
```

接下来的内容与 DMA 相关。首先实现 completion 回调函数，该回调函数除了在我们的完成结构上调用 complete() 并在内核日志缓冲区中添加一条跟踪信息，没有做任何其他事情。它的实现方法如下：

```
static void dma_m2m_callback(void *data)
{
    pr_info("in %s\n", __func__);
    complete(&dma_m2m_ok);
}
```

我们选择在写入函数中实现所有的 DMA 逻辑。这个选择没有技术上的原因。用户可以根据以下实现来调整代码结构：

```
ssize_t dma_write(struct file *filp,
            const char __user *buf,
            size_t count, loff_t *offset)
{
    u32 *index, i;
    size_t err = count;
    dma_cookie_t cookie;
    dma_cap_mask_t dma_m2m_mask;
    dma_addr_t dma_src, dma_dst;
    struct dma_slave_config dma_m2m_config = {0};
    struct dma_async_tx_descriptor *dma_m2m_desc;
}
```

在上面的代码中，我们需要用一些变量来进行内存到内存的 DMA 传输。

现在变量已经定义好了，接下来用一些内容初始化源缓冲区，这些内容稍后将通过 DMA 操作被复制到目标缓冲区中：

```
pr_info("Initializing buffer\n");
index = wbuf;
for (i = 0; i < DMA_BUF_SIZE / 4; i++){
    *(index + i) = 0x56565656;
}
data_dump("WBUF initialized buffer", (u8 *)wbuf,DMA_BUF_SIZE);
pr_info("Buffer initialized\n");
```

源缓冲区已经准备好了，下面编写与 DMA 相关的代码。

第 1 步，初始化 DMA 控制器并请求一个 DMA 通道：

```
dma_cap_zero(dma_m2m_mask);
dma_cap_set(DMA_MEMCPY, dma_m2m_mask);
dma_m2m_chan = dma_request_channel(dma_m2m_mask,NULL, NULL);
if (!dma_m2m_chan){
    pr_err("Error requesting the DMA channel\n");
    return -EINVAL;
}else{
    pr_info("Got DMA channel %d\n",dma_m2m_chan->chan_id);
}
```

在上面的例子中，也可以用 dma_m2m_chan=dma_request_chan_by_mask(&dma_m2m_mask);注册通道。使用这种方法的好处是，只需要在参数中指定掩码即可，驱动程序不需要理会其他参数。

第 2 步，设置从设备控制器特定的参数，然后为源缓冲区和目标缓冲区创建映射：

```
dma_m2m_config.direction = DMA_MEM_TO_MEM;
dma_m2m_config.dst_addr_width =DMA_SLAVE_BUSWIDTH_4_BYTES;
dmaengine_slave_config(dma_m2m_chan,&dma_m2m_config);
pr_info("DMA channel configured\n");

/* Grab bus addresses to prepare the DMA transfer */
dma_src = dma_map_single(&dev, wbuf, DMA_BUF_SIZE,DMA_TO_DEVICE);
if (dma_mapping_error(&dev, dma_src)){
    pr_err("Could not map src buffer\n");
    err = -ENOMEM;
    goto channel_release;
}
```

```
dma_dst = dma_map_single(&dev, rbuf, DMA_BUF_SIZE,DMA_FROM_DEVICE);
if (dma_mapping_error(&dev, dma_dst)){
    dma_unmap_single(&dev, dma_src,DMA_BUF_SIZE, DMA_TO_DEVICE);
    err = -ENOMEM;
    goto channel_release;
}
pr_info("DMA mappings created\n");
```

第 3 步，为事务获取一个描述符：

```
dma_m2m_desc =dmaengine_prep_dma_memcpy(dma_m2m_chan,
                    dma_dst, dma_src, DMA_BUF_SIZE, 0);
if (!dma_m2m_desc){
    pr_err("error in prep_dma_sg\n");
    err = -EINVAL;
    goto dma_unmap;
}
dma_m2m_desc->callback = dma_m2m_callback;
```

调用 dmaengine_prep_dma_memcpy() 会导致调用 dma_m2m_chan->device->device_prep_dma_memcpy()。然而，建议使用 DMA 引擎的方法，因为它更具有可移植性。

第 4 步，提交 DMA 事务：

```
 cookie = dmaengine_submit(dma_m2m_desc);
 if (dma_submit_error(cookie)) {
     pr_err("Unable to submit the DMA coockie\n");
     err = -EINVAL;
     goto dma_unmap;
 }
 pr_info("Got this cookie: %d\n", cookie);
```

现在事务已经提交，可以执行第 5 步，也是最后一步，发出待处理的 DMA 请求并等待回调通知：

```
dma_async_issue_pending(dma_m2m_chan);
pr_info("waiting for DMA transaction...\n");

/* you also can use wait_for_completion_timeout() */
wait_for_completion(&dma_m2m_ok);
```

DMA 事务已经运行，我们可以检查源缓冲区和目标缓冲区的内容是否相同。然而，在访问缓冲区之前，必须对它们进行同步。幸运的是，映射取消函数执行了一个隐含的缓冲区同步操作：

```
dma_unmap :
    /* we do not care about the source anymore */
        dma_unmap_single(&dev, dma_src, DMA_BUF_SIZE,DMA_TO_DEVICE);
     /* unmap the DMA memory destination for CPU access.
      * This will sync the buffer */
    dma_unmap_single(&dev, dma_dst, DMA_BUF_SIZE,DMA_FROM_DEVICE);
     /*
      * if no error occured, then we are safe to access
      * the buffer. The buffer must be synced first, and
      * thanks to dma_unmap_single(), it is.
      */
    if (err >= 0){
        pr_info("Checking if DMA succeed ...\n");
    for (i = 0; i < DMA_BUF_SIZE / 4; i++){
        if (*(rbuf + i) != *(wbuf + i)){
            pr_err("Single DMA buffer copy falled!,
                r = % x,w = % x, % d\n ",* (rbuf + i),*(wbuf + i), i);
            return err;
        }
    }

    pr_info("buffer copy passed!\n");
    dma_result = 1;
    data_dump("RBUF DMA buffer", (u8 *)rbuf,DMA_BUF_SIZE);
}
channel_release :
    dma_release_channel(dma_m2m_chan);
dma_m2m_chan = NULL;
    return err;
}
```

　　在前面的写操作中，我们已经经历了进行 DMA 传输所需执行的 5 个步骤：（1）请求一个 DMA 通道；（2）配置这个 DMA 通道；（3）准备 DMA 传输；（4）提交这个 DMA 传输；（5）触发这个 DMA 传输，其间提供一个 completion 回调函数。

　　在完成文件操作的定义后，我们可以定义一个文件操作数据结构，如下所示：

```
struct file_operations dma_fops = {
    .open = dma_open,
    .read = dma_read,
    .write = dma_write,
    .release = dma_release,
};
```

我们已经设置好了文件操作，接下来可以实现模块的初始化函数，其中创建并注册字符设备的代码如下：

```c
int __init dma_init_module(void)
{
    int error;
    struct device *dma_test_dev;
    /* register a character device */
    error = register_chrdev(0, "dma_test", &dma_fops);
    if (error < 0){
        pr_err("DMA test driver can't get major number\n");
        return error;
    }
    gMajor = error;
    pr_info("DMA test major number = %d\n", gMajor);
    dma_test_class = class_create(THIS_MODULE,"dma_test");
    if (IS_ERR(dma_test_class)){
        pr_err("Error creating dma test module class.\n");
        unregister_chrdev(gMajor, "dma_test");
        return PTR_ERR(dma_test_class);
    }
    dma_test_dev = device_create(dma_test_class, NULL,
                MKDEV(gMajor, 0), NULL, "dma_test");
    if (IS_ERR(dma_test_dev)){
        pr_err("Error creating dma test class device.\n");
        class_destroy(dma_test_class);
        unregister_chrdev(gMajor, "dma_test");
        return PTR_ERR(dma_test_dev);
    }
    dev_set_name(&dev, "dmda-test-dev");
    device_register(&dev);
    pr_info("DMA test Driver Module loaded\n");
    return 0;
}
```

在模块初始化时创建并注册一个字符设备，并且当模块被卸载时，必须撤销此操作，这是在模块的退出函数中实现的，如下所示：

```c
static void dma_cleanup_module(void)
{
    unregister_chrdev(gMajor, "dma_test");
    device_destroy(dma_test_class, MKDEV(gMajor, 0));
    class_destroy(dma_test_class);
    device_unregister(&dev);
```

```
        pr_info("DMA test Driver Module Unloaded\n");
}
```

至此，我们可以将模块的初始化函数和退出函数注册到驱动程序中，并为我们的模块提供元数据，具体做法如下：

```
module_init(dma_init_module);
module_exit(dma_cleanup_module);


MODULE_AUTHOR("John Madieu, <john.madieu@laabcsmart.com>");
MODULE_DESCRIPTION("DMA test driver");
MODULE_LICENSE("GPL");
```

完整的代码可以在本书 GitHub 仓库的 chapter-12/directory 目录中找到。

你现在已经熟悉了 DMA 引擎 API，并通过具体的示例进行了总结。下面讨论一种特定的 DMA 传输，即循环 DMA，它主要用于 UART 驱动程序。

11.5 关于循环 DMA 的说明

循环 DMA 是一种特殊的 DMA 传输模式，其中 I/O 外设驱动数据事务，并通过周期性的基础触发重复 DMA 传输。在使用 DMA 控制器公开的回调函数时，你已经看到了 dma_device.device_prep_dma_cyclic，它是 dmaengine_prep_dma_cyclic() 函数的后端。该函数的原型如下：

```
struct dma_async_tx_descriptor
    *dmaengine_prep_dma_cyclic(
        struct dma_chan *chan,dma_addr_t buf_addr,
        size_t buf_len,size_t period_len,
        enu dma_transfer_direction dir,
        unsigned long flags)
```

其中，chan 是分配的 DMA 通道结构，buf_addr 是映射 DMA 缓冲区的句柄，buf_len 是 DMA 缓冲区的大小，period_len 是一个循环周期的大小，dir 是 DMA 传输的方向，flags 是 DMA 传输的控制标志。如果成功，则返回一个 DMA 通道描述符结构，用于为 DMA 传输分配 completion 回调函数。大多数情况下，flags 对应于 DMA_PREP_INTERRUPT，这意味着在每个循环周期完成时应调用 DMA 传输的回调函数。

循环模式主要用于 tty 驱动程序，其中数据被馈送到 FIFO 环形缓冲区中。在此模式下，分配的 DMA 缓冲区被分成大小相等的周期（通常称为循环周期），以便每当完成一个这样的传输时，就会调用回调函数。

已实现的回调函数用于跟踪环形缓冲区的状态，缓冲区的管理是使用内核环形缓冲区 API 实现的（因此需要包含<linux/circ_buf.h>），如图 11.3 所示。

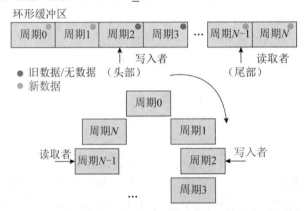

图 11.3　循环 DMA 的环形缓冲区

下面是一个来自 Atmel 串口驱动程序（drivers/tty/serial/atmel_serial.c）的例子，它非常好地展示了循环 DMA 的原理。

驱动程序首先准备 DMA 资源，如下所示：

```
static int atmel_prepare_rx_dma(struct uart_port *port)
{
    struct atmel_uart_port *atmel_port = to_atmel_uart_port(port);
    struct device *mfd_dev = port->dev->parent;
    struct dma_async_tx_descriptor *desc;
    dma_cap_mask_t        mask;
    struct dma_slave_config config;
    struct circ_buf       *ring;
    int ret, nent;


    ring = &atmel_port->rx_ring;
    dma_cap_zero(mask);
    dma_cap_set(DMA_CYCLIC, mask);


    atmel_port->chan_rx = dma_request_slave_channel(mfd_dev, "rx");
    sg_init_one(&atmel_port->sg_rx, ring->buf,
                sizeof(struct atmel_uart_char) * ATMEL_SERIAL_RINGSIZE);
    nent = dma_map_sg(port->dev, &atmel_port->sg_rx, 1, DMA_FROM_DEVICE);
```

```
 /* Configure the slave DMA */
 [...]
 ret = dmaengine_slave_config(atmel_port->chan_rx,&config);
 /* Prepare a cyclic dma transfer, assign 2
  * descriptors, each one
                is half ring buffer size */
desc = dmaengine_prep_dma_cyclic(
    atmel_port->chan_rx, sg_dma_address(&atmel_port->sg_rx),
    sg_dma_len(&atmel_port->sg_rx), sg_dma_len(&atmel_port->sg_rx) / 2,
    DMA_DEV_TO_MEM, DMA_PREP_INTERRUPT);
desc->callback = atmel_complete_rx_dma;
desc->callback_param = port;
atmel_port->desc_rx = desc;
atmel_port->cookie_rx = dmaengine_submit(desc);


dma_async_issue_pending(chan);
return 0;


chan_err:
[...]
}
```

为了提高可读性，错误检查已省略。atmel_prepare_rx_dma()函数首先在请求 DMA 通道之前设置适当的 DMA 能力掩码[使用 dma_cap_set()]。通道请求成功后，创建映射（流 DMA 映射），并使用 dmaengine_slave_config()配置通道。然后通过 dmaengine_prep_dma_cyclic()获取循环 DMA 的传输描述符，并使用 DMA_PREP_INTERRUPT 指令告知 DMA 引擎核心在每个周期传输结束时调用回调函数。最后，将获得的传输描述符与回调函数及其参数一起配置，使用 dmaengine_submit()提交给 DMA 控制器，并使用 dma_async_issue_pending()触发传输。

请注意，上述示例仅用于说明目的，而省略了错误检查和其他细节。在实际编写驱动程序时，应进行适当的错误处理和逻辑完善。

atmel_complete_rx_dma()回调函数将调度一个 tasklet，这个 tasklet 的处理程序为 atmel_tasklet_rx_func()。该处理程序将调用真正的 DMA 完成回调函数 atmel_rx_from_dma()，该回调函数的实现如下所示：

```
static void atmel_rx_from_dma(struct uart_port *port)
{
    struct atmel_uart_port *atmel_port = to_atmel_uart_port(port);
    struct tty_port *tport = &port->state->port;
    struct circ_buf *ring = &atmel_port->rx_ring;
```

```
    struct dma_chan *chan = atmel_port->chan_rx;
    struct dma_tx_state state;
    enum dma_status dmastat;
    size_t count;
    dmastat = dmaengine_tx_status(chan, atmel_port->cookie_rx, &state);
    /* CPU claims ownership of RX DMA buffer */
    dma_sync_sg_for_cpu(port->dev, &atmel_port->sg_rx, 1,DMA_FROM_DEVICE);
     /* The current transfer size should not be larger
     * than the dma buffer length.
     */
    ring->head = sg_dma_len(&atmel_port->sg_rx) - state.residue;

    /* we first read from tail to the end of the buffer,then reset tail */
    if (ring->head < ring->tail){
        count = sg_dma_len(&atmel_port->sg_rx) - ring->tail;
        tty_insert_flip_string(tport, ring->buf + ring->tail, count);
            ring->tail = 0;
            port->icount.rx += count;
    }


    /* Finally we read data from tail to head */
     if (ring->tail < ring->head){
          count = ring->head - ring->tail;
        tty_insert_flip_string(tport, ring->buf + ring->tail,count);
        /* Wrap ring->head if needed */
       if (ring->head >= sg_dma_len(&atmel_port->sg_rx))
            ring->head = 0;
        ring->tail = ring->head;
        port->icount.rx += count;
    }


     /* USART retrieves ownership of RX DMA buffer */
     dma_sync_sg_for_device(port->dev, &atmel_port->sg_rx, 1, DMA_FROM_DEVICE);
    [...]
    tty_flip_buffer_push(tport);
    [...]
    }
```

　　在 DMA 完成回调函数中，我们可以看到在 CPU 访问缓冲区之前，可以通过调用
dma_sync_sg_for_cpu() 来使相应的硬件缓存行失效。然后执行一些与环形缓冲区和 tty 设
备相关的操作（分别是读取接收到的数据以及将它们转发到 TTY 层）。最后，在调用
dma_sync_sg_for_device() 之后，将缓冲区返回给设备。

综上，上述示例不仅展示了循环 DMA 的工作原理，还展示了如何解决缓冲区一致性问题（在 CPU 或设备传输数据的过程中，当缓冲区被重复使用时存在数据一致性问题）。

你已经学习了如何设置传输、启动传输并等待传输完成。接下来，我们将学习如何从设备树或代码中指定和获取 DMA 通道。

11.6　了解 DMA 和设备树绑定

DMA 通道的设备树绑定取决于 DMA 控制器节点，DMA 控制器节点与 SoC 相关，而一些参数（如 DMA 单元）可能因 SoC 而异。本节的例子仅侧重于 i.MX SDMA 控制器，它可以在内核源代码中找到，路径为 Documentation/devicetree/bindings/dma/fsl-imx-sdma.txt。

消费者绑定

根据 SDMA 事件映射表，以下代码显示了 i.MX 6Dual/6Quad 中外设的 DMA 请求信号：

```
uart1 : serial @02020000{
    compatible = "fsl,imx6sx-uart", "fsl,imx21-uart";
    reg = <0x02020000 0x4000>;
    interrupts = <GIC_SPI 26 IRQ_TYPE_LEVEL_HIGH>;
    clocks = <&clks IMX6SX_CLK_UART_IPG>, <&clks IMX6SX_CLK_UART_SERIAL>;
    clock-names = "ipg", "per";
    dmas = <&sdma 25 4 0>, <&sdma 26 4 0>;
    dma-names = "rx", "tx";
    status = "disabled";
};
```

dmas 属性中的第 2 个单元格（25 和 26）对应于 DMA 请求/事件 ID。这些值来自 SoC 手册（这里的情况是 i.MX53）。dmas 属性中的第 3 个单元格表示使用的优先级。

接下来编写请求指定参数的驱动程序代码。你可以在内核源代码树的 drivers/tty/serial/imx.c 中找到完整的代码。以下是从设备树中提取元素的代码摘录：

```
static int imx_uart_dma_init(struct imx_port *sport)
{
    struct dma_slave_config slave_config = {};
    struct device *dev = sport->port.dev;
    int ret;

    /* Prepare for RX : */
    sport->dma_chan_rx = dma_request_slave_channel(dev, "rx");
    if (!sport->dma_chan_rx)
        /* cannot get the DMA channel. handle error */
        [...]
```

```
[...] /* configure the slave channel */
ret =dmaengine_slave_config(sport->dma_chan_rx, &slave_config);
[...]
/* Prepare for TX */
sport -> dma_chan_tx = dma_request_slave_channel(dev, "tx");
if (!sport->dma_chan_tx){
    /* cannot get the DMA channel. handle error */
   [...]

[...] /* configure the slave channel */
ret =dmaengine_slave_config(sport->dma_chan_tx, &slave_config);
if (ret)
   {
   [...] /* handle error */
   }
   [...]
}
```

关键调用 dma_request_slave_channel()将用 of_dma_request_slave_ channel()解析设备
节点（在设备树中），并根据 DMA 通道名称收集通道设置。

11.7　总结

DMA 是许多现代 CPU 具有的功能。本章为你提供了使用内核 DMA 映射和 DMA
引擎 API 充分利用此功能的必要步骤。毫无疑问，学完本章后，你已经能够设置至少一
个内存到内存的 DMA 传输。更多信息可以在内核源代码树的 Documentation/dmaengine/
目录中找到。

第 12 章将要介绍的 Regmap API 引入了面向内存的抽象，以统一访问面向内存的设
备（如 I²C、SPI 或内存映射设备）。

第 12 章
内存访问抽象化——Regmap API 简介：寄存器映射抽象化

在 Regmap API 被开发出来之前，处理 SPI、I²C 或内存映射设备的设备驱动程序中存在冗余代码。许多设备驱动程序包含的用于访问硬件设备寄存器的代码非常相似。

图 12.1 展示了引入 Regmap API 之前的 I²C、SPI 和内存映射访问方式。

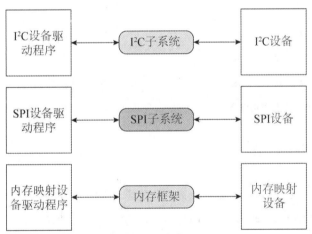

图 12.1　引入 Regmap API 之前的 I²C、SPI 和内存映射访问方式

Regmap API 是在 Linux 内核的 3.1 版本中引入的，它提供了一种解决方案，旨在对相似的硬件寄存器访问代码进行分解和统一，避免代码冗余，并使共享基础设施变得更加容易。因此，只需要初始化和配置 Regmap API，并流畅地处理任何读取/写入/修改操作，无论是 SPI、I²C 还是内存映射，都可以轻松完成。

图 12.2 展示了引入 Regmap API 之后的 I²C、SPI 和内存映射访问方式。

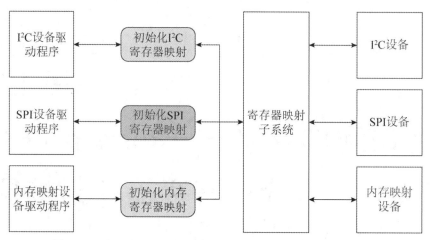

图 12.2　引入 Regmap API 之后的 I²C、SPI 和内存映射访问方式

图 12.2 描述了 Regmap API 如何统一设备与相应总线框架之间的事务。在本章中，我们将尽可能涵盖 Regmap API 的方方面面，从 Regmap 初始化到复杂的 Regmap 用例。

本章将讨论如下主题：

- 初识 Regmap；
- Regmap 初始化；
- 使用 Regmap 寄存器访问函数；
- 将所有内容整合在一起——基于 Regmap 的 SPI 设备驱动程序示例；
- 从用户空间利用 Regmap。

12.1　初识 Regmap

Regmap 是通过 CONFIG_REGMAP 内核配置选项启用的，它由一些数据结构组成，其中最为重要的是 struct regmap_config（表示 Regmap 的配置）和 struct regmap（表示 Regmap 实例本身）。也就是说，Regmap 的所有数据结构都定义在 include/linux/regmap.h 中。因此，所有基于 Regmap 的驱动程序都必须包含这个头文件：

```
#include <linux/regmap.h>
```

通过包含这个头文件，许多数据结构都将可用，其中最重要的是 struct regmap_config。

了解 struct regmap_config 数据结构

struct regmap_config 数据结构用于存储驱动程序生命周期中寄存器映射的配置。其中设置的内容会影响内存读写操作。这是 Regmap 最重要的数据结构，定义如下：

```
struct regmap_config {
    const char *name;
    int reg_bits;
    int reg_stride;
    int pad_bits;
    int val_bits;
    bool (*writeable_reg)(struct device *dev, unsigned int reg);
    bool (*readable_reg)(struct device *dev, unsigned int reg);
    bool (*volatile_reg)(struct device *dev, unsigned int reg);
    bool (*precious_reg)(struct device *dev, unsigned int reg);
    bool disable_locking;
    regmap_lock lock;
    regmap_unlock unlock;
    void *lock_arg;
    int (*reg_read)(void *context, unsigned int reg, unsigned int *val);
    int (*reg_write)(void *context, unsigned int reg, unsigned int val);
    bool fast_io;
    unsigned int max_register;
    const struct regmap_access_table *wr_table;
    const struct regmap_access_table *rd_table;
    const struct regmap_access_table *volatile_table;
    const struct regmap_access_table *precious_table;
    [...]
    const struct reg_default *reg_defaults;
    unsigned int num_reg_defaults;
    enum regcache_type cache_type;
    const void *reg_defaults_raw;
    unsigned int num_reg_defaults_raw;

    unsigned long read_flag_mask;
    unsigned long write_flag_mask;

    bool use_single_rw;
    bool can_multi_write;

    enum regmap_endian reg_format_endian;
    enum regmap_endian val_format_endian;
    const struct regmap_range_cfg *ranges;
    unsigned int num_ranges;
}
```

以上数据结构中各个字段的含义如下。

- reg_bits 是必填字段，表示寄存器地址中有效位的数量。
- 有效的寄存器地址必须是 reg_stride 值的倍数。例如，如果 reg_stride 设置为 4，那么只有当寄存器地址是 4 的倍数时，该寄存器地址才被视为有效地址。
- pad_bits 是寄存器和寄存器值之间的填充位数，也是在格式化时需要将寄存器值左移的位数。
- val_bits 表示用于存放寄存器值的位数。这也是必填字段。
- writeable_reg 是可选的回调函数。如果提供了该回调函数，那么当需要写入寄存器时，Regmap 子系统将使用它。在写入寄存器之前，内核会自动调用此回调函数来检查寄存器是否可写。以下是使用这样的回调函数的示例：

```
static bool foo_writeable_register(struct device *dev, unsigned int reg)
{
    switch (reg) {
    case 0x30 ... 0x38:
    case 0x40 ... 0x45:
    case 0x50 ... 0x57:
    case 0x60 ... 0x6e:
    case 0x70 ... 0x75:
    case 0x80 ... 0x85:
    case 0x90 ... 0x95:
    case 0xa0 ... 0xa5:
    case 0xb0 ... 0xb2:
            return true;
    default:
            return false;
    }
}
```

- readable_reg 与 writeable_reg 相似，但适用于寄存器读取操作。
- volatile_reg 也是可选的回调函数，每当通过 Regmap 缓存读取或写入寄存器时，就会调用它。如果寄存器是易失性的，该回调函数应返回 true，然后在寄存器上直接进行读取/写入。如果返回 false，则表示寄存器是可缓存的。在这种情况下，使用缓存执行读取操作，并在执行写入操作时写入缓存：

```
static bool foo_volatile_register(struct device *dev, unsigned int reg)
{
    switch (reg) {
    case 0x24 ... 0x29:
    case 0xb6 ... 0xb8:
            return true;
```

```
        default:
                return false;
    }
}
```

- precious_reg 是可选的回调函数。有些设备对寄存器的读取非常敏感，尤其是那些在读取时清除中断状态的寄存器。这个可选的回调函数必须返回 true，以便当指定的寄存器属于这种情况时，阻止核心（如 debugfs）从内部生成任何对该寄存器的读取。这样，只有驱动程序的显式读取才会被允许。

- disable_locking 用于指明是否应该使用锁定/解锁回调函数。如果这个布尔字段为 false，则意味着不使用任何锁定机制。Regmap 对象要么通过外部手段受到保护，要么保证不被从多个线程访问。

- lock/unlock 是可选的锁定/解锁回调函数，用于覆盖 Regmap 默认的锁定/解锁函数（基于自旋锁或互斥锁，并且取决于访问底层设备是否可能使调用者进入睡眠状态）。

- lock_arg 作为可选锁定/解锁函数的唯一参数使用（如果未覆盖 Regmap 默认的锁定/解锁函数，它将被忽略）。

- reg_read：如果设备不支持简单的 I²C/SPI 读取操作，则不得不编写定制的读取函数，reg_read 应指向该函数。但大多数设备不需要这样做。

- reg_write 与 reg_read 相似，但用于写操作。

- fast_io 表示寄存器 I/O 速度很快。如果设置了这个字段，Regmap 将使用自旋锁而非互斥锁执行锁定。如果使用定制的锁定/解锁函数，该字段将被忽略（请参阅内核源代码的 struct regmap_config 数据结构中的 lock/unlock 字段）。它应该仅用于"无总线"情况（MMIO 设备），因为访问 I²C、SPI 或其他类似的总线可能会使调用者进入睡眠状态。

- max_register：此可选字段指定不允许执行任何操作的最大有效寄存器地址。

- wr_table：你可以提供一个 regmap_access_table 对象，而不是提供 writeable_reg 回调函数。regmap_access_table 对象是一个包含 yes_ranges 和 no_ranges 字段的结构体实例，这两个字段都是指向 regmap_range 对象的指针。属于 yes_ranges 条目的任何寄存器都将视为可写，而属于 no_ranges 条目的寄存器则视为不可写。

- rd_table 与 wr_table 相似，但用于读取操作。

- volatile_table：你可以提供 volatile_table，而不是提供 volatile_reg。原则与 wr_table 或 rd_table 相同，但用于缓存机制。

- precious_table 与 volatile_table 相似，但用于重要的寄存器。
- reg_defaults 是一个 reg_default 元素的数组，其中的每个 reg_default 元素所使用的 {reg,value} 结构表示寄存器的上电复位值。请将它与缓存一起使用，以便在对位于此数组中并且自上次上电复位以来尚未写入的地址进行读取时，返回此数组中的默认寄存器值，而无须执行设备上的任何读取事务。
- num_reg_defaults 是 reg_defaults 数组中的元素数量。
- cache_type 表示实际的缓存类型，可以是 REGCACHE_NONE、REGCACHE_RBTREE、REGCACHE_COMPRESSED 或 REGCACHE_FLAT。
- read_flag_mask 是进行读取时要应用于寄存器顶部字节的掩码。通常，在针对 SPI 或 I²C 的写入或读取操作的顶部字节中，最高位被设置用于区分写入和读取操作。
- write_flag_mask 是进行写入时要应用于寄存器顶部字节的掩码。
- use_single_rw 是一个布尔字段，用于指示寄存器映射将设备上的任何批量写入或读取操作转换为一系列的单个写入或读取操作。它对于不支持批量读取或写入的设备非常有用。
- can_multi_write 仅针对写操作。如果设置为 true，则表示支持批量写入操作的多写模式。如果设置为 false，多写请求将被拆分为单独的写入操作。

你可以在 include/linux/regmap.h 中查找有关上述每个字段的更多详细信息。以下是 regmap_config 的初始化示例：

```
static const struct regmap_config = {
    .reg_bits       = 8,
    .val_bits       = 8,
    .max_register   = LM3533_REG_MAX,
    .readable_reg   = lm3533_readable_register,
    .volatile_reg   = lm3533_volatile_register,
    .precious_reg   = lm3533_precious_register,
};
```

上面的示例展示了如何构建基本的寄存器映射配置。尽管在配置数据结构中仅仅设置了很少的几个元素，但我们可以通过了解已经描述的每个元素来设置增强配置。

你已经了解了 Regmap 配置，下面让我们看看如何使用 Regmap 配置，这需要借助与需求相对应的初始化函数来进行。

12.2 Regmap 初始化

Regmap 支持 SPI、I²C 和内存映射寄存器访问，它们各自的支持可以通过 CONFIG_REGMAP_SPI、CONFIG_REGMAP_I2C 和 CONFIG_REGMAP_MMIO 内核配置选项在内核中启用。Regmap 还可以管理中断，但这超出了本书的讨论范围。根据你在驱动程序中需要支持的内存访问方法，需要在探测函数中调用 devm_regmap_init_i2c()、devm_regmap_init_spi() 或 devm_regmap_init_mmio()。要编写通用驱动程序，Regmap 是最佳选择。

Regmap 初始化仅在总线类型之间有所不同，其他都是相同的。在探测函数中始终初始化寄存器映射是一个很好的习惯，而且你必须在使用以下 API 之一初始化寄存器映射之前始终填充 regmap_config 元素：

```
struct regmap *devm_regmap_init_spi(struct spi_device *spi,
                    const struct regmap_config);
struct regmap *devm_regmap_init_i2c(struct i2c_client *i2c,
                    const struct regmap_config);
struct regmap *devm_regmap_init_mmio(struct device *dev,
                    void __iomem *regs,const struct regmap_config *config)
```

以上资源管理 API 所分配的资源在设备离开系统或驱动程序卸载时会被自动释放。返回值将是一个指向有效 Regmap 对象的指针，或在失败时返回 ERR_PTR()错误。regs 是指向 MMIO 区域的指针（通过 devm_ioremap_resource()或任何 ioremap*函数返回）。dev 是与之交互的设备，在内存映射 Regmap 的情况下使用；spi 和 i²c 分别是在 SPI 或 I²C 基础上进行交互的 SPI 或 I²C 设备。

使用其中一个资源管理 API 足以开始与底层设备进行交互。无论 Regmap 是 I²C、SPI 还是内存映射寄存器映射，只要还没有使用资源管理 API 的变体进行初始化，就必须使用 regmap_exit()函数进行释放：

```
void regmap_exit(struct regmap *map);
```

这个函数将简单地释放之前分配的寄存器映射。现在寄存器访问方法已经定义好，我们可以转向设备访问函数，这些函数允许从设备寄存器读取或写入数据。

12.3　使用 Regmap 寄存器访问函数

重新映射寄存器访问方法处理数据的解析、格式化和传输。在大多数情况下，设备访问是使用 regmap_read()、regmap_write() 和 regmap_update_bits() 函数进行的，这 3 个重要的函数用于将数据写入设备或者从设备上读取数据。它们的原型分别如下：

```
int regmap_read(struct regmap *map, unsigned int reg, unsigned int *val);
int regmap_write(struct regmap *map, unsigned int reg, unsigned int val);
int regmap_update_bits(struct regmap *map,
                    unsigned int reg, unsigned int mask,unsigned int val);
```

regmap_write() 函数将数据写入设备。如果在 regmap_config 中设置了 max_register，则检查需要访问的寄存器地址是大于还是小于 max_register。如果传递的寄存器地址小于或等于 max_register，则执行下一步操作；否则，Regmap 核心将返回无效的 I/O 错误（-EIO）。接下来调用 writeable_reg 回调函数。该回调函数必须在继续下一步之前返回 true，如果返回 false，则产生 -EIO 并停止写操作。如果设置了 wr_table 而不是 writeable_reg，则会发生以下情况。

- 如果寄存器地址在 no_ranges 中，则返回 -EIO。
- 如果寄存器地址在 yes_ranges 中，则执行下一步操作。
- 如果寄存器地址不在 yes_ranges 或 no_ranges 中，则返回 -EIO 并终止操作。

如果 cache_type != REGCACHE_NONE，则启用缓存。在这种情况下，首先使用新值更新缓存条目，然后执行对硬件的写入操作，否则不执行任何缓存操作。如果提供了 reg_write 回调函数，则用它执行写入操作；否则执行通用 Regmap 的写入函数，将数据写入指定的寄存器地址。

regmap_read() 函数从设备上读取数据。它的工作方式与 regmap_write() 函数完全相同，也具有相应的数据结构（readable_reg 和 rd_table）。因此，如果提供了 reg_read 回调函数，则用它来执行读取操作，否则执行通用 Reagmap 的读取函数。

regmap_update_bits() 函数在指定的寄存器地址执行读取/修改/写入循环。它是 _regmap_update_bits() 函数的封装器，该函数的原型如下：

```
static int _regmap_update_bits(struct regmap *map,
                        unsigned int reg, unsigned int mask,
                        unsigned int val, bool *change, bool force_write)
{
    int ret;
    unsigned int tmp, orig;
```

```
    if (change)
        *change = false;
    if (regmap_volatile(map, reg) && map->reg_update_bits) {
        ret = map->reg_update_bits(map->bus_context, reg, mask, val);
        if (ret == 0 && change)
            *change = true;
    } else {
        ret = _regmap_read(map, reg, &orig);
        if (ret != 0)
            return ret;

        tmp = orig & ~mask;
        tmp |= val & mask;
        if (force_write || (tmp != orig)) {
            ret = _regmap_write(map, reg, tmp);
            if (ret == 0 && change)
                *change = true;
        }
    }
    return ret;
}
```

这样，需要更新的位就必须在 mask 中设置为 1，并且相应的位应该在 val 中设置为需要赋给它们的值。

作为示例，要将第 1 位和第 3 位设置为 1，则 mask 应为 0b00000101，val 应为 0bxxxxx1x1。要清除第 7 位，则 mask 应为 0b01000000，val 应为 0bx0xxxxxx，依此类推。

12.3.1　批量和多寄存器读写函数

regmap_multi_reg_write() 是允许你将多个寄存器写入设备的函数之一，其原型如下：

```
int regmap_multi_reg_write(struct regmap *map,
                           const struct reg_sequence *regs, int num_regs);
```

其中，regs 是一个 reg_sequence 元素的数组，表示写入序列的寄存器/寄存器值对，每次写入之后可选的延迟以微秒为单位。struct reg_sequence 数据结构的定义如下：

```
struct reg_sequence {
    unsigned int reg;
    unsigned int def;
    unsigned int delay_us;
};
```

其中，reg 是寄存器地址；def 是寄存器值；delay_us 是寄存器写入后应用的延迟，以微秒为单位。

该数据结构的用法如下：

```
static const struct reg_sequence foo_default_regs[] = {
        {FOO_REG1,      0xB8},
        {BAR_REG1,      0x00},
        {FOO_BAR_REG1, 0x10},
        {REG_INIT,      0x00},
        {REG_POWER,     0x00},
        {REG_BLABLA,     0x00},
};
static int probe(...)
{
        [...]
        ret=regmap_multi_reg_write(my_regmap,foo_default_regs,
        ARRAY_SIZE(foo_default_regs));
        [...]
}
```

regmap_bulk_read()和 regmap_bulk_write()函数则从设备读取/写入多个寄存器，它们适用于大块数据。这两个函数定义如下：

```
int regmap_bulk_read(struct regmap *map, unsigned int reg, void *val,
                    size_t val_count);
int regmap_bulk_write(struct regmap *map, unsigned int reg,
                    const void *val, size_t val_count);
```

其中，map 是要操作的寄存器映射，reg 表示读/写操作必须从哪个寄存器地址开始。在读取的情况下，val 将包含读取的值；在写入的情况下，val 必须指向要写入设备的数据数组。最后，val_count 是 val 中的元素数量。

12.3.2　理解 Regmap 缓存系统

显然，Regmap 支持数据缓存。是否使用缓存系统取决于 regmap_config 中 cache_type 字段的值。查看 include/linux/regmap.h，该字段可能的值如下：

```
/* An enum of all the supported cache types */
enum regcache_type {
    REGCACHE_NONE,
    REGCACHE_RBTREE,
    REGCACHE_COMPRESSED,
```

```
        REGCACHE_FLAT,
};
```

缓存类型默认设置为 REGCACHE_NONE，这意味着缓存被禁用。其他值只是定义了如何存储缓存。你的设备可能在某些寄存器中具有预定义的上电复位值。这些值可以存储在数组中，以便任何读取操作都返回该数组中包含的值。然而，任何写入操作都会影响设备中的实际寄存器，并更新该数组中的内容。这是一种可以用来加速访问设备的缓存。这个数组就是 struct reg_default。该数据结构定义如下：

```
struct reg_default {
    unsigned int reg;
    unsigned int def;
};
```

其中，reg 是寄存器地址，def 是寄存器的默认值。如果 cache_type 字段设置为 none，reg_default 元素将被忽略。如果未设置 reg_default 元素但仍启用缓存，则创建相应的缓存结构。它非常简单易用，只需要声明它并将它作为参数传递给 regmap_config 即可。让我们看一下位于 drivers/regulator/ltc3589.c 中的 LTC3589 稳压器驱动程序：

```
static const struct reg_default ltc3589_reg_defaults[] = {
{LTC3589_SCR1, 0x00},
{LTC3589_OVEN, 0x00},
{LTC3589_SCR2, 0x00},
{LTC3589_VCCR, 0x00},
{LTC3589_B1DTV1, 0x19},
{LTC3589_B1DTV2, 0x19},
{LTC3589_VRRCR, 0xff},
{LTC3589_B2DTV1, 0x19},
{LTC3589_B2DTV2, 0x19},
{LTC3589_B3DTV1, 0x19},
{LTC3589_B3DTV2, 0x19},
{LTC3589_L2DTV1, 0x19},
{LTC3589_L2DTV2, 0x19},
};
static const struct regmap_config ltc3589_regmap_config = {
    .reg_bits = 8,
    .val_bits = 8,
    .writeable_reg = ltc3589_writeable_reg,
    .readable_reg = ltc3589_readable_reg,
    .volatile_reg = ltc3589_volatile_reg,
    .max_register = LTC3589_L2DTV2,
    .reg_defaults = ltc3589_reg_defaults,
```

```
    .num_reg_defaults = ARRAY_SIZE(ltc3589_reg_defaults),
    .use_single_rw = true,
    .cache_type = REGCACHE_RBTREE,
};
```

对 ltc3589_req_defaults 数组中任何一个寄存器的读操作都会立即返回该数组中的值。但是，写操作将在设备本身执行，并且将更新该数组中受影响的寄存器。这样，读取 LTC3589_VRRCR 寄存器将返回 0xff，并在该寄存器中写入一个值，同时更新该数组中的条目，以便任何新的读操作都将直接从缓存中返回最后写入的值。

12.4　将所有内容整合在一起——基于 Regmap 的 SPI 设备驱动程序示例

从配置到访问设备寄存器，设置 Regmap 涉及的所有步骤如下。

- 根据设备特性设置 regmap_config 对象，定义寄存器范围（如果需要的话）、默认值（如果有的话）、缓存类型（如果需要的话）等。如果需要自定义读写函数，请将它们传递给 reg_read/reg_write 字段。
- 在探测函数中，使用 devm_regmap_init_i2c()、devm_regmap_init_spi()或 devm_regmap_init_mmio()，分别根据与底层设备连接的方式——I²C、SPI 或内存映射——分配一个寄存器映射。
- 每当需要读取/写入寄存器时，调用 remap_[read|write]函数。
- 完成寄存器映射后，假设使用了资源管理函数，则不需要执行任何其他操作，因为 devres 核心会释放 Regmap 资源，否则需要调用 regmap_exit()以释放探测函数分配的寄存器映射。

Regmap 示例

为了实现我们的目标，下面首先描述一个虚拟的 SPI 设备，我们可以使用 Regmap 为它编写驱动程序。这个 SPI 设备具有以下特性。

- 支持 8 位寄存器寻址和 8 位寄存器值。
- 可以访问的最大寄存器地址为 0x80（但这不一定意味着这个 SPI 设备具有 0x80 个寄存器）。
- 写掩码为 0x80，有效的地址范围如下。
  - 0x20~0x4F。
  - 0x60~0x7F。

● 由于支持简单的 SPI 读/写操作，因此不需要提供自定义的读/写函数。

我们已经完成了设备和 Regmap 的规格说明，下面开始编写代码。首先需要包含处理 Regmap 所需的头文件：

```
#include <linux/regmap.h>
```

根据驱动程序中所需的 API，可能还需要包含其他头文件。

然后定义如下私有数据结构：

```
struct private_struct
{
    /* Feel free to add whatever you want here */
    struct regmap *map;
    int foo;
};
```

接下来定义读/写寄存器范围，即允许访问的寄存器：

```
static const struct regmap_range wr_rd_range[] =
    {
    {
            .range_min = 0x20,
            .range_max = 0x4F,
     },{
            .range_min = 0x60,
            .range_max = 0x7F
    },
        };
struct regmap_access_table drv_wr_table =
{
    .yes_ranges =    wr_rd_range,
    .n_yes_ranges = ARRAY_SIZE(wr_rd_range),
};
struct regmap_access_table drv_rd_table =
{
    .yes_ranges =    wr_rd_range,
    .n_yes_ranges = ARRAY_SIZE(wr_rd_range),
};
```

但是请注意，如果设置了 writeable_reg 和/或 readable_reg，则不需要提供 wr_table 和/或 rd_table。

接下来定义一个回调函数，每次对寄存器执行写入或读取操作时就会调用该回调函数，该回调函数必须返回 true：

```
static bool writeable_reg(struct device *dev, unsigned int reg)
{
    if (reg >= 0x20 && reg <= 0x4F)
        return true;
    if (reg >= 0x60 && reg <= 0x7F)
        return true;
    return false;
}

static bool readable_reg(struct device *dev,unsigned int reg)
{
    if (reg >= 0x20 && reg <= 0x4F)
        return true;
    if (reg >= 0x60 && reg <= 0x7F)
        return true;
    return false;
}
```

现在，所有与 Regmap 相关的操作都已经定义好，我们可以实现驱动程序的探测函数了，如下所示：

```
static int my_spi_drv_probe(struct spi_device *dev)
{
    struct regmap_config config;
    struct private_struct *priv;
    unsigned char data;

    /* setup the regmap configuration */
    memset(&config, 0, sizeof(config));
    config.reg_bits = 8;
    config.val_bits = 8;
    config.write_flag_mask = 0x80;
    config.max_register = 0x80;
    config.fast_io = true;
    config.writeable_reg = drv_writeable_reg;
    config.readable_reg = drv_readable_reg;

    /*
     * If writeable_reg and readable_reg are set,
     * there is no need to provide wr_table nor rd_table.
     * Uncomment below code only if you do not want to use
     * writeable_reg nor readable_reg.
```

```
 */
//config.wr_table = drv_wr_table;
//config.rd_table = drv_rd_table;

/* allocate the private data structures */
/* priv = kzalloc */

/* Init the regmap spi configuration */
priv->map = devm_regmap_init_spi(dev, &config);
/* Use devm_regmap_init_i2c in case of i2c bus */

/*
* Let us write into some register
* Keep in mind that, below operation will remain same
* whether you use SPI, I2C, or memory mapped Regmap.
* It is and advantage when you use regmap.
*/
regmap_read(priv->map, 0x30, &data);
[...] /* Process data */

data = 0x24;
regmap_write(priv->map, 0x23, data); /* write new value */

/* set bit 2 (starting from 0) and bit 6
*of register 0x44 */
regmap_update_bits(priv->map, 0x44,0b00100010, 0xFF);
[...] /* Lot of stuff */
return 0;
}
```

在上面的探测函数中，我们只需要演示设备规格如何转换为寄存器映射配置，并将其作为主要访问函数用于访问设备寄存器。现在，我们已经在内核中完成了 Regmap 的部分，接下来让我们看看如何从用户空间最大程度地利用 Regmap。

12.5 从用户空间利用 Regmap

从用户空间可以通过 debugfs 文件系统监视寄存器映射。为此，首先需要通过 CONFIG_DEBUG_FS 内核配置选项启用 debugfs，然后使用以下命令挂载 debugfs：

```
mount -t debugfs none /sys/kernel/debug
```

之后，你可以在/sys/kernel/debug/regmap/目录下找到 debugfs 寄存器映射实现。这个由内核源代码中的 drivers/base/regmap/regmap-debugfs.c 实现的 debugfs 视图包含了基于
Regmap API 的驱动程序/外设的寄存器缓存（镜像）。从 Regmap 的主 debugfs 目录中，
可以使用以下命令获取基于 Regmap API 的驱动程序的设备列表：

```
root@jetson-nano-devkit:~# ls -l /sys/kernel/debug/regmap/
drwxr-xr-x    2 root  root    0 Jan  1 1970 4-003c-power-slave
drwxr-xr-x    2 root  root    0 Jan  1 1970 4-0068
drwxr-xr-x    2 root  root    0 Jan  1 1970 700e3000.mipical
drwxr-xr-x    2 root  root    0 Jan  1 1970 702d3000.amx
drwxr-xr-x    2 root  root    0 Jan  1 1970 702d3100.amx
drwxr-xr-x    2 root  root    0 Jan  1 1970 hdaudioC0D3-hdaudio
drwxr-xr-x    2 root  root    0 Jan  1 1970 tegra210-admaif
drwxr-xr-x    2 root  root    0 Jan  1 1970 tegra210-adx.0
[...]
root@jetson-nano-devkit:~#
```

在上面的每个目录下，可以有以下一个或多个文件。

（1）access：对于每个寄存器，根据模式（readable、writable、volatile、precious）
编码各种访问权限。

```
root@jetson-nano-devkit:~# cat /sys/kernel/debug/regmap/4-003c-power-slave/access
00: y y y n
01: y y y n
02: y y y n
03: y y y n
04: y y y n
05: y y y n
06: y y y n
07: y y y n
08: y y y n
[...]
5c: y y y n
5d: y y y n
5e: y y y n
```

例如，第 5e 行的 y y y n 表示地址为 5e 的寄存器是可读、可写、易失的，但这不是关键。

（2）name：与寄存器映射关联的驱动程序的名称。如何查看与寄存器映射关联的驱
动程序的名称？以 702d3000.amx 寄存器映射目录项为例：

```
root@jetson-nano-devkit:~# cat /sys/kernel/debug/regmap/702d3000.amx/name
tegra210-amx
```

但是，有些寄存器映射目录项是以"dummy–"开头的，如下所示：

```
root@raspberrypi4-64:~# ls -l /sys/kernel/debug/regmap/
drwxr-xr-x 2 root root 0 Jan 1 1970 dummy-avs-monitor@fd5d2000
root@raspberrypi4-64:~#
```

当基于devtmpfs文件系统的/dev目录下没有相关的目录项时，就会设置这种目录项。你可以通过打印底层设备名称来进行检查，打印出来的底层设备名为nodev。

```
root@raspberrypi4-64:~# cat /sys/kernel/debug/regmap/dummy-avs-monitor\@fd5d2000/name
nodev
root@raspberrypi4-64:~#
```

在设备树中，可以通过搜索前缀为"dummy-"的名称来查找相关的节点，例如dummy-avs-monitor@fd5d2000：

```
avs_monitor: avs-monitor@7d5d2000 {
        compatible = "brcm,bcm2711-avs-monitor", "syscon", "simple-mfd";
        reg = <0x7d5d2000 0xf00>;
        [...]
};
```

（3）cache_bypass：将寄存器映射置于仅缓存（cache-only）模式。如果启用cache_bypass，则写入寄存器的映射将只更新硬件而不直接进行缓存。

```
root@jetson-nano-devkit:~# cat /sys/kernel/debug/regmap/702d3000.amx/cache_bypass
N
```

为了启用cache_bypass，你应该回显Y，如下所示：

```
root@jetson-nano-devkit:~# echo Y > /sys/kernel/debug/regmap/702d30[579449.571475]
tegra210-amx tegra210-amx.0: debugfs cache_bypass=Y forced
00.amx/cache_bypass
root@jetson-nano-devkit:~#
```

这将在内核日志缓冲区中另外打印一条消息。

（4）cache_dirty：表示硬件寄存器已重置为默认值，并且硬件寄存器与缓存状态不匹配。读取的值可以是Y或N。

（5）cache_only：写入N将禁用对寄存器映射的缓存，同时触发缓存同步；而写入Y将强制仅对寄存器映射中的寄存器进行缓存。读取的值将根据当前缓存启用状态返回Y或N。当读取的值为Y时，所执行的任何写入都将被缓存（只更新寄存器缓存，而不会发生硬件更改）。

（6）range：表示寄存器映射的有效寄存器范围。

```
root@jetson-nano-devkit:~# cat /sys/kernel/debug/regmap/4-003c-power-slave/range
0-5e
```

（7）rbtree：表示提供 rbtree 缓存需要增加多少内存开销。

```
root@jetson-nano-devkit:~# cat /sys/kernel/debug/regmap/4-003c-power-slave/rbtree
0-5e (95)
1 nodes, 95 registers, average 95 registers, used 175 bytes
```

（8）registers：用于读写与寄存器映射关联的实际寄存器的文件。

```
root@jetson-nano-devkit:~# cat /sys/kernel/debug/regmap/4-003c-power-slave/registers
00: d2
01: 1f
02: 00
03: dc
04: 0f
05: 00
06: 00
07: 00
08: 02
[...]
5c: 35
5d: 81
5e: 00
#
```

以上输出首先显示了寄存器地址，然后显示了对应的内容。

本节提供了对来自用户空间的 Regmap 监视的简明描述。你可以读取和写入寄存器内容，并在某些情况下更改底层 Regmap 的行为。

12.6　总结

本章展示了需要了解的有关 Regmap 的所有信息。现在你应该能够将任何标准 SPI/I²C/内存映射设备驱动程序转换到 Regmap 中。

第 13 章将揭秘内核 IRQ。第 15 章将介绍 IIO 框架，这是一个用于 ADC 的框架。到那时，使用 Regmap 编写 IIO 设备驱动程序对你来说可能是一个挑战。

第 13 章
揭秘内核 IRQ 框架

Linux 系统中的设备通过 IRQ 向内核通知特定事件,尽管有些设备支持轮询。CPU 提供的 IRQ 线可为连接设备共享或独占,这样当设备需要 CPU 时,就可以向 CPU 发送一个请求。当 CPU 收到这个请求时,便停止其当前工作并保存当前工作的上下文,以便服务于设备发出的请求。在服务完设备发出的请求后,CPU 恢复到中断发生时停止的位置。

在本章中,我们将讨论内核提供的用于管理 IRQ 的 API,以及多路复用的实现方式。此外,我们还将进一步分析和研究中断控制器驱动程序应如何编写。

本章将讨论以下主题。
- 中断的简要介绍;
- 理解中断控制器和中断多路复用;
- 深入研究高级外设 IRQ 管理;
- 揭秘 per-CPU 中断。

13.1 中断的简要介绍

在许多平台上,有一个特殊的设备负责管理 IRQ 线,该设备就是中断控制器,它位于 CPU 与中断线之间。图 13.1 显示了中断控制器和 IRQ 线是如何交互的。

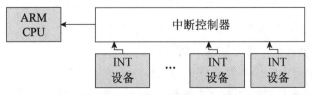

图 13.1 中断控制器和 IRQ 线

不仅设备可以引发中断，某些处理器操作也能引发中断。中断有如下两种不同的类型。

（1）同步中断，又称为异常，由 CPU 处理指令时产生。同步中断是不可屏蔽中断（Non-Maskable Interrupt，NMI），通常由硬件故障等造成。它们总是由 CPU 处理。

（2）异步中断，简称中断，由其他硬件设备发出。异步中断是可屏蔽中断，也是本章接下来要讨论的重点。

在深入讨论 Linux 内核中的中断管理之前，让我们再讨论一下异常。

异常是编程错误引发的结果，由内核处理。内核向程序发送信号，并尝试从错误中恢复。异常分为以下两类。

- 处理器检测到的异常：CPU 为响应异常情况而生成的异常，它们又分为 3 组。
    - ➢ Fault：可以解决的故障（伪指令）。
    - ➢ Trap：代表用户进程中出现的陷阱（无效的内存访问、被零除），这也是一种切换到内核模式的机制，以响应系统调用。如果陷阱确由内核代码引起，则会立即发生混乱。
    - ➢ Abort：代表严重的错误。
- 程序异常：这是由程序员设计的异常，可以像处理陷阱那样进行处理。

13.2　理解中断控制器和中断多路复用

只有来自 CPU 的单个中断通常是不够的，大多数系统有数十个甚至数百个中断。现在又出现了中断控制器，它允许中断多路复用。特定的体系架构或平台通常会提供特定的功能，例如：

- 屏蔽/取消屏蔽单个中断；
- 设置优先级；
- SMP 亲和性；
- 唤醒中断。

IRQ 管理和中断控制器驱动程序均依赖于 IRQ 域的概念，IRQ 域则基于以下数据结构。

- struct irq_chip：这是中断控制器数据结构，其中实现了一些描述驱动中断控制器的方法，这些方法由核心 IRQ 代码直接调用。
- struct irq-domain：这个数据结构提供了以下选项。
    - ➢ 指向指定中断控制器固件节点（fwnode）的指针。
    - ➢ 将 IRQ 固件描述转换为中断控制器 ID（hwirq，也称为硬件 IRQ 号）的函数。
    - ➢ 从 hwirq 检索 IRQ 的 Linux 视图（virq，也称为虚拟 IRQ 号）的方法。

● struct irq_desc：这个数据结构是 Linux 中断视图，其中包含有关中断的所有信息，以及到 Linux 中断号的一对一映射。

● struct irq_action：这个数据结构用于描述 IRQ 处理程序。

● struct irq_data：这个数据结构被嵌入 struct irq_desc 数据结构，其中包含以下内容。

  ➢ 与管理中断的 IRQ 芯片相关的数据。

  ➢ virq 和 hwirq。

  ➢ 指向 irq_chip 的指针。注意，大多数与 IRQ 芯片相关的函数调用都以 irq_data 作为参数，从中可以获得相应的 irq_desc。

以上所有数据结构都是 IRQ 域 API 的一部分。中断控制器在内核中用 irq_chip 结构体实例表示，该结构体描述了实际的硬件设备和 IRQ 核心使用的一些方法。struct irq_chip 定义如下：

```
struct irq_chip {
    struct device    *parent_device;
    const char       *name;
    void (*irq_enable)(struct irq_data *data);
    void (*irq_disable)(struct irq_data *data);

    void (*irq_ack)(struct irq_data *data);
    void (*irq_mask)(struct irq_data *data);
    void (*irq_unmask)(struct irq_data *data);
    void (*irq_eoi)(struct irq_data *data);

    int (*irq_set_affinity)(struct irq_data *data,
                            const struct cpumask *dest, bool force);
    int (*irq_retrigger)(struct irq_data *data);
    int (*irq_set_type)(struct irq_data *data, unsigned int flow_type);
    int (*irq_set_wake)(struct irq_data *data, unsigned int on);

    void (*irq_bus_lock)(struct irq_data *data);
    void (*irq_bus_sync_unlock)(struct irq_data *data);

    int (*irq_get_irqchip_state)(struct irq_data *data,
                                 enum irqchip_irq_state which, bool *state);
    int(*irq_set_irqchip_state)(struct irq_data *data,
                                enum irqchip_irq_state which, bool state);
    void (*ipi_send_single)(struct irq_data *data,unsigned int cpu);
    void (*ipi_send_mask)(struct irq_data *data,const struct cpumask *dest);

    unsigned long flags;
};
```

以上数据结构中各个字段的含义如下。

- parent_device：指向此 IRQ 芯片的父级设备的指针。
- name：/proc/interrupts 文件的名称。
- irq_enable：启用中断，如果为 NULL，则默认值为 chip-> unmask。
- irq_disable：禁用中断。
- irq_ack：这个回调函数用于确认中断。它由 handle_edge_irq()无条件调用，因此必须为使用 handle_edge_irq()处理中断的 IRQ 控制器驱动程序定义该回调函数。对于此类中断控制器，此回调函数在中断开始时被调用。有些控制器不需要这个回调函数。一旦中断被引发，Linux 系统就调用这个回调函数，而这远在中断被服务之前。这个回调函数在某些实现中被映射到 chip-> disable()，这样的话，如果线路上存在另一个 IRQ，那么在当前 IRQ 被处理完之前不会引起另一个中断。
- irq_mask：这个回调函数屏蔽硬件中的中断源，使它不能再引发中断。
- irq_unmask：这个回调函数取消屏蔽硬件中的中断源。
- irq_eoi：eoi 表示 end of interrupt（中断结束）。Linux 系统在 IRQ 服务完成后会立即调用该回调函数。当需要时，可以使用该回调函数重新配置控制器，以便接收线路上的其他 IRQ。有些实现将此回调函数映射到 chip->enable()，并执行与 chip->ack()相反的操作。
- irq_set_affinity：仅在 SMP 机器上设置 CPU 亲和性。在 SMP 环境中，该回调函数用于指定将要处理中断的 CPU。在单处理器环境中，则不会使用此回调函数，因为中断总是在同一个单一的 CPU 上进行处理。
- irq_retrigger：重新触发硬件中的中断，这会向 CPU 重新发送 IRQ。
- irq_set_type：设置 IRQ 的流类型（如 IRQ_TYPE_LEVEL）。
- irq_set_wake：启用/禁用 IRQ 的电源管理唤醒。
- irq_bus_lock：用于锁定对慢速总线（I^2C）芯片的访问。这里锁定一个互斥锁（mutex）就足够了。
- irq_bus_sync_unlock：用于同步和解锁慢速总线（I^2C）芯片。这里解锁之前锁定的互斥锁。
- irq_get_irqchip_state 和 irq_set_irqchip_state：分别返回和设置中断的内部状态。
- ipi_send_single 和 ipi_send_mask：分别用于将 IPI 发送到单个 CPU 或一组由掩码定义的 CPU。IPI 在 SMP 系统中用于从本地 CPU 生成 CPU 远程中断。

每个中断控制器都有一个域，这个域对于中断控制器来说就像地址空间对于进程一样。中断控制器域在内核中使用 struct irq_domain 数据结构进行描述。该数据结构管理硬件 IRQ 号和 Linux IRQ 号（即虚拟 IRQ）之间的映射，它是硬件中断号转换对象。该数据结构定义如下：

```
struct irq_domain {
    const char *name;
    const struct irq_domain_ops *ops;
    void *host_data;
    unsigned int flags;
    unsigned int mapcount;

    /* Optional data */
    struct fwnode_handle *fwnode;
    [...]
};
```

以上数据结构中各个字段的含义如下。

- name：中断控制器域的名称。
- ops：指向 irq_domain 的指针。
- host_data：私有数据指针，供所有者使用，未被 irq_domain 核心代码触及。
- flags：IRQ 域的标志。
- mapcount：IRQ 域中映射中断的数量。
- fwnode：一个可选项，是一个指向与 IRQ 域关联的设备树节点的指针，在解码设备树中断描述符时使用。

中断控制器驱动程序通过调用 irq_domain_add_<mapping_method>()函数之一来创建并注册 irq_domain，这里的<mapping_method>是将 hwirq 映射到 Linux virq 调用的方法。关于这些函数的描述如下。

（1）irq_domain_add_linear()：它使用固定大小的表，该表按 hwirq 号索引。当映射一个 hwirq 号时，将为这个 hwirq 号分配一个 irq_desc 对象，并将 IRQ 号存储在该表中。这种线性映射适用于 hwirq 固定且数量较少（小于或等于 256）的控制器或域。这种线性映射的不便之处在于表的大小可能会达到 hwirq 号的最大值。因此，IRQ 号的查找时间是固定的。irq_desc 描述符仅分配给正在使用的 IRQ。大多数驱动程序应该使用线性映射。

该函数的原型如下：

```
struct irq_domain *irq_domain_add_linear(
                    struct device_node *of_node,
                    unsigned int size,
```

```
                   const struct irq_domain_ops *ops,
                   void *host_data)
```

（2）irq_domain_add_tree()：通过这个函数，IRQ 域在一个基树（radix tree）中维护 virq 号和 hwirq 号之间的映射。当映射 hwirq 时，分配 irq_desc，并将 hwirq 用作基树的查找键。如果 hwirq 号非常大，那么树映射是一个不错的选择，因为不需要分配与最大 hwirq 号一样大的表。缺点是 hwirq 号到 IRQ 号的查找取决于表中的项数。很少有驱动程序需要这种映射。

该函数的原型如下：

```
struct irq_domain *irq_domain_add_tree(
                   struct device_node *of_node,
                   const struct irq_domain_ops *ops,
                   void *host_data)
```

（3）irq_domain_add_nomap()：你可能永远不会使用这个函数。尽管如此，它的完整描述可以从内核源代码树的 Documentation/IRQ-domain.txt 中查阅。

该函数的原型如下：

```
struct irq_domain *irq_domain_add_nomap(
                   struct device_node*of_node,
                   unsigned int max_irq,
                   const struct irq_domain_ops *ops,
                   void *host_data)
```

在这 3 个函数中，of_node 是指向中断控制器设备树节点的指针，size 代表域中的中断数量，ops 表示 map/unmap 域回调函数，host_data 是控制器的私有数据指针。

IRQ 域最初被创建时是空的（没有映射）。IRQ 芯片驱动程序通过调用 irq_create_mapping() 函数来创建并添加映射到 IRQ 域中。该函数具有以下原型：

```
unsigned int irq_create_mapping(struct irq_domain *domain,
                          irq_hw_number_t hwirq)
```

其中，domain 是这个硬件中断所属的域，NULL 是默认域；hwirq 则表示域空间中的硬件中断号。

如果 IRQ 域中不存在 hwirq 号的映射，则分配一个新的 Linux IRQ 描述符（struct irq_desc），同时返回一个虚拟中断号。然后将这个虚拟中断号与 hwirq 号相关联（通过 irq_domain_associate()函数，该函数则调用 irq_domain_ops.map 回调函数，以便驱动程序执行任何所需的硬件设置）。struct irq_domain_ops 数据结构定义如下：

```
struct irq_domain_ops {
    int (*map)(struct irq_domain *d, unsigned int virq, irq_hw_number_t hw);
    void (*unmap)(struct irq_domain *d, unsigned int virq);
    int (*xlate)(struct irq_domain *d,
                struct device_node *node,
                const u32 *intspec,
                unsigned int intsize,
                unsigned long *out_hwirq,
                unsigned int *out_type);
[...]
};
```

上面仅列出了 struct irq_domain_ops 数据结构中与本章内容相关的字段，完整的数据结构可以在内核源代码的 include/linux/ irgdomain.h 中找到。

- map：创建或更新虚拟 irq（virq）号和 hwirq 号之间的映射。对于给定的映射，该回调函数只被调用一次。它通常使用 irq_set_chip_and_handler() 将 virq 号映射到给定的处理程序，因此调用 generic_handle_irq() 或 handle_nested_irq() 将触发该处理程序。函数 irq_set_chip_and_handler() 的定义如下：

```
void irq_set_chip_and_handler(unsigned int irq,
                    struct irq_chip *chip,
                    irq_flow_handler_t handle)
```

其中，irq 是作为参数传递给 map 回调函数的 Linux IRQ，chip 表示 IRQ 芯片。然而，有一些虚拟控制器几乎不需要在 irq_chip 中做任何事情。在这种情况下，驱动程序传递 dummy_irq_chip，dummy_irq_chip 定义在 kernel/irg/dummychip.c 中，它是专为这些虚拟控制器预定义的 irq_chip。handle 决定中断流处理程序，该处理程序调用通过 request_irq() 注册的实际处理程序。handle 的值取决于 IRQ 是边缘触发还是水平触发。但无论哪种情况，handle 都应该设置为 handle_edge_irq 或 handle_level_irq。这两个内核辅助函数会在调用实际的 IRQ 处理程序的前后执行一些操作。下面是一个例子：

```
static int ativic32_irq_domain_map(
                    struct irq_domain *id,
                    unsigned int virq,
                    irq_hw_number_t hw)
{
  [...]
      if (int_trigger_type & (BIT(hw))) {
```

```
        irq_set_chip_and_handler(virq,
                         &ativic32_chip,
                         handle_edge_irq);
        type = IRQ_TYPE_EDGE_RISING;
    } else {
        irq_set_chip_and_handler(virq,
                         &ativic32_chip,
                         handle_level_irq);
        type = IRQ_TYPE_LEVEL_HIGH;
    }
    irqd_set_trigger_type(irq_data, type);
    return 0;
}
```

● xlate：给定一个带有中断描述符的设备树节点，该回调函数将解码硬件 IRQ 号和 Linux IRQ 类型值。根据设备树控制器节点中指定的#interrupt-cells 值，内核将提供如下通用的转换函数。

  ➢ irq_domain_xlate_twocell()：用于两个单元（two-cell）的直接绑定。它使用带有两个单元绑定的设备树 IRQ 描述符，其中的单元值被直接映射到 hwirq 号和 Linux IRQ 标志。

  ➢ irq_domain_xlate_onecell()：用于一个单元（one-cell）的直接绑定。

  ➢ irq_domain_xlate_onetwocell()：用于一个或两个单元的直接绑定。

下面是一个域操作的例子：

```
static struct irq_domain_ops mcp23016_irq_domain_ops = {
    .map   = mcp23016_irq_domain_map,
    .xlate = irq_domain_xlate_twocell,
};
```

当接收到中断时，使用 irq_find_mapping()函数从 hwirq 号查找 Linux IRQ 号。当然，映射必须在返回之前就已经存在。Linux IRQ 号总是被绑定到一个 irq_desc 结构体实例，irq-desc 是 Linux 系统用来描述 IRQ 的结构体，定义如下：

```
struct irq_desc {
    struct irq_data          irq_data;
    unsigned int __percpu    *kstat_irqs;
    irq_flow_handler_t       handle_irq;
    struct irqaction         *action;
    unsigned int             irqs_unhandled;
    raw_spinlock_t           lock;
    struct cpumask           *percpu_enabled;
```

```
    atomic_t                         threads_active;
    wait_queue_head_t                wait_for_threads;
#ifdef CONFIG_PM_SLEEP
    unsigned int                     nr_actions;
    unsigned int                     no_suspend_depth;
    unsigned int                     force_resume_depth;
#enndif
#ifdef CONFIG_PROC_FS
    struct proc_dir_entry            *dir;
#endif
    int                              parent_irq;
    struct module                    *owner;
    const char                       *name;
};
```

以上数据结构中各个字段的含义如下。

- kstat_irqs：自启动以来每个 CPU 的 IRQ 统计数据。
- handle_irq：高级 IRQ 事件处理程序。
- action：表示 IRQ 描述符的 IRQ 操作列表。
- irqs_unhandled：虚假未处理中断的统计字段。
- lock：表示用于 SMP 的锁。
- threads_active：当前为 IRQ 描述符运行的 IRQ 操作线程的数量。
- wait_for_threads：表示 sync_irq 等待线程处理程序的等待队列。
- nr_actions：表示 IRQ 描述符上已安装的操作数量。
- no_suspend_depth 和 force_resume_depth：表示 IRQ 描述符上 IRQF_NO_SUSPEND 或 IRQF_FORCE_RESUME 标志已设置的 IRQ 操作数量。
- dir：表示/proc/irq/procfs 目录项。
- name：流处理程序的名称，在/proc/interrupts 输出中可见。

当注册中断处理程序时，这个中断处理程序将被添加到与中断线关联的 irq_desc. action 列表的末尾。例如，每次调用 request_irq()（或其线程版本 request_threaded_irq()）都会创建一个 irq_action 结构体实例并将其添加到 irq_desc.action 列表的末尾（irq_desc 是中断描述符）。对于共享中断，action 字段将包含与注册的中断处理程序数量相等的 IRQ 操作对象。irqaction 数据结构定义如下：

```
struct irqaction {
    irq_handler_t                    handler;
    void                             *dev_id;
    void __percpu                    *percpu_dev_id;
```

```
    struct irqaction          *next;
    irq_handler_t             thread_fn;
    struct task_struct        *thread;
    unsigned int              irq;
    unsigned int              flags;
    unsigned long             thread_flags;
    unsigned long             thread_mask;
    const char                *name;
    struct proc_dir_entry     *dir;
};
```

以上数据结构中各个字段的含义如下。

- handler：非线程（硬）中断处理程序。

- name：设备的名称。

- dev_id：用于识别设备的 cookie。

- percpu_dev_id：用于识别设备的 per-CPU cookie。

- next：指向共享中断下一个 IRQ 操作的指针。

- irq：Linux 中断号。

- flags：IRQ 标志（见 IRQF_*）。

- thread_fn：用于线程化中断的线程化中断处理程序。

- thread：在线程化中断的情况下指向线程结构的指针。

- thread_flags：与线程相关的标志。

- thread_mask：用于跟踪线程活动的位掩码。

- dir：指向/proc/irq/NN/<name>/目录项。

irq_data 数据结构定义如下：

```
struct irq_data {
    [...]
    unsigned int      irq;
    unsigned long     hwirq;
    struct irq_chip   *chip;
    struct irq_domain *domain;
    void              *chip_data;
};
```

以上数据结构中各个字段的含义如下。

- irq：中断号。

- hwirq：属于本地 irq_data.domain 中断域的硬件中断号。

- chip：表示低级中断控制器硬件访问。
- domain：表示中断转换域，负责 hwirq 号和 Linux IRQ 号之间的映射。
- chip_data：为芯片方法提供的与平台相关的各个芯片的私有数据，以允许共享芯片实现。

你已经熟悉了 IRQ 框架的数据结构，下面进一步研究如何在整个处理链中请求和传播中断。

13.3　深入研究高级外设 IRQ 管理

第 3 章介绍了外设 IRQ，其间用到了 request_irq() 和 request_threaded_irq()。使用 request_irq() 可以注册中断上半部分处理程序，中断上半部分处理程序是在原子上下文中执行的，使用第 3 章讨论的机制也可以调度中断下半部分处理程序。另外，使用 _threaded 变体可以为函数提供上、下两部分，这样上半部分将作为硬件 IRQ 处理程序运行，它可以决定是否触发第二个线程化处理程序，该处理程序将在内核线程中运行。

问题在于，有时请求 IRQ 的驱动程序并不了解提供 IRQ 线的中断控制器的性质，尤其当中断控制器是离散芯片（通常是通过 SPI 或 I²C 总线连接的 GPIO 扩展器）时。有了 request_any_context_irq() 函数后，请求 IRQ 的驱动程序通过它就可以知道处理程序是否在线程上下文中运行，并相应地调用 request_threaded_irq() 或 request_irq()。这意味着无论与设备相关的 IRQ 是来自不会睡眠的中断控制器（内存映射的中断控制器），还是来自可以睡眠的中断控制器（位于 I²C/SPI 总线之后），都不需要更改代码。该函数的原型如下：

```
int request_any_context_irq(unsigned int irq,
                            irq_handler_t handler,
                            unsigned long flags,
                            const char * name,
                            void * dev_id);
```

其中各个参数的含义如下。
- irq：要分配的中断线。
- handler：IRQ 发生时要调用的函数。根据上下文，这个函数既可以作为硬 IRQ 运行，也可以线程化运行。
- flags：中断类型标志。这些标志与 request_irq() 中的相同。
- name：用于调试目的，可在 /proc/interrupts 文件中命名中断。

- dev_id：传回给 handler 的 cookie。

request_any_context_irq()意味着可以获得硬 IRQ 或线程 IRQ。它的工作原理与 request_irq()相似，但它会检查 IRQ 是否配置为嵌套，并调用正确的后端。换句话说，它会根据上下文选择硬 IRQ 或线程化处理程度。这个函数在失败时返回负值，成功时则返回 IRQC_IS_HARDIRQ 或 IRQC_IS_NESTED。下面是一个例子。

```
static irqreturn_t packt_btn_interrupt(int irq,void *dev_id)
{
    struct btn_data *priv = dev_id;

    input_report_key(priv->i_dev, BTN_0,
                     gpiod_get_value(priv->btn_gpiod) & 1);
    input_sync(priv->i_dev);
    return IRQ_HANDLED;
}

static int btn_probe(struct platform_device *pdev)
{
    struct gpio_desc *gpiod;
    int ret, irq;

    [...]
    gpiod = gpiod_get(&pdev->dev, "button", GPIOD_IN);
    if (IS_ERR(gpiod))
        return -ENODEV;

    priv->irq = gpiod_to_irq(priv->btn_gpiod);
    priv->btn_gpiod = gpiod;

    [...]

    ret = request_any_context_irq(
            priv->irq,
            packt_btn_interrupt,
            (IRQF_TRIGGER_FALLING | IRQF_TRIGGER_RISING),
            "packt-input-button", priv);
    if (ret < 0) {
        dev_err(&pdev->dev, "Unable to acquire interrupt for GPIO line\n");
        goto err_btn;
    }

    return ret;
}
```

使用 request_any_context_irq() 的优点在于，你不需要关心在 IRQ 处理程序中可以做什么，因为 IRQ 处理程序运行的上下文取决于提供 IRQ 线的中断控制器。在这个例子中，如果 GPIO 连接到位于 I²C 或 SPI 总线上的控制器，则 IRQ 处理程序将被线程化，否则（内存被映射）IRQ 处理程序将在硬 IRQ 上下文中运行。

13.3.1　了解 IRQ 及其传播

考虑图 13.2，其中有一个 GPIO 控制器，它的中断线被连接到 SoC 上的本地 GPIO。

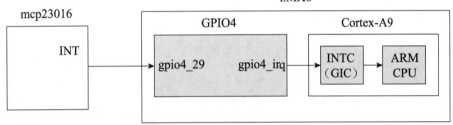

图 13.2　中断传播

IRQ 始终根据 Linux IRQ 号（而非 hwirq 号）进行处理。Linux 系统中用于请求 IRQ 的函数是 request_threaded_irq()。request_irq() 是 request_threaded_irq() 的封装版，但不提供中断下半部分。request_threaded_irq() 函数的原型如下：

```
int request_threaded_irq(unsigned int irq,
                irq_handler_t handler,
                irq_handler_t thread_fn,
                unsigned long irqflags,
                const char *devname, void *dev_id)
```

当被调用时，该函数将使用 irq_to_desc() 宏提取与 IRQ 相关的 struct irq_desc，然后分配新的 struct irqaction 并给它赋值，以及填充 handler、flags 等参数。

```
action->handler = handler;
action->thread_fn = thread_fn;
action->flags = irqflags;
action->name = devname;
action->dev_id = dev_id;
```

调用 kernel/irq/manage.c 中定义的 __setup_irq()（通过 setup_irq()）函数，最终将描述

符插入/注册到正确的 IRQ 列表中。

现在，当引发 IRQ 时，内核会执行一些汇编代码以保存当前状态，并跳转到架构特定处理程序 handle_arch_irq。对于 ARM 架构，此处理程序是在 arch/arm/kernel/setup.c 中实现的，并且可以在 setup_arch()函数中设置为平台的 struct machine_desc 数据结构中 handle_irq 字段的值。

```
handle_arch_irq = mdesc->handle_irq
```

对于使用 ARM 通用中断控制器（Generic Interrupt Controller，GIC）的 SoC，handle_irq 字段是通过 drivers/irqchip/irq-gic.c 或 drivers/irqchip/irq-gic-v3.c 中的 gic_handle_irq 来设置的：

```
set_handle_irq (gic_handle_irq);
```

gic_handle_irq()调用 handle_domain_irq()，后者执行 generic_handle_irq()，进而调用 generic_handle_irq_desc()，并以调用 desc-> handle_irq()结束。整个调用链可以在 arch/arm/kernel/irq.c 中看到。现在，handle_irq 是流处理程序的真正调用，它在图 13.2 中已注册为 mcp23016_irq_handler。

gic_hande_irq()是 GIC 中断处理程序。generic_handle_irq()将执行 SoC 的 GPIO4 IRQ 处理程序，该处理程序将查找负责中断的 GPIO 引脚并调用 generic_handle_irq_desc()。

13.3.2　链式 IRQ

本小节介绍父设备的中断处理程序怎样先调用子设备的中断处理程序，再调用孙子设备的中断处理程序。对于在父设备（中断控制器）的中断处理程序中如何调用子设备的中断处理程序，内核提供了两种方法——链式方法和嵌套方法。

（1）链式方法。这种方法用于 SoC 内部的 GPIO 控制器，这些控制器是内存映射的，并且在访问这些控制器时不会让调用者进入休眠状态。链式指这些中断只是函数调用链（例如，从 GIC 中断处理程序中调用 SoC 的 GPIO 模块中断处理程序，就像调用函数一样）。generic_handle_irq()用于链接子 IRQ 处理程序的中断，从硬 IRQ 处理程序内部调用子 IRQ 处理程序。这意味着即使在子中断处理程序中，我们也仍然处于原子上下文（硬件中断）中，并且驱动程序不得调用可能休眠的函数。

（2）嵌套方法。在这种方法中，函数调用是嵌套的，这意味着中断处理程序不会在父级处理程序中被调用。handle_nested_irq()用于创建嵌套的中断子 IRQ，并在为此创建的新线程中调用处理程序。嵌套方法由位于慢速总线（如 SPI 或 I²C 总线）上的控制器

（如 GPIO 扩展器）使用，并且访问可能会休眠（I²C 和 SPI 访问例程可能会休眠）。运行在进程上下文中的嵌套中断处理程序可以调用任何休眠的函数。

13.4 揭秘 per-CPU 中断

ARM 多核处理器中最常见的 ARM 中断控制器 GIC 支持 3 种类型的中断分别为私有外设中断，软件生成的中断和共享外设中断，具体如下。

（1）CPU 私有中断：此类中断是每个 CPU 私有的。如果触发，这样的 per-CPU 中断将专门在目标 CPU 或它绑定的 CPU 上提供服务。CPU 私有中断分为如下两个系列。

- 私有外设中断（Private Peripheral Interrupt，PPI）：这些中断是私有的，只能由绑定到 CPU 的硬件生成。
- 软件生成的中断（Software-Generated Interrupt，SGI）：与 PPI 不同，这些中断由软件生成。因此，SGI 通常用作多核系统中多核间通信的 IPI，这意味着一个 CPU 可以生成到其他 CPU 的中断，这是通过向 GIC 写入适当的消息来实现的，这些消息由中断 ID 和目标 CPU 组成。

（2）共享外设中断（Shared Peripheral Interrupt，SPI）（注意不要与 SPI 总线混淆）：这些中断可以路由到任何 CPU。

在具有支持每个 CPU 私有中断的中断控制器的系统中，IRQ 控制器的一些寄存器将被分区（banked），以便只能从一个核心访问它们（例如，一个核心将只能读/写自己的中断配置）。通常，为了能够做到这一点，一些中断控制寄存器会按每个 CPU 分区（banked）；一个 CPU 可以通过写入其分组存储的寄存器来启用本地中断。

在 GIC 中，分发器块（distributor block）和 CPU 接口块（CPU interface block）在逻辑上已被分区。分发器块负责与中断源交互，它会对中断进行优先级排序并将它们传递给 CPU 接口块。CPU 接口块链接到系统的处理器，并管理所链接处理器的优先级屏蔽和优先级抢占。

GIC 最多支持 8 个 CPU 接口，每个 CPU 接口最多可处理 1020 个中断。中断号 0~1019 由 GIC 分配，详情如下。

- 中断号 0~31 由 CPU 接口专用。这些私有中断存储在分发器块中，并按如下方式拆分。
  - SGI 使用分组中断号 0~15。
  - PPI 使用分组中断号 16~31。例如，在 SMP 系统中，时钟事件设备提供的 per-CPU 计时器可以生成此类中断。

- SPI 使用中断号 32~1019。
- 中断号 1020~1023 则被保留用于其他目的。

SGI 和 IPI

在 ARM 处理器中，有 16 个 SGI，编号为 0~15，但 Linux 内核只注册了其中的一部分，准确地说是 8 个 SGI（编号为 0~7）。编号为 8~15 的 SGI 目前自由使用。注册的 SGI 是在 enum ipi_msg_type 中定义的，enum ipi_msg_type 定义如下：

```
enum ipi_msg_type {
    IPI_WAKEUP,
    IPI_TIMER,
    IPI_RESCHEDULE,
    IPI_CALL_FUNC,
    IPI_CPU_STOP,
    IPI_IRQ_WORK,
    IPI_COMPLETION,
    NR_IPI,
    [...]
    MAX_IPI
};
```

它们各自的描述可以在 ipi_types 字符串数组中找到，该数组定义如下：

```
static const char *ipi_types[NR_IPI] = {
    [IPI_WAKEUP]    = "CPU wakeup interrupts",
    [IPI_TIMER]     = "Timer broadcast interrupts",
    [IPI_RESCHEDULE] = "Rescheduling interrupts",
    [IPI_CALL_FUNC] = "Function call interrupts",
    [IPI_CPU_STOP]  = "CPU stop interrupts",
    [IPI_IRQ_WORK]  = "IRQ work interrupts",
    [IPI_COMPLETION] = "completion interrupts",
};
```

IPI 注册在 set_smp_ipi_range()函数中，该函数定义如下：

```
void __init set_smp_ipi_range(int ipi_base, int n)
{
    int i;
    WARN_ON(n < MAX_IPI);
    nr_ipi = min(n, MAX_IPI);

    for (i = 0; i < nr_ipi; i++) {
```

```
        int err;

        err = request_percpu_irq(ipi_base + i,
                ipi_handler, "IPI", &irq_stat);
        WARN_ON(err);

        ipi_desc[i] = irq_to_desc(ipi_base + i);
        irq_set_status_flags(ipi_base + i, IRQ_HIDDEN);
    }

    ipi_irq_base = ipi_base;
    /* Setup the boot CPU immediately */
    ipi_setup(smp_processor_id());
}
```

在上面的代码中，每个 IPI 都以 per-CPU 为基础向 request_percpu_irq()注册。我们可以看到，IPI 有着相同的处理程序 ipi_handler()，定义如下：

```
static irqreturn_t ipi_handler(int irq, void *data)
{
    do_handle_IPI(irq - ipi_irq_base);
    return IRQ_HANDLED;
}
```

ipi_handler()执行的底层函数是 do_handle_IPI()，定义如下：

```
static void do_handle_IPI(int ipinr)
{
    unsigned int cpu = smp_processor_id();

    if ((unsigned)ipinr < NR_IPI)
        trace_ipi_entry_rcuidle(ipi_types[ipinr]);

    switch (ipinr) {
    case IPI_WAKEUP:
        break;

#ifdef CONFIG_GENERIC_CLOCKEVENTS_BROADCAST
        case IPI_TIMER:
            tick_receive_broadcast();
            break;
#endif
```

```
        case IPI_RESCHEDULE:
            scheduler_ipi();
            break;

        case IPI_CPU_STOP:
            ipi_cpu_stop(cpu);
            break;
        [...]
        default:
            pr_crit("CPU%u: Unknown IPI message 0x%x\n",cpu, ipinr);
            break;
    }

    if ((unsigned)ipinr < NR_IPI)
        trace_ipi_exit_rcuidle(ipi_types[ipinr]);
}
```

- **IPI_WAKEUP**：用于唤醒和启动辅助 CPU。它主要由引导 CPU 发出。

- **IPI_RESCHEDULE**：Linux 内核通过重新调度中断来告诉另一个 CPU 核心调度一个线程。SMP 系统中的调度程序将执行此操作以便将负载分配到多个 CPU 核心。作为通用规则，理想的做法是让尽可能多的进程以较低的功耗（较低的时钟频率）在所有核心上运行，而不是让一个繁忙的核心全速运行而其他核心处于睡眠状态。当调度程序需要将工作从一个核心卸载到另一个睡眠的核心时，它会向睡眠的核心发送核心 IPI 消息，将其从低功耗睡眠中唤醒并开始运行进程。这些 IPI 事件将由 powertop 报告为重新调度中断（Rescheduling Interrupt）。

- **IPI_TIMER**：这是定时器广播中断，旨在模拟空闲 CPU 上的定时器中断。它由广播时钟事件/时钟设备发送到 tick_broadcast_mask 中表示的 CPU。tick_broadcast_mask 是位图，用于表示处于睡眠模式的处理器列表。

- **IPI_CPU_STOP**：当一个 CPU 发生内核 panic 时，其他 CPU 会通过 IPI_CPU_STOP 的 IPI 消息指示转储其堆栈并停止执行。目标 CPU 并不关闭或脱机；相反，它们会停止执行并被置于低功耗循环中，处于等待事件状态。

- **IPI_CALL_FUNC**：用于在另一个处理器上下文中运行函数。

- **IPI_IRQ_WORK**：用于在硬件 IRQ 上下文中运行一个工作（work）。内核提供了一系列机制来将工作推迟到以后的时间运行，尤其是在硬件中断上下文之外运行。然而，有时可能需要在硬件中断上下文中运行一个工作，并且当时没有硬件可以方便地发出中断信号。对此，可以使用 IPI 在硬件中断上下文中运行工作。它主要用在从 NMI 运行的代码中，这些代码需要能够与系统的其余部分进行交互。

在正在运行的系统中，你可以从/proc/interrupt 文件中查找可用的 IPI，如下所示：

```
root@udoo-labcsmart:~# cat /proc/interrupts | grep IPI
IPI0: 0 0 CPU wakeup interrupts
IPI1: 29 22 Timer broadcast interrupts
IPI2: 84306 322774 Rescheduling interrupts
IPI3: 970 1264 Function call interruptsIPI4:
0 0 CPU stop interrupts
IPI5: 2505436 4064821 IRQ work interrupts
IPI6: 0 0 completion interrupts
root@udoo-labcsmart:~#
```

在上述命令输出中，第一列是 IPI 标识符，最后一列是 IPI 描述。中间的两列是它们各自在每个 CPU 上执行的次数。

13.5 总结

现在，中断多路复用已不再神秘。本章讨论了 Linux 系统中 IRQ 管理的最重要元素：IRQ 域 API。你已经具备了开发中断控制器驱动程序以及在设备树中绑定它们的基础知识。本章还讨论了 IRQ 传播，以便帮助你更好地理解从请求到处理过程中所发生的事情。

第 14 章将讨论另一个完全不同的主题：LDM。

第 14 章
LDM 简介

在 2.5 版本之前，Linux 内核无法描述和管理对象，代码的可重用性没有像现在这样得到增强。换句话说，既没有设备拓扑，也没有组织。没有关于子系统关系的信息，也没有关于系统组织的信息。LDM 于是被引入，功能如下。

- 基于类的概念，对相同类型或提供相同功能的设备进行分组（如鼠标和键盘都是输入设备）。
- 利用名为 sysfs 的虚拟文件系统与用户空间进行通信，以便通过用户空间管理和枚举设备及其公开的属性。
- 使用引用计数管理对象生命周期。
- 利用电源管理处理设备关闭的顺序。
- 实现代码的可重用性。类和框架提供接口，就像合约一样，任何向它们注册的驱动程序都必须遵守。
- 在内核中引入类似面向对象的编程风格和封装特性。

在本章中，我们将利用 LDM 并通过 sysfs 虚拟文件系统将一些属性导出到用户空间。本章将讨论以下主题：

- LDM 数据结构简介；
- 深入理解 LDM；
- sysfs 中的设备模型概述。

14.1 LDM 数据结构简介

LDM 引入了设备层次结构。它建立在一些数据结构之上。其中有总线，在内核中表示为 bus_type 结构体实例；设备驱动程序，表示为 device_driver 结构体实例；设备，表示为 device 结构体实例。本节将介绍所有这些数据结构并了解它们如何相互作用。

14.1.1　总线

总线是设备和处理器之间的通道链接。管理总线并将其协议导出到设备的硬件实体称为总线控制器。例如，USB 控制器提供 USB 支持，而 I²C 控制器提供 I²C 总线支持。但是，总线控制器本身就是一个设备，因此必须像普通设备那样注册。总线将成为连接到该总线的设备的父级设备。换句话说，总线上的每个设备都必须有父字段指向总线设备。

总线在内核中用 struct bus_type 数据结构表示，该数据结构定义如下：

```
struct bus_type {
    const char        *name;
    const char        *dev_name;
    struct device        *dev_root;
    const struct attribute_group **bus_groups;
    const struct attribute_group **dev_groups;
    const struct attribute_group **drv_groups;
    int (*match)(struct device *dev, struct device_driver *drv);
    int (*uevent)(struct device *dev, struct kobj_uevent_env *env);
    int (*probe)(struct device *dev);
    void (*sync_state)(struct device *dev);
    int (*remove)(struct device *dev);
    void (*shutdown)(struct device *dev);
    int (*online)(struct device *dev);
    int (*offline)(struct device *dev);
    int (*suspend)(struct device *dev, pm_message_t state);
    int (*resume)(struct device *dev);
    int (*num_vf)(struct device *dev);
    int (*dma_configure)(struct device *dev);
    const struct dev_pm_ops *pm;
    const struct iommu_ops *iommu_ops;
    struct subsys_private *p;
    struct lock_class_key lock_key;
    bool need_parent_lock;
};
```

以上数据结构中各个字段的含义如下。

- match 是一个回调函数，每当有新设备或驱动程序被添加到总线时就会调用它。这个回调函数必须足够智能,并且当设备和驱动程序之间存在匹配时应该返回一个非零值。match 回调函数的主要目的是允许总线确定特定设备是否可以由给定的驱动程序或其他逻辑来处理（假设给定的驱动程序支持该特定设备）。大多数情况下，验证是通过进行简单的字符串比较来完成的（比较设备和驱动程序的名称，以及是不是表和设备树兼容的属性等）。对于枚举设备（PCI、USB），验证是通过将驱动程序支持的设备 ID 与给定设备的设备 ID 进行比较来完成的，而不会牺牲特定于总线的功能。

- probe 也是一个回调函数，在匹配发生后，当新设备或驱动程序被添加到总线时就会调用它。此回调函数负责分配特定的总线设备结构，并调用给定驱动程序的探测函数，该探测函数负责管理之前分配的设备。
- 当设备离开总线时调用 remove 函数。
- 当总线上的设备需要进入睡眠模式时调用 suspend 函数。
- 当总线上的设备必须退出睡眠模式时调用 resume 函数。
- pm 是一组总线电源管理操作，总线可以执行特定于驱动程序的电源管理操作。
- drv_groups 是一个指向 struct attribute_group 元素列表（数组）的指针，该元素列表中的每个元素则有一个指向 struct attribute 元素列表（数组）的指针。它表示总线上设备驱动程序的默认属性。传递给该字段的属性将提供给注册到总线的每个驱动程序。这些属性可以在/sys/bus/<bus-name>/drivers/<driver-name>的驱动程序目录中找到。
- dev_groups 表示总线上设备的默认属性。传递给该字段[通过 struct attribute_group 元素列表（数组）]的任何属性都将提供给注册在总线上的每个设备。这些属性可以在/sys/bus/<bus-name>/devices/<device-name>的设备目录中找到。
- bus_group 包含当总线被注册到核心时自动添加的默认属性集。

除了定义 bus_type，总线驱动程序还必须定义特定于总线的驱动程序结构，该驱动程序结构扩展了通用结构 struct device_driver，以及定义特定于总线的设备结构，该设备结构扩展了通用结构 struct device。这两个通用结构都是设备模型核心的一部分。总线驱动程序必须为探测时发现的每个物理设备分配一个特定于总线的设备结构，并负责设置设备的总线和父级设备字段，以及将它们注册到 LDM 核心。这些字段必须指向总线驱动程序中定义的 bus_type 和 bus_device。LDM 核心使用它们来构建设备层次结构并初始化其他字段。

总线在内部管理着两个重要的列表：已添加并位于总线上的设备列表，以及已向总线注册的驱动程序列表。每当你向总线添加/注册或删除/取消注册设备/驱动程序时，相应的列表就会更新其中的元素。总线驱动程序必须提供辅助函数来注册/注销可以处理总线上设备的设备驱动程序，以及注册/注销总线上的设备。这些辅助函数总是封装 LDM 核心提供的通用函数，如 driver_register()、device_register()、driver_unregister() 和 device_unregister()。

下面让我们编写一个名为 PACKT 的新总线基础结构。PACKT 将成为我们的总线；该总线上的设备将是 PACKT 设备，而它们的驱动程序将是 PACKT 驱动程序。首先，编写用来帮助我们注册 PACKT 设备和驱动程序的辅助函数：

```
/*
 * Let's write and export symbols that people
 * writing drivers for packt devices must use.
 */
int packt_register_driver(struct packt_driver *driver)
{
    driver->driver.bus = &packt_bus_type;
    return driver_register(&driver->driver);
}
EXPORT_SYMBOL(packt_register_driver);

void packt_unregister_driver(struct packt_driver *driver)
{
    driver_unregister(&driver->driver);
}
EXPORT_SYMBOL(packt_unregister_driver);

int packt_register_device(struct packt_device *packt)
{
    packt->dev.bus = &packt_bus_type;
    return device_register(&packt->dev);
}
EXPORT_SYMBOL(packt_device_register);

void packt_unregister_device(struct packt_device *packt)
{
    device_unregister(&packt->dev);
}
EXPORT_SYMBOL(packt_unregister_device);
```

接下来，编写允许我们分配新的 PACKT 设备并将其注册到 PACKT 核心的唯一函数：

```
struct packt_device * packt_device_alloc(const char *name,int id)
{
```

```
    struct packt_device   *packt_dev;
    int                   status;

    packt_dev = kzalloc(sizeof(*packt_dev), GFP_KERNEL);
    if (!packt_dev)
        return NULL;

    /* devices on the bus are children of the bus device */
    strcpy(packt_dev->name, name);
    packt_dev->dev.id = id;
    dev_dbg(&packt_dev->dev,
        "device [%s] registered with PACKT bus\n",
        packt_dev->name);

    return packt_dev;
}
EXPORT_SYMBOL_GPL(packt_device_alloc);
```

packt_device_alloc()函数用于分配一个特定于总线的设备结构，该设备结构必须用于向总线注册 PACKT 设备。在这个阶段，应公开允许分配 PACKT 控制器设备并注册它的辅助函数，即注册一个新的 PACKT 总线。为此，必须定义 PACKT 控制器数据结构，如下所示：

```
struct packt_controller {
    char name[48];
    struct device dev;     /* the controller device */
    struct list_head list;
    int (*send_msg) (stuct packt_device *pdev,const char *msg, int count);
    int (*recv_msg) (stuct packt_device *pdev,char *dest, int count);
};
```

在上述数据结构中，name 表示控制器的名称；dev 表示与控制器关联的底层 struct device；list 用于将控制器插入系统的 PACKT 控制器全局列表中；send_msg 和 recv_msg 是必须提供的钩子函数，用于通过控制器访问位于其上的 PACKT 设备：

```
/* system global list of controllers */
static LIST_HEAD(packt_controller_list);
struct packt_controller   *packt_alloc_controller(struct device *dev)
{
    struct packt_controller *ctlr;
    if (!dev)
        return NULL;
```

```
    ctlr = kzalloc(sizeof(packt_controller), GFP_KERNEL);
    if (!ctlr)
        return NULL;
    device_initialize(&ctlr->dev);
     [...]
    return ctlr;
}
EXPORT_SYMBOL_GPL(packt_alloc_controller);
int packt_register_controller(struct packt_controller *ctlr)
{
    /* must provide at least on hook */
    if (!ctlr->send_msg && !ctlr->recv_msg){
    pr_err("Registering PACKT controller failure\n");
    }
    device_add(&ctlr->dev);
     [...] /* other sanity check */
    list_add_tail(&ctlr->list, &packt_controller_list);
}
EXPORT_SYMBOL_GPL(packt_register_controller);
```

　　在这两个钩子函数中，我们已经演示了控制器分配和注册操作的使用方式。分配函数将分配内存并进行一些基本的初始化，以便为驱动程序留出空间来完成其余的工作。请注意，控制器注册后，它将出现在 sysfs 的/sys/devices 目录下。添加到此总线的任何设备都将出现在/sys/devices/packt-0/目录下。

总线注册

　　总线控制器本身就是一个设备，在大多数情况下，总线是内存映射平台设备，甚至支持设备枚举的总线也是平台设备。例如，PCI 控制器是平台设备，它们各自的驱动程序也是如此。我们应该使用 bus_register(struct *bus_type)函数向内核注册总线。PACKT总线结构如下所示：

```
/* This is our bus structure */
struct bus_type packt_bus_type = {
        .name     = "packt",
        .match    = packt_device_match,
        .probe    = packt_device_probe,
        .remove   = packt_device_remove,
        .shutdown = packt_device_shutdown,
};
```

你已经定义了基本的总线操作，接下来需要注册 PACKT 总线框架并使其可用于控制器和从属驱动程序。总线控制器本身就是一个设备，它必须注册在内核中，并用作总线上设备的父级设备。这是在总线控制器的探测或初始化函数中完成的。对于 PACKT 总线来说，代码如下：

```
static int __init packt_init(void)
{
    int status;
    status = bus_register(&packt_bus_type);
        if (status < 0)
          goto err0;

    status = class_register(&packt_master_class);
    if (status < 0)
        goto err1;

    return 0;

    err1:
        bus_unregister(&packt_bus_type);
    err0:
        return status;
}
postcore_initcall(packt_init);
```

当一个设备被总线控制器驱动程序注册时，该设备的 parent 成员必须指向总线控制器设备（这应该由设备驱动程序完成），并且它的 bus 属性必须指向 PACKT 总线类型（这由核心完成）以构建物理设备树。要注册一个 PACKT 设备，就必须调用 packt_device_register()，它应该将 PACKT 设备作为参数，而 PACKT 设备是由 packt_device_alloc()分配的：

```
int packt_device_register(struct packt_device *packt)
{
    packt->dev.bus = &packt_bus_type;
    return device_register(&packt->dev);
}
EXPORT_SYMBOL(packt_device_register);
```

你已经完成了总线注册，下面看看驱动程序数据结构，弄清楚它是如何设计的。

14.1.2 驱动程序数据结构

驱动程序是一组方法，这组方法允许我们驱动给定的设备。全局设备层次结构允许以相同的方式表示系统中的所有设备。这使得驱动程序核心可以轻松地浏览设备树，并执行诸如正确排序的电源管理转换等任务。每个设备驱动程序都表示为 struct device_driver 的实例，该数据结构定义如下：

```
struct device_driver {
    const char *name;
    struct bus_type *bus;
    struct module *owner;

    const struct of_device_id *of_match_table;
    const struct acpi_device_id *acpi_match_table;

    int (*probe) (struct device *dev);
    int (*remove) (struct device *dev);
    void (*shutdown) (struct device *dev);
    int (*suspend) (struct device *dev,
                    pm_message_t state);
    int (*resume) (struct device *dev);
    const struct attribute_group **groups;

    const struct dev_pm_ops *pm;
};
```

以上数据结构中各个字段的含义如下。

- name 表示驱动程序的名称。可将它与设备的名称进行比较以用于匹配。
- bus 表示驱动程序所在的总线。总线驱动程序必须填写此字段。
- module 表示拥有此驱动程序的模块。在 99%的情况下，必须将此字段设置为 THIS_MODULE。
- of_match_table 是一个指向 struct of_device_id 数组的指针。struct of_device_id 用于执行 OF 匹配，这是通过在引导过程中把称为设备树的特殊文件传递给内核来完成的：

```
struct of_device_id {
    char        compatible[128];
    const void *data;
};
```

suspend 和 resume 是电源管理回调函数，分别用于使设备进入睡眠状态或将设备从睡眠状态中唤醒。当从系统中物理删除设备或设备的引用计数达到 0 时，将调用 remove 回调函数。remove 回调函数在系统重新启动期间也会被调用。

prob 是尝试将驱动程序绑定到设备时运行的探测回调函数。总线驱动程序负责调用设备驱动程序的探测函数。

group 是一个指向 struct attribute_group 列表（数组）的指针，用作驱动程序的默认属性。

你已经熟悉了驱动程序数据结构及其所有元素，下面让我们来了解内核提供了哪些 API，以便注册它们。

14.1.3　设备驱动程序注册

driver_register()函数用于向总线注册设备驱动程序，并将其添加到总线的驱动程序列表中。当你向总线注册设备驱动程序时，核心将遍历同一总线上的设备列表，并为没有驱动程序的每个设备调用总线的匹配回调函数。这样做是为了找出是否存在需要驱动程序处理的任何设备。

驱动程序数据结构的声明如下：

```
/*
 * Bus specific driver structure
 * You should provide your device's probe
 * and remove functions.
 */
struct packt_driver {
    int     (*probe)(struct packt_device *packt);
    int     (*remove)(struct packt_device *packt);
    void    (*shutdown)(struct packt_device *packt);
    struct device_driver driver;
    const struct i2c_device_id *id_table;
};
#define to_packt_driver(d)   container_of(d, struct packt_driver, driver)
#define to_packt_device(d) container_of(d,   struct packt_device, dev)
```

其中，有两个辅助宏用于获取 PACKT 设备和 PACKT 驱动程序，参数类型为通用的 struct device 或 struct driver。

用于标识 PACKT 设备的数据结构声明如下：

```
struct packt_device_id {
    char name[PACKT_NAME_SIZE];
```

```
    kernel_ulong_t driver_data; /* Data private to the driver*/
};
```

设备和设备驱动程序在匹配时会被绑定在一起。绑定是将设备与设备驱动程序相关联的过程，由总线框架完成。下面让我们在 PACKT 总线上注册驱动程序。注册驱动程序必须使用 packt_register_driver(struct packt_driver *driver)，它是 driver_register()的封装函数。在注册 PACKT 驱动程序之前，必须填写驱动程序参数。LDM 核心提供了一个辅助函数，用于循环访问已注册到总线的驱动程序列表：

```
int bus_for_each_drv(struct bus_type * bus,
                     struct device_driver * start, void * data,
                     int (*fn)(struct device_driver *, void *));
```

这个辅助函数不仅循环访问总线的驱动程序列表，而且会为驱动程序列表中的每个驱动程序调用 fn 回调函数。

14.1.4　设备数据结构

struct device 是通用数据结构，用于描述和表征系统中的每个设备，而无论它是物理设备还是虚拟设备。它还包含有关设备物理属性的详细信息，并提供适当的链接信息，以帮助构建合适的设备树和引用计数：

```
struct device {
    struct device *parent;
    struct kobject kobj;
    const struct device_type *type;
    struct bus_type       *bus;
    struct device_driver *driver;
    void    *platform_data;
    void    *driver_data;
    struct device_node   *of_node;
    struct class *class;
    const struct attribute_group **groups;
    void    (*release)(struct device *dev);
[...]
};
```

以上数据结构中各个字段的含义如下。

- parent 表示设备的父级设备，用于构建设备树层次结构。总线驱动程序负责使用总线设备设置此字段。

- bus 表示设备所在的总线。总线驱动程序必须填写此字段。
- type 标识设备的类型。
- kobj 是 kobject 的缩写，用于处理引用计数和支持设备模型。
- of_node 是一个指向与设备关联的 OF（设备树）节点的指针，由总线驱动程序设置。
- platform_data 是一个指向特定于设备的平台数据的指针，通常在设备预配期间声明在特定于主板的文件中。
- driver_data 是一个指向驱动程序专用数据的指针。
- class 是指向设备所属类的指针。
- group 是一个指向 struct attribute_group 列表（数组）的指针，用作设备的默认属性。
- release 是在设备引用计数达到零时调用的回调函数。总线驱动程序负责设置此字段。PACKT 总线驱动程序会向你展示如何做到这一点。

14.1.5　设备注册

device_register()是由 LDM 核心提供的一个函数，用于向总线注册设备。在调用此函数之后，系统将遍历总线的驱动程序列表以查找支持该设备的驱动程序，然后该设备将被添加到总线的设备列表中。device_register()会在内部调用 device_add()：

```
int device_add(struct device *dev)
{
    [...]
    bus_probe_device(dev);
        if (parent)
            klist_add_tail(&dev->p->knode_parent,&parent->p->klist_children);
    [...]
}
```

内核提供的用于循环访问总线设备列表的辅助函数是 bus_for_each_dev()，定义如下：

```
int bus_for_each_dev(struct bus_type * bus,
                     struct device * start, void * data,
                     int (*fn)(struct device *, void *));
```

每当添加设备时，内核都会调用总线驱动程序的匹配函数（bus_type->match）。如果匹配函数调用成功，内核将调用总线驱动程序的探测函数（bus_type->probe），前提是设备和驱动程序作为参数是匹配的。然后由总线驱动程序调用设备驱动程序的探测函数（driver->probe）。对于 PACKT 总线驱动程序，用于注册设备的函数是 packt_device_register(struct packt_device *packt)，它会在内部调用 device_register()。在这里，参数是调用 packt_device_alloc() 时分配的 PACKT 设备。总线特定的设备数据结构定义如下：

```
/*
 * Bus specific device structure
 * This is what a PACKT device structure looks like
 */
struct packt_device {
    struct module       *owner;
    unsigned char       name[30];
    unsigned long       price;
    struct device       dev;
};
```

其中，dev 是设备模型的数据结构，而 name 是设备的名称。你已经定义了数据结构，下面让我们来了解 LDM 的底层机制。

14.2 深入理解 LDM

到目前为止，我们已经讨论了用于构建系统设备拓扑的总线、驱动程序和设备。在底层，LDM 依赖于 3 个最基本的数据结构，即 kobject、kobj_type 和 kset，这 3 个数据结构用于链接对象。在进一步讨论之前，需要掌握如下术语。

- sysfs 是一个虚拟文件系统，它显示了内核对象的层次结构，由 kobject 结构体实例抽象。
- 属性（或 sysfs 属性）在 sysfs 中显示为文件。从内核中，它可以映射到任何内容，比如变量、设备属性、缓冲区或对驱动程序有用且需要向外部导出的任何内容。

14.2.1 了解 kobject 结构体

struct kobject 不仅是设备模型的核心数据结构，也是 sysfs 背后的核心概念。对于你在 sysfs 中找到的每个目录，都会有一个 kobject 结构体实例在内核中的某个地方漫游。此外，kobject 可以导出一个或多个属性，属性作为文件显示在 kobject 的 sysfs 目录中。struct kobject 在内核中定义如下：

```
struct kobject {
    const char              *name;
    struct list_head         entry;
    struct kobject          *parent;
    struct kset             *kset;
    struct kobj_type        *ktype;
    struct sysfs_dirent     *sd;
    struct kref              kref;
    [...]
 };
```

以上数据结构中各个字段的含义如下。

● name 是 kobject 的名称，可以使用 kobject_set_name(struct kobject *kobj，const char *name)函数对其进行修改。它也被用作 kobject 目录的名称。

● parent 是指向一个 kobject 的父 kobject 的指针，用于构建拓扑和描述对象之间的关系。

● sd 指向 struct sysfs_dirent，该数据结构表示 sysfs 中的 kobject 目录。如果设置了父目录，那么 kobject 目录将是父目录中的一个子目录。

● kref 为 kobject 提供引用计数。它有助于跟踪对象是否仍在使用，如果对象不再使用，则可能会释放它。或者，如果对象仍在使用，则可以防止它被删除。当从内核对象中使用时，kref 的初始值为 1。

● ktype 用于描述 kobject。每个 kobject 在创建时都会被赋予一组默认属性。struct kobj_type 的 ktype 字段用于指定这组默认属性。这样的结构允许内核对象共享公共操作（sysfs_ops），而无论这些内核对象在功能上是否相关。

● kset 则告诉我们 kobject 属于哪一组对象。

在使用 kobject 之前，必须（以独占方式）动态分配 kobject，然后对它进行初始化。为此，驱动程序可以使用 kzalloc()或 kobject_create()函数。若使用 kzalloc()，kobject 将被分配并且是空的，必须使用 kobject_init()进行初始化。若使用 kobject_create()，kobject 的分配和初始化则是隐式的。

```
void kobject_init(struct kobject *kobj, struct kobj_type *ktype);
struct kobject *kobject_create(void);
```

kobject_init()期望参数 kobj 指向的 kobject 已被分配内存，如通过 kzalloc()进行内存的分配。参数 ktype 是必需的，不能为 NULL，否则内核会报错[dump_stack()]。kobject_create()不需要任何参数，它隐式地进行 kobject 的分配和初始化[在内部调用 kzalloc()和 kobject_init()]。成功后，它将返回一个新初始化的 kobject。初始化 kobject 后，驱动程序可以使用 kobject_add()将 kobject 与系统链接起来，并为 kobject 创建 sysfs 目录项。创建位置取决于是否设置了 kobject 的父元素。也就是说，如果未设置 kobject 的父元素，则可以在将 kobject 添加到系统时使用 kobject_add()指定它的父元素。kobject_add()定义如下：

```
int kobject_add(struct kobject *kobj, struct kobject *parent,
                const char *fmt, ...);
```

其中，kobj 是要添加到系统中的内核对象，parent 是其父对象。kobject 目录将被创建为子目录。如果父目录为 NULL，则 kobject 目录将直接创建在/sys/目录下。与其在单独使用 kobject_init() 或 kobject_create() 后使用 kobject_add()，不如使用 kobject_init_and_add()对操作进行分组。kobject_init_and_add()定义如下：

```
int kobject_init_and_add(struct kobject *kobj,
                         struct kobj_type *ktype,
                         struct kobject *parent,
                         const char *fmt, ...);
```

另一个用于隐式分配、初始化并添加 kobject 到系统中的函数是 kobject_create_and_add()，定义如下：

```
struct kobject * kobject_create_and_add(const char *name,
                                        struct kobject *parent);
```

这个辅助函数将 kobject 的名称以及 kobject 的父元素作为参数，创建的目录则是子目录。给参数 parent 传递 NULL 将导致在/sys/目录下直接创建子目录。也就是说，内核中的一些预定义 kobject 表示/sys/目录下的一些子目录。

- kernel_kobj：这个 kobject 表示/sys/kernel 子目录。
- mm_kobj：这个 kobject 表示/sys/kernel/mm 子目录
- fs_kobj：这是一个文件系统 kobject，表示/sys/fs 子目录。
- hypervisor_kobj：表示/sys/hypervisor 子目录。
- power_kobj：这是一个电源管理 kobject，表示/sys/power 子目录。
- firmware_kobj：这是一个固件 kobject，表示/sys/firmware 子目录。

使用完 kobject 后，驱动程序应释放它。可用于释放 kobject 的函数是 kobject_release()。但是，这个函数不考虑 kobject 的其他潜在使用者，建议改用 kobject_put()。该函数将递减 kobject 的引用计数，然后在新的引用计数为 0 时释放 kobject。请记住，在初始化 kobject 时，引用计数为 1。此外，建议将 kobject 的引用封装到 kobject_get()和 kobject_put()函数中，其中 kobject_get()只会增加引用计数。这两个函数具有以下原型：

```
void kobject_put(struct kobject * kobj);
struct kobject *kobject_get(struct kobject *kobj);
```

kobject_get()将 kobject 作为参数来增加引用计数，并在参数初始化后返回相同的 kobject。kobject_put()则将引用计数递减 1，如果新的引用计数为 0，则自动调用 kobject_release()，这将释放 kobject。

以下代码演示了如何组合使用 kobject_create()、kobject_init()和 kobject_add()来创建内核对象并将其添加到系统中：

```
/* Somewhere */
static struct kobject *mykobj;

[...]
mykobj = kobject_create();
if (!mykobj)
    return -ENOMEM;

kobject_init(mykobj, &my_ktype);
if (kobject_add(mykobj, NULL, "%s", "hello")) {
    pr_info("ldm: kobject_add() failed\n");
    kobject_put(mykobj);
    mykobj = NULL;
    return -1;
}
```

如你所见，也可以使用多合一的函数，如 kobject_create_and_add()，它会在内部调用 kobject_create()和 kobject_add()。

```
static struct kobject * class_kobj = NULL;
static struct kobject * devices_kobj = NULL;

/* Create /sys/class */
class_kobj = kobject_create_and_add("class", NULL);
if (!class_kobj)
    return -ENOMEM;
[...]

/* Create /sys/devices */
devices_kobj = kobject_create_and_add("devices", NULL);
if (!devices_kobj)
```

```
    return -ENOMEM;
```

请记住，对于每个 kobject，对应的 kobject 目录都可以在/sys/目录中找到，上层目录由 kobj->parent 指向。

注意

由于初始化 kobject 时必须提供 kobj_type，因此多合一函数使用内核提供的 kobj_type，也就是 dynamic_kobj_ktype。除非有充分的理由初始化 kobj_type（大多数情况下，如果只是想填充一些默认属性，你定能如愿），否则应该使用 kobject_create*()。它使用内核提供的 kobject 类型而不是 kobject_init*()，kobject_init*()需要你提供自己的初始化 kobj_type。

14.2.2 了解 kobj_type

kobj_type（表示内核对象类型）是一种数据结构，用于定义 kobject 的行为并控制创建或销毁 kobject 时会发生什么。此外，kobj_type 包含 kobject 的默认属性，以及允许 kobject 对这些属性进行操作的钩子函数。

由于相同类型的大多数设备具有相同的属性，因此这些属性被隔离并存储在 ktype 元素中，这使它们能够灵活地被管理。每个 kobject 都必须具有关联的 kobj_type。

struct kobj_type 定义如下：

```
struct kobj_type {
    void (*release)(struct kobject *);
    const struct sysfs_ops sysfs_ops;
    struct attribute **default_attrs;
};
```

其中，release 是在 kobject 的释放路径上调用的回调函数，旨在让驱动程序有机会释放 kobject 所分配的资源。当 kobject_put()即将释放 kobject 时，release 回调函数将隐式执行。default_attrs 是指向属性的指针数组，此字段列出了要为此类型的每个 kobject 创建的属性，sysfs_ops 则提供了一组允许你访问这些属性的方法。以下代码显示了内核中 struct sysfs_ops 的定义：

```
struct sysfs_ops {
    ssize_t (*show)(struct kobject *kobj,struct attribute *attr, char *buf);
    ssize_t (*store)(struct kobject *kobj,struct attribute *attr, const char *buf,
                                    size_t size);
};
```

其中，show 是回调函数，每当对 kobj_type 公开的属性进行读取时（也就是每当从用户空间读取属性时），就会调用它。buf 是输出缓冲区。缓冲区的大小是固定的，长度为 PAGE_SIZE。那些必须公开的数据要求存放在 buf 中，最好使用 scnprintf()。最后，如果成功，则必须返回写入缓冲区的数据的大小（以字节为单位）；如果失败，则必须返回错误码。根据 sysfs 规则，每个属性都应包含/提供单个可读的值或设备属性。如果要返回大量数据，则应考虑将其分解为多个属性。调用 store 函数是为了写入，也就是将某些内容写入属性。buf 最大为 PAGE_SIZE，但它也可以更小。成功时，它必须返回从缓冲区读取的数据的大小（以字节为单位），失败时则返回错误码（或收到不需要的值）。attr 指针作为参数被传递给 show/store 函数，用于确定正在访问的属性。show/store 函数经常执行一系列测试，你可以通过对属性名执行一系列测试来实现此目的。其他实现则将属性的结构封装在一个封闭的数据结构中，该数据结构提供了返回属性值所需的数据（struct kobject_attribute、struct device_attribute、struct driver_attribute 和 struct class_attribute 是一些示例）。在这种情况下，container_of 宏用于获取指向嵌入结构的指针。这是 kobj_sysfs_ops 使用的方法，它表示 dynamic_kobj_ktype 提供的操作。

14.2.3　了解 kset 结构体

struct kset 的作用主要是将相关的内核对象组合在一起。kset 代表内核对象集，它可以解释为 kobject 的集合。换句话说，kset 将相关的 kobject 收集到了一起，例如所有块设备。struct kset 在内核中定义如下：

```
struct kset {
    struct list_head list;
    spinlock_t list_lock;
    struct kobject kobj;
};
```

其中，list 是 kset 中所有 kobject 的链表，list_lock 是一个保护链表访问的自旋锁（在 kset 中添加或删除 kobject 时），kobj 表示集合的基类 kobject。这个 kobject 将被用作添加到集合中的 kobject 的默认父对象，默认父对象为 NULL。每个注册的 kset 对应一个 sysfs 目录，这个 sysfs 目录是以 kobj 元素为代表创建的。可以使用 kset_create_and_add() 函数创建和添加 kset，并使用 kset_unregister() 函数删除 kset。这两个函数定义如下：

```
struct kset * kset_create_and_add(const char *name,
                                  const struct kset_uevent_ops *u,
                                  struct kobject *parent_kobj);
 void kset_unregister (struct kset * k);
```

其中，name 是 kset 的名称，同时也被用作将为 kset 创建的目录的名称。u 是指向 uevent_ops 的指针，表示一组用户事件（uevent）操作，每当对 kset 进行更改时就会执行这些操作。例如，如果需要，你可以添加新的环境变量或过滤掉 uevent。此参数可以为（并且大多数情况下为）NULL。最后，parent_kobj 是 kset 的父 kobject。要将 kobject 添加到集合中，只需要将其 kset 字段指定为正确的 kset 即可：

```
static struct kobject foo_kobj, bar_kobj;
[...]

example_kset = kset_create_and_add("kset_example",NULL, kernel_kobj);

/* since we have a kset for this kobject,
 * we need to set it before calling into the kobject core.
 */
foo_kobj.kset = example_kset;
bar_kobj.kset = example_kset;

retval = kobject_init_and_add(&foo_kobj, &foo_ktype,NULL, "foo_name");
retval = kobject_init_and_add(&bar_kobj, &bar_ktype,NULL, "bar_name");
```

之后当 kset 不再使用时，可以使用 kset_unregister()动态释放它。

```
kset_unregister(example_kset);
```

14.2.4　使用非默认属性

属性是通过 kobject 导出到用户空间的 sysfs 文件。虽然默认属性在大多数情况下可能就足够了，但你也可以添加其他属性。属性可以从用户空间读取或写入用户空间，抑或同时执行这两种操作。属性定义如下：

```
struct attribute {
    char        *name;
    struct module *owner;
    umode_t     mode;
};
```

其中，name 是属性的名称，也是相应文件条目的名称。owner 是属性所有者，大多数情况下是 THIS_MODULE。mode 以用户-所属组-其他用户（user-group-other，ugo）的格式指定属性的读/写权限。

默认属性使用起来非常方便，但不够灵活。此外，简单属性只能通过 kobj_type sysfs 操作集来读取或写入，这意味着如果属性太多，show/store 函数中的分支将变得混乱。为了解决这个问题，kobject 核心提供了一种机制。在这种机制下，每个属性都被嵌入一个封闭的特殊数据结构 struct kobj_attribute 中。此数据结构公开了用于读取和写入的封装例程。struct kobj_attribute（定义在 include/linux/kobject.h 中）如下所示：

```
struct kobj_attribute {
    struct attribute attr;
    ssize_t (*show)(struct kobject *kobj,struct kobj_attribute *attr, char *buf);
        ssize_t (*store)(struct kobject *kobj,
                            struct kobj_attribute *attr,
                            const char *buf, size_t count);
};
```

其中，attr 是要创建的文件的属性，show 是指向从用户空间读取文件时将要调用的函数的指针，store 是指向写入文件时将要调用的函数的指针。struct kobj_attribute 使得开发更加通用，并提高了属性的灵活性。这样，指向 attr 的指针将被传递给 store 或 show 函数，并且不仅可用于确定正在访问哪个属性，还可用于检索支持从中调用此属性的 show/store 函数的封闭数据结构（即 struct kobj_attribute）。为此，可以使用 container_of 宏获取指向嵌入结构的指针。

以下摘自 lib/kobject.c 的代码演示了内核提供的 sysfs 操作元素 kobj_sysfs_ops 的 show 和 store 函数中的这种通用机制。该元素同时也是 dynamic_kobj_ktype 使用的 sysfs 操作数据结构（kobj_type->sysfs_ops 元素）：

```
static ssize_t kobj_attr_show(struct kobject *kobj,
                            struct attribute *attr, char *buf)
{
        struct kobj_attribute *kattr;
        ssize_t ret = -EIO;
        kattr = container_of(attr, struct kobj_attribute, attr);
        if (kattr->show)
            ret = kattr->show(kobj, kattr, buf);
        return ret;
}
static ssize_t kobj_attr_store(struct kobject *kobj,
                            struct attribute *attr,
                            const char *buf, size_t count)
{
        struct kobj_attribute *kattr;
        ssize_t ret = -EIO;
```

```
        kattr = container_of(attr, struct kobj_attribute, attr);
        if (kattr->store)
            ret = kattr->store(kobj, kattr, buf, count);
        return ret;
        }
    const struct sysfs_ops kobj_sysfs_ops = {
        .show = kobj_attr_show,
        .store = kobj_attr_store,
    };
```

在上面的代码中，container_of 宏执行所有操作。这也让我们放心，通过这种方法，我们仍然和所有与总线、设备、类和驱动程序相关的 kobject 实现了兼容。你可能总是知道自己希望提前公开哪些属性，因此属性总是被静态声明。为了帮你解决这个问题，内核提供了用于初始化 kobj_attribute 的 __ATTR 宏。此宏定义如下：

```
#define __ATTR(_name, _mode, _show, _store) {
    .attr = {.name = __stringify(_name),
              .mode = VERIFY_OCTAL_PERMISSIONS(_mode) },
    .show = _show,
    .store = _store,
}
```

其中，_name 将被字符串化并用作属性名称，_mode 表示属性模式，_show 和_store 分别是指向属性的 show 和 store 函数的指针。下面的代码声明了两个属性：

```
static struct kobj_attribute foo_attr =
    __ATTR(foo,0660, attr_show, attr_store);

static struct kobj_attribute bar_attr =
    __ATTR(bar,0660, attr_show, attr_store);
```

以上代码声明了两个具有 0660 权限的属性。第一个属性名为 foo，第二个属性名为 bar，两者都使用相同的 show 函数和 store 函数。现在，我们必须创建基础文件。用于在 sysfs 文件系统中添加 / 删除属性的低级内核 API 分别为 sysfs_create_file() 和 sysfs_remove_file()，它们定义如下：

```
int sysfs_create_file(struct kobject * kobj,const struct attribute * attr);
void sysfs_remove_file(struct kobject * kobj, const struct attribute * attr);
```

sysfs_create_file()在成功时返回 0，在失败时返回错误码。必须为 sysfs_remove_file() 提供相同的参数才能删除文件属性。下面让我们使用这些 API 将 bar 和 foo 属性添加到系统中：

```
struct kobject *demo_kobj;
int err;


demo_kobj = kobject_create_and_add("demo", kernel_kobj);
if (!demo_kobj) {
    pr_err("demo: demo_kobj registration failed.\n");
    return -ENOMEM;
}
err = sysfs_create_file(demo_kobj, &foo_attr.attr);
if (err) {
    pr_err("unable to create foo attribute\n");
    err = sysfs_create_file(demo_kobj, &bar_attr.attr);
if (err){
    sysfs_remove_file(demo_kobj, &foo_attr.attr);
    pr_err("unable to create bar attribute\n");
}
```

执行上述代码后，bar 和 foo 文件将在 sysfs 文件系统的/sys/demo 目录中可见。在我们的示例中，我们使用__ATTR 宏来定义属性。必须指定名称、模式和 show/store 函数。内核为最常见的情况提供了一些宏，以方便我们指定属性和编写代码。这些宏如下所示。

- __ATTR_RO(name)：假定 name_show 是 show 回调函数的名称 ，并将模式设置为 0444。

- __ATTR_WO(name)：假定 name_store 是 store 回调函数的名称，并且仅限于模式 0200，这意味着只有 root 写入访问权限。

- __ATTR_RW(name)：假设 name_show 和 name_store 分别是 show 和 store 回调函数的名称，并将模式设置为 0644。

- __ATTR_NULL：用作链表终止符。它将两个名称都设置为 NULL，并用作链表末尾指示符（详见 kernel/workqueue.c）。

上面所有这些宏都只把属性的名称作为参数。这些宏与__ATTR 宏的不同之处在于，show/store 函数的名称可以是任意的，此处的属性是在假设 show 和 store 函数分别被命名为<attribute_name>_show 和<attribute_name>_store 的情况下构建的。下面的代码使用__ATTR_RW_MODE 宏演示了这一点：

```
#define __ATTR_RW_MODE(_name, _mode) {
    .attr = { .name = __stringify(_name),
            .mode = VERIFY_OCTAL_PERMISSIONS(_mode) },
    .show = _name##_show,
```

```
    .store = _name##_store, \
}
```

如你所见，.show 和.store 字段的属性名称分别以_show 和_store 为后缀。下面让我
们看一个例子：

```
static struct kobj_attribute attr_foo = __ATTR_RW(foo);
```

上面的属性声明假定 show 和 store 函数分别被命名为 foo_show 和 foo_store。

注意

如果需要为所有属性提供单个 store/show 操作对，则可能应该使用__ATTR 宏定义
这些属性。但是，如果处理属性时需要为每个属性提供一个 store/show 操作对，则可以
使用其他属性定义宏。

以下代码显示了我们之前定义的 foo 和 bar 属性的 show/store 函数的实现：

```
static ssize_t attr_store(struct kobject *kobj,
                          struct kobj_attribute *attr,
                          const char *buf, size_t count)
{
    int value, ret;
    ret = kstrtoint(buf, 10, &value);
    if (ret < 0)
        return ret;
    if (strcmp(attr->attr.name, "foo") == 0)
        foo = value;
    else /* if (strcmp(attr->attr.name, "bar") == 0) */
        bar = value;
    return count;
}
static ssize_t attr_show(struct kobject *kobj,
                         struct kobj_attribute *attr,char *buf)
{
    int value;
    if (strcmp(attr->attr.name, "foo") == 0)
        value = foo;
    else
        value = bar;
    return sprintf(buf, "%d\n", value);
}
```

在上面的代码中，我们并没有为每个属性提供 show/store 操作对，而是对所有属性
使用相同的 show/store 操作对，并根据它们各自的名称来区分这些属性。当使用通用的

kobject_attribute 而不是框架特定的属性时，这是一种常见的做法。这是因为它们有时会为每个属性强加不同的 show/store 函数名，因为它们不依赖于__ATTR 宏来定义属性。

14.2.5　使用二进制属性

属性必须以人类可读的文本格式存储单个设备属性/值，并且这样的属性具有 PAGE_SIZE 限制。但是，可能存在一种情况，尽管很少见，就是需要以二进制格式交换更大的数据。这种情况的典型示例是设备固件传输，其中用户空间将上传一些二进制数据以推送到硬件或 PCI 设备，并公开其部分或全部配置地址空间。为了涵盖这些情况，sysfs 框架提供了二进制属性。请注意，二进制属性用于发送/接收内核根本不解释/操作的二进制数据。二进制属性只能用于硬件之间的数据传递，内核不进行解释。例如，你可以执行的唯一操作是对幻数和大小进行一些检查。二进制属性使用 struct bin_attribute 来表示，该数据结构定义如下：

```
struct bin_attribute {
    struct attribute attr;
    size_t size;
    void *private;
    ssize_t (*read)(struct file *filp,
            struct kobject *kobj,
            struct bin_attribute *attr,
            char *buffer, loff_t off, size_t count);
                ssize_t (*write)(struct file *filp,
                struct kobject *kobj,
                struct bin_attribute *attr,
                const char *buffer,
                loff_t off, size_t count);
    int (*mmap)(struct file *filp, struct kobject *kobj,
            struct bin_attribute *attr,
            struct vm_area_struct *vma);
};
```

其中，attr 是二进制属性的基础经典属性，用于保存二进制属性的名称、所有者和权限。size 表示二进制属性的最大大小（如果没有最大限制，则为零）。private 在大多数情况下被分配为二进制属性的缓冲区。read、write 和 mmap 函数是可选的，它们的工作原理与普通的字符设备驱动程序等效项类似。在这 3 个函数中，filp 是与二进制属性关联的文件指针实例，kobj 是与二进制属性关联的底层 kobject，buffer 是用于读取或写入操作的输出或输入缓冲区。off 与所有类型文件的所有读取或写入方法中的偏移量参数相同，指的是从文件开头开始的偏移量。最后，count 是要读取或写入的字节数。

注意

尽管二进制属性可能没有大小限制，但我们始终以 PAGE_SIZE 块为基础请求/发送较大的数据。这意味着（例如，对于单个加载）可以多次调用 write 函数。但是，这种拆分是由内核处理的，这意味着它对驱动程序是透明的。

由于 sysfs 无法发出一系列写入操作结束的信号，因此实现二进制属性的代码必须以其他方式弄清楚这一点。要创建二进制属性，就必须分配并初始化它们。与普通属性一样，有两种方法可以分配二进制属性——静态分配或动态分配。对于静态分配，sysfs 框架提供了 __BIN_ATTR 宏，定义如下：

```
#define __BIN_ATTR(_name, _mode, _read, _write, _size) {
    .attr = { .name = __stringify(_name), .mode = _mode },
    .read = _read,
    .write = _write,
    .size = _size,
```

__BIN__ATTR 宏的工作方式类似于 __ATTR 宏。参数方面，_name 是二进制属性的名称，_mode 表示权限，_read 和 _write 分别是读取函数和写入函数，_size 是二进制属性的大小。与普通属性一样，二进制属性也有自己的高级宏，用于简化定义它们的过程。其中一些宏如下：

```
BIN_ATTR_RO(name, size)
BIN_ATTR_WO(name, size)
BIN_ATTR_RW(name, size)
```

这些宏声明了 bin_attribute 结构体的单个实例，相应的变量名为 bin_attribute_<name>，见如下 BIN_ATTR__RW 宏的定义：

```
#define BIN_ATTR_RW(_name, _size)
struct bin_attribute bin_attr_##_name = __BIN_ATTR_RW(_name, _size)
```

此外，与普通属性一样，这些高级宏期望 read 和 write 函数分别被命名为 <attribute_name>_read 和<attribute_name>_write，见如下 __BIN_ATTR 宏的定义：

```
#define __BIN_ATTR(_name, _size)
__BIN_ATTR(_name, 0644, _name##_read, _name##_write, _size)
```

对于动态分配，仅仅使用简单的 kzalloc()就足够了。但是，动态分配的二进制属性必须使用 sysfs_bin_attr_init() 进行初始化，如下所示：

```
void sysfs_bin_attr_init(struct bin_attribute *bin_attr);
```

之后，驱动程序必须设置其他属性，例如底层属性的模式、名称和权限，以及可选的读/写/映射函数。

与可以设置为默认值的普通属性不同，二进制属性必须明确创建。这可以使用 sysfs_create_bin_file() 来完成，如下所示：

```
int sysfs_create_bin_file(struct kobject *kobj, struct bin_attribute *attr);
```

此函数在成功时返回 0，失败时返回错误码。一旦执行完对二进制属性的操作，就可以使用 sysfs_remove_bin_file() 将其删除，如下所示：

```
int sysfs_remove_bin_file(struct kobject *kobj, struct bin_attribute *attr);
```

以下摘自 drivers/i2c/i2c-slave-eeprom.c 的代码给出了动态分配和初始化二进制属性的具体示例：

```
struct eeprom_data {
    [...]
    struct bin_attribute bin;
    u8 buffer[];
};

static int i2c_slave_eeprom_probe (struct i2c_client *client)
{
    struct eeprom_data *eeprom;
    int ret;
    unsigned int size = FIELD_GET(I2C_SLAVE_BYTELEN,id->driver_dara) + 1;

    eeprom = devm_kzalloc(&client->dev,
                     sizeof(struct eeprom_data) + size,GFP_KERNEL);

    if (!eeprom)
        return -ENOMEM;

    [...]

    sysfs_bin_attr_init(&eeprom->bin);
    eeprom->bin.attr.name = "slave-eeprom";
    eeprom->bin.attr.mode = S_IRUSR | S_IWUSR;
    eeprom->bin.read = i2c_slave_eeprom_bin_read;
```

```
    eeprom->bin.write = i2c_slave_eeprom_bin_write;
    eeprom->bin.size = size;

    ret = sysfs_create_bin_file(&client->dev.kobj,&eeprom->bin);
    if (ret)
        return ret;

    [...]
    return 0;
};
```

当卸载模块路径或设备时，相应的二进制文件将被删除，如下所示：

```
static int i2c_slave_eeprm_remove(struct i2c_client *client)
{
    struct eeprom_data *eeprom = i2c_get_clientdata(client);
    sysfs_remove_bin_file(&client->dev.kobj, &eeprom->bin);

    [...]
    return 0;
}
```

接下来，当涉及实现读写功能时，可以使用memcpy()来移动数据，如下所示：

```
static ssize_t i2c_slave_eeprom_bin_read(struct file *filp,
        struct kobject *kobj, struct bin_attribute *attr,
        char *buf, loff_t off, size_t count)
{
    struct eeprom_data *eeprom;
    eeprom = dev_get_drvdata(kobj_to_dev(kobj));
    [...]
    memcpy(buf, &eeprom->buffer[off], count);
    [...]
    return count;
}

static ssize_t i2c_slave_eeprom_bin_write(
        struct file *filp, struct kobject *kobj,
        struct bin_attribute *attr,
        char *buf, loff_t off, size_t count)
{
    struct eeprom_data *eeprom;
    eeprom = dev_get_drvdata(kobj_to_dev(kobj));
    [...]
    memcpy(&eeprom->buffer[off], buf, count);
    [...]
```

```
    return count;
}
```

在上面的代码中，偏移量（off 参数）指向应该读取/写入数据的位置，count 则用于确定数据的大小。

属性组的概念

到目前为止，你已经学会了如何通过调用 sysfs_create_file()或 sysfs_create_bin_file()函数逐个添加（二进制）属性。如果只有几个属性要添加，这已经足够了，但是随着属性数量的增加或减少，这可能变得痛苦起来。驱动程序将不得不循环遍历属性来创建每个属性，或者调用与属性数量相同次数的 sysfs_create_file()函数。为了解决这个问题，属性组应运而生。属性组依赖于 struct attribute_group，该数据结构定义如下：

```
struct attribute_group {
    const char    *name;
    umode_t       (*is_visible)(struct kobject *, struct attribute *, int);
    umode_t       (*is_bin_visible)(struct kobject *, struct bin_attribute *, int);
    struct attribute     **attrs;
    struct bin_attribute **bin_attrs;
};
```

如果未命名，属性组将在定义时把所有属性直接放在 kobject 目录中。但是，如果提供了名称，则为属性创建一个子目录，目录名称为属性组的名称。is_visible 是可选的回调函数，旨在返回属性组中特定属性所关联的权限，它将重复被属性组中的每个（非二进制）属性调用。此回调函数必须返回属性的读/写权限，如果不应访问属性，则返回 0。is_bin_visible 是 is_visible 的二进制属性对应版本，它返回的值/权限将替换你在 struct attribute 中定义的静态权限。attrs 是指向以 NULL 结尾的属性列表的指针，而 bin_attrs 是 attrs 的二进制属性对应版本。

用于向文件系统添加/移除属性组的内核函数定义如下：

```
int sysfs_create_group(struct kobject *kobj,
                       const struct attribute_group *grp);
void sysfs_remove_group(struct kobject *kobj,
                        const struct attribute_group *grp);
```

回到使用普通属性的示例，属性 bar 和 foo 可以嵌入属性组中。这使得我们能够通过函数调用，一次性将它们添加到系统中，如下所示：

```
static struct kobj_attribute foo_attr =
```

```
    __ATTR(foo, 0660, attr_show, attr_store);

static struct kobj_attribute bar_attr =
    _ATTR(bar, 0660, attr_show, attr_store);

/* attrs is aa array of pointers to attributes */
static struct attribute *demo_attrs[] = {
    &bar_foo_attr.attr,
    &bar_attr.attr,
    NULL,
};

static struct attribute_group my_attr_group = {
    .attrs = demo_attrs,
    /*.bin_attrs = demo_bin_attrs,*/
};
```

想要一次性创建属性，需要使用 sysfs_create_group()函数，如下所示：

```
struct kobject *demo_kobj;
int err;

demo_kobj = kobject_create_and_add("demo", kernel_kobj);
if (!demo_kobj) {
    pr_err("demo: demo_kobj registration failed.\\n");
    return -ENOMEM;
}

err = sysfs_create_group(demo_kobj, &foo_attr.attr);
```

在这里，我们解释了创建属性组的重要性以及如何轻松使用它们的 API。在 14.3 节中，我们将学习如何创建特定于框架的属性。

创建符号链接

驱动程序可以使用 sysfs_{create|remove}_link()函数为现有的 kobject（目录）创建/删除符号链接，如下所示：

```
int sysfs_create_link(struct kobject * kobj,
                      struct kobject * target, char * name);
void sysfs_remove_link(struct kobject * kobj, char * name);
```

这使得一个对象可以存在于多个位置，甚至可以创建一个快捷方式。sysfs_create_link()函数将创建一个名为 name 的符号链接，指向远程目标 kobject 的 sysfs 条目。该符号链接将被创建在名为 kobj 的 kobject 目录中。一个众所周知的例子是设备同时出现在

/sys/bus 和/sys/devices 目录中，因为总线控制器首先得是设备，然后才公开总线。但是请注意，任何创建的符号链接都将是持久的（除非系统重新启动），即使目标被删除。因此，当相关设备离开系统或模块被卸载时，驱动程序必须考虑到这一点。

14.3　sysfs 中的设备模型概述

sysfs 是一个非持久的虚拟文件系统，它提供了系统的全局视图，并使用 kobject 公开内核对象层次结构（拓扑）。每个 kobject 都显示为一个目录。这些目录中的文件代表由相关 kobject 导出的内核变量。这些文件称为属性，可以读取或写入。

如果任何已注册的 kobject 在 sysfs 中创建一个目录，则该目录的创建取决于此 kobject 的父级对象（也是 kobject，从而突出了内部对象层次结构）。在 sysfs 中，顶层目录表示对象层次结构的共同祖先或对象所属的子系统。

sysfs 的这些顶层目录可以在/sys/目录中找到，如下所示：

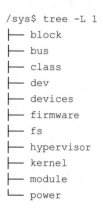

```
/sys$ tree -L 1
├── block
├── bus
├── class
├── dev
├── devices
├── firmware
├── fs
├── hypervisor
├── kernel
├── module
└── power
```

顶层目录 block 包含系统中每个块设备的目录，其中每个目录都包含设备上分区的子目录。顶层目录 bus 包含系统中注册的总线。顶层目录 dev 以原始方式（没有层次结构）包含已注册的设备节点，每个设备节点都是到/sys/devices 目录中真实设备的符号链接。顶层目录 devices 显示系统中设备拓扑结构的真实视图。顶层目录 firmware 显示低级子系统（如 ACPI、EFI 和 OF）的系统特定树。fs 列出系统中使用的文件系统。顶层目录 kernel 保存内核配置选项和状态信息。顶层目录 module 显示已加载模块的列表，而顶层目录 power 则显示用户空间的系统电源管理控制接口。

每个顶层目录对应一个 kobject，其中一些作为内核符号导出。

- kernel_kobj 对应/sys/kernel。
- power_kobj 对应/sys/power。
- firmware_kobj 对应/sys/firmware，它在 drivers/base/firmware.c 源文件中导出。
- hypervisor_kobj 对应/sys/hypervisor，它在 drivers/base/hypervisor.c 源文件中导出。
- fs_kobj 对应/sys/fs，它在 fs/namespace.c 源文件中导出。

顶层目录 class、dev 和 devices 是由内核源代码的 drivers/base/core.c 中的 devices_init() 函数在启动时创建的，顶层目录 block 是在 block/genhd.c 中创建的，而顶层目录 bus 则作为一个 kset 在 drivers/base/bus.c 中创建。

14.3.1　创建设备、驱动程序、总线和类相关属性

你已经学会了如何创建专用 kobject 以填充内部属性。但是，设备、驱动程序、总线和类框架提供了属性抽象和文件创建功能，创建的属性被直接绑定到相应框架中适当的 kobject 目录。

为此，每个框架都提供了一个特定于框架的属性数据结构，它包含默认属性并允许我们提供自定义的 show/store 函数。对于设备、驱动程序、总线和类框架，可分别使用 struct device_attribute、struct driver_attribute、struct bus_attribute 和 struct class_attribute 进行定义，与 struct kboj_attribute 相似但使用不同的名称。

- 驱动程序具有以下属性数据结构：

```
struct driver_attribute {
    struct attribute attr;
    ssize_t (*show)(struct device_driver *driver,char *buf);
    ssize_t (*store)(struct device_driver *driver,
        const char *buf, size_t count);
};
```

- 类具有以下属性数据结构：

```
struct class_attribute {
    struct attribute attr;
    ssize_t (*show)(struct class *class,
        struct class_attribute *attr, char *buf);
    ssize_t (*store)(struct class *class,
        struct class_attribute *attr,
        const char *buf, size_t count);
};
```

- 总线具有以下属性数据结构：

```
struct bus_attribute {
    struct attribute attr;
    ssize_t (*show)(struct bus_type *bus, char *buf);
    ssize_t (*store)(struct bus_type *bus,
        const char *buf, size_t count);
};
```

● 设备具有以下属性数据结构：

```
struct device_attribute {
    struct attribute attr;
    ssize_t (*show)(struct device *dev,
        struct device_attribute *attr, char *buf);
    ssize_t (*store)(struct device *dev, struct device_attribute *attr,
        const char *buf, size_t count);
};
```

设备特定数据结构的 show 函数需要一个额外的 count 参数，其他函数则不需要。

它们可以使用 kzalloc() 进行动态分配，并通过设置内部属性元素的字段和提供适当的回调函数来进行初始化。但是，每个框架都提供了一组宏来初始化和静态分配它们各自属性数据结构的单个实例。

● 总线基础设施提供了以下宏：

```
BUS_ATTR_RW(_name)
BUS_ATTR_RO(_name)
BUS_ATTR_WO(_name)
```

使用这些总线框架特定的宏，生成的总线属性变量名为 bus_attr_<_name>。例如，从 BUS_ATTR_RW(foo) 得到的变量名将是 bus_attr_foo，并且是 struct bus 属性类型。

● 对于驱动程序，则提供了以下宏：

```
DRIVER_ATTR_RW(_name)
DRIVER_ATTR_RO(_name)
DRIVER_ATTR_WO(_name)
```

这些特定于驱动程序的属性定义宏将使用 driver_attr_<_name> 模式命名生成的变量。例如，从 DRIVER_ATTR_RW(foo) 生成的变量将是 struct driver_attribute 属性类型，名为 driver_attr_foo。

● 类框架提供了以下宏：

```
CLASS_ATTR_RW(_name)
CLASS_ATTR_RO(_name)
```

```
CLASS_ATTR_WO(_name)
```

使用这些特定于类的宏，生成的变量将是 struct class_attribute 属性类型，并使用 class_attr_<_name>模式进行命名。例如，从 CLASS_ATTR_RW(foo)生成的变量名将是 class_attr_foo。

● 最后，可以使用以下宏静态分配和初始化特定于设备的属性：

```
DEVICE_ATTR(_name, _mode, _show, _store)
DEVICE_ATTR_RW(_name)
DEVICE_ATTR_RO(_name)
DEVICE_ATTR_WO(_name)
```

设备特定的属性定义宏使用自己独有的变量命名模式，即 dev_attr_<_name>。例如，从 DEVICE_ATTR_RO(foo)生成的变量名将是 dev_attr_foo，并且是 struct device_attribute 属性类型。

以上所有这些宏都是基于__ATTR_RW、__ATTR_RO 和__ATTR_WO 构建的，它们会静态分配和初始化特定框架属性数据结构的单个实例，并假定 show/store 函数分别被命名为<attribute_name>_show 和<attribute_name>_store（请记住，这是因为它们不依赖于__ATTR 宏）。DEVICE_ATTR 是例外，它使用传递的 show/store 函数且没有任何后缀或前缀，这是因为 DEVICE_ATTR 依赖于__ATTR 来定义属性。

正如你所看到的，所有这些特定于框架的宏都使用预定义的前缀来命名生成的特定于框架的属性对象变量。让我们看一个类属性：

```
static CLASS_ATTR_RW(foo);
```

这将创建一个名为 class_attr_foo 的属性类型为 struct class_attribute 的静态变量，并假定它的 show 和 store 函数分别被命名为 foo_show 和 foo_store。这可以在属性组中使用内部属性元素进行引用，如下所示：

```
static struct attribute *fake_class_attrs[] = {
    &class_attr_foo.attr,
    [...]
    NULL,
};
static struct attribute_group fake_attr_group = {
    .attrs = fake_class_attrs,
}
```

在创建相应的文件时，最重要的是驱动程序可以从以下列表中选择适当的 API：

```
int device_create_file(struct device *device,
                const struct device_attribute *entry);
int driver_create_file(struct device_driver *driver,
                const struct driver_attribute *attr);
int bus_create_file(struct bus_type *bus,
                struct bus_attribute *);
int class_create_file(struct class *class,
                const struct class_attribute *attr);
```

这里的 device、driver、bus 和 class 参数分别用于指定所要添加属性的设备、驱动程序、总线和类实体。此外，属性将创建在对应每个实体的内部 kobject 所对应的目录中，如下所示：

```
int device_create_file(struct device *dev,
                const struct device_attribute *attr)
{
    [...]
    error = sysfs_create_file(&dev->kobj, &attr->attr);
    [...]
}

int class_create_file(struct class *cls,
                    const struct class_attribute *attr)
{
    [...]
    error =
        sysfs_create_file(&cls->p->class_subsys.kobj,
                    &attr->attr);
    return error;
}

int bus_create_file(struct bus_type *bus,
                struct bus_attribute *attr)
{
    [...]
    error =
        sysfs_create_file(&bus->p->subsys.kobj,
                        &attr->attr);
    [...]
}
```

上述代码还显示了 device_create_file()、bus_create_file()、driver_create_file() 和 class_create_file() 都会对 sysfs_create_file() 进行内部调用。

完成每个属性对象后，必须调用相应的删除函数。以下代码显示了可用的 API：

```
void device_remove_file(struct device *device,
            const struct device_attribute *entry);
void driver_remove_file(struct device_driver *driver,
            const struct driver_attribute *attr);
void bus_remove_file(struct bus_type *,struct bus_attribute *);
void class_remove_file(struct class *class,
            const struct class_attribute *attr);
```

这些 API 的期望参数与创建属性时传递的参数相同。

你已经知道了 kobj_attribute 元素的内部 show/store 函数是如何被调用的，但你还应该知道那些特定于框架的 show /store 函数是如何被调用的。

下面让我们来看看设备的实现。设备框架具有内部的 kobj_type，kobj_type 实现了特定于设备的 show 函数和 store 函数。这两个函数将内部属性元素作为参数之一。之后，container_of 宏检索封装数据结构的指针（即框架特定属性数据结构），从中调用框架特定的 show 函数和 store 函数。

以下摘自 drivers/base/core.c 的代码给出了设备特定的 sysfs_ops 实现：

```
static ssize_t dev_attr_show(struct kobject *kobj,
                struct attribute *attr,
                        char *buf)
{
    struct device_attribute *dev_attr = to_dev_attr(attr);
    struct device *dev = kobj_to_dev(kobj);
    ssize_t ret = -EIO;

    if (dev_attr->show)
        ret = dev_attr->show(dev, dev_attr, buf);
    if (ret >= (ssize_t)PAGE_SIZE) {
        print_symbol("dev_attr_show:
                        %s returned bad count\\n",
                        (unsigned long)dev_attr->show);
    }

    return ret;

}


static ssize_t dev_attr_store(struct kobject *kobj,
                    struct attribute *attr,
                     const char *buf, size_t count)
{

    struct device_attribute *dev_attr = to_dev_attr(attr);
    struct device *dev = kobj_to_dev(kobj);
```

```
        ssize_t ret = -EIO;

        if (dev_attr->store)
            ret = dev_attr->store(dev, dev_attr, buf, count);
        return ret;
    }


    static const struct sysfs_ops dev_sysfs_ops = {
        .show    = dev_attr_show,
        .store   = dev_attr_store,
    };
```

注意，在上面的代码中，利用 container_of 宏的 to_dev_attr()定义如下：

```
#define to_dev_attr(_attr) container_of(_attr, struct device_attribute, attr)
```

对于总线（在 drivers/base/bus.c 中）、驱动程序（在 drivers/base/bus.c 中）和类（在 drivers/base/class.c 中）的属性来说，原则是相同的。

14.3.2　使 sysfs 属性 poll 和 select 兼容

这不是处理 sysfs 属性的要求，这么做是为了使用 poll()或 select()系统调用来等待属性的变化。比如固件变得可用，发出警报或属性值发生变化等。当用户等待文件变化时，驱动程序必须调用 sysfs_notify()来释放任何正在等待的用户。

这个通知 API 定义如下：

```
void sysfs_notify(struct kobject *kobj, const char *dir, const char *attr)
```

如果参数 dir 不为 NULL，则这个通知 API 用于从 kobj 目录中查找一个子目录，该子目录中包含属性（可能由 sysfs_create_group 创建）。此调用将导致任何轮询进程唤醒并处理事件（可能是读取新值、处理警报等）。

注意

如果没有调用 sysfs_notify()，你将收不到任何通知。因此，任何轮询过程都将无限期等待（除非在系统调用中指定超时）。

属性的 store()函数定义如下：

```
static ssize_t store(struct kobject *kobj,
                    struct attribute *attr,
                     const char *buf, size_t len)
{
    struct d_attr *da = container_of(attr, struct d_attr,attr);

    sscanf(buf, "%d", &da->value);
    pr_info("sysfs_foo store %s = %d\\n",
            a->attr.name, a->value);

    if (strcmp(a->attr.name, "foo") == 0){
        foo.value = a->value;
        sysfs_notify(mykobj, NULL, "foo");
    }
    else if(strcmp(a->attr.name, "bar") == 0){
        bar.value = a->value;
        sysfs_notify(mykobj, NULL, "bar");
    }
    return sizeof(int);
}
```

在上面的代码中，在更新值之后调用 sysfs_notify()是有意义的，这样用户代码就可以读取准确的值。

用户代码可以直接将打开的属性文件传递给 poll()或 select()，而无须读取属性的初始内容。这样做可以为开发人员提供方便。但是请注意，收到通知后，poll()返回 POLLERR|POLLPRI（作为标志，在调用 poll()时必须请求它们），select()则返回文件描述符，而无论是否正在等待读取、写入或异常事件。

14.4 总结

学完本章后，你已熟悉 LDM 及其数据结构（总线、类、设备和驱动程序），包括底层数据结构 kobject、kset、kobj_type 和属性（或属性组）。内核中对象的表示方式（设备拓扑结构）已不再神秘，你应该能够创建一个属性（或属性组），并通过 sysfs 公开设备或驱动程序的功能。

第 15 章将介绍 IIO 框架，它大量使用了 sysfs 的功能。

第 4 篇　嵌入式领域内的多种内核子系统

在第 4 篇，我们将介绍 IIO 框架、引脚控制器、GPIO 子系统以及其他重要的概念。除此之外，我们还将深入了解映射到 IRQ 的 GPIO 及其处理机制，并描述涉及的每一个内核数据结构和 API。最后，我们将学习如何利用 Linux 内核输入子系统。

第 4 篇包含如下 3 章：

第 15 章 "深入了解 IIO 框架"；

第 16 章 "充分利用引脚控制器和 GPIO 子系统"；

第 17 章 "利用 Linux 内核输入子系统"。

第 15 章
深入了解 IIO 框架

IIO 是专用于 ADC 和 DAC 的内核子系统。随着不同代码实现的传感器（具有模数或数模转换功能的测量设备）数量不断增加，并分散在内核源代码中，收集它们变得很有必要。这就是 IIO 框架以通用方式发挥作用的方式。Jonathan Cameron 和 Linux IIO 社区自 2009 年以来一直在开发它。加速度计、陀螺仪、电流/电压测量芯片、光传感器和压力传感器都属于 IIO 设备。

IIO 模型基于设备和通道架构。

- 设备代表芯片本身，位于整个层次结构的顶层。
- 通道表示设备的单个采集线路。一个设备可能有一个或多个通道。例如，加速度计是一个具有 3 个通道的设备，x、y 和 z 轴各有一个通道。

IIO 芯片是物理和硬件传感器/转换器。它以字符设备的形式暴露给用户空间（当支持触发缓冲区时），并且有一个包含一组文件的 sysfs 目录条目，其中一些文件表示通道。

从用户空间与 IIO 设备交互的两种方式如下。

- /sys/bus/iio/iio:deviceX/是一个 sysfs 目录，代表设备及其通道。
- /dev/iio:deviceX 是一个字符设备，用于导出设备的事件和数据缓冲区。

图 15.1 显示了 IIO 框架在内核和用户空间之间的组织方式。驱动程序使用 IIO 核心公开的一系列设施和 API，管理硬件并报告处理结果到 IIO 核心。然后，IIO 子系统通过 sysfs 接口和字符设备将整个底层机制抽象到用户空间，用户可以在其上执行系统调用。

IIO API 分散在多个头文件中，如下所示：

```
/* mandatory, the core */
#include <linux/iio/iio.h>
/* mandatory since sysfs is used */
#include <linux/iio/sysfs.h>
```

```
/* Optional. Advanced feature, to manage iio events */
#include <linux/iio/events.h>
/* mandatory for triggered buffers */
#include <linux/iio/buffer.h>
/* rarely used. Only if the driver implements a trigger */
#include <linux/iio/trigger.h>
```

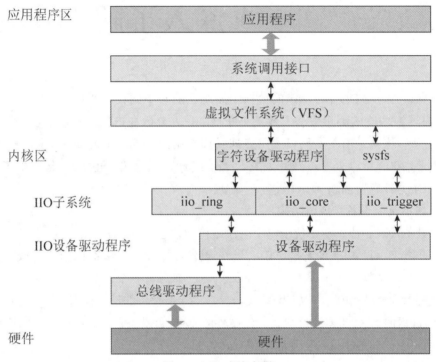

图 15.1　IIO 框架概览

在本章中，我们将介绍和描述 IIO 框架的每个概念，遍历其数据结构，处理触发的缓冲区支持和连续捕获，探索现有的 IIO 触发器，学习如何在单次模式或连续模式下捕获数据，并给出可以帮助开发人员测试其设备的工具。

本章将讨论以下主题：

- IIO 数据结构简介；
- 集成 IIO 触发缓冲区支持；
- 访问 IIO 数据；
- 内核中的 IIO 消费者接口；
- 编写用户空间的 IIO 应用程序；

- 遍历用户空间 IIO 工具。

15.1　IIO 数据结构简介

IIO 框架由 3 个数据结构组成：表示 IIO 设备的一个数据结构，描述 IIO 设备的另一个数据结构，以及枚举 IIO 设备所公开通道的最后一个数据结构。在内核中，IIO 设备表示为 iio_dev 结构体实例，并用 iio_info 结构体来描述。所有重要的 IIO 数据结构都定义在 include/linux/iio/iio.h 中。

15.1.1　了解 struct iio_dev

struct iio_dev 用来表示 IIO 设备。该数据结构告诉我们设备上有多少通道可用，以及设备可以在哪些模式（如一次性模式或触发缓冲区模式）下运行。此外，该数据结构还公开了一些由驱动程序提供的钩子函数。

这个数据结构的定义如下：

```
struct iio_dev {
    [...]
    Int              modes;
    int              currentmode;
    struct device    dev;
    struct iio_buffer *buffer;
    int                scan_bytes;
    const unsigned long      *available_scan_masks;
    const unsigned long      *active_scan_mask;
    bool                     scan_timestamp;
    struct iio_trigger       *trig;
    struct iio_poll_func     *pollfunc;
    struct iio_chan_spec const *channels;
    int                      num_channels;
    const char               *name;
    const struct iio_info    *info;
    const struct iio_buffer_setup_ops *setup_ops;
    struct cdev              chrdev;
};
```

以上数据结构中各个字段的含义如下。

- modes 代表设备支持的不同模式。可能的模式如下。
  - ➢ INDIO_DIRECT_MODE：表示设备提供 sysfs 类型的接口。

> ➤ INDIO_BUFFER_TRIGGERED：表示设备支持与缓冲区相关联的硬件触发器。当你使用 iio_triggered_buffer_setup() 函数设置触发缓冲区时，将自动切换至这种模式。

> ➤ INDIO_BUFFER_SOFTWARE：在连续转换中，缓冲将由内核本身通过软件实现。内核将数据推入内部 FIFO，并有可能在特定的水位线产生中断。

> ➤ INDIO_BUFFER_HARDWARE：这意味着设备具有硬件缓冲区。在连续转换中，缓冲可以由设备处理，这意味着数据流可以直接从硬件后端获取。

> ➤ INDIO_ALL_BUFFER_MODES：上述 3 种模式的组合。

> ➤ INDIO_EVENT_TRIGGERED：转换可以由某种事件触发，例如 ADC 达到阈值电压，但没有中断或定时器触发。这种模式主要用于配备了比较器但没有其他触发转换方式的芯片。

> ➤ INDIO_HARDWARE_TRIGGERED：可以被硬件事件触发，例如 IRQ 或时钟事件。

> ➤ INDIO_ALL_TRIGGERED_MODES：INDIO_BUFFER_TRIGGERED、INDIO_EVENT_TRIGGERED 和 INDIO_HARDWARE_TRIGGERED 模式的组合。

- currentmode：表示设备使用的模式。
- dev：IIO 设备所绑定的 struct device（根据 LDM）。
- buffer：这是数据缓冲区，它在你使用触发缓冲区模式时会被推送到用户空间。当你使用 iio_triggered_buffer_setup() 函数启用触发缓冲区支持时，它会自动分配缓存并与设备关联。
- scan_bytes：这是捕获的字节数，用于输入缓冲区。当使用来自用户空间的触发缓冲区时，缓冲区大小应至少为 indio->scan_bytes 字节。
- available_scan_masks：这是一个可选的位掩码数组。当使用触发缓冲区时，可以启用要捕获并送入 IIO 缓冲区的通道。如果不想启用某些通道，则应仅使用允许的通道填充此数组。下面的例子为加速度计（带有 X、Y 和 Z 通道）提供了扫描掩码：

```
/*
 * Bitmasks 0x7 (0b111) and 0 (0b000) are allowed.
 * It means one can enable none or all of them.
 * You can't for example enable only channel X and Y
 */
static const unsigned long my_scan_masks[] = {0x7, 0};
indio_dev->available_scan_masks = my_scan_masks;
```

- active_scan_mask：已启用通道的位掩码。只有这些通道的数据应该被推入缓冲区。例如，对于一个 8 通道的 ADC 转换器，如果只启用第 1 个通道（索引为 0）、第 3 个通道（索引为 2）和最后一个通道（索引为 7），那么位掩码将是 0b10000101（0x85），active_scan_mask 将设置为 0x85。驱动程序可以使用 for_each_set_bit 宏遍历每个设置的位，从相应的通道获取数据，并填充缓冲区。

- scan_timestamp：用于告诉程序是否将捕获时间戳推送到缓冲区。如果为 true，时间戳将作为缓冲区的最后一个元素被推送。时间戳的大小为 8 字节（64 位）。

- trig：这是当前设备触发器（当支持缓冲模式时）。

- pollfunc：这是在接收的触发器上运行的函数。

- channels：表格通道规范结构，用于描述设备拥有的每个通道。

- num_channels：表示 channels 中指定的通道数。

- name：表示设备名称。

- info：从驱动程序获取的回调和常量信息。

- setup_ops：一组回调函数，在启用/禁用缓冲区的前后调用。struct iio_buffer_setup_ops 定义在 include/linux/iio/iio.h 中，如下所示：

```
struct iio_buffer_setup_ops {
int (* preenable) (struct iio_dev *);
int (* postenable) (struct iio_dev *);
int (* predisable) (struct iio_dev *);
int (* postdisable) (struct iio_dev *);
bool (* validate_scan_mask) (
            struct iio_dev *indio_dev,
            const unsigned long *scan_mask);
};
```

请注意，以上数据结构中的每个回调函数均为可选函数。

- chrdev：由 IIO 核心创建的相关字符设备，带有 iio_buffer_fileops 文件操作表。

接下来为 IIO 设备分配内存。为此需要使用 devm_iio_device_alloc() 函数，它是 iio_device_alloc() 的托管版本，具有以下定义：

```
struct iio_dev *devm_iio_device_alloc(struct device *dev, int sizeof_priv);
```

建议你在新的驱动程序中使用托管版本，因为 devres 核心会在内存不再需要时释放内存。在上面的函数原型中，dev 是要为其分配 iio_dev 的设备，sizeof_priv 是要为任何私有数据结构分配的额外内存空间。如果分配失败，则返回 NULL。

为 IIO 设备分配完内存后，下一步是初始化不同的字段。字段初始化完成后，必须使用 devm_iio_device_register()函数将设备注册到 IIO 子系统中，该函数的原型如下：

```
int devm_iio_device_register(struct device *dev,
                             struct iio_dev *indio_dev);
```

该函数是 iio_device_register()的托管版本，负责在驱动程序分离时注销 IIO 设备。dev 是已分配 IIO 设备的设备，indio_dev 是先前初始化的 IIO 设备。该函数成功返回 0 后，设备将准备好接收来自用户空间的请求。以下是一个注册 IIO 设备的示例：

```
static int ad7476_probe(struct spi_device *spi)
{
    struct ad7476_state *st;
    struct iio_dev *indio_dev;
    int ret;

    indio_dev = devm_iio_device_alloc(&spi->dev,sizeof(*st));
    if (!indio_dev)
        return -ENOMEM;

    /* st is given the address of reserved memory for
     * private data
     */
    st = iio_priv(indio_dev);
    [...]

    /* iio device setup */
    indio_dev->name = spi_get_device_id(spi)->name;
    indio_dev->modes = INDIO_DIRECT_MODE;
    indio_dev->num_channels = 2;
    [...]

    return devm_iio_device_register(&spi->dev, indio_dev);
}
```

如果发生错误，devm_iio_device_register()将返回错误码。非托管变量的反向操作（通常在释放函数中完成）是 iio_device_unregister()，其声明如下：

```
void iio_device_unregister(struct iio_dev *indio_dev);
```

iio_device_unregister()会在驱动程序卸载设备或设备离开系统时注销设备。此外，因为使用了托管分配变体，所以不需要释放内存，这项工作将由内核在内部处理。

你可能已经注意到，我们使用了一个新的函数 iio_priv()。这个函数会返回分配给 IIO 设备的私有数据的地址。建议使用这个函数而不是直接引用。例如，给定一个 IIO 设备，可以按如下方式检索相应的私有数据：

```
struct my_private_data *the_data = iio_priv(indio_dev);
```

独立的 IIO 设备是没有用处的。我们必须添加一组钩子函数，以允许我们与 IIO 设备交互。

15.1.2 了解 struct iio_info

struct iio_info 用于声明 IIO 核心使用的钩子函数，以读取/写入通道/属性值。以下是 struct iio_info 声明的一部分：

```
struct iio_info {
    const struct attribute_group *attrs;
    int (*read_raw)(struct iio_dev *indio_dev,
            struct iio_chan_spec const *chan,
            int *val, int *val2, long mask);

    int (*write_raw)(struct iio_dev *indio_dev,
            struct iio_chan_spec const *chan,
            int val, int val2, long mask);
    [...]
};
```

以上数据结构的完整定义可在/include/linux/iio/iio.h 中找到。

- attrs 表示向用户空间公开的设备属性。
- read_raw 是用户读取设备 sysfs 文件属性时调用的回调函数。mask 参数是一个位掩码，用于指明请求的是哪种类型的值。chan 参数用于指明涉及的通道。val 和 val2 是输出参数，它们必须包含组成返回值的元素。也就是说，必须使用从设备读取的原始值来设置它们。

此回调函数的返回值用于指示 IIO 核心如何处理 val 和 val2 以计算实际值。可能的返回值如下。

  - IIO_VAL_INT：输出值为整数。在这种情况下，驱动程序只需要设置 val。
  - IIO_VAL_INT_PLUS_MICRO：输出值由整数部分和小数部分组成。驱动程序必须将 val 设置为整数，同时必须将 val2 设置为小数。
  - IIO_VAL_INT_PLUS_NANO：仍使用整数值设置 val，但必须使用纳米值设置 val2。

> IIO_VAL_INT_PLUS_MICRO_DB：输出值以 dB 为单位。如果有的话，则必须使用整数值设置 val，并使用小数值设置 val2。

> IIO_VAL_INT_MULTIPLE：val 被视为整数数组，val2 则是该整数数组中条目的数量。它们必须相应地进行设置。val 的最大大小为 INDIO_MAX_RAW_ELEMENTS，定义为 4。

> IIO_VAL_FRACTIONAL：输出值为分数。驱动程序必须将 val 设置为分子，而将 val2 设置为分母。

> IIO_VAL_FRACTIONAL_LOG2：输出值是对数分数。IIO 核心希望将分母（val2）指定为实际分母以 2 为底的对数。例如，对于 ADC 和 DAC，这通常是有效位数。val 是正常的整数分母。

> IIO_VAL_CHAR：IIO 核心期望 val 为字符。大多数情况下，它可以与 IIO_CHAN_INFO_THERMOCOUPLE_TYPE 掩码一起使用，此时驱动程序必须返回测温元件的类型。

　　但所有这些都不能改变一个事实，就是在出现错误的情况下，该回调函数必须返回错误码，如 -EINVAL。建议你查看 drivers/iio/inkern.c 源文件中的 iio_convert_raw_to_ processed_unlocked() 函数，以了解最终值是如何处理的。

● write_raw 是用于向设备写入值的回调函数。例如，你可以使用它设置采样频率或更改比例。

设置 struct iio_info 的示例如下：

```
static const struct iio_info iio_dummy_info = {
    .read_raw = &iio_dummy_read_raw,
    .write_raw = &iio_dummy_write_raw,
    [...]
};

/*
 * Provide device type specific interface functions and
 * constant data.
 */
indio_dev->info = &iio_dummy_info;
```

请不要将 struct iio_info 和用户空间的 iio_info 工具弄混淆，后者是 libiio 软件包的一部分。

15.1.3　IIO 通道的概念

通道表示传感器的单个采集线路。这意味着传感器能够提供/感知的每个数据测量实体都可以称为通道。例如，加速度计有 3 个通道（通道 X、Y 和 Z），因为每个轴都代表一个采集线路。iio_chan_spec 是内核中表示和描述单个通道的结构体，struct iio_chan_spec 定义如下：

```
struct iio_chan_spec {
    enum iio_chan_type  type;
    int                 channel;
    int                 channel2;
    unsigned long       address;
    int                 scan_index;
    struct {
        char sign;
        u8   realbits;
        u8   storagebits;
        u8   shift;
        u8   repeat;
        enum iio_endian endianness;
    } scan_type;
    long            info_mask_separate;
    long            info_mask_shared_by_type;
    long            info_mask_shared_by_dir;
    long            info_mask_shared_by_all;
    const struct iio_event_spec *event_spec;
    unsigned int    num_event_specs;
    const struct iio_chan_spec_ext_info *ext_info;
    const char      *extend_name;
    const char      *datasheet_name;
    unsigned        modified:1;
    unsigned        indexed:1;
    unsigned        output:1;
    unsigned        differential:1;
};
```

以上数据结构中各个字段的含义如下。

● type 指定通道测量的类型。对于电压测量，应该是 IIO_VOLTAGE；对于光传感器，应该是 IIO_LIGHT；对于加速度计，则应该是 IIO_ACCEL。所有可用类型都定义在 include/uapi/linux/iio/types.h 文件中（作为枚举 iio_chan_type 的字段）。要为给定的转换器编写驱动程序，你必须查看该文件，以确定每个转换器通道所属的类型。

- 当.indexed 设置为 1 时，channel 指定通道索引。

- 当.modified 设置为 1 时，channel2 指定通道修饰符。

- scan_index 和 scan_type 用于在使用缓冲区触发器时从缓冲区中识别元素。scan_index 设置了缓冲区中捕获的通道的位置。通道按照 scan_index 的顺序放置在缓冲区中，从最低索引（放置在最前面）到最高索引。将 scan_index 设置为 - 1 可以防止通道被缓存捕获（scan_elements 目录中没有条目）。scan_type 中的元素具有以下含义。

  - sign：可以是 s 或 u，表示有符号（2 的补码）或无符号。

  - realbits：有效数据位数。

  - storagebits：通道在缓冲区中占用的位数。也就是说，一个值可以用 12 位真正编码，但它在缓冲区中占用 16 位（存储位）。因此，必须将数据向右移位 4 次才能获得实际值。

  - shift：表示在屏蔽未使用位之前应将数据向右移位的次数。如果有效位数等于存储位数，则移位次数为 0。

  - repeat：真实位/存储位重复的次数。

  - endianness：表示数据的字节序。它是枚举 iio_endian 的一部分，应使用 IIO_CPU、IIO_LE 或 IIO_BE 来设置，它们分别表示本地 CPU 字节序、小端序和大端序。

- modified 指定是否将修饰符应用于此通道属性名称。在这种情况下，修饰符设置在.channel2 中。例如，IIO_MOD_X、IIO_MOD_Y 和 IIO_MOD_Z 分别是 X、Y 和 Z 轴周围轴向传感器的修饰符）。可用的修饰符列表在内核 IIO 头文件中定义为枚举 iio_modifier。修饰符仅影响 sysfs 中的通道属性名称，而不影响值。

- indexed 指定通道属性名称是否具有索引。如果有，则索引指定在.channel 字段中。

- info_mask_separate 将属性标记为仅适用于此通道。

- info_mask_shared_by_type 将属性标记为由所有类型相同的通道共享。导出的信息也由所有类型相同的通道共享。

- info_mask_shared_by_dir 将属性标记为由同一方向的所有通道共享。导出的信息也由同一方向的所有通道共享。

- info_mask_shared_by_all 将属性标记为由所有通道共享，而无论通道的类型或方向如何。导出的信息由所有通道共享。

iio_chan_spec.info_mask_* 是掩码，用于根据它们共享的信息指定暴露给用户空间的通道 sysfs 属性。因此，掩码必须通过一个或多个位掩码按位来设置，所有这些位掩码都定义在 include/linux/iio/types.h 中，如下所示：

```
enum iio_chan_info_enum {
    IIO_CHAN_INFO_RAW = 0,
    IIO_CHAN_INFO_PROCESSED,
    IIO_CHAN_INFO_SCALE,
    IIO_CHAN_INFO_OFFSET,
    IIO_CHAN_INFO_CALIBSCALE,
    [...]
    IIO_CHAN_INFO_SAMP_FREQ,
    IIO_CHAN_INFO_FREQUENCY,
    IIO_CHAN_INFO_PHASE,
    IIO_CHAN_INFO_HARDWAREGAIN,
    IIO_CHAN_INFO_HYSTERESIS,
    [...]
};
```

下面是为给定通道指定掩码的一个例子。

```
iio_chan->info_mask_separate = BIT(IIO_CHAN_INFO_RAW) |
                    BIT(IIO_CHAN_INFO_PROCESSED);
```

这意味着原始属性和已处理属性是特定于通道的。

注意

虽然在前面的 iio_chan_spec 数据结构描述中未指定，但术语"属性"指的是 sysfs 属性。

在描述了通道数据结构之后，接下来解释通道属性命名约定。

通道属性命名约定

属性的名称由 IIO 核心按照预定义的模式 {direction}_{type}{index}_{modifier}_{info_mask} 自动生成。

- {direction} 对应于属性方向，取值依据的是内核源代码的 drivers/iio/industrialio-core.c 中的 struct iio_direction：

```
static const char * const iio_direction [] = {
[0] ="in",
[1] ="out",
};
```

请注意，输入通道是可以生成样本的通道（此类通道在读取方法中处理，例如

ADC 通道）。输出通道是可以接收样本的通道（此类通道在写入方法中处理，例如 DAC 通道）。

- {type}对应于通道类型，取值依据的是 drivers/iio/inindustrio-core.c 中定义的字符常量数组 iio_chan_type_name_spec（由枚举 iio_chan_type 的通道类型索引），如下所示：

```
static const char * const iio_chan_type_name_spec [] = {
    [IIO_VOLTAGE] = "voltage",
    [IIO_CURRENT] = "current",
    [IIO_POWER] = "power",
    [IIO_ACCEL] = "accel",
    [...]
    [IIO_UVINDEX] = "uvindex",
    [IIO_ELECTRICALCONDUCTIVITY] =
                    "electricalconductivity",
    [IIO_COUNT] = "count",
    [IIO_INDEX] = "index",
    [IIO_GRAVITY]  = "gravity",
};
```

- {index}取决于通道是否设置了索引。如果设置了索引，则索引将取自.channel 字段，以替换{index}模式。
- {modifier}取决于通道是否设置了修饰符。如果设置了修饰符，修饰符将取自.channel2 字段，并且{modifier}模式将根据字符常量数组 iio_modifier_names进行替换：

```
static const char * const iio_modifier_names[] = {
    [IIO_MOD_X] = "x",
    [IIO_MOD_Y] = "y",
    [IIO_MOD_Z] = "z",
    [IIO_MOD_X_AND_Y] = "x&y",
    [IIO_MOD_X_AND_Z] = "x&z",
    [IIO_MOD_Y_AND_Z] = "y&z",
    [...]
    [IIO_MOD_CO2] = "co2",
    [IIO_MOD_VOC] = "voc",
};
```

- {info_mask}取决于通道信息掩码、私有还是共享，以及字符常量数组 iio_chan_info_postfix 中的索引值。

```
static const char * const iio_chan_info_postfix[] = {
    [IIO_CHAN_INFO_RAW] = "raw",
    [IIO_CHAN_INFO_PROCESSED] = "input",
    [IIO_CHAN_INFO_SCALE] = "scale",
    [IIO_CHAN_INFO_CALIBBIAS] = "calibbias",
    [...]
    [IIO_CHAN_INFO_SAMP_FREQ] = "sampling_frequency",
    [IIO_CHAN_INFO_FREQUENCY] = "frequency",
    [...]
};
```

注意

在这种命名模式下，如果元素不存在，则省略前面的下画线。例如，如果未指定修饰符，则模式将变为 {direction}_{type}{index}_{info_mask} 而不是 {direction}_{type}{index}__{info_mask}。

15.1.4 区分通道

当每种通道有多个数据通道时，可能会出现通道识别问题。对此，可以使用索引或修饰符进行通道识别。

使用索引进行通道识别

如果 ADC 设备只有一个通道，则不需要索引。通道定义如下：

```
static const struct iio_chan_spec adc_channels[] = {
    {
            .type = IIO_VOLTAGE,
            .info_mask_separate = BIT(IIO_CHAN_INFO_RAW),
    },
}
```

描述以上通道的属性名称为 in_voltage_raw，绝对 sysfs 路径为/sys/bus/iio/iio:in_voltage_raw。

现在假设 ADC 设备有 4 个甚至 8 个通道。如何识别其中的每一个通道？解决方案是使用索引。只需要将.indexed 字段设置为 1，即可使用.channel 字段的值修改通道属性名称，从而替换命名模式中的 {index}：

```
static const struct iio_chan_spec adc_channels[] = {
    {
        .type = IIO_VOLTAGE,
```

```
                        .indexed = 1,
                        .channel = 0,
                        .info_mask_separate = BIT(IIO_CHAN_INFO_RAW),
                },
                {
                        .type = IIO_VOLTAGE,
                        .indexed = 1,
                        .channel = 1,
                        .info_mask_separate = BIT(IIO_CHAN_INFO_RAW),
                },
                {
                         .type = IIO_VOLTAGE,
                         .indexed = 1,
                         .channel = 2,
                         .info_mask_separate = BIT(IIO_CHAN_INFO_RAW),

                },
                {
                         .type = IIO_VOLTAGE,
                         .indexed = 1,
                         .channel = 3,
                         .info_mask_separate = BIT(IIO_CHAN_INFO_RAW),
                },
        }
```

以下是生成的通道属性的完整 sysfs 路径：

```
/sys/bus/iio/iio:deviceX/in_voltage0_raw
/sys/bus/iio/iio:deviceX/in_voltage1_raw
/sys/bus/iio/iio:deviceX/in_voltage2_raw
/sys/bus/iio/iio:deviceX/in_voltage3_raw
```

正如你所看到的，即使它们具有相同的类型，也可以根据索引对它们进行区分。

使用修饰符进行通道标识

为了强调修饰符的概念，让我们考虑一个具有两个通道的光传感器，其中一个通道用于红外光，另一个通道则同时用于红外光和可见光。当没有索引或修饰符时，属性名称将是 in_ intensity_raw。在此处使用索引可能容易出错，因为在 in_intensity0_ir_raw 和 in_intensity1_ir_raw 中使用索引是没有意义的，这意味着它们是相同类型的通道。使用修饰符有助于我们获得有意义的属性名称。通道定义如下：

```
static const struct iio_chan_spec mylight_channels[] = {
```

```
    {
            .type = IIO_INTENSITY,
            .modified = 1,
            .channel2 = IIO_MOD_LIGHT_IR
            .info_mask_separate = BIT(IIO_CHAN_INFO_RAW),
            .info_mask_shared = BIT(IIO_CHAN_INFO_SAMP_FREQ),
    },
    {
            .type = IIO_INTENSITY,
            .modified = 1,
            .channel2 = IIO_MOD_LIGHT_BOTH,
            .info_mask_separate = BIT(IIO_CHAN_INFO_RAW),
            .info_mask_shared = BIT(IIO_CHAN_INFO_SAMP_FREQ),
    },
    {
            .type = IIO_LIGHT,
            .info_mask_separate = BIT(IIO_CHAN_INFO_PROCESSED),
            .info_mask_shared = BIT(IIO_CHAN_INFO_SAMP_FREQ),
    },
}
```

由此产生的通道属性如下。

- ./sys/bus/iio/iio:deviceX/in_intensity_ir_raw：测量 IR 强度的通道。
- ./sys/bus/iio/iio:deviceX/in_intensity_both_raw：测量红外光和可见光的通道。
- ./sys/bus/iio/iio:deviceX/in_illuminance_input：用于处理数据。
- ./sys/bus/iio/iio:deviceX/sampling_frequency：用于采样频率，由全部通道共享。

这对于加速度计也是有效的。接下来让我们通过编写一个虚拟 IIO 驱动程序来总结迄今为止我们所讨论的内容。

15.1.5 将所有内容整合在一起——编写一个虚拟 IIO 驱动程序

我们将要编写的这个虚拟 IIO 驱动程序提供了 4 个电压通道。这里我们不关心 read() 或 write() 函数。

首先包含开发所需的头文件。

```
#include <linux/init.h>
#include <linux/module.h>
#include <linux/kernel.h>
#include <linux/platform_device.h>
#include <linux/interrupt.h>
#include <linux/of.h>
#include <linux/iio/iio.h>
```

由于通道描述是一个通用的重复操作，因此接下来定义一个宏来填充通道描述，如下所示：

```
#define FAKE_VOLTAGE_CHANNEL(num)
{
    .type = IIO_VOLTAGE,
    .indexed = 1,
    .channel = (num),
    .address = (num),
    .info_mask_separate = BIT(IIO_CHAN_INFO_RAW),
    .info_mask_shared_by_type = BIT(IIO_CHAN_INFO_SCALE)
}
```

在定义了通道总体宏之后，定义驱动程序状态数据结构，如下所示：

```
struct my_private_data {
    int foo;
    int bar;
    struct mutex lock;
};
```

之前定义的数据结构是无用的，它只是为了展示概念。

然后，由于在这个虚拟的 IIO 驱动程序中不需要执行读操作或写操作，因此我们只需要创建返回 0 的空读和空写函数即可（这意味着一切都成功了）。

```
static int fake_read_raw(struct iio_dev *indio_dev,
    struct iio_chan_spec const *channel, int *val,
    int *val2, long mask)
{
    return 0;
}

static int fake_write_raw(struct iio_dev *indio_dev,
                struct iio_chan_spec const *chan,
                int val, int val2, long mask)
{
    return 0;
}
```

现在，我们可以使用前面定义的宏来声明 IIO 通道。此外，我们还可以如下设置 iio_info 数据结构，从而与伪数据同时分配读取和写入操作：

```
static const struct iio_chan_spec fake_channels[] = {
```

```
    FAKE_VOLTAGE_CHANNEL(0),
    FAKE_VOLTAGE_CHANNEL(1),
    FAKE_VOLTAGE_CHANNEL(2),
    FAKE_VOLTAGE_CHANNEL(3),
};

static const struct iio_info fake_iio_info = {
    .read_raw = fake_read_raw,
    .write_raw= fake_write_raw,
    .driver_module = THIS_MODULE,
};
```

既然已经建立了所有必要的 IIO 数据结构，下面切换到与平台驱动程序相关的数据结构并实现其方法，如下所示：

```
static const struct of_device_id iio_dummy_ids[] = {
    { .compatible = "packt,iio-dummy-random", },
    {/* sentinel */}
};


static int my_pdrv_probe (struct platform_device *pdev)
{
     struct iio_dev *indio_dev;
     struct my_private_data *data;

    indio_dev = devm_iio_device_alloc(&pdev->dev,
                                      sizeof(*data));
    if (!indio_dev) {
        dev_err(&pdev->dev, "iio allocation failed!\n");
        return -ENOMEM;
    }

    data = iio_priv(indio_dev);
    mutex_init(&data->lock);
    indio_dev->dev.parent = &pdev->dev;
    indio_dev->info = &fake_iio_info;
    indio_dev->name = KBUILD_MODNAME;
    indio_dev->modes = INDIO_DIRECT_MODE;
    indio_dev->channels = fake_channels;
    indio_dev->num_channels = ARRAY_SIZE(fake_channels);
    indio_dev->available_scan_masks = 0xF;

    devm_iio_device_register(&pdev->dev,indio_dev);
    platform_set_drvdata(pdev, indio_dev);
```

```
    return 0;
}
```

在上面的探测函数中，我们专门使用资源管理 API 执行分配和注册操作。这大大简化了代码并消除了驱动程序的 remove 函数。驱动程序的声明和注册将如下所示：

```
static struct platform_driver mypdrv = {
    .probe= my_pdrv_probe,
    .remove= my_pdrv_remove,
    .driver= {
        .name= "iio-dummy-random",
        .of_match_table = of_match_ptr(iio_dummy_ids),
        .owner= THIS_MODULE,
    },
};
module_platform_driver(mypdrv);
MODULE_AUTHOR("John Madieu <john.madieu@gmail.com>");
MODULE_LICENSE("GPL");
```

加载完模块后，以下输出列出了系统中可用的 IIO 设备：

```
~# ls -l /sys/bus/iio/devices/
lrwxrwxrwx    1 root    root              0 Jul 31 20:26
iio:device0 -> ../../../devices/platform/iio-dummy-random.0/
iio:device0
lrwxrwxrwx    1 root    root              0 Jul 31 20:23 iio_
sysfs_trigger -> ../../../devices/iio_sysfs_trigger

~# ls /sys/bus/iio/devices/iio\:device0/
dev                in_voltage2_raw      name uevent
in_voltage0_raw    in_voltage3_raw      power
in_voltage1_raw    in_voltage_scale     subsystem
~# cat /sys/bus/iio/devices/iio:device0/name
iio_dummy_random
```

注意

可用于学习目的或开发模型的非常完整的 IIO 驱动程序是 IIO 简单虚拟驱动程序，详见 drivers/iio/:dummy/iio_simple_dummy.c 文件。你可以通过启用 IIO_SIMPLE_DUMMY 内核配置选项在目标文件上使用它。

我们已经讨论了 IIO 的基本概念，下面可以更进一步，实现集成 IIO 触发的缓冲区支持。

15.2 集成 IIO 触发缓冲区支持

在数据采集应用程序中，能够基于一些外部信号或事件（触发器）捕获数据可能是有用的。这些触发因素可能如下。

- 数据就绪信号。
- 连接到某个外部系统（GPIO 或其他）的 IRQ 线。
- 处理器周期中断（如计时器）。
- 用户空间在 sysfs 中读取/写入某个特定文件。

IIO 设备驱动程序与触发器完全不相关，触发器驱动程序实现在 drivers/iio/trigger 目录中。触发器可以初始化一个或多个设备上的数据捕获。这些触发器用于填充缓冲区，并通过注册 IIO 设备期间创建的字符设备向用户空间公开。

你可以开发自己的触发器驱动程序，但这超出了本书的讨论范围。这里只介绍现有的触发器驱动程序，具体如下。

- iio-trig-interrupt：它允许你使用 IRQ 作为 IIO 触发器。在旧的内核版本（3.11 版本之前）中，它曾经是 iio-trig-gpio。要支持此触发模式，你应该在内核配置中启用 CONFIG_IIO_INTERRUPT_TRIGGER。如果构建为模块，该模块将称为 iio-trig-interrupt。
- iio-trig-hrtimer：提供基于频率的 IIO 触发器，使用高精度定时器作为中断源（从内核 v4.5 开始）。在旧的内核版本中，它曾经是 iio-trig-rtc。要支持此触发模式，你应该在内核配置中启用 IIO_HRTIMER_TRIGGER。如果构建为模块，该模块将称为 iio-trig-hrtimer。
- iio-trig-sysfs：它允许你使用 sysfs 条目来触发数据捕获。要支持此触发模式，你应该在内核配置中启用 CONFIG_IIO_ SYSFS_TRIGGER。
- iio-trig-bfin-timer：它允许你使用 Blackfin 计时器作为 IIO 触发器（仍处于筹备阶段）。

IIO 公开了一个 API，以便我们执行以下操作。

- 声明任何给定数量的触发器。
- 选择那些具有数据的通道，并将数据推送到缓冲区中。

如果 IIO 设备提供对触发缓冲区的支持，则必须设置 iio_dev.pollfunc，它将在触发器被触发时执行。此处理程序负责通过 indio_dev->active_scan_mask 查找已启用的通道，检索其数据，并使用 iio_push_to_buffers_with_timestamp 函数将它们馈送到 indio_dev->buffer 中。因此，缓冲区和触发器在 IIO 子系统中是紧密连接的。

IIO 内核提供了一组辅助函数来设置触发缓冲区，你可以在 drivers/iio/industrialio-triggered-buffer.c 中找到这些辅助函数。以下是在驱动程序中支持触发缓冲区所需要执行的步骤。

（1）如果需要，请填充 iio_buffer_setup_ops 数据结构：

```
const struct iio_buffer_setup_ops sensor_buffer_setup_ops = {
    .preenable    = my_sensor_buffer_preenable,
    .postenable   = my_sensor_buffer_postenable,
    .postdisable  = my_sensor_buffer_postdisable,
    .predisable   = my_sensor_buffer_predisable,
};
```

（2）写下与触发器关联的上半部分。在 99%的情况下，只需要提供与捕获关联的时间戳即可。

```
irqreturn_t sensor_iio_pollfunc(int irq, void *p)
{
    pf->timestamp = iio_get_time_ns((struct indio_dev *)p);
    return IRQ_WAKE_THREAD;
}
```

返回一个特殊值，以使内核知道还必须调度与触发器关联的下半部分，这将在线程上下文中运行。

（3）写入与触发器关联的下半部分，从每个启用的通道中获取数据并将它们馈送到缓冲区中。

```
irqreturn_t sensor_trigger_handler(int irq, void *p)
{
    u16 buf[8];
    int bit, i = 0;
    struct iio_poll_func *pf = p;
    struct iio_dev *indio_dev = pf->indio_dev;

     /* one can use lock here to protect the buffer */
     /* mutex_lock(&my_mutex); */

    /* read data for each active channel */
    for_each_set_bit(bit, indio_dev->active_scan_mask,indio_dev->masklength)
        buf[i++] = sensor_get_data(bit)

    /*
     * If iio_dev.scan_timestamp = true, the capture
```

```
 * timestamp will be pushed and stored too,
 * as the last element in the sample data buffer
 * before pushing it to the device buffers.
 */
    iio_push_to_buffers_with_timestamp(indio_dev, buf,timestamp);

/* Please unlock any lock */
/* mutex_unlock(&my_mutex); */


/* Notify trigger */
iio_trigger_notify_done(indio_dev->trig);
return IRQ_HANDLED;
}
```

（4）在探测函数中，必须在注册设备之前设置缓冲区本身。

```
iio_triggered_buffer_setup(
    indio_dev, sensor_iio_polfunc,
    sensor_trigger_handler,
    sensor_buffer_setup_ops);
```

这里的魔术函数是 iio_triggered_buffer_setup()。它还将为设备提供 INDIO_BUFFER_TRIGGERED 功能，这意味着轮询环形缓冲区是可能的。

在将触发器（从用户空间）分配给设备时，驱动程序无法知道何时触发捕获。因此，当连续缓冲捕获处于活动状态时，应防止（通过返回错误）驱动程序处理 sysfs 每通道数据捕获[由 read_raw()钩子函数执行]以避免不确定的行为，因为触发器处理程序和 read_raw()钩子函数将尝试同时访问设备。用于检查当前是否启用了缓冲模式的函数是 iio_buffer_enabled()，钩子函数将如下所示：

```
static int my_read_raw(struct iio_dev *indio_dev,
                    const struct iio_chan_spec *chan,
                    int *val, int *val2, long mask)
{
    [...]
    switch (mask) {
    case IIO_CHAN_INFO_RAW:
        if (iio_buffer_enabled(indio_dev))
            return -EBUSY;
    [...]
}
```

iio_buffer_enabled()函数只是简单地测试设备的当前模式是否对应 IIO 缓冲模式之一。此函数在 include/linux/iio/iio.h 中定义如下：

```
static bool iio_buffer_enabled(struct iio_dev *indio_dev)
{
    return indio_dev->currentmode
        & (INDIO_BUFFER_TRIGGERED | INDIO_BUFFER_HARDWARE |
        INDIO_BUFFER_SOFTWARE);
}
```

让我们总结一下前面所讲的内容。

● iio_buffer_setup_ops 提供缓冲区设置函数，以便在缓冲区配置序列的固定步骤（启用/禁用的前后）中调用。如果未指定，默认 iio_triggered_buffer_setup_ops 将由 IIO 核心提供给设备。

● sensor_iio_pollfunc 是触发器的上半部分。它在中断上下文中运行，并且必须执行尽可能少的处理。在 99%的情况下，记录与捕获关联的时间戳就足够了。同样，你也可以使用默认的 IIO 函数 iio_pollfunc_store_time()。

● sensor_trigger_handler 是触发器的下半部分，它在内核线程中运行，允许你执行任何处理，甚至获取互斥锁或休眠。繁重的处理应该在这里进行。这里的大部分工作包括从设备读取数据，并将这些数据与触发器上半部分记录的时间戳一起存放在内部缓冲区中，然后推送到 IIO 设备缓冲区。

注意

触发缓冲区涉及触发器。它告诉驱动程序何时从设备读取样本并将样本放入缓冲区。触发缓冲区不是编写 IIO 设备驱动程序的强制要求。你也可以通过 sysfs 使用单次捕获，方法是读取通道的原始属性，但仅执行一次转换（针对正在读取的通道属性）。缓冲模式允许连续转换，从而在一次捕获中捕获多个通道。

你已经熟悉了触发缓冲区的所有内核方面，接下来让我们在用户空间中使用 sysfs 接口介绍它们的设置。

15.2.1　IIO 触发器和 sysfs（用户空间）

在运行时，有两个 sysfs 目录，你可以从中管理触发器。

● /sys/bus/iio/devices/trigger<Y>/：一旦向 IIO 核心注册了 IIO 触发器，就会创建此目录。<Y>对应于具有索引的触发器。该目录中至少有一个 name 属性，它是稍后可用于与设备关联的触发器名称。

● /sys/bus/iio/devices/iio:deviceX/trigger/*：如果设备支持触发缓冲区，此目录将自动创建。你可以通过在此目录的 current_trigger 文件中写入触发器的名称来将触发器与设备相关联。

在枚举了与触发器相关的 sysfs 目录后，下面介绍 sysfs 触发器接口的工作原理。

sysfs 触发器接口

在使用 CONFIG_IIO_SYSFS_TRIGGER=y 配置选项在内核中启用 sysfs 触发器之后，将导致自动创建 /sys/bus/iio/devices/iio_sysfs_trigger/ 目录，该目录可用于管理 sysfs 触发器。这个目录中有两个文件，分别为 add_trigger 和 remove_trigger。驱动程序是 drivers/iio/trigger/iio-trig-sysfs.c。

● add_trigger 文件：用于创建新的 sysfs 触发器。可以通过将正值（将用作触发器 ID）写入该文件来创建新的 sysfs 触发器。新创建的 sysfs 触发器可在 /sys/bus/iio/devices/triggerX 中访问，其中 X 是触发器编号。例如，echo 2 > add_trigger 命令将创建一个新的 sysfs 触发器，可在 /sys/bus/iio/devices/trigger2 中访问它。如果系统中已存在指定 ID 的触发器，则返回无效的参数消息。sysfs 触发器的名称模式是 sysfstrig{ID}。例如，echo 2 > add_trigger 命令将创建一个名为 sysfstrig2 的 sysfs 触发器，你可以使用 cat /sys/bus/iio/devices/trigger2/name 命令对它进行检查。每个 sysfs 触发器至少包含一个名为 trigger_now 的文件。将 1 写入该文件可以指示 current_trigger 中具有相应触发器名称的所有设备开始捕获，并将数据推送到它们各自的缓冲区中。每个设备缓冲区都必须设置大小并被开启（echo 1 > /sys/bus/iio/ devices/iio:deviceX/buffer/enable）

● remove_trigger 文件：用于删除触发器。使用以下命令足以删除以前创建的触发器：

```
echo 2 > remove_trigger
```

如你所见，创建触发器时使用的值必须与删除触发器时使用的值相同。

注意

驱动程序仅在触发关联的触发器时捕获数据。因此，当使用 sysfs 触发器时，只有在将 1 写入 trigger_now 属性时才会捕获数据。要想实现连续数据捕获，你应该根据需要运行 echo 1 > trigger_now 命令多次。这是因为对 echo 1 > trigger_now 命令的单次调用等效于单次触发，因此只执行一次捕获，所捕获的数据将被推送到缓冲区中。若使用基于中断的触发器，则只要发生中断，就会捕获数据并将其推送到缓冲区中。

你已经完成了触发器的设置，现在必须将触发器分配给设备，以便在设备上触发数据捕获。

将设备绑定到触发器

为了将设备与给定的触发器绑定起来，需要将触发器的名称写入设备的触发器目录下可用的 current_trigger 文件中。例如，假设需要将设备与索引为 2 的触发器绑定，代码如下：

```
# set trigger2 as current trigger for device0
echo sysfstrig2 > /sys/bus/iio/devices/iio:device0/trigger/current_trigger
```

要将触发器与设备解绑，则应该将空字符串写入设备的触发器目录下的 current_trigger 文件中，如下所示：

```
echo "" > iio:device0/trigger/current_trigger
```

中断触发接口

请看下面的例子：

```
static struct resource iio_irq_trigger_resources[] = {
    [0] = {
        .start = IRQ_NR_FOR_YOUR_IRQ,
        .flags = IORESOURCE_IRQ | IORESOURCE_IRQ_LOWEDGE,
    },
};

static struct platform_device iio_irq_trigger = {
    .name = "iio_interrupt_trigger",
    .num_resources = ARRAY_SIZE(iio_irq_trigger_resources),
    .resource = iio_irq_trigger_resources,
};

platform_device_register(&iio_irq_trigger);
```

在这个例子中， IRQ 触发器被注册为平台设备。这将导致加载 IRQ 触发器独立模块（源文件为 drivers/iio/trigger/ iio-trig-interrupt.c）。探测成功后，将产生一个与触发器相对应的目录。IRQ 触发器名称的形式为 irqtrigX，其中 X 对应于刚才传递的 IRQ。

```
$ cd /sys/bus/iio/devices/trigger0/
$ cat name
 irqtrig85
```

正如我们对其他触发器所做的那样，你只需要将该触发器分配给设备即可，方法是将触发器名称写入设备的 current_trigger 文件中：

```
echo "irqtrig85" > /sys/bus/iio/devices/iio:device0/trigger/current_trigger
```

现在，每次中断触发时，都会捕获设备数据。

IRQ 触发器驱动程序实现在 drivers/iio/trigger/iio-trig-interrupt.c 中。驱动程序需要资源，我们可以在不更改任何代码的情况下使用设备树，唯一的条件是遵循兼容属性，如下所示：

```
mylabel: my_trigger@0{
    compatible = "iio_interrupt_trigger";
    interrupt-parent = <&gpio4>;
    interrupts = <30 0x0>;
};
```

该例假定 IRQ 线是属于 GPIO 控制器节点 gpio4 的 GPIO#30。这包括使用 GPIO 作为中断源，以便每当 GPIO 改变到给定状态时，就会引发中断，从而触发捕获。

hrtimer 触发器接口

hrtimer 触发器实现在 drivers/iio/trigger/iio-trig-hrtimer.c 中，并依赖于 configfs 文件系统（参见内核源代码中的 document/iio/iio_configfs.txt）。它可以通过 CONFIG_IIO_CONFIGFS 配置选项启用并挂载到系统上（通常在/config 目录下）：

```
$ mkdir /config
$ mount -t configfs none /config
```

现在，加载 iio-trig-hrtimer 模块将创建可在/config/iio 下访问的 IIO 组，并允许用户在/config/iio/triggers/hrtimer 下创建 hrtimer 触发器。下面是一个例子：

```
# create a hrtimer trigger
$ mkdir /config/iio/triggers/hrtimer/my_trigger_name
# remove the trigger
$ rmdir /config/iio/triggers/hrtimer/my_trigger_name
```

每个 hrtimer 触发器在触发器目录中都包含了一个 sampling_frequency 属性。

15.2.2　IIO 缓冲区

IIO 缓冲区提供连续的数据捕获，你可以一次读取多个数据通道。可通过 /dev/iio:device 字符设备节点从用户空间访问缓冲区。在触发器处理程序中，用于填充缓冲区的函数是 iio_push_to_buffers_with_timestamp()。为了给设备分配和设置触发缓冲区，驱动程序必须使用 iio_triggered_buffer_setup()函数。

IIO 缓冲区的 sysfs 接口

IIO 缓冲区在/sys/bus/iio/iio:deviceX/buffer/*目录下有一个关联的属性目录。以下是一些现有属性。

- length：缓冲区的容量，表示缓冲区可以存储的数据样本总数，也是缓冲区包含的扫描次数。
- enable：激活并启动缓冲区捕获。
- watermark：此属性自内核版本 4.2 开始可用。它是一个正数，用于指定阻塞读取应该等待的扫描元素数量。例如，如果使用 poll()系统调用，它将阻塞直至达到水印。仅当水印大于请求的读取量时，它才有意义。它不会影响非阻塞读取。可通过在 poll()上阻塞超时并在超时到期后读取可用样本来实现最大延迟保证。

我们已经枚举并描述了 IIO 缓冲区目录中存在的属性，下面让我们讨论如何设置 IIO 缓冲区。

设置 IIO 缓冲区

要读取其数据并将数据推送到缓冲区的通道称为扫描元素。可通过 /sys/bus/iio/iio:deviceX/scan_elements/*目录从用户空间访问扫描元素的配置，其中包含以下属性。

- _en：这是属性名称的后缀，用于启用通道。当且仅当其属性的值不为零时，触发的捕获才包含通道的数据样本。例如，in_voltage0_en 和 in_voltage1_en 是分别启用通道 in_voltage0 和 in_voltage1 的属性。因此，如果 in_voltage1_en 的值不为零，则底层 IIO 设备上触发捕获的输出将包含通道值 in_voltage1。
- type：描述缓冲区内扫描元素的数据存储，从而描述从用户空间读取数据的形式，比如 in_voltage0_type，格式为[be|le]:[s|u]bits/storagebitsXrepeat[>>shift]。
  - ➤ be 或 le 指定字节序（大端序或小端序）。
  - ➤ s 或 u 指定符号[有符号（2 的补码）或无符号]。

> ➢ bits 是有效数据位的数量。
> ➢ storagebits 是通道在缓冲区中占用的位数。
>   也就是说，一个值可能用 12 位真实编码，但在缓冲区中占用 16 位。因此，你必须将数据向右移位 4 次才能获得实际值。
> ➢ shift 表示在屏蔽未使用的位之前必须移位多少次。如果有效位数等于存储位数，shift 将为 0。
> ➢ repeat 指定有效位/存储位重复的次数。当 repeat 为 0 或 1 时，将省略重复值。

考虑一个具有 12 位分辨率的 3 轴加速度计的驱动程序，其中数据存储在两个 8 位（因此共有 16 位）寄存器中，如下所示：

```
 7   6   5   4   3   2   1   0
+---+---+---+---+---+---+---+---+
|D3 |D2 |D1 |D0 | X | X | X | X | (LOW byte, address 0x06)
+---+---+---+---+---+---+---+---+
 7   6   5   4   3   2   1   0
+---+---+---+---+---+---+---+---+
|D11|D10|D9 |D8 |D7 |D6 |D5 |D4 |(HIGH byte, address 0x07)
+---+---+---+---+---+---+---+---+
```

根据前面的描述，每个轴将具有以下扫描元素：

```
$ cat /sys/bus/iio/devices/iio:device0/scan_elements/in_accel_y_type
le:s12/16>>4
```

你应该将其解释为小端有符号数据，大小为 16 位，在屏蔽 12 个有效数据位之前需要向右移动 4 位。

struct iio_chan_spec 中用于确定通道的值应该如何存储在缓冲区中的字段是 scant_type：

```
struct iio_chan_spec {
    [...]
    struct {
        char sign; /* either u or s as explained above */
        u8 realbits;
        u8 storagebits;
        u8 shift;
        u8 repeat;
        enum iio_endian endianness;
    } scan_type;
```

```
        [...]
};
```

以上数据结构完全匹配格式[be|le]:[s|u]bits /storagebitsXrepeat[>>shift]。

- sign 表示数据的符号并与上述格式中的[s|u]匹配。
- realbits 对应于上述格式中的 bits。
- storagebits 对应于上述格式中的存储位。
- shift 表示移位。repeat 表示重复次数。
- iio_endian 表示字节序并与上述格式中的[be|le]匹配。

此时，你应该已经能够实现与前面解释的类型相对应的 IIO 通道结构：

```
struct struct iio_chan_spec accel_channels[] = {
    {
            .type = IIO_ACCEL,
            .modified = 1,
            .channel2 = IIO_MOD_X,
            *.scan/index = 0,
            .scan_type = {
                .sign = 's',
                .realbits = 12,
                .storagebits = 16,
                .shift = 4,
                .endianness = IIO_LE,
            },
    }
    /* similar for Y (with channel2 = IIO_MOD_Y,
    * scan_index = 1) and Z (with channel2
    * = IIO_MOD_Z, scan_index = 2) axis*/
}
```

15.2.3　将所有内容整合在一起

Bosch 公司的数字三轴加速度传感器 BMA220 是一款 SPI/I²C 兼容器件，具有 8 位大小的寄存器，以及片上移动触发中断控制器，可检测倾斜、移动和冲击振动。启用内核配置选项 CONFIG_BMA200 后，它的驱动程序将变得可用。

首先使用 struct iio_chan_spec 声明通道。如果使用触发缓冲区，则需要填写.scan_index 和.scan_type 字段。

```
#define BMA220_DATA_SHIFT          2
#define BMA220_DEVICE_NAME         "bma220"
```

```
#define BMA220_SCALE_AVAILABLE    "0.623 1.248 2.491 4.983"

#define BMA220_ACCEL_CHANNEL(index, reg, axis) {
    .type = IIO_ACCEL,
    .address = reg,
    .modified = 1,
    .channel2 = IIO_MOD_##axis,
    .info_mask_separate = BIT(IIO_CHAN_INFO_RAW),
    .info_mask_shared_by_type = BIT(IIO_CHAN_INFO_SCALE),
    .scan_index = index,
    .scan_type = {
        .sign = 's',
        .realbits = 6,
        .storagebits = 8,
        .shift = BMA220_DATA_SHIFT,
        .endianness = IIO_CPU,
    },
}

static const struct iio_chan_spec bma220_channels[] = {
    BMA220_ACCEL_CHANNEL(0, BMA220_REG_ACCEL_X, X),
    BMA220_ACCEL_CHANNEL(1, BMA220_REG_ACCEL_Y, Y),
    BMA220_ACCEL_CHANNEL(2, BMA220_REG_ACCEL_Z, Z),
};
```

.info_mask_separate = BIT(IIO_CHAN_INFO_RAW)表示每个通道都有一个*_raw sysfs 条目（属性），.info_mask_shared_by_type = BIT(IIO_CHAN_INFO_SCALE)则表示同一类型的所有通道只有一个*_scale sysfs 条目。

```
jma@jma:~$ ls -l /sys/bus/iio/devices/iio:device0/
(...)
# without modifier, a channel name would have in_accel_raw (bad)
-rw-r--r-- 1 root root 4096 jul 20 14:13 in_accel_scale
-rw-r--r-- 1 root root 4096 jul 20 14:13 in_accel_x_raw
-rw-r--r-- 1 root root 4096 jul 20 14:13 in_accel_y_raw
-rw-r--r-- 1 root root 4096 jul 20 14:13 in_accel_z_raw
(...)
```

读取 in_accel_scale 将导致调用 read_raw()钩子函数并将掩码设置为 IIO_CHAN_INFO_SCALE。读取 in_accel_x_raw 将导致调用 read_raw()钩子函数并将掩码设置为 IIO_CHAN_INFO_RAW。因此真实值是 raw_value x scale。

.scan_type 说明每个通道的返回值是有符号的，大小为 8 位（将在缓冲区中占用 8

位），但有用的有效载荷仅占用 6 位，并且在屏蔽未使用的位之前，数据必须向右移位两次。任何扫描元素的类型将如下所示：

```
$ cat /sys/bus/iio/devices/iio:device0/scan_elements/in_accel_x_type
le:s6/8>>2
```

pullfunc（实际上是触发器的下半部分）将从设备读取样本并将样本推送到缓冲区（iio_push_to_buffers_with_timestamp()），并且一旦完成，就通知核心（iio_trigger_notify_done()）：

```
static irqreturn_t bma220_trigger_handler(int irq, void *p)
{
    int ret;
    struct iio_poll_func *pf = p;
    struct iio_dev *indio_dev = pf->indio_dev;
    struct bma220_data *data = iio_priv(indio_dev);
    struct spi_device *spi = data->spi_device;

    mutex_lock(&data->lock);
    data->tx_buf[0] = BMA220_REG_ACCEL_X | BMA220_READ_MASK;
    ret = spi_write_then_read(spi, data->tx_buf, 1, data->buffer,
            ARRAY_SIZE(bma220_channels) - 1);
    if (ret< 0)
        goto err;

    iio_push_to_buffers_with_timestamp(indio_dev, data->buffer,
                        pf->timestamp);
err:
    mutex_unlock(&data->lock);
    iio_trigger_notify_done(indio_dev->trig);

    return IRQ_HANDLED;
}
```

以下读取函数是每次读取设备的 sysfs 条目时都要调用的钩子函数。

```
static int bma220_read_raw(struct iio_dev *indio_dev,
            struct iio_chan_spec const *chan,
            int *val, int *val2, long mask)
{
    int ret;
    u8 range_idx;
    struct bma220_data *data = iio_priv(indio_dev);
```

```
switch (mask) {
case IIO_CHAN_INFO_RAW:
        /* do not process single-channel read
         * if buffer mode is enabled */
        if (iio_buffer_enabled(indio_dev))
                return -EBUSY;
        /*Else we read the channel*/
        ret = bma220_read_reg(data->spi_device, chan->address);
        if (ret < 0)
                return -EINVAL;
        *val = sign_extend32(ret >> BMA220_DATA_SHIFT, 5);
        return IIO_VAL_INT;
Case IIO_CHAN_INFO_SCALE:
        ret = bma220_read_reg(data->spi_device, BMA220_REG_RANGE);
        if (ret < 0)
                return ret;
        range_idx = ret & BMA220_RANGE_MASK;
        *val = bma220_scale_table[range_idx][0];
        *val2 = bma220_scale_table[range_idx][1];
        return IIO_VAL_INT_PLUS_MICRO;
}

return -EINVAL;
}
```

当读取*raw sysfs 文件时，在 mask 参数中调用钩子函数，并在*chan 参数中调用相应的通道 IIO_CHAN_INFO_RAW。*val 和*val2 实际上是必须使用原始值（从设备读取）设置的输出参数。对于每个属性掩码，对*scale sysfs 文件执行的任何读取操作都将调用 mask 参数中带有 IIO_CHAN_INFO_SCALE 的钩子函数。

同样的原则也适用于写入函数，以便将值写入设备。驱动程序有 80%的可能性不需要执行写入操作。在以下示例中，write 钩子函数允许用户更改设备的缩放比例，但其他参数也可以更改，如采样频率或数模原始值：

```
static int bma220_write_raw(struct iio_dev *indio_dev,
                struct_iio_chan_spec const *chan,
                int val, int val2, long mask)
{
    int_i;
    int_ret;
    int_index = -1;
    struct bma220_data *data = iio_priv(indio_dev);
```

```
            switch (mask) {
            case IIO_CHAN_INFO_SCALE:
                    for (i = 0; i < ARRAY_SIZE(bma220_scale_table); i++)
                            if (val == bma220_scale_table[i][0] &&
                                val2 == bma220_scale_table[i][1]) {
                                    index = i;
                                    break;
                            }
                    if (index < 0)
                            return -EINVAL;

                    mutex_lock(&data->lock);
                    data->tx_buf[0] = BMA220_REG_RANGE;
                    data->tx_buf[1] = index;
                    ret = spi_write(data->spi_device, data->tx_buf,
                            sizeof(data->tx_buf));
                    if (ret < 0)
                            dev_err(&data->spi_device->dev,
                                    "failed to set measurement range\n");
                    mutex_unlock(&data->lock);

                    return 0;
            }
            return -EINVAL;
    }
```

每当将值写入设备时，就会调用此函数，并且仅支持更改缩放值。用户空间中的用法示例是 echo $desired_scale > /sys/bus/iio/devices/iio:devices0/in_accel_scale。

对于给定的 iio_device，现在是填充 struct iio_info 的好时机：

```
static const struct iio_info bma220_info = {
    .driver_module    = THIS_MODULE,
    .read_raw         = bma220_read_raw,
    .write_raw        = bma220_write_raw,
/* Only if your needed */
};
```

在探测函数中，分配并设置 IIO 设备 iio_dev，私有数据的内存也将被保留：

```
/*
 * We only provide two mask possibilities,
 * allowing to select none or all channels.
 */
static const unsigned long bma220_accel_scan_masks[] = {
```

```
    BIT(AXIS_X) | BIT(AXIS_Y) | BIT(AXIS_Z), 0
};

static int bma220_probe(struct spi_device *spi)
{
    int ret;
    struct iio_dev *indio_dev;
    struct bma220_data *data;
    indio_dev = devm_iio_device_alloc(&spi->dev, sizeof(*data));
    if (!indio_dev) {
        dev_err(&spi->dev, "iio allocation failed!\n");
          return -ENOMEM;
    }
    data = iio_priv(indio_dev);
    data->spi_device = spi;
    spi_set_drvdata(spi, indio_dev);
    mutex_init(&data->lock);

    indio_dev->dev.parent = &spi->dev;
    indio_dev->info = &bma220_info;
    indio_dev->name = BMA220_DEVICE_NAME;
    indio_dev->modes = INDIO_DIRECT_MODE;
    indio_dev->channels = bma220_channels;
    indio_dev->num_channels = ARRAY_SIZE(bma220_channels);
    indio_dev->available_scan_masks = bma220_accel_scan_masks;
    ret = bma220_init(data->spi_device);
    if (ret < 0)
        return ret;
    /* this will enable trigger buffer support for the device */
    ret = iio_triggered_buffer_setup(indio_dev, iio_pollfunc_store_time,
                        bma220_trigger_handler, NULL);
    if (ret < 0) {
        dev_err(&spi->dev, "iio triggered buffer setup failed\n");
        goto err_suspend;
    }

    ret = devm_iio_device_register(&spi->dve,indio_dev);
    if (ret < 0) {
        dev_err(&spi->dev, "iio_device_register failed\n");
        iio_triggered_buffer_cleanup(indio_dev);
        goto err_suspend;
    }

    return 0;
```

```
err_suspend:
    return bma220_deinit(spi);
}
```

可以通过 CONFIG_BMA220 内核选项启用此驱动程序。也就是说，此驱动程序仅在 v4.8 及之后的内核版本中可用。旧内核版本支持的最接近 BMA220 的设备是 BMA180，你可以使用 CONFIG_BMA180 内核选项启用它的驱动程序。

注意

要在 IIO 虚拟驱动程序中启用缓冲捕获，就必须启用 IIO_SIMPLE_DUMMY_BUFFER 内核配置选项。

你已经熟悉了 IIO 缓冲区，接下来讲解如何访问来自 IIO 设备的数据及通道采集产生的数据。

15.3　访问 IIO 数据

你可能已经猜到了，使用 IIO 框架访问数据只有两种方法：通过 sysfs 通道进行一次性捕获或通过 IIO 字符设备进行连续模式（触发缓冲区）捕获。

15.3.1　单次数据采集

单次数据采集是通过 sysfs 接口完成的。通过读取与通道对应的 sysfs 条目，你将仅捕获特定于该通道的数据。假设有一个带有两个通道的温度传感器：一个用于测量环境温度，另一个用于测量热电偶温度：

```
# cd /sys/bus/iio/devices/iio:device0
# cat in_voltage3_raw
6646
# cat in_voltage_scale
0.305175781
```

处理后的值是通过将比例因子乘以原始值来获得的：

```
电压值: 6646 * 0.305175781 = 2028.19824053
```

15.3.2　访问数据缓冲区

要使触发采集正常工作，就必须在驱动程序中实现触发器支持。而要从用户空间获取数据，就必须创建一个触发器，分配它并使能 ADC 通道，然后设置缓冲区的大小并启用缓冲区。

使用 sysfs 触发器捕获数据

使用 sysfs 触发器捕获数据包括发送一组命令和一些 sysfs 文件。详细步骤如下。

（1）创建触发器。在将触发器分配给任何设备之前，应首先创建触发器。

```
echo 0 > /sys/devices/iio_sysfs_trigger/add_trigger
```

在上面的命令中，0 对应于需要分配给触发器的索引。执行完成上述命令后，触发器目录将在/sys/bus/iio/devices/下作为 trigger0 提供。触发器的完整路径将是/sys/bus/iio/devices/trigger0。

（2）将触发器分配给设备。触发器由其名称唯一标识，你可以通过触发器的名称将设备与触发器绑定在一起。由于这里使用 0 作为索引，因此触发器将被命名为 sysfstrig0。

```
echo sysfstrig0 >/sys/bus/iio/devices/iio:device0/trigger/current_trigger
```

也可以使用如下命令：

```
Cat /sys/bus/iio/devices/trigger0/name > /sys/bus/iio/devices/iio:device0/trigger/
current_trigger
```

然而，如果写入的值与现有的触发器名称不对应，则命令不会起作用。为了确保触发器已经成功定义，可以使用以下命令：

```
cat /sys/bus/iio/devices/iio:device0/trigger/current_trigger
```

（3）启用一些扫描元素，包括选择哪些通道的数据应该推入缓冲区。注意驱动程序中的 available_scan_masks：

```
echo 1 > /sys/bus/iio/devices/iio:device0/scan_elements/in_voltage4_en
echo 1 > /sys/bus/iio/devices/iio:device0/scan_elements/in_voltage5_en
echo 1 > /sys/bus/iio/devices/iio:device0/scan_elements/in_voltage6_en
echo 1 > /sys/bus/iio/devices/iio:device0/scan_elements/in_voltage7_en
```

（4）设置缓冲区大小。这里应该设置缓冲区可容纳的数据样本数量。

```
echo 100 > /sys/bus/iio/devices/iio:device0/buffer/length
```

（5）启用缓冲区，包括将缓冲区标记为准备好接收推入的数据。

```
 echo 1 > /sys/bus/iio/devices/iio:device0/buffer/enable
```

要停止捕获，需要在同一文件中写入 0。

（6）触发触发器。启动采集，此操作必须根据缓冲区中所需的数据样本数量循环执行，例如：

```
echo 1 > /sys/bus/iio/devices/trigger0/trigger_now
```

采集完成后，就可以执行以下操作。

（7）禁用缓冲区。

```
echo 0 > /sys/bus/iio/devices/iio:device0/buffer/enable
```

（8）将触发器分离。

```
echo "" > /sys/bus/iio/devices/iio:device0/trigger/current_trigger
```

（9）转储 IIO 字符设备的内容。

```
 cat /dev/iio\:device0 | xxd -
```

你已经学会了如何使用 sysfs 触发器，hrtimer 触发器的使用将变得更容易，因为它们使用相同的理论基础。

使用 hrtimer 触发器进行数据捕获

hrtimer 是高精度定时器，当硬件允许时，可以达到纳秒级精度。与 sysfs 触发器一样，使用 hrtimer 触发器进行数据捕获也需要执行一些命令。详细步骤如下。

（1）创建 hrtimer 触发器。

```
mkdir /sys/kernel/config/iio/triggers/hrtimer/trigger0
```

上述命令将创建名为 trigger0 的 hrtimer 触发器。

（2）定义采样频率。

```
echo 50 > /sys/bus/iio/devices/trigger0/sampling_frequency
```

config 目录中没有 hrtimer 触发器类型的可配置属性。上述命令在触发器目录中引入了 sampling_frequency 属性。该属性以 Hz 为单位设置轮询频率，精度为 mHz。在上面的例子中，我们定义每 20ms（50Hz）进行一次轮询。

（3）将触发器绑定到 IIO 设备：

```
echo trigger0 > /sys/bus/iio/devices/iio:device0/trigger/current_trigger
```

（4）选择在哪些通道上捕获数据并将它们推入缓冲区：

```
# echo 1 > /sys/bus/iio/devices/iio:device0/scan_elements/in_voltage4_en
# echo 1 > /sys/bus/iio/devices/iio:device0/scan_elements/in_voltage5_en
# echo 1 > /sys/bus/iio/devices/iio:device0/scan_elements/in_voltage6_en
# echo 1 > /sys/bus/iio/devices/iio:device0/scan_elements/in_voltage7_en
```

（5）启动 hrtimer 捕获，这将按照先前定义的频率和已启用的通道执行周期性数据捕获。

```
echo 1 > /sys/bus/iio/devices/iio:device0/buffer/enable
```

（6）使用 cat /dev/iio\:device0 | xxd –命令转储数据。因为触发器是 hrtimer，所以数据将在每个 hrtimer 周期间隔被捕获并推送。

（7）要禁用此周期性数据捕获，可以使用以下命令。

```
echo 0 > /sys/bus/iio/devices/iio:device0/buffer/enable
```

（8）要删除这个 hrtimer 触发器，可以使用以下命令。

```
rmdir /sys/kernel/config/iio/triggers/hrtimer/trigger0
```

你可能已经发现了，设置一个简单的 sysfs 触发器或一个基于 hrtimer 的触发器非常容易。它们都由几个命令组成，用于设置和启动捕获。然而，如果不按照应有的方式对捕获的数据进行解析，捕获的数据就可能变得毫无意义甚至成为误导性信息。

解析数据

现在，一切都已经设置好了，可以使用以下命令转储数据。

```
# cat /dev/iio:device0 | xxd -
0000000: 0188 1a30 0000 0000 8312 68a8 c24f 5a14  ...0......h.. OZ.
0000010: 0188 1a30 0000 0000 192d 98a9 c24f 5a14  ...0.....-... OZ.
[...]
```

上述命令将转储原始数据，但需要进行更多的处理才能获得真实的数据。为了能够理解数据输出并对其进行处理，我们需要查看通道类型，如下所示：

```
$ cat /sys/bus/iio/devices/iio:device0/scan_elements/in_voltage_type
be:s14/16>>2
```

其中，be:s14/16>>2 表示大端（be:）有符号数据（s）存放在 16 位上，但实际位数为 14。此外，它还意味着必须将数据向右移位两次（>>2）才能得到实际值。例如，要获得第一个样本（0x188）中的电压值，就必须将 0x188 向右移位两次以屏蔽未使用的位：0x188 >> 2 = 0x62 = 98。现在，实际值为 98×250 = 24 500 = 24.5 V。如果有偏移属性，则实际值为(raw+offset）*scale。

你已经熟悉了 IIO 数据访问（从用户空间），并且完成了内核中的 IIO 生产者接口。接下来介绍内核中的 IIO 消费者接口。

15.4　内核中的 IIO 消费者接口

到目前为止，我们已经完成了用户空间消费者接口，因为数据是在用户空间中处理的。在某些情况下，驱动程序需要专用的 IIO 通道。例如，对于需要测量电池电压的电池充电器，就需要使用专用的 IIO 通道。

IIO 通道属性是在设备树中完成的。在生产者端，你只需要完成一件事：根据 IIO 设备的通道数指定#io-channel-cells 属性。通常，对于具有单个 IIO 输出的节点，它为 0；对于具有多个 IIO 输出的节点，它为 1。以下是一个示例。

```
adc: max1139@35 {
    compatible = "maxim,max1139";
    reg = <0x35>;
    #io-channel-cells = <1>;
};
```

在消费者端，则需要设置如下两个属性。
- io-channels：这是唯一的必选属性，它是 phandle（设备树节点的引用或指针）和 IIO 规范器对的列表，每个 IIO 输入对应一个 phandle 和 IIO 规范器对。请注意，如果 IIO 提供程序的#io-channel-cells 属性为 0，则在引用消费者节点时只需要指定 phandle 部分。这适用于单通道 IIO 设备，如温度传感器，否则必须同时指定 phandle 和通道索引。

- io-channel-names：这是一个可选但建议使用的属性，它是 IIO 通道名称字符串的列表。IIO 通道名称必须按照与其对应的通道在 io-channels 属性中枚举的顺序进行排序。消费者驱动程序应该使用这些名称将 IIO 输入名称与 IIO 规范进行匹配，这样可以方便驱动程序中的通道识别。

下面是一个例子。

```
device {
    io-channels = <&adc 1>, <&ref 0>;
    io-channel-names = "vcc", "vdd";
};
```

上述节点描述了一个具有两个 IIO 通道的设备，它们分别名为 vcc 和 vdd。vcc 通道来自&adc 设备输出 1，而 vdd 通道来自&ref 设备输出 0。

下面的例子使用了同一 ADC 的多个通道。

```
some_consumer {
    compatible = "some-consumer";
    io-channels = <&adc 10>, <&adc 11>;
    io-channel-names = "adc1", "adc2";
};
```

你已经熟悉了 IIO 绑定和通道占用，接下来介绍如何使用内核 IIO 消费者 API 来操作这些通道。

内核 IIO 消费者 API 依赖于一些函数和数据结构，如下所示。

```
struct iio_channel *devm_iio_channel_get(
        struct device *dev, const char *consumer_channel);
struct iio_channel * devm_iio_channel_get_all(struct device *dev);
int iio_get_channel_type(struct iio_channel *channel,
        enum iio_chan_type *type);
int iio_read_channel_processed(struct iio_channel *chan,int *val);
int iio_read_channel_raw(struct iio_channel *chan, int *val);
```

- devm_iio_channel_get()：用于获取单个通道。dev 是指向消费者设备的指针，consumer_channel 是在 io-channel-names 属性中指定的通道名称。成功时，它返回指向有效 IIO 通道的指针；如果无法获取 IIO 通道，则返回一个指向错误码的指针。

- devm_iio_channel_get_all()：用于查找 IIO 通道。如果无法获取 IIO 通道，则返回一个指向错误码的指针；否则返回一个 iio_channel 结构体数组，该数组以空指针 iio_dev 结束。观察以下消费者节点：

```
iio-hwmon {
    compatible = "iio-hwmon";
    io-channels = <&adc 0>, <&adc 1>, <&adc 2>,
    <&adc 3>, <&adc 4>, <&adc 5>,
    <&adc 6>, <&adc 7>, <&adc 8>,
    <&adc 9>;
};
```

下面是使用 devm_iio_channel_get_all() 获取 IIO 通道的示例。该例还展示了如何检查最后一个有效通道（带有空指针 iio_dev 的通道）：

```
struct iio_channel *channels;
struct device *dev = &pdev->dev;
int num_adc_channels;

channels = devm_iio_channel_get_all(dev);
if (IS_ERR(channels)) {
    if (PTR_ERR(channels) == -ENODEV)
        return -EPROBE_DEFER;
        return PTR_ERR(channels);
}

num_adc_channels = 0;
/* count how many attributes we have */
while (channels[num_adc_channels].indio_dev)
        num_adc_channels++;

if (num_adc_channels !=
    EXPECTED_ADC_CHAN_COUNT) {
            dev_err(dev, "Inadequate ADC channels specified\n");
            return -EINVAL;
}
```

- iio_get_channel_type()：返回通道的类型，如 IIO_VOLTAGE 或 IIO_TEMP。此函数用于在 type 输出参数中填充通道的 enum iio_chan_type 数据结构。如果出现错误，则返回错误码，否则返回 0。

- iio_read_channel_processed()：以正确的单位读取通道处理的值，例如，电压单位为微伏，温度单位为毫度。val 是读取的处理后的值。此函数在成功时返回 0，失败时返回一个负值。
- iio_read_channel_raw()：用于从通道中读取原始值。在这种情况下，消费者可能需要使用比例因子（iio_read_channel_scale()）和偏移量（iio_read_channel_offset()）来计算处理后的值。val 是读取到的原始值。

struct iio_channel 表示来自消费者的 IIO 通道。该数据结构定义如下。

```
struct iio_channel {
    struct iio_dev *indio_dev;
    const struct iio_chan_spec *channel;
    void *data;
};
```

其中，iio_dev 是通道所属的 IIO 设备，channel 则是生产者看到的底层通道规范。

15.5　编写用户空间的 IIO 应用程序

在用户空间中实现 IIO 支持可以通过 sysfs 或 libiio 来完成。libiio 是专为此目的而开发的库，该库抽象了硬件的底层细节，并提供了简单易用的编程接口。

libiio 可以运行在以下平台上。

- 一个运行 Linux 的嵌入式系统，其中包括连接到该系统的物理设备（如 ADC 和 DAC）的 IIO 驱动程序。
- 一台通过网络、USB 或串口与嵌入式系统连接的远程计算机。这台远程计算机可能是运行 Linux 发行版、Windows、macOS 或 OpenBSD/NetBSD 的个人计算机。它通过运行在目标机上的 iiod 服务器来与嵌入式系统通信，iiod 服务器是一个守护程序。

图 15.2 给出了 libiio 的总体架构。

libiio 围绕 5 个概念构建而成，每个概念对应一个数据结构。这些概念如下。

- 后端（backend）：后端代表在 IIO 设备所连接的目标上，应用程序和目标之间的连接（或通信通道）。后端（因此是连接）可以通过 USB、网络、串口或本地方式实现。后端与硬件连接无关，支持的后端由库编译时定义。

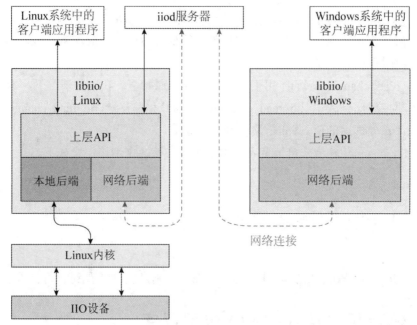

图 15.2　libiio 的总体架构

● 上下文（context）：上下文是表示 IIO 设备集合的库实例，大多数情况下对应于运行中的目标 IIO 设备的全局视图。一个上下文会收集目标包含的所有 IIO 设备、它们的通道及其属性。例如，在寻找 IIO 设备时，必须创建一个上下文并从该上下文请求目标 IIO 设备。

　由于应用程序可能在目标板上远程运行，因此上下文需要与该目标板建立通信通道。这正是后端介入的地方。因此，一个上下文必须有一个后端支持，后端表示目标和运行应用程序的机器之间的连接。但是，远程运行的应用程序并不总是了解目标环境。因此，libiio 允许查找可用的后端，并允许动态行为等。这种查找称为 IIO 上下文扫描。也就是说，如果应用程序本地运行在目标机器上，则可以忽略扫描。

　上下文由 iio_context 结构体实例表示。一个上下文可能包含零个或多个设备，但一个设备只与一个上下文相关联。

● 设备：这里指的是 IIO 设备，由 iio_device 结构体实例表示。一个设备可能包含零个或多个通道，而一个通道只与一个设备相关联。

● 缓冲区：缓冲区允许进行持续数据捕获和基于块（或插槽，而不是通道）的读取。缓冲区由 iio_buffer 结构体实例表示。一个缓冲区只能与一个设备相关联。

- 通道：通道是一条采集线路，由 iio_channel 结构体实例表示。一个设备可能包含零个或多个通道，而一个通道只与一个设备相关联。

熟悉了以上概念后，下面介绍 IIO 应用程序的开发步骤。

（1）在扫描可用的后端（可选）后创建上下文。

（2）遍历所有设备，或查找并选择感兴趣的设备，最终通过它们的属性获取/设置设备参数。

（3）遍历所有通道并启用你感兴趣的通道（或禁用你不感兴趣的通道），最终通过它们的属性获取/设置通道参数。

（4）如果设备需要触发器，就将触发器与设备关联起来。在创建上下文之前必须创建此触发器。

（5）创建缓冲区并将缓冲区与设备关联起来，然后开始流处理。

（6）开始捕获和读取数据。

15.5.1　扫描和创建 IIO 上下文

在创建上下文时，libiio 将识别可以使用的 IIO 设备（包括触发器），并为每个设备识别通道；然后识别所有设备和通道特定属性，并识别所有通道共享属性；最后创建一个放置所有这些实体的上下文。

可以使用以下函数之一创建上下文：

```
iio_create_local_context()
iio_create_network_context()
iio_create_context_from_uri()
iio_context_clone(const struct iio_context *ctx)
```

上面的函数在成功时都会返回一个有效的上下文，否则返回 NULL 并设置适当的 errno。也就是说，虽然它们都返回相同的值，但是它们的参数可能有所不同，具体描述如下。

- iio_create_local_context()：用于创建本地上下文。

```
struct iio_context * local_ctx;
local_ctx = iio_create_local_context();
```

请注意，本地后端通过 sysfs 虚拟文件系统与 Linux 内核进行交互。

- iio_create_network_context()：用于创建网络上下文。它以表示远程目标的 IPv4 或 IPv6 网络地址的字符串作为参数。

```
struct iio_context * network_ctx;
network_ctx = iio_create_network_context("192.168.100.15");
```

- iio_create_context_from_uri()：用于基于 URI（Uniform Resource Identifier，统一资源标识符）创建 USB 上下文。它的参数是一个字符串，该字符串使用以下模式标识 USB 设备：usb:[device:port:instance]。

```
struct iio_context * usb_ctx;
usb_ctx = iio_create_context_from_uri("usb:3.80.5");
```

串行上下文与 USB 上下文类似，也可以使用这个函数基于 URI 来创建，但这种情况下的匹配模式是 serial:[port][,baud][,config]。

```
struct iio_context * serial_ctx;
serial_ctx = iio_create_context_from_uri("serial:/dev/ttyUSB0,115200,8n1");
```

iio_create_context_from_uri()作为一个基于 URI 的 API，接收一个有效的 URI 作为参数（以想要使用的后端开头）。对于本地上下文，URI 必须是"local: "。对于基于 URI 的网络上下文，URI 模式必须匹配"ip:<ipaddr>"，其中<ipaddr>是远程目标的 IPv4 或 IPv6 地址。

- iio_context_clone()：复制作为参数给定的上下文，并返回一个新的副本。此函数在 usb:contexts 上不受支持，因为 libusb 只能声明一次接口。

在创建上下文之前，用户可能想要扫描可用的上下文（即查找可用的后端）。为了查找哪些 IIO 上下文可用，你必须执行以下操作。

- 调用 iio_create_scan_context()以创建一个 iio_scan_context 对象。此函数的第一个参数是用作过滤器的字符串（usb:、ip:、local:、serial:或混合格式（如 usb:ip），其中默认值 NULL 表示编译的任何后端）。
- 给定先前的 iio_scan_context 对象作为参数调用 iio_scan_context_get_info_list()，这将从 iio_scan_context 对象返回一个 iio_context_info 对象数组。你可以使用 iio_context_info_get_description() 和 iio_context_info_get_uri() 检查每个 iio_context_info 对象，以确定想要连接的 URI。
- 完成后，必须分别使用 iio_context_info_list_free()和 iio_scan_context_destroy()释放 info 对象数组和扫描对象。

以下是扫描并创建一个可用上下文的示例。

```
int i;
ssize_t nb_ctx;
```

```
const char *uri;
struct iio_context *ctx = NULL;


#ifdef CHECK_REMOTE
struct iio_context_info **info;
struct iio_scan_context *scan_ctx =iio_create_scan_context("usb:ip:", 0);

if (!scan_ctx) {
    printf("Unable to create scan context!\n");
    return NULL;
}

nb_ctx = iio_scan_context_get_info_list(scan_ctx, &info);
if (nb_ctx < 0) {
    printf("Unable to scan!\n");
    iio_scan_context_destroy(scan_ctx);
    return NULL;
}

for (i = 0; i < nb_ctx; i++) {
    uri = iio_context_info_get_uri(info[0]);
    if (strcmp ("usb:", uri) == 0) {
        ctx = iio_create_context_from_uri(uri);
        break;
    }
    if (strcmp ("ip:", uri) == 0) {
        ctx =iio_create_context_from_uri("ip:192.168.3.18");
        break;
    }
}
iio_context_info_list_free(info);
iio_scan_context_destroy(scan_ctx);
#endif

if (!ctx) {
    printf("creating local context\n");
    ctx = iio_create_local_context();

if (!ctx) {
    printf("unable to create local context\n");
```

```
        goto err_free_info_list;
    }
    }
    return ctx;
```

在上面的代码中，如果定义了 CHECK_REMOTE 宏，则首先通过过滤 USB 上下文和网络上下文（即后端）来扫描可用上下文。如果没有可用的上下文，则回退到本地上下文。

此外，可以使用以下 API 来获取一些与上下文相关的信息：

```
int iio_context_get_version (
        const struct iio_context * ctx,
        unsigned int *major, unsigned int *minor,
        char git_tag[8])
const char * iio_context_get_name(const struct iio_context *ctx)
const char * iio_context_get_description(const struct iio_context *ctx)
```

其中，iio_context_get_version() 会将正在使用的后端版本号以主版本号、次版本号和 git_tag 标签的形式输出；iio_context_get_name() 则返回一个以 NULL 结尾的静态字符串指针，该静态字符串与后端名称相对应，当使用本地后端、XML 后端和网络后端创建上下文时，它们可以分别被识别出来。

以下是一个示例：

```
unsigned int major, minor;
char git_tag[8];
struct iio_context *ctx;
[...] /* the context must be created */
iio_context_get_version(ctx, &major, &minor, git_tag);
printf("Backend version: %u.%u (git tag: %s)\n",major, minor, git_tag);
printf("Backendd escription string: %s\n",iio_context_get_description(ctx));
```

上下文已经被创建并且我们能够读取其中的信息，接下来遍历上下文，也就是浏览上下文所包含的实体，比如获取 IIO 设备的数量或获取给定设备的实例。

注意

上下文是 IIO 实体的一种时态和固定视图。例如，如果用户在创建上下文之后创建 IIO 触发器设备，则无法从此上下文访问 IIO 触发器设备。因为没有上下文同步 API，正确的做法是在程序开始之前销毁并重新创建对象，或者在创建上下文之前创建所需的动态 IIO 实体。

15.5.2 遍历和管理 IIO 设备

以下是用于在 IIO 上下文中遍历设备的 API：

```
unsigned int iio_context_get_devices_count(
    const struct iio_context *ctx)
struct iio_device * iio_context_get_device(
    const struct iio_context *ctx, unsigned int index)
struct iio_device * iio_context_find_device(
    const struct iio_context *ctx, const char *name)
```

iio_context_get_devices_count()返回上下文中的 IIO 设备数量。

iio_context_get_device()返回由其索引（或 ID）指定的 IIO 设备的句柄。此 ID 对应于/sys/bus/iio/devices/iio:device<X>/中的<X>。例如，/sys/bus/iio/devices/iio:device1 设备的 ID 为 1。如果索引无效，则返回 NULL。或者在给定设备后，使用 iio_device_get_id()检索设备的 ID。

iio_context_find_device()通过名称查找 IIO 设备。此名称必须与驱动程序中指定的 iio_indev->name 相对应。可以通过使用专用的 iio_device_get_name()函数或在设备的 sysfs 目录中读取 name 属性来获取此名称：

```
root:/sys/bus/iio/devices/iio:device1> cat name
ad9361-phy
```

以下是遍历所有设备并输出它们的名称和 ID 的示例：

```
struct iio_context * local_ctx;
local_ctx = iio_create_local_context();
int i;
for (i = 0; i < iio_context_get_devices_count(local_ctx);
    ++i) {
    struct iio_device *dev =iio_context_get_device(local_ctx, i);
    const char *name = iio_device_get_name(dev);
    printf("\t%s: %s\r\n", iio_device_get_id(dev), name );
}
iio_context_destroy(ctx);
```

15.5.3 遍历和管理 IIO 通道

主要的通道管理 API 如下：

```
unsigned int iio_device_get_channels_count(
    const struct iio_device *dev)
struct iio_channel* iio_device_get_channel(
    const struct iio_device *dev, unsigned int index)
struct iio_channel* iio_device_find_channel(
    const struct iio_device *dev,
    const char *name, bool output)
```

可以通过 iio_device_get_channels_count() 从 iio_device 对象中获取可用通道的数量，然后使用 iio_device_get_channel() 访问每个 iio_channel 对象并指定通道的索引。例如，在三轴（x, y, z）加速度计上，iio_device_get_channel(iio_device, 0) 对应于获取通道 0，也就是 accel_x；在 8 通道的 ADC 转换器上，iio_device_get_channel(iio_device, 0) 也对应于获取通道 0，也就是 voltage0。

另外，可以使用 iio_device_find_channel() 按名称查找通道，该函数以通道名称和一个布尔值作为参数，这个布尔值旨在告诉你该通道是否为输出。通道属性名称遵循以下模式：{direction}_{type}{index}_{modifier}_{info_mask}。这个模式中需要与 iio_device_find_channel() 一起使用的子集是 {type}{index}_{modifier}。根据布尔参数的值，最终名称可通过添加 in_ 或 out_ 作为前缀来获得。例如，要获取加速度计的 x 通道，可以使用 iio_device_find_channel(iio_device, "accel_x", 0)；要获取 ADC 的第一个通道，则可以使用 iio_device_find_channel(iio_device, "voltage0", 0)。

以下是遍历所有设备及其每个通道的示例：

```
struct iio_context * local_ctx;
struct iio_channel *chan;
local_ctx = iio_create_local_context();
int i, j;
for (i = 0; i < iio_context_get_devices_count(local_ctx);++i) {
    struct iio_device *dev =iio_context_get_device(local_ctx, i);
    printf("Device %d\n", i);
    for (j = 0; j < iio_device_get_channels_count(dev);++j) {
        chan = iio_device_get_channel(dev, j);
        const char *name = iio_channel_get_name(ch) ? :
                    iio_channel_get_id(ch);
        printf("\tchannel %d: %s\n", j, name);
            }
}
```

上面的代码创建了一个本地上下文并遍历了此上下文中的所有设备。然后对于每个设备，遍历通道并输出其名称。

此外，还有其他 API 可以让我们获取通道属性，如下所示：

```
bool iio_channel_is_output(const struct iio_channel *chn);
const char* iio_channel_get_id(const struct iio_channel *chn);
enum iio_modifier iio_channel_get_modifier(const struct iio_channel *chn);
enum iio_chan_type iio_channel_get_type(const struct iio_channel *chn);
const char* iio_channel_get_name(const struct iio_channel *chn);
```

在上面的 API 中，第一个 API 检查 IIO 通道是否为输出，其他 API 主要返回构成名称模式的每个元素。

15.5.4 使用触发器进行工作

在 libiio 中，触发器被视为设备，因为它们都由 iio_device 结构体表示。在创建上下文之前必须创建触发器，否则触发器将无法从上下文中查看或使用。换句话说，必须先创建触发器，再创建上下文，这样才能在上下文中使用触发器。

为了做到这一点，你必须使用 15.2.1 节介绍的方式创建触发器，然后从上下文中找到此触发器。因为触发器被视为设备，所以你可以使用 15.5.2 节介绍的与设备相关的查找 API。这里使用 iio_context_find_device()，这个 API 定义如下：

```
struct iio_device* iio_context_find_device(
        const struct iio_context *ctx, const char *name)
```

这个 API 将在给定的上下文中按名称查找设备。这就是你必须在创建上下文之前创建触发器的原因。ctx 是所要查找触发器的上下文，name 是触发器的名称。

一旦找到触发器，就必须使用 iio_device_set_trigger() 函数将触发器分配给设备，该函数定义如下：

```
int iio_device_set_trigger(const struct iio_device *dev,
                           const struct iio_device *trig)
```

此函数将触发器 trig 与设备 dev 相关联，并在成功时返回 0，或在失败时返回错误码。如果 trig 参数为 NULL，则取消关联与给定设备相关联的任何触发器。换句话说，要从设备中取消关联触发器，应调用 iio_device_set_trigger(dev,NULL)。

下面让我们通过一个例子来了解触发器查找和关联的工作原理。

```
struct iio_context *ctx;
```

```
struct iio_device *trigger, *dev;
[...]

ctx = iio_create_local_context();
/* at least 2 iio_device must exist:
* a trigger and a device */
if (!(iio_context_get_devices_count(ctx) > 1))
    return -1;

trigger = iio_context_find_device(ctx, "hrtimer-1");
if (!trigger) {
    printf("no trigger found\n");
    return -1;
}

dev = iio_context_find_device(ctx, "iio-device-dummy");
if (!dev) {
    printf("unable to find the IIO device\n");
    return -1;
}
printf("Enabling IIO buffer trigger\n");
iio_device_set_trigger(dev, trigger);
[...]

/* When done with the trigger */
iio_device_set_trigger(dev, NULL);
```

上面的例子首先创建了一个本地上下文，并确保此上下文中包含至少两个设备，然后从此上下文中查找名为 hrtimer-1 的触发器和名为 iio-device-dummy 的设备。一旦找到它们，就将触发器与设备关联起来。最后，当不再使用触发器时，从设备中取消关联触发器。

15.5.5　创建缓冲区并读取数据样本

请注意，在创建缓冲区之前，需要先启用你感兴趣的通道。为此，你可以使用以下两个函数：

```
void iio_channel_enable(struct iio_channel * chn);
bool iio_channel_is_enabled(struct iio_channel * chn);
```

第一个函数启用通道，以便捕获数据并将其推入缓冲区。第二个函数则检查通道是否已经启用。

为了禁用通道，可以使用 iio_channel_disable()函数，该函数定义如下：

```
void iio_channel_disable(struct iio_channel * chn);
```

接下来使用 iio_device_create_buffer()函数创建一个缓冲区，该函数定义如下：

```
struct iio_buffer * iio_device_create_buffer(
        const struct iio_device *dev,
        size_t samples_count, bool cyclic)
```

这个函数还可以用于配置和启用缓冲区。samples_count 是缓冲区可以存储的数据样本总数，而无论启用了多少通道，它对应于 15.2.2 节中描述的 length 属性。如果 cyclic 为 true，则启用循环模式，这种模式仅适用于输出设备（如 DAC）。

完成对缓冲区的操作后，可以调用 iio_buffer_destroy()函数来关闭缓冲区（从而停止采集数据）并释放数据结构。该函数定义如下：

```
void iio_buffer_destroy(struct iio_buffer *buf);
```

请注意，一旦缓冲区创建成功（即 iio_device_create_buffer()函数成功执行），数据采集就会立即开始。但是，数据样本只会被推入内核缓冲区。为了从内核缓冲区获取数据样本并将它们存储到用户空间的缓冲区中，需要使用 iio_buffer_refill()函数。尽管只需要调用 iio_device_create_buffer()函数一次即可创建缓冲区并开始内核中的连续数据采集，但每当需要从内核缓冲区获取数据样本时，都必须调用 iio_buffer_refill()函数。该函数定义如下：

```
ssize_t iio_buffer_refill(struct iio_buffer *buf);
```

在使用 iio_device_create_buffer()函数和低速接口时，内核会分配一个基础缓冲区块（大小等于 samples_count * nb_buffers * sample_size）用于数据采集，并立即开始向其中填充样本。默认情况下，该基础缓冲区块的数量为 4，并且可以使用 iio_device_set_kernel_buffers_count()函数进行更改。该函数定义如下：

```
int iio_device_set_kernel_buffers_count(
                const struct iio_device *dev,
                unsigned int nb_buffers);
```

在高速模式下，内核会分配 nb_buffers 个缓冲区块，并使用输入队列（空缓冲区）和输出队列（包含样本的缓冲区）对它们进行管理。在创建缓冲区时，所有缓冲区块将被填充样本并放入输出队列中。当调用 iio_buffer_refill()函数时，输出队列中的第一个缓冲区块的数据将被推送（或映射）到用户空间，并将此缓冲区块放回输入队列等待重新填充。下一次调用 iio_buffer_refill() 函数时，将使用第二个缓冲区块，以此类推，循环往复。值得注意的是，小的缓冲区块可以减少延迟但会增加管理开销，而大的缓冲区块可以减少开销但会增加延迟。应用程序必须在延迟和管理开销之间做出权衡。

如果启用了循环模式（cyclic 为 true），则无论指定了多少缓冲区块，都只会创建一个缓冲区块。

为了读取数据样本，可以使用以下 API：

```
void iio_buffer_destroy(struct iio_buffer *buf);
void* iio_buffer_end(const struct iio_buffer *cbuf);
void* iio_buffer_start(const struct iio_buffer *buf);
ptrdiff_t iio_buffer_step(const struct iio_buffer *buf);

void* iio_buffer_first(const struct iio_buffer *buf,
        const struct iio_channel *chn);
ssize_t iio_buffer_foreach_sample(struct iio_buffer *buf,
        ssize_t(*callback)(const struct iio_channel *chn,
            void *src, size_t bytes, void *d),void *data);
```

- iio_buffer_end()返回一个指针，该指针对应于紧随缓冲区中最后一个样本的用户空间地址。

- iio_buffer_start()返回用户空间缓冲区的地址。但请注意，在调用 iio_buffer_refill() 之后（特别是在使用多个缓冲区块的高速接口中），该地址可能会发生变化。

- iio_buffer_step()返回缓冲区中采样集之间的间距。也就是说，它返回同一通道的两个连续样本地址之间的差。

- iio_buffer_first()返回通道的第一个样本的地址。如果缓冲区中没有给定通道的样本，则返回缓冲区末尾的地址。

- iio_buffer_foreach_sample()遍历缓冲区中的每个样本，并为找到的每个样本调用提供的回调函数。

缓冲区指针读取

将 iio_buffer_first()与 iio_buffer_step()和 iio_buffer_end()相结合，便可以迭代缓冲区中存在的给定通道的所有样本：

```
for (void *ptr = iio_buffer_first(buffer, chan);
        ptr < iio_buffer_end(buffer);
        ptr += iio_buffer_step(buffer)) {
```

```
        [...]
         }
```

其中，ptr 指向你感兴趣的通道的一个样本。

以下是一个示例：

```
const struct iio_data_format *fmt;
unsigned int i, repeat;
struct iio_channel *channels[8] = {0};
ptrdiff_t p_inc;
char *p_dat;
[...]

IIOC_DBG("Enter buffer refill loop.\n");
while (true) {
    nbytes = iio_buffer_refill(buf);
    p_inc = iio_buffer_step(buf);
    p_end = iio_buffer_end(buf);
    for (i = 0; i < channel_count; ++i) {
            fmt = iio_channel_get_data_format(channels[i]);
            repeat = fmt->repeat ? : 1;
            for (p_dat = iio_buffer_first(rxbuf, channels[i]);
                    p_dat < p_end; p_dat += p_inc) {
                    for (j = 0; j < repeat; ++j) {
                    if (fmt->length/8 == sizeof(int16_t))
                            printf("Read 16bit value: " "%" PRIi16,
                                ((int16_t *)p_dat)[j]);
                        else if (fmt->length/8 == sizeof(int64_t))
                printf("Read 64bit value: " "%" PRIi64,
                    ((int64_t *)p_dat)[j]);
            }
        }
    }
 printf("\n");
}
```

上面的代码首先读取通道数据格式，以检查值是否重复，这对应于 iio_chan_spec.scan_type.repeat。然后处理两种类型的转换器（第一种转换器编码 16 位数据，第二种转换器编码 64 位数据），检查数据长度并输出适当的格式。数据长度对应于 iio_chan_spec.scan_type.storagebits。请注意，PRIi16 和 PRIi64 分别是用于 int16_t 和 int64_t 的整型 printf 格式。

基于回调的样本读取

在基于回调的样本读取中，iio_buffer_foreach_sample()是读取逻辑的核心。该函数定义如下：

```
ssize_t iio_buffer_foreach_sample(struct iio_buffer *buf,
    ssize_t(*)(const struct iio_channel *chn,
    void *src, size_t bytes, void *d) callback,void *data)
```

该函数会为缓冲区中找到的每个样本调用提供的回调函数。data 是用户数据，如果设置了，就将它传递给回调函数作为最后一个参数。该函数将遍历所有的样本，并将读取的每个样本与其来源通道一起传递给回调函数。回调函数定义如下：

```
ssize_t sample_cb(const struct iio_channel *chn,
            void *src, size_t bytes, __notused void *d)
```

该回调函数接收以下 4 个参数。

- 指向产生样本的 iio_channel 结构体的指针。
- 指向样本本身的指针。
- 样本长度（以字节为单位），计算方法是用存储位数除以 8，即 iio_chan_spec.scan_type.storagebits/8。
- 用户指定的指针可以传递给 iio_buffer_foreach_sample()。

这种方法可用于读取（在输入设备的情况下）或写入（在输出设备的情况下）缓冲区。与缓冲区指针读取相比，基于回调的样本读取将为缓冲区中的每个样本调用回调函数，不按通道排序，而是按照它们在缓冲区中出现的顺序。

下面是一个例子。

```
static ssize_t sample_cb(const struct iio_channel *chn,
        void *src, size_t bytes, __notused void *d)
        {
const struct iio_data_format *fmt =iio_channel_get_data_format(chn);
    unsigned int j, repeat = fmt->repeat ? : 1;
    printf("%s ", iio_channel_get_id(chn));
    for (j = 0; j < repeat; ++j) {
        if (bytes == sizeof(int16_t))
            printf("Read 16bit value: " "%" PRIi16, ((int16_t *)src)[j]);
        else if (bytes == sizeof(int64_t))
            printf("Read 64bit value: " "%" PRIi64, ((int64_t *)src)[j]);
        }
    return bytes * repeat;
```

```
}
```

然后在主代码中，循环迭代缓冲区中的样本，如下所示：

```
int ret;
[...]
IIOC_DBG("Enter buffer refill loop.\n");
while (true) {
    nbytes = iio_buffer_refill(buf);
    ret = iio_buffer_foreach_sample(buf, sample_cb, NULL);
    if (ret < 0) {
        char text[256];
        iio_strerror(-ret, buf, sizeof(text));
        printf("%s (%d) while processing buffer\n",text, ret);
    }
    printf("\n");
}
```

上面的代码并没有直接处理样本，而是将任务委托给了回调函数。

高级通道（原始数据）读取

这种方法需要使用 iio_channel 类提供的 4 个高级函数，即 iio_channel_read_raw()、iio_channel_write_raw()、iio_channel_read()和 iio_channel_write()，其定义如下：

```
size_t iio_channel_read_raw(const struct iio_channel *chn,
    struct iio_buffer *buffer, void *dst, size_t len)
size_t iio_channel_read(onst struct iio_channel *chn,
    struct iio_buffer *buffer, void *dst, size_t len)
size_t iio_channel_write_raw(const struct iio_channel *chn,
    struct iio_buffer * buffer, const void *src, size_t len)
size_t iio_channel_write(const struct iio_channel *chn,
    struct iio_buffer *buffer, const void *src, size_t len)
```

其中，iio_channel_read_raw()和 iio_channel_read()函数会将通道（chan）的前 N 个样本复制到用户指定的缓冲区（dst）中，该缓冲区必须事先分配好（N 取决于该缓冲区的大小和一个样本的存储大小，即 iio_chan_spec.scan_type.storagebits / 8）。这两个函数的区别在于，iio_channel_read_raw()函数不会转换样本，用户缓冲区将包含原始数据；而 iio_channel_read()函数将转换每个样本，以便用户缓冲区包含处理后的值。这两个函数还会对给定通道的样本进行多路分解（因为它们都针对多个通道的其中一个通道的样本）。

iio_channel_write_raw()和 iio_channel_write()函数则从用户指定的缓冲区复制样本到设备上，以针对特定的通道。这两个函数会对样本进行混合，因为它们都针对多个通道的其中一个通道收集样本。这两个函数的区别在于，iio_channel_write_raw()按原样复制数据，而 iio_channel_write()函数在将数据发送到设备之前会将数据转换为硬件格式。

下面的例子尝试使用上述 API 从设备上读取数据：

```
#define CBUF_LENGTH 2048 /* the number of sample we need */
[...]
const struct iio_data_format *fmt;
unsigned int i, repeat;
struct iio_channel *chan[8] = {0};
[...]
IIOC_DBG("Enter buffer refill loop.\n");
while (true) {
  nbytes = iio_buffer_refill(buf);
  for (i = 0; i < channel_count; ++i) {
    uint8_t *c_buf;
    size_t sample, bytes;
    fmt = iio_channel_get_data_format(chan[i]);
    repeat = fmt->repeat ? : 1;
    size_t sample_size = fmt->length / 8 * repeat;

    c_buf = malloc(sample_size * CBUF_LENGTH);
    if (!c_buf) {
        printf("No memory space for c_buf\n");
        return -1;
    }

    if (buffer_read_method == CHANNEL_READ_RAW)
        bytes = iio_channel_read_raw(chan[i], buf,
            c_buf, sample_size * CBUF_LENGTH);
    else
        bytes = iio_channel_read(chan[i], buf, c_buf,
                sample_size * CBUF_LENGTH);

    printf("%s ", iio_channel_get_id(chan[i]));
    for (sample = 0; sample < bytes / sample_size;
            ++sample) {
        for (j = 0; j < repeat; ++j) {
            if (fmt->length / 8 == sizeof(int16_t))
                printf("%" PRIi16 " ", ((int16_t *)buf)[sample+j]);
            else if (fmt->length / 8 == sizeof(int64_t))
                printf("%" PRId64 " ", ((int64_t *)buf)[sample+j]);
        }
    }
}
```

```
        free(c_buf);
    }
    printf("\n");
}
```

上面的例子首先使用 iio_buffer_refill()从内核获取样本。然后对于每个通道，使用 iio_channel_get_data_format()获取通道的数据格式，进而获取通道的样本大小。最后利用样本大小计算要为接收通道的样本分配的用户缓冲区大小。

15.6 遍历用户空间 IIO 工具

我们已经介绍了捕获 IIO 数据所需要执行的步骤，但其中的每个步骤都必须手动执行。有一些有用的工具可以帮助我们加快使用 IIO 设备的应用程序的开发。这些工具都来自 Analog Devices 公司开发的 libiio 包，用于与 IIO 设备交互。

用户空间应用程序可以轻松使用 libiio，libiio 在底层是一个依赖以下接口的封装器。

● /sys/bus/iio/devices，IIO sysfs 接口，主要用于配置/设置。
● /dev/iio/deviceX 字符设备，主要用于数据/采集。

这些工具的源代码可以在 libiio 库的 tests 目录下找到这个目录中提供了以下工具。

● iiod 服务器守护程序，充当网络后端以通过网络连接服务于任何应用程序。
● iio_info，用于转储属性。
● iio_readdev，用于从设备上读取或扫描数据。

15.7 总结

在阅读本章后，相信你已经熟悉了 IIO 框架和相关术语。你知道了通道、设备和触发器是什么。你甚至可以通过 sysfs 或字符设备从用户空间与 IIO 设备交互。现在是时候编写 IIO 驱动程序了。有很多现有的驱动程序不支持触发缓冲区。你可以尝试将此功能添加到其中一个驱动程序中。

第 16 章将探讨 GPIO 子系统，这也是本章介绍的基础概念之一。继续努力！

第 16 章
充分利用引脚控制器和 GPIO 子系统

SoC 的设计正变得越来越复杂，功能也越来越丰富，而这些功能主要是通过从 SoC 引出的电子线路来实现的，这些电子线路称为引脚。大多数引脚已成功连接到其他元件或者复用到多个功能块（如 UART、SPI、RGMI、GPIO 等）中，而负责配置这些引脚并使之在工作模式之间切换（也就是在功能块之间切换）的底层设备则称为引脚控制器（pin controller）。

在众多的引脚配置模式中，GPIO 配置模式涉及 Linux 内核的 GPIO 子系统。GPIO 子系统允许驱动程序读取和改变 GPIO 配置模式下引脚的高/低电平信号。而另一方面，引脚控制（pin control）子系统则可以通过一些引脚和引脚组的多路复用来实现不同的功能，同时还可以配置引脚的电属性，如转换速率、上拉/下拉电阻、滞后等。

综上所述，引脚控制器主要有两个功能：引脚复用，即重复使用同一个引脚以实现不同的功能；引脚配置，即配置引脚的电属性。之后，GPIO 子系统允许对特定的引脚执行输入/输出操作，前提是这些引脚由引脚控制器设置为在 GPIO 配置模式下工作。

本章主要讨论以下主题：
- 硬件术语介绍；
- 引脚控制子系统介绍；
- 利用 GPIO 控制器接口；
- 充分利用 GPIO 子系统；
- 学习如何避免编写 GPIO 客户端驱动程序。

16.1 硬件术语介绍

Linux 内核的 GPIO 子系统不仅与 GPIO 的高低电平切换相关，更与引脚控制子系统密不可分。这两个子系统共用一些术语和概念，具体如下。

- 引脚（pin）和焊盘（pad）：引脚是物理输入或输出的电子线路，用于从组件输出电信号或将电信号输入组件，这一术语被广泛应用在电路图中。接触点（contact pad）是印制电路板或集成电路的接触区域，因此引脚来自焊盘，并且默认情况下引脚就是焊盘。

- 通用输入/输出（GPIO）：大多数 MCU 和 CPU 可以在多个功能块之间共享一个 pad，这是通过多路复用 pad 的输入/输出信号实现的。pin/pad 所工作的不同模式称为 ALT 模式或交替模式（alternate mode）。通常，CPU 支持每个 pad 最多设置 8 种模式，GPIO 就是其中一种，它允许改变引脚传输方向，并在配置为输入时读取其值，而在配置为输出时设置其值。其他模式有 ADC、UART Tx、UART Rx、SPI MOSI、SPI MISO、PWM 等。

- 引脚控制器：引脚控制器是执行引脚多路复用（pin multiplexing，简称 pinmux 或 pinmuxing）的底层设备或一组寄存器，以便为不同的用途重复使用同一引脚。除了引脚复用，引脚控制器还可以对引脚的电属性进行配置，以下是其中的部分电属性。

  ➢ 偏置设置（biasing），即设置初始操作条件，比如将引脚接地或将其连接到 Vdd。

  ➢ 引脚去抖动（pin debounce），即延迟识别状态变化直至状态稳定一段时间，这可以防止连接到 GPIO 线的键盘上出现多次按键。

  ➢ 变换速率（slew rate），即确定引脚的高低电平在两个逻辑状态之间切换的速度，以便控制输出信号的上升和下降时间。快速变化的状态会消耗更多的功率并产生峰值，需要找到一个折中点，因此信号的低变换速率更受青睐，但并行接口 EIM、SPI 或 SDRAM 的快速控制信号例外，它们需要快速的高低电平切换。

  ➢ 上拉/下拉电阻。

- GPIO 控制器（GPIO controller）：当引脚处于 GPIO 配置模式时用于驱动引脚的设备，它可以改变 GPIO 的方向和值。

根据前面的定义，现将编写引脚控制器或 GPIO 控制器驱动程序的一些通用规则设定如下。

- 如果引脚控制器或 GPIO 控制器只能执行简单的 GPIO 操作，那么在 drivers/gpio/gpio-foo.c 中只需要实现 struct gpio_chip 并将其保留在此处即可，请不要使用通用或旧式的基于数字的 GPIO。

- 如果引脚控制器或 GPIO 控制器除了提供 GPIO 功能，还可以产生中断，则将其驱动程序保存在 drivers/gpio 目录下，你只需要填充 struct irq_chip 并在 IRQ 子系统中注册它即可。

● 如果引脚控制器或 GPIO 控制器支持引脚多路复用、高级引脚驱动强度设置、复杂偏置设置等，则应该在 drivers/pinctrl/pinctrl-foo.c 中实现组合引脚控制器驱动程序。

● 维护 struct gpio_chip、struct irq_chip 和 struct pinctrl_desc。

你已经熟悉了与底层硬件设备相关的术语，接下来让我们从引脚控制子系统开始介绍 Linux 实现。

16.2　引脚控制子系统介绍

引脚控制器负责收集有关引脚的信息，包括它们应该以哪种模式工作，以及如何配置它们。驱动程序则需要根据所要实现的特定功能来提供相应的回调函数集合，前提条件是底层硬件支持这些功能。

引脚控制器描述符数据结构定义如下：

```
struct pinctrl_desc {
    const char *name;
    const struct pinctrl_pin_desc *pins;
    unsigned int npins;
    const struct pinctrl_ops *pctlops;
    const struct pinmux_ops *pmxops;
    const struct pinconf_ops *confops;
    struct module *owner;
     [...]
}
```

以上数据结构中各个字段的含义如下。

● name：引脚控制器的名称。

● pins：引脚描述符数组，用于描述引脚控制器可以处理的所有引脚。需要注意的是，控制器端将每个 pin/pad 表示为一个 pinctrl_pin_desc 结构体实例，该数据结构定义如下：

```
struct pinctrl_pin_desc {
    unsigned number;
    const char *name;
    [...]
};
```

在上述数据结构中，number 表示引脚控制器全局引脚空间中唯一的引脚编号，name 则是引脚的名称。

- npins：pins 数组中描述符的个数，在 pins 字段中通常使用 ARRAY_SIZE() 来获取。
- pctlops：存放引脚控制操作表，以支持像引脚分组这样的全局概念，它是一个可选项。
- pmxops：引脚复用操作表，前提是驱动程序支持引脚复用。
- confops：引脚配置操作表，前提是驱动程序支持引脚配置。

一旦定义适当的回调函数并初始化此数据结构，就可以将它传递给 devm_pinctrl_register() 函数，该函数定义如下：

```
struct pinctrl_dev *devm_pinctrl_register(
                struct device *dev,
                struct pinctrl_desc *pctldesc,
                void *driver_data);
```

该函数将向系统注册引脚控制器，同时返回一个指向 pinctrl_dev 结构体实例的指针，该结构体实例表示引脚控制器设备，你可以将它作为参数传递给引脚控制器驱动程序公开的大多数（而不是全部）回调函数以执行相应的操作。如果出现错误，该函数将返回一个指向错误码的指针，你可以使用 PTR_ERR 对它进行处理。

控制器的控制、复用和配置操作表应根据底层硬件支持的功能进行设置，它们各自的数据结构定义在以下头文件中，这些头文件必须包含在相应的驱动程序中：

```
#include <linux/pinctrl/pinconf.h>
#include <linux/pinctrl/pinconf-generic.h>
#include <linux/pinctrl/pinctrl.h>
#include <linux/pinctrl/pinmux.h>
```

当涉及引脚控制消费者接口时，必须使用以下头文件：

```
#include <linux/pinctrl/consumer.h>
```

在使用消费者驱动程序访问引脚之前，需要将引脚分配给需要控制它们的设备。将引脚分配给设备的推荐方法是从设备树中进行分配。引脚组在设备树中是如何分配的与平台、引脚控制器驱动程序及其绑定密切相关。

每个引脚控制状态都被分配一个连续的整数 ID，从 0 开始。为了确保相同的名称始终指向相同的 ID，可以使用名称属性列表将字符串映射到这些 ID 上。不言而喻，每个设备在其设备树节点中必须定义一组状态集合，这是由设备的绑定方式决定的。设备的绑定方式还决定了是否定义必须提供的状态 ID 集，或是否定义必须提供的状态名称集。但无论哪种情况，都可以使用如下两个属性将引脚配置节点分配给设备。

- pinctrl-<ID>：为设备的特定状态提供所需的引脚配置列表，这是一个由<ID>标识的 phandle 列表，其中的每个 phandle 指向一个引脚配置节点，引用的这些引脚配置节点必须是它们所属的引脚控制器节点的子节点或嵌套节点。该属性可以接收多个条目，以便为特定设备状态配置和使用多个引脚组，并同时允许指定来自不同引脚控制器的引脚。

- pinctrl-names：根据该组引脚所拥有的设备状态，可以对 pinctrl-<ID>属性进行命名，列表条目 0 给 ID 为 0 的状态命名，列表条目 1 给 ID 为 1 的状态命名，依此类推。通常将状态 ID 0 命名为"default"，标准化的状态列表可以在 include/linux/pinctrl/pinctrl-state.h 中找到。只要这种状态记录在设备绑定描述中，客户端或消费者驱动程序就可以自由实现它们所需要的任何状态。

下面展示了设备树的一部分，其中显示了一些设备节点以及它们的引脚控制节点，设备树的这部分称为 pinctrl-excerpt：

```
&usdhc4 {
    [...]
    pinctrl-0 = <&pinctrl_usdhc4_1>;
    pinctrl-names = "default";
};
gpio-keys {
    compatible = "gpio-keys";
    pinctrl-names = "default";
    pinctrl-0 = <&pinctrl_io_foo &pinctrl_io_bar>;
};
iomuxc@020e0000 { /* Pin controller node */
    compatible = "fsl,imx6q-iomuxc";
    reg = <0x020e0000 0x4000>;

    /* shared pinctrl settings */
    usdhc4 { /* first node describing the function */
        pinctrl_usdhc4_1: usdhc4grp-1 { /* second node */
            fsl,pins = <
                MX6QDL_PAD_SD4_CMD__SD4_CMD     0x17059
                MX6QDL_PAD_SD4_CLK__SD4_CLK     0x10059
                MX6QDL_PAD_SD4_DAT0__SD4_DATA0 0x17059
                MX6QDL_PAD_SD4_DAT1__SD4_DATA1 0x17059
                MX6QDL_PAD_SD4_DAT2__SD4_DATA2 0x17059
                MX6QDL_PAD_SD4_DAT3__SD4_DATA3 0x17059
```

```
            [...]
        >;
    };
};
[...]
uart3 {
    pinctrl_uart3_1: uart3grp-1 {
        fsl,pins = <
            MX6QDL_PAD_EIM_D24__UART3_TX_DATA 0x1b0b1
            MX6QDL_PAD_EIM_D25__UART3_RX_DATA 0x1b0b1
        >;
    };
};


// GPIOs (Inputs)
gpios {
    pinctrl_io_foo: pinctrl_io_foo {
        fsl,pins = <
            MX6QDL_PAD_DISP0_DAT15__GPIO5_IO09  0x1f059
            MX6QDL_PAD_DISP0_DAT13__GPIO5_IO07  0x1f059
        >;
    };
    pinctrl_io_bar: pinctrl_io_bar {
        fsl,pins = <
            MX6QDL_PAD_DISP0_DAT11__GPIO5_IO05  0x1f059
            MX6QDL_PAD_DISP0_DAT9__GPIO4_IO30   0x1f059
            MX6QDL_PAD_DISP0_DAT7__GPIO4_IO28   0x1f059
        >;
    };
};
};
```

上面的代码以<PIN_FUNCTION> <PIN_SETTING>的形式给出了引脚配置，其中的<PIN_FUNCTION>可以视为引脚的功能或模式，<PIN_SETTING>表示引脚的电属性。我们来看一个例子：

```
MX6QDL_PAD_DISP0_DAT15__GPIO5_IO09 0x80000000
```

MX6QDL_PAD_DISP0_DAT15__GPIO5_IO09 表示引脚的功能或模式，在这个例子中为 **GPIO**；**0x80000000** 表示引脚的电气设置或电属性。

我们来看另一个例子：

```
MX6QDL_PAD_EIM_D25__UART3_RX_DATA 0x1b0b1
```

MX6QDL_PAD_EIM_D25__UART3_RX_DATA 表示引脚的功能，在这个例子中为 UART3 的 RX 线；0x1b0b1 表示引脚的电气设置。

引脚功能是一个宏，其值仅对引脚控制器驱动程序有意义。这些定义通常位于 arch/<arch>/boot/dts/目录下的头文件中。如果使用 UDOO Quad，则具有 i.MX64 核（32 位 ARM），引脚功能所在的头文件为 arch/arm/boot/dts/imx6q-pinc.h。以下是与 GPIO5 控制器的第 5 行相对应的宏：

```
#define MX6QDL_PAD_DISP0_DAT11__GPIO5_IO05 0x19c 0x4b0 0x000 0x5 0x0
```

<PIN_SETTING>可以用于设置诸如上拉、下拉、保持器、驱动强度等电学特性。具体如何指定依赖于引脚控制器的绑定方式，而其值的含义则取决于 SoC 数据手册，这通常在 IOMUX 部分会有所描述。在 i.MX6 IOMUXC 中，仅使用低 17 位来实现此目的。

让我们回到 pinctrl-excerpt，在选择引脚组并应用其配置之前，驱动程序必须先使用 devm_inctrl_get()函数获取这个引脚组的句柄，再使用 pinctrl_lookup_state()函数选择合适的状态，最后通过 pinctrl_select_state()函数将相应的配置状态应用到硬件上。

以下示例展示了如何获取引脚组并应用其默认配置：

```
#include <linux/pinctrl/consumer.h>

int ret;
struct pinctrl_state *s;
struct pinctrl *p;
foo_probe()
{
    p = devm_pinctrl_get(dev);
    if (IS_ERR(p))
        return PTR_ERR(p);

    s = pinctrl_lookup_state(p, name);
    if (IS_ERR(s))
        return PTR_ERR(s);

    ret = pinctrl_select_state(p, s);
    if (ret < 0) // on error
        return ret;
    [...]
}
```

与内存、时钟等资源一样，从 probe() 函数中获取引脚信息并使用它们的配置是一个很好的实践。这个操作非常常见，所以作为探测设备的一个步骤，probe() 函数现在已经被集成到 Linux 设备核心中。当设备被探测时，Linux 设备核心将执行以下操作。

● 使用 devm_pinctrl_get() 函数获取即将被探测的设备所要分配的引脚。
● 使用 pinctrl_lookup_state() 函数查找默认引脚状态（PINCTRL_STATE_DEFAULT），同时使用相同的 API 查找初始化引脚状态（PINCTRL_STATE_INIT）（即设备初始化期间的引脚状态）。
● 如果有初始化引脚状态，则应用该引脚状态，否则应用默认引脚状态。
● 如果启用了电源管理，则查找可选的休眠（PINCTRL_STATE_SLEEP）和空闲（PINCTRL_STATE_IDLE）引脚状态，以便在后续的电源管理相关操作中使用。

参见函数 pintrl_bind_pins()（定义在 drivers/base/pinctrl.c 中）与 really_probe()（定义在 drivers/base/dd.c 中），后者会调用前者，这两个函数有助于你了解在探测设备时如何对引脚和设备进行绑定。

注意

pinctrl_select_state() 函数在内部调用了 pinmux_enable_setting() 函数，而后者又会对控制器（引脚组）节点中的每个引脚调用 pin_request() 函数。

pinctrl_put() 函数可用于释放使用非托管 API（即 pinctrl_get()）请求的引脚控制。也就是说，可以使用 devm_pinctrl_get_select() 函数选择给定的状态名，以便在单个操作中配置多路引脚复用。该函数定义在 include/linux/pinctrl/consumer.h 文件中，如下所示：

```
static struct pinctrl *devm_pinctrl_get_select(
                        struct device *dev, const char *name)
```

其中，name 是你在 pinctrl-name 属性中写入的状态名。如果状态名为 default，则可以使用 devm_pinctrl_get_select_default() 辅助函数，该函数对 devm_pinctl_get_select() 函数做了封装，如下所示：

```
static struct pinctrl * pinctrl_get_select_default(struct device *dev)
{
    return pinctrl_get_select(dev, PINCTRL_STATE_DEFAULT);
}
```

至此，你已经熟悉了引脚控制子系统（包括控制器和消费者接口），下面介绍如何利用 GPIO 控制器接口。

16.3　利用 GPIO 控制器接口

GPIO 控制器接口是围绕单独的数据结构 struct gpio_chip 设计的，该数据结构提供了一组函数，其中包括用于建立 GPIO 方向（输入和输出）的函数、访问 GPIO 值的函数（获取和设置 GPIO 值）、将给定的 GPIO 映射到 IRQ 并返回相关 Linux 中断号的函数，以及 debugfs 转储[①]函数（显示额外的状态，如上拉配置）。此外，除了以上这些函数，该数据结构还提供了一个标志来确定控制器的特性，即允许检查控制器的访问者是否可以进入睡眠模式。在该数据结构内部，驱动程序可以设置 GPIO 基础编号，并从该基础编号开始对 GPIO 依次进行编号。

GPIO 控制器由 gpio_chip 结构体实例表示，该数据结构定义在头文件<linux/gpio/driver.h>中，如下所示：

```
struct gpio_chip {
    const char          *label;
    struct gpio_device  *gpiodev;
    struct device       *parent;
    struct module       *owner;

    int     (*request)(struct gpio_chip *gc, unsigned int offset);
    void    (*free)(struct gpio_chip *gc, unsigned int offset);
    int     (*get_direction)(struct gpio_chip *gc, unsigned int offset);
    int     (*direction_input)(struct gpio_chip *gc, unsigned int offset);
    int     (*direction_output)(struct gpio_chip *gc, unsigned int offset, int value);
    int     (*get)(struct gpio_chip *gc, unsigned int offset);
    int     (*get_multiple)(struct gpio_chip *gc,
                    unsigned long *mask,
                    unsigned long *bits);
    void    (*set)(struct gpio_chip *gc,
                    unsigned int offset, int value);
    void    (*set_multiple)(struct gpio_chip *gc,
                    unsigned long *mask,
                    unsigned long *bits);
    int     (*set_config)(struct gpio_chip *gc,
                      unsigned int offset,
                      unsigned long config);
    int     (*to_irq)(struct gpio_chip *gc, unsigned int offset);
```

① debugfs 转储是指以一种特定的方式将调试数据从 debugfs 中转储出来。

```
    int      (*init_valid_mask)(struct gpio_chip *gc,
                        unsigned long *valid_mask,
                        unsigned int ngpios);


    int      (*add_pin_ranges)(struct gpio_chip *gc);


    int      base;
    u16      ngpio;
    const char *const *names;
    bool     can_sleep;

#if IS_ENABLED(CONFIG_GPIO_GENERIC)
    unsigned long (*read_reg)(void __iomem *reg);
    void (*write_reg)(void __iomem *reg, unsigned long data);
    bool be_bits;
    void __iomem *reg_dat;
    void __iomem *reg_set;
    void __iomem *reg_clr;
    void __iomem *reg_dir_out;
    void __iomem *reg_dir_in;
    bool bgpio_dir_unreadable;
    int bgpio_bits;
    spinlock_t bgpio_lock;
    unsigned long bgpio_data;
    unsigned long bgpio_dir;
#endif /* CONFIG_GPIO_GENERIC */


#ifdef CONFIG_GPIOLIB_IRQCHIP
    struct gpio_irq_chip irq;
#endif /* CONFIG_GPIOLIB_IRQCHIP */


    unsigned long *valid_mask;


#if defined(CONFIG_OF_GPIO)
    struct device_node *of_node;
    unsigned int of_gpio_n_cells;
    int (*of_xlate)(struct gpio_chip *gc,
            const struct of_phandle_args *gpiospec, u32 *flags);
#endif /* CONFIG_OF_GPIO */
};
```

以上数据结构中各个字段的含义如下。

- label：GPIO 控制器的功能名称，可以是 GPIO 控制器的部件编号或实现它的 SoC IP 块的名称。
- gpiodev：GPIO 控制器的内部状态容器，同时也是与 GPIO 控制器相关联的字符设备想要对外公开的结构体。
- request：用于激活特定芯片的可选钩子函数。如果提供了这个钩子函数，则在调用 gpio_request()或 gpiod_get()以分配 GPIO 之前将执行它。
- free：用于停用特定芯片的可选钩子函数。如果提供了这个钩子函数，则在调用 gpiod_put()或 gpio_free()以释放 GPIO 之前将执行它。
- get_direction：一个当需要知道 GPIO 偏移量的方向时被执行的函数。返回值为 0 表示输出，为 1 表示输入（与 GPIOF_DIR_XXX 相同），为负数则表示错误。
- direction_input：将信号偏移量配置为输入或返回错误。
- get：返回 GPIO 偏移量的值。对于输出信号，则返回实际检测到的值或返回零。
- set：将输出值赋给 GPIO 偏移量。
- set_multiple：一个当需要为 mask 定义的多个信号分配输出值时被执行的函数。如果未提供，内核将安装一个通用的钩子函数，该钩子函数会遍历 mask 的每一位并执行 chip->set(i)，实现语句如下：

```
static void gpio_chip_set_multiple(
            struct gpio_chip *chip,
            unsigned long *mask,
            unsigned long *bits)
{
  if (chip->set_multiple) {
     chip->set_multiple(chip, mask, bits);
  } else {
     unsigned int i;
     /*
      * set outputs if the corresponding
      * mask bit is set
      */
     for_each_set_bit(i, mask, chip->ngpio)
        chip->set(chip, i, test_bit(i, bits));
     }
}
```

- to_irq：一个可选的钩子函数，用于提供从 GPIO 到 IRQ 的映射。这个钩子函数在你执行 gpio_to_irq()或 gpiod_to_irq()时会被调用。
- base：表示芯片处理 GPIO 时的 GPIO 基础编号。如果 GPIO 基础编号在注册期间为负数，内核将自动（动态）分配 GPIO 范围编号。

- ngpio：控制器提供的 GPIO 数量，取值为 base~(base + ngpio-1)。
- names：如果不为 NULL，则必须是一个字符串数组，用作 GPIO 在这种芯片中的替代名称，该字符串数组大小为 ngpio。任何不需要别名的 GPIO，都可以将该字符串数组中对应的元素设置为 NULL。
- can_sleep：一个布尔标志。如果获取或设置函数有可能导致睡眠，则需要设置这个布尔标志。这种情况在 I²C 或 SPI 等总线上的 GPIO 控制器（也称 GPIO 扩展器）中会出现，它们的访问可能会导致睡眠。这意味着如果芯片支持 IRQ，则这些 IRQ 必须是线程化的，因为当读取 IRQ 状态寄存器时，芯片访问可能会进入睡眠状态。对于映射到内存（SoC 的一部分）的 GPIO 控制器，可以将这个布尔标志设置为 false。
- 启用 CONFIG_GPIO_GENERIC 之后所能够控制的元素与通用内存映射 GPIO 控制器相关，该控制器具有标准寄存器集。
- irq：表示 GPIO 控制器的 irq 芯片，前提是该控制器可以将 GPIO 映射到 IRQ，因此该字段必须在注册 GPIO 芯片之前设置。
- valid_mask：如果不为 NULL，则其中包含一个 GPIO 的位掩码，这个位掩码中的位给出了哪些 GPIO 可以在芯片中使用。
- of_node：这是一个指针，指向表示 GPIO 控制器的设备树节点。
- of_gpio_n_cells：表示 GPIO 指定器的单元格数量。
- of_xlate：一个钩子函数，用于将设备树的 GPIO 线标识符转换为与芯片相对应的 GPIO 编号和标志。当设备树中指定了来自控制器的 GPIO 线并需要解析时，就会调用这个钩子函数。如果没有提供此钩子函数，GPIO 核心将默认调用 of_gpio_simple_xlate()，它是支持两个单元格限定符的通用 GPIO 核心函数。第一个单元格限定符标识 GPIO 编号，第二个单元格限定符标识 GPIO 标志。此外，在设置默认的回调函数时，of_gpio_n_cells 将设置为 2。如果 GPIO 控制器需要一个或多于两个的单元格限定符，则必须实现相应的转换回调。

每个 GPIO 控制器都会公开一些信号，这些信号可以通过函数调用使用 0~(ngpio-1) 范围内的偏移值进行标识。例如，当通过 gpio_get_value(gpio) 函数调用引用这些 GPIO 线时，偏移量是通过从 GPIO 编号中减去 GPIO 基础编号来确定的，然后传递给底层的驱动函数，如 gpio_chip->get()。控制器驱动程序应该具有将这个偏移量映射到与 GPIO 相关的控制/状态寄存器的逻辑。

16.3.1　编写 GPIO 控制器驱动程序

一个 GPIO 控制器只需要一组与其支持的功能相对应的回调函数。当定义了所有感兴趣的回调函数并设置好其他字段之后，驱动程序应该在已配置好的 struct gpio_chip 数据结构上调用 devm_gpiochip_add_data() 函数，以便将控制器注册到内核中。你可能已经猜到最好使用托管 API（即前缀为 devm_ 的函数），因为它们可以在必要时执行移除芯片并释放资源的操作，但如果你使用了传统方法，则必须通过调用 gpiochip_remove() 函数来删除芯片（如果需要的话）。

```
int gpiochip_add_data(struct gpio_chip *gc, void *data);
int devm_gpiochip_add_data(struct device *dev,
                    struct gpio_chip *gc, void *data);
```

其中，gc 表示要注册的芯片，data 则是与该芯片相关的驱动程序的私有数据。如果芯片无法注册，比如因为 gc->base 无效或已与其他芯片关联，则返回错误码，返回零则代表芯片注册成功。

然而，有些引脚控制器和 GPIO 芯片紧密耦合，并且两者都在同一个驱动程序中实现，大部分代码位于文件 drivers/pinctrl/pinctrl-*.c 中。在这种驱动程序中，当调用 gpiochip_add_data() 函数时，对于支持设备树的系统，GPIO 核心将检查引脚控制器的设备节点是否具有 gpio-ranges 属性。如果具有这样的属性，则为驱动程序添加引脚范围。

为了兼容那些未设置 gpio-ranges 属性的旧设备树文件，或兼容那些使用 ACPI 的系统，驱动程序必须调用 gpiochip_add_pin_range() 函数。下面是一个例子。

```
if (!of_find_property(np, "gpio-ranges", NULL)) {
    ret = gpiochip_add_pin_range(chip, dev_name(hw->dev), 0, 0, chip->ngpio);
    if (ret < 0) {
        gpiochip_remove(chip);
        return ret;
    }
}
```

再次强调，这么做只是为了向后兼容那些不具有 gpio-ranges 属性的旧 pinctrl 节点，否则不建议在设备树支持的引脚控制器驱动程序中直接调用 gpiochip_add_ pin_range()。具体细节请参考 Documentation/devicetree/bindings/gpio/gpio.txt 中的 2.1 节，你从中可以了解通过 gpio-ranges 属性如何绑定引脚控制器和 GPIO 驱动程序。

要编写这样的驱动程序，首先需要包含以下头文件：

```
#include <linux/gpio.h>
```

以下是控制器驱动程序中的部分代码：

```
#define GPIO_NUM 16
struct mcp23016 {
    struct i2c_client *client;
    struct gpio_chip gpiochip;
    struct mutex lock;
};


static int mcp23016_probe(struct i2c_client *client)
{
  struct mcp23016 *mcp;

  if (!i2c_check_functionality(client->adapter, I2C_FUNC_SMBUS_BYTE_DATA))
      return -EIO;


  mcp = devm_kzalloc(&client->dev, sizeof(*mcp), GFP_KERNEL);
  if (!mcp)
        return -ENOMEM;
  mcp->gpiochip.label = client->name;
  mcp->gpiochip.base = -1;
  mcp->gpiochip.dev = &client->dev;
  mcp->gpiochip.owner = THIS_MODULE;
  mcp->gpiochip.ngpio = GPIO_NUM; /* 16 */
  /* may not be accessed from atomic context */
  mcp->gpiochip.can_sleep = 1;
  mcp->gpiochip.get = mcp23016_get_value;
  mcp->gpiochip.set = mcp23016_set_value;
  mcp->gpiochip.direction_output=mcp23016_direction_output;
  mcp->gpiochip.direction_input =mcp23016_direction_input;
  mcp->client = client;
  i2c_set_clientdata(client, mcp);


  returndevm_gpiochip_add_data(&client->dev, &mcp->gpiochip, mcp);
}
```

上述代码首先设置了 GPIO 芯片数据结构，然后将其传递给 devm_gpiochip_ get_data() 函数，该函数被调用以向系统注册 GPIO 控制器。因此， /dev 目录下将会出现一个 GPIO 字符设备节点。

16.3.2　在 GPIO 控制器中启用 IRQ 芯片

要在 GPIO 控制器中启用对 IRQ 芯片的支持，可以通过在 struct gpio_irq_chip 数据结构中进行设置来完成，该数据结构已被嵌入 GPIO 控制器数据结构中。在 GPIO 芯片中，与中断处理相关的所有字段都可以通过 struct gpio_irq_chip 数据结构来进行组织，该数据结构定义如下：

```
struct gpio_irq_chip {
    struct irq_chip *chip;
    struct irq_domain *domain;
    const struct irq_domain_ops *domain_ops;

    irq_flow_handler_t handler;
    unsigned int default_type;
    irq_flow_handler_t parent_handler;

    union {
        void *parent_handler_data;
        void **parent_handler_data_array;
    };

    unsigned int num_parents;
    unsigned int *parents;
    unsigned int *map;
    bool threaded;
    bool per_parent_data;

    int (*init_hw)(struct gpio_chip *gc);

    void (*init_valid_mask)(struct gpio_chip *gc,
                unsigned long *valid_mask,
                unsigned int ngpios);

    unsigned long *valid_mask;
    unsigned int first;

    void    (*irq_enable)(struct irq_data *data);
    void    (*irq_disable)(struct irq_data *data);
    void    (*irq_unmask)(struct irq_data *data);
    void    (*irq_mask)(struct irq_data *data);
};
```

注意

在有些架构中，可能需要多个中断控制器来将设备产生的中断传递给目标 CPU，内核需要配置 CONFIG_IRQ_DOMAIN_HIERARCHY 选项以启用该功能。

以上数据结构中各个字段的含义如下。

- chip：IRQ 芯片的实现。
- domain：与 chip 相关的 IRQ 中断转换域，负责在 GPIO 硬件的 IRQ 编号和 Linux 内核的 IRQ 编号之间进行映射。
- domain_ops：表示与 IRQ 域相关的中断域操作集。
- handler：GPIO IRQ 的高级中断流处理程序，通常是预定义的 IRQ 核心函数。
- default_type：GPIO 驱动程序初始化期间使用的默认 IRQ 触发类型。
- parent_handler：GPIO 芯片的父中断所对应的中断处理程序。如果父中断是嵌套的而非链式的，则该字段可以为 NULL。另外，若把该字段设置为 NULL，则允许在驱动程序中处理父 IRQ 的请求。如果提供了此处理程序，则无法将 gpio_chip.can_sleep 设置为 true，因为在可以休眠的芯片上是不能使用链式中断的。
- parent_handler_data 和 parent_handler_data_array：与父中断处理程序相关的数据，你可以将这些数据传递给父中断处理程序。如果 per_parent_data 为 false，这可以是单个指针；否则，这可以是 num_parents 个指针的数组。如果 per_parent_data 为 true，则 parent_handler_data_array 不能为 NULL。
- num_parents：GPIO 芯片的父级中断数量。
- parents：GPIO 芯片的父级中断列表。由于驱动程序拥有此列表，因此 GPIO 核心仅引用它，而不会对它进行修改。
- map：GPIO 芯片每条线路的父级中断列表。
- threaded：用于指示中断处理是不是线程化的（使用嵌套线程）。
- per_parent_data：用于指示 parent_handler_data_array 是否描述了一个大小为 num_parents 的数组，该数组用作父级中断数据。
- init_hw：一个可选的例程，用于在添加 IRQ 芯片之前初始化硬件。当驱动程序需要清空 IRQ 相关寄存器以避免产生不必要的事件时，这个例程非常有用。
- init_valid_mask：一个可选的回调函数，用于初始化 valid_mask。如果并非所有的 GPIO 线都是有效的中断，则使用 valid_mask。可能存在一些引脚无法触发中断，当定义此回调函数时，一个位图将被传递到 valid_mask 中，该位图会将从 0

到（ngpios-1）的 ngpios 个位设置为 1（表示有效）。如果某些位不能用于中断，该回调函数会直接将它们设置为 0。

- valid_mask：如果不为 NULL，则包含一个 GPIO 的位掩码，用于确定哪些 GPIO 可以包含在芯片的 IRQ 域中。

- first：该字段在静态分配 IRQ 的情况下是必要的。如果设置了该字段，irq_domain_add_simple()将在初始化期间从该字段的值开始分配，并映射所有 IRQ。

- irq_enable、irq_disable、irq_unmask 和 irq_mask 分别用于存放原来的 irq_chip.irq_enable、irq_chip.irq_disable、irq_chip.irq_unmask 和 irq_chip.irq_mask 回调函数。

如果中断信号与 GPIO 线的下标是以一对一的方式进行映射的，那么 gpiolib 库将会担负起相当一部分的代码开销。在这种一对一的映射中，GPIO 线的下标 0 将被映射到硬件 IRQ 0，GPIO 线的下标 1 将被映射到硬件 IRQ 1，以此类推，直至 GPIO 线的下标为 ngpio-1 并被映射到硬件 IRQ ngpio-1。gpio_irq_chip 结构体中的 valid_mask 位掩码和 need_valid_mask 标志可以用于屏蔽一些 GPIO 线，这些引脚没有对应的 IRQ，所以不需要进行关联。

GPIO IRQ 芯片可以分为以下两大类。

- 级联的 GPIO IRQ 芯片：GPIO 芯片具有单个共同的中断输出线，它可以被 GPIO 芯片上任何启用的 GPIO 线触发。随后，中断输出线被路由到更高一级的父中断控制器，最简单的情况是路由至系统的主要中断控制器。IRQ 芯片通过检查 GPIO 控制器内部的寄存器位来确定哪条线引发了中断。为此，驱动程序的 IRQ 芯片部分需要检查寄存器，并且肯定需要通过清除某些位（有时是隐式的，只需要简单地读取状态寄存器即可），同时设置诸如边缘灵敏度（如上升/下降沿或者高/低电平中断）等配置来确认其是否正在处理中断。

- 分层的 GPIO IRQ 芯片：每个 GPIO 线都通过一个专用的 IRQ 线连接到上一级的父中断控制器，不需要查询 GPIO 硬件以确定哪条线引发了中断，但是可能需要确认中断的发生，并配置边缘灵敏度。

级联的 GPIO IRQ 芯片通常分为以下 3 种。

- 链式级联 GPIO IRQ 芯片：链式级联 GPIO IRQ 芯片常见于 SoC，这意味着 GPIO 具有快速的 IRQ 流处理程序，你可以从父 IRQ 处理程序（通常是系统中断控制器）中链式调用该 IRQ 流处理程序。父 IRQ 芯片将立即调用 GPIO IRQ 芯片处理程序，同时保持 IRQ 禁用。在中断处理程序中，GPIO IRQ 芯片将最终调用如下函数：

```
static irqreturn_t foo_gpio_irq(int irq, void *data)
```

```
chained_irq_enter(...);
generic_handle_irq(...);
chained_irq_exit(...);
```

因为所有操作都是直接在回调函数中执行的, 所以级联的 GPIO IRQ 芯片无法将结构体 gpio_chip 中的 can_sleep 标志设置为 true。在这种情况下, 就不能使用像 I²C 总线这样的慢速总线。

- 通用链式 GPIO IRQ 芯片: 与链式级联 GPIO IRQ 芯片相似, 不同之处在于不使用链式 IRQ 处理程序, 而是使用 request_irq() 函数指定的通用 IRQ 处理程序进行分派。在该 IRQ 处理程序中, GPIO IRQ 芯片将最终调用如下函数:

```
static irqreturn_t gpio_rcar_irq_handler(intirq, void *dev_id)
  /* go through the entire GPIOs and handle
   * all interrupts
   */
    for each detected GPIO IRQ
      generic_handle_irq(...);
```

- 嵌套线程 GPIO IRQ 芯片: 嵌套线程 GPIO IRQ 芯片包括片外 GPIO 扩展器和任何其他 GPIO IRQ 芯片, 这些芯片位于休眠总线 (如 I²C 或 SPI 总线) 上。当然, 这些驱动程序需要缓慢的总线流量来读取 IRQ 状态和其他信息, 而缓慢的总线流量可能导致进一步的 IRQ 请求, 因此无法在禁用 IRQ 的快速 IRQ 处理程序中适应更多的 IRQ 请求。相反, 它们必须创建一个线程, 并在驱动程序处理中断之前屏蔽父 IRQ 请求。在中断处理程序中, GPIO IRQ 芯片将最终调用如下函数:

```
static irqreturn_t pcf857x_irq(int irq, void *data)
{
  struct pcf857x *gpio = data;
  unsigned long change, i, status;

  status = gpio->read(gpio->client);
  mutex_lock(&gpio->lock);
  change = (gpio->status ^ status) &gpio->irq_enabled;
  gpio->status = status;
  mutex_unlock(&gpio->lock);

  for_each_set_bit(i, &change, gpio->chip.ngpio)
    child_irq = irq_find_mapping(
              gpio->chip.irq.domain, i);
  handle_nested_irq(child_irq);

  return IRQ_HANDLED;
}
```

嵌套线程 GPIO IRQ 芯片的特点是，结构体 gpio_chip 的 can_sleep 标志会被设置为 true，这表明在访问 GPIO 时芯片可以进入休眠状态。

注意

gpio_irq_chip.handler 既是中断流处理程序，也是高级 IRQ 事件处理程序，它会调用由客户端驱动程序使用 request_irq()或 request_threaded_irq()注册的底层处理程序，且返回值取决于 IRQ 是边沿触发还是电平触发。通常情况下，它是预定义的 IRQ 核心函数[包括 handle_simple_irq()、handle_edge_irq()和 handle_level_irq()函数]之一，这些函数都是内核辅助函数，它们在调用真正的 IRQ 处理程序的前后会执行一些操作。

当父 IRQ 处理程序调用 generic_handle_irq()或 handle_nested_irq()时，IRQ 核心会查找 IRQ 描述符（Linux 内核对中断的一种描述），IRQ 描述符与 Linux IRQ 号是对应的，IRQ 号将作为参数被传递（struct irq_desc *desc=irq_to_desc(irq)），IRQ 核心则调用 generic_handle_irq_desc() 并把 IRQ 描述符作为参数传入，导致执行 desc->handle_irq(desc)。需要注意的是，desc->handle_irq 对应于先前提供的高级 IRQ 处理程序，在 IRQ 映射期间使用，irq_set_chip_and_handler()将该高级 IRQ 处理程序赋值给了 IRQ 描述符。这些 GPIO IRQ 的映射是在 gpiochip_irq_map 中完成的。当驱动程序没有提供自定义的 IRQ 映射方式时，GPIO 核心会将默认的 IRQ 域操作表分配给 GPIO IRQ 芯片。

总而言之，在 desc->handle_irq=gpio_irq_chip.handler 中，gpio_irq_chip.handler 可能是 handle_level_irq()、handle_simple_irq()或 handle_edge_irq()函数，但也可能是驱动程序提供的函数（这种情况很少见）。

16.3.3　在 GPIO 芯片中添加 IRQ 芯片支持

为了演示如何将 IRQ 芯片支持添加到 GPIO 芯片中，我们需要更新最初的 GPIO 控制器驱动程序，也就是更新探测函数，并实现一个包含 IRQ 处理逻辑的中断处理程序。

观察图 16.1。

在图 16.1 中，假设 IO_0 和 IO_1 已配置为中断线（站在设备 A 和设备 B 的角度）。

无论中断发生在 IO_0 还是 IO_1 上，都将触发 GPIO 芯片上的同一父中断。此时，GPIO 芯片驱动程序必须通过读取 GPIO 控制器上的 GPIO 状态寄存器来确定真正触发中断的引脚是哪个（IO_0 还是 IO_1）。这也就是 MCP23016 芯片虽然只是一个单独的中断线（实际上是父中断线），却可以由 16 个 GPIO 中断复用的原因。

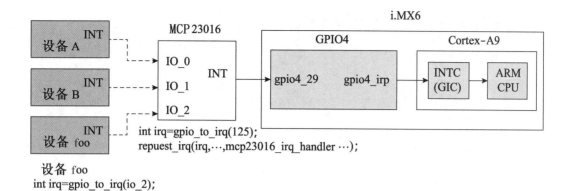

图 16.1 多路复用 IRQ

接下来更新最初的 GPIO 控制器驱动程序。需要注意的是，由于设备位于慢速总线上，因此只能实现嵌套的（线程化的）中断流程处理。

首先定义 IRQ 芯片数据结构，其中包含一组回调函数供 IRQ 核心使用，其中的部分代码如下：

```
static struct irq_chip mcp23016_irq_chip = {
    .name = "gpio-mcp23016",
    .irq_mask = mcp23016_irq_mask,
    .irq_unmask = mcp23016_irq_unmask,
    .irq_set_type = mcp23016_irq_set_type,
};
```

需要根据特定的需求来定义回调函数，这里不仅实现了与中断屏蔽（取消）相关的回调函数，还实现了用于设置 IRQ 类型的回调函数。

至此，IRQ 芯片数据结构已经设置好了，可以如下修改探测函数：

```
static int mcp23016_probe(struct i2c_client *client)
{
    struct gpio_irq_chip *girq;
    struct irq_chip *irqc;
    [...]


    girq = &mcp->gpiochip.irq;
    girq->chip = &mcp23016_irq_chip;
    /* This will let us handling the parent IRQ in the driver*/
    girq->parent_handler = NULL;
    girq->num_parents = 0;
    girq->parents = NULL;
```

```
girq->default_type = IRQ_TYPE_NONE;
girq->handler = handle_level_irq;
girq->threaded = true;
[...]
/*
 * Directly request the irq here instead of passing
 * a flow-handler.
 */
err = devm_request_threaded_irq(
                &client->dev,
                client->irq,
                NULL, mcp23016_irq,
                IRQF_TRIGGER_RISING | IRQF_ONESHOT,
                dev_name(&i2c->dev), mcp);
[...]

return devm_gpiochip_add_data(&client->dev, &mcp->gpiochip, mcp);
}
```

上述代码首先初始化了嵌入 struct gpio_chip 中的 struct gpio_irq_chip，之后注册了一个 IRQ 处理程序，该 IRQ 处理程序作为父 IRQ 处理程序，负责查询底层 GPIO 芯片上任何已开启中断的 GPIO 是否发生变化。若发生变化，则运行它们的 IRQ 处理程序。

下面的 IRQ 处理程序必须实现在探测函数之前：

```
static irqreturn_t mcp23016_irq(int irq, void *data)
{
    struct mcp23016 *mcp = data;
    unsigned long status, changes, child_irq, i;
    status = read_gpio_status(mcp);
    mutex_lock(&mcp->lock);
    change = mcp->status ^ status;
    mcp->status = status;
    mutex_unlock(&mcp->lock);

    /* Do some stuff, may be adapting "change" according to level */
    [...]
    for_each_set_bit(i, &change, mcp->gpiochip.ngpio) {
        child_irq =irq_find_mapping(mcp->gpiochip.irq.domain, i);
        handle_nested_irq(child_irq);
    }

    return IRQ_HANDLED;
}
```

在上面的 IRQ 处理程序中，只需要简单地读取当前 GPIO 状态，并与原有状态进行比较，以确定 GPIO 是否发生变化即可。其他所有的事情都是由 handle_nested_irq() 函数处理的。

至此，你已经熟悉了在 GPIO 芯片中添加 IRQ 芯片支持的方法，接下来学习有关 GPIO 控制器绑定的知识，这将允许你以驱动程序可以理解的方式在设备树中声明 GPIO 芯片硬件。

16.3.4　GPIO 控制器绑定方式

设备树是在嵌入式平台上声明和描述设备的事实标准（特别是在 ARM 架构下）。因此，建议为新的驱动程序提供相关的设备绑定。

GPIO 控制器需要提供以下必要的属性。

- compatible：这是一个字符串列表，用于匹配处理设备的驱动程序。
- gpio-controller：这个属性告知设备树核心，该节点表示一个 GPIO 控制器。
- gpio-cells：这个属性告诉我们使用多少个单元格来描述 GPIO 线标识符，对应于 gpio_chip.of_gpio_n_cells，或者对应于 gpio_chip.of_xlate 所能够处理的值。对于较简单的控制器而言，它的值通常为 2，第一个单元格标识 GPIO 编号，第二个单元格表示标志位。

如果 GPIO 控制器支持 IRQ 芯片的映射，也就是说，如果 GPIO 控制器允许将 GPIO 线映射到 IRQ 上，那么 GPIO 控制器就需要定义更多的必要属性，具体如下。

- interrupt-controller：有些 GPIO 控制器提供将 IRQ 映射到 GPIO 的功能。在这种情况下，#interrupt-cells 也应该设置，并且通常设置为 2，第一个单元格表示引脚编号，第二个单元格表示中断标志。
- #interrupt-cells：它必须设置为由 IRQ 域的 xlate 钩子函数支持的值，即 irq_domain_ops.xlate。通常，xlate 钩子函数被设置为 irq_domain_xlate_twocell() 函数，该函数是一个通用的内核 IRQ 核心辅助程序，它能够处理两个单元格的引脚标识符。

有了以上属性，便可以在总线节点下声明 GPIO 控制器，如下所示：

```
&i2c1
    expander: mcp23016@20 {
        compatible = "microchip,mcp23016";
        reg = <0x20>;
        gpio-controller;
```

```
        #gpio-cells = <2>;
        interrupt-controller;
        #interrupt-cells = <2>;
        interrupt-parent = <&gpio4>;
        interrupts = <29 IRQ_TYPE_EDGE_FALLING>;
    };
};
```

以上就是控制器端的全部内容。为了演示客户端如何使用 MCP 23016 提供的资源，我们假设一个场景：有两个设备，设备 A 被命名为 foo，设备 B 被命名为 bar，设备 bar 使用控制器（用在输出模式中）的两个 GPIO 线，而设备 foo 将 GPIO 映射到 IRQ。以上配置在设备树中声明如下：

```
parent_node {
    compatible = "simple-bus";

    foo_device: foo_device@1c {
        [...]
        reg = <0x1c>;
        interrupt-parent = <&expander>;
        interrupts = <2 IRQ_TYPE_EDGE_RISING>;
    };


    bar_device {
        [...]
        reset-gpios = <&expander 8 GPIO_ACTIVE_HIGH>;
        power-gpios = <&expander 12 GPIO_ACTIVE_HIGH>;
        [...]
    };
};
```

在上面的代码中，parent_node 节点将 " simple-bus " 字符串赋给 compatible，是为了让设备树核心和平台核心实例化两个平台设备，以对应我们设置的两个设备节点。此外，上述代码还展示了如何指定 GPIO 以及来自控制器的 IRQ。可以看出，每个属性使用的单元格数量与控制器绑定时声明的单元格数量是匹配的。

GPIO 控制器和引脚控制器

GPIO 控制器和引脚控制器密切相关。引脚控制器可以将 GPIO 控制器提供的某些或全部 GPIO 发送到引脚上，从而使这些引脚可以在 GPIO 和其他功能之间进行多路复用（也称为引脚复用）。

因此，了解哪些 GPIO 对应于哪些引脚控制器上的哪个引脚可能会非常有用。gpio-ranges 属性使用一组离散范围来表示此对应关系，这组离散范围可以将引脚控制器本地编号空间中的引脚映射到 GPIO 控制器本地编号空间中的引脚。

gpio-ranges 属性格式如下：

```
<[pin controller phandle], [GPIO controller offset], [pin controller offset],
[number of pins]>;
```

GPIO 控制器偏移量指的是包含范围定义的 GPIO 控制器节点。由 phandle 引用的引脚控制器节点必须遵循 Documentation/pinctrl/pinctrl-bindings.txt 中定义的绑定。

控制器偏移量是一个介于 0 和 N 之间的数字。如果将多个控制器偏移量定义的范围拼凑成一个范围，就可以将一个引脚到 GPIO 线的映射堆叠任意数量的范围。但在实际应用中，不同的控制器范围通常被聚集在一起形成离散的集合。

下面是一个例子：

```
gpio-ranges = <&foo 0 20 10>, <&bar 10 50 20>;
```

这意味着：

- 引脚控制器 foo 上的 10 个引脚（20..29）被映射到 GPIO 线 0..9；
- 引脚控制器 bar 上的 20 个引脚（50..69）被映射到 GPIO 线 10..29。

需要注意的是，GPIO 控制器具有全局编号空间，而引脚控制器具有本地编号空间，因此需要定义一种交叉引用它们的方法。

如果希望将 GPIO_5_29 映射到引脚控制器编号空间中的 89 号引脚，则应当按照下面的方法设置设备树属性，以定义 GPIO 子系统和引脚控制子系统之间的映射。

```
&gpio5{
        gpio-ranges = <&pinctrl 29 89 1> ;
}
```

可以看出，来自 GPIO bank5 的第 29 个 GPIO 线将被映射到引脚控制器 pinctrl 上从 89 开始的引脚范围。

注意

GPIO bank 指的是一组 GPIO 线，通常是硬件电路上以一定方式分组和组织的 GPIO 管脚。在设备树中，GPIO bank 通常用单独的节点来表示。

为了在真实平台上说明这一点，我们以 i.MX6 SoC 为例，该 SoC 的每个 bank 有 32 个 GPIO。以下是 i.MX6 SoC 的引脚控制器节点摘录，其声明在 arch/arm/boot/dts/imx6qdl.dtsi 中，其驱动程序为 drivers/pinctrl/freescale/pinctrl-imx6dl.c。

```
iomuxc: pinctrl@20e0000 {
    compatible = "fsl,imx6dl-iomuxc", "fsl,imx6q-iomuxc";
    reg = <0x20e0000 0x4000>;
};
```

引脚控制器已经声明完毕，GPIO 控制器（bank3）在相同的基本设备树 arch/arm/boot/dts/imx6qdl.dtsi 中声明如下：

```
gpio3: gpio@20a4000 {
    compatible = "fsl,imx6q-gpio", "fsl,imx35-gpio";
    reg = <0x020a4000 0x4000>;
    interrupts = <0 70 IRQ_TYPE_LEVEL_HIGH>,
                 <0 71 IRQ_TYPE_LEVEL_HIGH>;
    gpio-controller;
    #gpio-cells = <2>;
    interrupt-controller;
    #interrupt-cells = <2>;
};
```

需要注意的是，此 GPIO 控制器的驱动程序为 drivers/gpio/gpio-mxc.c。在基本设备树中声明 GPIO 控制器节点之后，同一 GPIO 控制器节点在 SoC 特定的基本设备树 arch/arm/boot/dts/imx6q.dtsi 中会被覆盖，如下所示：

```
&gpio3 {
    gpio-ranges = <&iomuxc 0 69 16>, <&iomuxc 16 36 8>,<&iomuxc 24 45 8>;
};
```

覆盖 GPIO 控制器节点意味着：

- <&iomuxc 0 69 16>表示引脚控制器 iomuxc 上从引脚 69 开始至引脚 84 结束的 16 个引脚，将被映射到从索引 0 开始至索引 15 结束的 GPIO 线。
- <&iomuxc 16 36 8>表示引脚控制器 iomuxc 上从引脚 36 开始至引脚 43 结束的 8 个引脚，将被映射到从索引 16 开始至索引 23 结束的 GPIO 线。
- <&iomuxc 24 45 8>表示引脚控制器 iomuxc 上从引脚 45 开始至引脚 52 结束的 8 个引脚，将被映射到从索引 24 开始至索引 31 结束的 GPIO 线。

正如预期的那样，我们有了一个 32（16+8+8）线的 GPIO bank。

你现在已经理解了如何从设备树中实例化一个或多个引脚控制器与现有 GPIO 控制器的交互。接下来让我们学习如何独占 GPIO，以阻止现有驱动程序对特定 GPIO 的控制，同时避免陷入必须编写特定驱动程序才能控制它们的局面。

换句话说，为了避免需要编写一个特定的驱动程序来控制 GPIO，或者防止现有的驱动程序控制它们,你可以使用"hogging"机制来独占 GPIO。这将防止其他驱动程序使用这些 GPIO,因为只有指定的驱动程序才可以使用它们。

引脚占用(pin hogging)

GPIO 占用作为 GPIO 控制器的驱动程序探测功能的一部分,是一种提供自动 GPIO 请求和配置的机制,这意味着一旦引脚控制设备被注册,GPIO 核心就会尝试在其上调用 devm_pinctrl_get()、lookup_state()和 select_state()。

以下是每个 GPIO 占用定义所需的属性,它们可以表示为 GPIO 控制器的子节点。

- gpio-hog:用于指示子节点是否表示 GPIO 占用。
- gpios:其中包含每个受影响的 GPIO 的相关信息(ID、标志等)。
- 你只能指定以下属性中的一个,并按照它们列出的顺序对它们进行扫描。这意味着当存在多个属性时,需要对它们按照下面的顺序进行搜索,第一个匹配将视为预期的配置。
    - input:指定 GPIO 方向应配置为输入。
    - output-low:指定 GPIO 方向应配置为输出,初始值为低状态。
    - output-high:指定 GPIO 方向应配置为输出,初始值为高状态。

line-name 是可选属性,表示 GPIO 标签名称。如果没有此属性,则使用节点名称。下面首先在引脚控制器节点中声明我们感兴趣的引脚:

```
&iomuxc {
    [...]
    pinctrl_gpio3_hog: gpio3hoggrp {
    fsl,pins = <
        MX6QDL_PAD_EIM_D19 GPIO3_IO19  0x1b0b0
        MX6QDL_PAD_EIM_D20 GPIO3_IO20  0x1b0b0
        MX6QDL_PAD_EIM_D22 GPIO3_IO22  0x1b0b0
        MX6QDL_PAD_EIM_D23 GPIO3_IO23  0x1b0b0
     >;
    };
    [...]
}
```

声明完感兴趣的引脚后,可以按照以下方式在 GPIO 所属的 GPIO 控制器节点下独占每个 GPIO:

```
&gpio3{
    pinctrl-names = "default";
    pinctrl-0 = <&pinctrl_gpio3_hog>;
```

```
    usb-emulation-hog {
        gpio-hog;
        gpios = <19 GPIO_ACTIVE_HIGH>;
        output-low;
        line-name = "usb-emulation";
    };

    usb-mode1-hog {
        gpio-hog;
        gpios = <20 GPIO_ACTIVE_HIGH>;
        output-high;
        line-name = "usb-mode1";
    };

    usb-pwr-hog {
        gpio-hog;
        gpios = <22 GPIO_ACTIVE_LOW>;
        output-high;
        line-name = "usb-pwr-ctrl-en-n";
    };

    usb-mode2-hog {
        gpio-hog;
        gpios = <23 GPIO_ACTIVE_HIGH>;
        output-high;
        line-name = "usb-mode2";
    };
};
```

需要注意的是，占用机制应该用于那些没有被任何特定驱动程序控制的引脚。

16.4　充分利用 GPIO 子系统

就硬件而言，GPIO 是一种特性或模式。在这种特性或模式下，引脚可以发挥作用。引脚只不过是一条数字线路，可以作为输入或输出使用，并且只有两个值（或状态）：高电平为 1，低电平为 0。内核的 GPIO 子系统包括在驱动程序中设置和管理 GPIO 线所需的所有函数。

在驱动程序中使用 GPIO 之前，GPIO 必须首先在内核中声明并进行分配。这是一种获取 GPIO 控制权的方式，可以禁止其他驱动程序使用 GPIO，也可以防止控制器驱动程序被卸载。

获得 GPIO 的控制权后，可以执行以下操作。

- 设置方向。如果需要，还可以设置 GPIO 配置。

- 如果用作输出，则切换为输出状态（将线路电平拉高或拉低）。

- 如果用作输入，则必须根据需要设置去抖动间隔并读取状态。对于映射到 IRQ 的 GPIO 线，需要配置触发中断的边缘/电平，并注册相应的中断处理程序。

在 Linux 内核中，有两种不同的 GPIO 处理方式。

- 旧的基于整数的 GPIO 接口（现已弃用），通过整数来表示 GPIO。

- 新的基于描述符的 GPIO 接口，GPIO 由不透明结构表示和描述，具有专用 API。建议使用这种方式处理 GPIO。

16.4.1　基于整数的 GPIO 接口（现已弃用）

基于整数的 GPIO 接口是 Linux 系统中最广为人知的 GPIO 处理方式，无论是在内核中还是在用户空间中。GPIO 用一个整数表示，这个整数用于在需要执行操作时对 GPIO 进行操作。以下是包含传统 GPIO 访问函数的头文件：

```
#include <linux/gpio.h>
```

基于整数的 GPIO 接口依赖于一组函数，定义如下：

```
bool gpio_is_valid(int number);
int gpio_request(unsigned gpio, const char *label);
int gpio_get_value_cansleep(unsigned gpio);
int gpio_direction_input(unsigned gpio);
int gpio_direction_output(unsigned gpio, int value);
void gpio_set_value(unsigned int gpio, int value);
int gpio_get_value(unsigned gpio);
void gpio_set_value_cansleep(unsigned gpio, int value);
int gpio_get_value_cansleep(unsigned gpio);
void gpio_free(unsigned int gpio);
```

当使用 GPIO 控制器时，之前提到的所有函数都将被映射到一组回调函数，这组回调函数由 GPIO 控制器通过 struct gpio_chip 来提供，从而为开发者提供了一组通用的回调函数。

在所有这些函数中，gpio 表示我们感兴趣的 GPIO 编号。在使用 GPIO 之前，客户端驱动程序必须调用 gpio_request() 以获取 GPIO 的所有权，并且非常重要的是，要防止 GPIO 控制器驱动程序被卸载。在 gpio_request() 函数中，label 是内核用于在 sysfs 中标识/描述 GPIO 的标签，正如你在 /sys/kernel/debug/gpio 中看到的那样。gpio_request() 在成功时返回 0，在失败时返回错误码。如果有疑问，在请求 GPIO 之前，可以使用 gpio_is_valid() 函数来检查指定的 GPIO 编号在系统中是否有效。

当驱动程序占用一个 GPIO 后，它就可以使用 gpio_direction_input() 或 gpio_direction_output() 函数，根据需要改变方向为输入或输出。

在这两个函数中，gpio 是驱动程序需要设置方向的 GPIO 编号。当把 GPIO 配置为输出时，就会出现参数 value，它是 GPIO 处于输出方向时的初始状态。这两个函数在成功时返回 0，在失败时返回错误码。

一些 GPIO 控制器允许调整 GPIO 去抖动间隔（仅在将 GPIO 线配置为输入时才有用），这是通过执行 gpio_set_debounce() 函数来实现的。参数 debounce 是以毫秒为单位的去抖动时间。由于在驱动程序的探测函数中获取和配置资源是一种良好的实践，在这种情况下，GPIO 线必须遵守这一规则。

需要注意的是，GPIO 管理（无论是配置还是获取/设置 GPIO 的值）与上下文是无关的。也就是说，有一些内存映射 GPIO 控制器可以从任何上下文（进程和原子上下文）中访问。另外，由单独芯片提供的 GPIO 因为位于慢速总线（如 I²C 或 SPI 总线）上，可能会睡眠（因为在这种总线上发送/接收命令需要等待以获取队头来传输命令并获取响应）。这样的 GPIO 必须仅从进程上下文中操作。设计良好的控制器驱动程序必须能够向客户端通知其 GPIO 驱动方法的调用是否可能睡眠。可以使用 gpio_cansleep() 函数对此进行检查。对于其控制器位于慢速总线上的 GPIO 线，该函数返回 true；对于属于内存映射控制器的 GPIO 线，该函数返回 false。

GPIO 已经被请求和配置，现在可以使用适当的 API 来设置/获取它们的值。同样，所要使用的 API 取决于上下文。对于内存映射控制器的 GPIO 线，可以使用 gpio_get_value() 或 gpio_set_value() 进行访问。前者返回表示 GPIO 状态的值，后者则设置 GPIO 的值，该 GPIO 应该已经配置为使用 gpio_direction_output() 作为输出。对于这两个函数，value 可以视为布尔值，其中零值表示低电平，非零值表示高电平。

如果对 GPIO 的来源不确定，则驱动程序应该使用上下文无关的 API，如 gpio_get_value_cansleep() 和 gpio_set_value_cansleep()。在进程上下文中使用这些 API 是安全的，它们在原子上下文中也可以工作。

注意

基于整数的 GPIO 接口支持从设备树中指定 GPIO，此时用于获取这些 GPIO 的 API 将是 of_get_gpio()、of_get_named_gpio() 或其他类似的 API。

映射到 IRQ 的 GPIO

有些 GPIO 控制器允许它们的 GPIO 线被映射到 IRQ。这些 IRQ 可以边沿触发或电平触发。配置取决于需求。GPIO 控制器负责提供 GPIO 与 IRQ 之间的映射。

如果在设备树中指定了 IRQ，并且底层设备是 I²C 设备或 SPI 设备，则消费者驱动程序必须正常请求 IRQ，因为在解析设备树时，映射到设备树中指定的 IRQ 的 GPIO 将是由设备树核心翻译并分配给你的设备结构，即 i2c_client.irq 或 spi_device.irq。你在 GPIO 控制器绑定部分看到的示例中的 foo_device 就是这种情况。对于另一种设备类型，则必须调用 irq_of_parse_and_map()或其他类似的 API。

如果驱动程序被赋予一个 GPIO（来自模块参数）或从设备树中指定但没有被映射到那里的 IRQ，驱动程序必须使用 gpio_to_irq()将给定的 GPIO 编号映射到 IRQ 编号：

```
int gpio_to_irq(unsigned gpio);
```

gpio_to_irp()将返回相应的 Linux IRQ 号，可以将它传递给 request_irq()（或其线程版本 request_threaded_irq()）以注册 IRQ 处理程序：

```
int request_threaded_irq (unsigned int irq,
                          irq_handler_t handler,
                          irq_handler_t thread_fn,
                          unsigned long irqflags,
                          const char *devname,
                          void *dev_id);
int request_any_context_irq (unsigned int irq,
                             irq_handler_t handler,
                             unsigned long flags,
                             const char * name,
                             void * dev_id);
```

request_any_context_irq()足够智能，它可以识别集成到 GPIO 控制器中的 IRQ 芯片支持的底层上下文。如果此 GPIO 控制器的访问者可以休眠，request_any_context_irq()将请求线程化的 IRQ，否则将请求原子上下文 IRQ。

下面是一个简短的例子。

```
static irqreturn_t my_interrupt_handler(int irq, void *dev_id)
{
    [...]
    return IRQ_HANDLED;
}

static int foo_probe(struct i2c_client *client)
```

```
{
    [...]
    struct device_node *np = client->dev.of_node;
    int gpio_int = of_get_gpio(np, 0);
    int irq_num = gpio_to_irq(gpio_int);
    int error =devm_request_threaded_irq(&client->dev,  irq_num,
                                    NULL, my_interrupt_handler,
                                    IRQF_TRIGGER_RISING | IRQF_ONESHOT,
                                    input_dev->name, my_data_struct);

    if (error) {
        dev_err(&client->dev, "irq %d requested failed, %d\n", client->irq, error);
        return error;
    }
    [...]
    return 0;
}
```

这个例子演示了如何使用传统的基于整数的 GPIO 接口来获取设备树中指定的一个 GPIO，以及如何使用旧的 API 将这个 GPIO 转换为有效的 Linux IRQ 号。

16.4.2　基于描述符的 GPIO 接口（推荐方式）

通过新的基于描述符的 GPIO 接口，GPIO 子系统实现了面向生产者/消费者。基于描述符的 GPIO 接口所需的头文件如下：

```
#include <linux/gpio/consumer.h>
```

有了基于描述符的 GPIO 接口，GPIO 便可以用一致的数据结构 struct gpio_desc 来描述和表征，该数据结构定义如下：

```
struct gpio_desc {
    struct gpio_chip *chip;
    unsigned long    flags;
    const char    *label;
};
```

其中，chip 就是提供这条 GPIO 线的控制器，flags 是表征 GPIO 的标志，label 是描述 GPIO 的名称。

在使用基于描述符的 GPIO 接口请求和获取 GPIO 的所有权之前，这些 GPIO 必须已在某处被指定或映射，这意味着它们应该分配给驱动程序。而在使用传统的基于整数的 GPIO 接口时，驱动程序可以从任何地方获取编号并将其作为 GPIO 请求。由于基于描述符的 GPIO 接口用不透明结构表示，因此不太可能再使用这种方法。

当使用新的 GPIO 接口时，GPIO 必须仅映射到名称或索引，同时必须指定提供 GPIO 的 GPIO 芯片。指定和分配 GPIO 给驱动程序的方法有以下 3 种。

- 平台数据映射：在这种情况下，映射是在板级文件中完成的。
- 设备树：映射在设备树中完成。
- ACP 映射。在基于 x86 架构的系统中，这是最常见的映射。

设备树中的 GPIO 描述符映射及其 API

GPIO 描述符映射定义在消费者设备的设备树节点中。GPIO 描述符映射属性必须命名为<name>-gpios 或<name>-gpio，其中<name>的命名必须足以描述所要使用的 GPIO 的用途。原因在于基于描述符的 GPIO 查找依赖于 gpio_suffixes[]变量，这是一个定义在 drivers/gpio/gpiolib.h 中的 gpiolib 变量，如下所示：

```
Static const char * const  gpio_suffixes[] ={ "gpios", "gpio" };
```

此变量用于设备树查找和基于 ACPI 的查找。要想了解它是如何工作的，你不妨查看它是如何在 of_find_gpio()中使用的。设备树的低级 GPIO 查找函数定义如下：

```
static struct gpio_desc *of_find_gpio(
                           struct device *dev,
                           const char *con_id,
                           unsigned int idx,
                           enum gpio_lookup_flags *flags)
{
    /* 32 is max size of property name */
    char prop_name[32];
    enum of_gpio_flags of_flags;
    struct gpio_desc *desc;
    unsigned int i;

    /* Try GPIO property "foo-gpios" and "foo-gpio" */
    for (i = 0; i < ARRAY_SIZE(gpio_suffixes); i++) {
        if (con_id)
            snprintf(prop_name, sizeof(prop_name),
                "%s-%s", con_id,
                gpio_suffixes[i]);
        else
            snprintf(prop_name, sizeof(prop_name), "%s",gpio_suffixes[i]);

            desc = of_get_named_gpiod_flags(dev->of_node
                               prop_name, idx,
                               &of_flags);
```

```
            if (!IS_ERR(desc) || PTR_ERR(desc) != -ENOENT)
            break;
            [...]
    }
```

考虑以下摘自 Documentation/gpio/board.txt 的节点：

```
foo_device {
    compatible = "acme,foo";
    [...]
    led-gpios =<&gpio 15 GPIO_ACTIVE_HIGH>, /* red */
               <&gpio 16 GPIO_ACTIVE_HIGH>, /* green */
               <&gpio 17 GPIO_ACTIVE_HIGH>; /* blue */

    power-gpio = <&gpio 1 GPIO_ACTIVE_LOW>;
    reset-gpio = <&gpio 1 GPIO_ACTIVE_LOW>;
};
```

映射就应该是上面这个样子，映射的名称对应着分配给 GPIO 的功能。

你已经在设备树中指定了 GPIO，现在要做的第一件事就是分配 GPIO 描述符并取得这些 GPIO 的所有权。这可以使用 gpiod_get()、gpiod_getindex()或 gpiod_get_optional() 函数来完成，它们定义如下：

```
struct gpio_desc *gpiod_get_index(struct device *dev,
                                  const char *con_id,
                                    unsigned int idx,
                                    enum gpiod_flags flags)
struct gpio_desc *gpiod_get(struct device *dev,
                            const char *con_id,
                            enum gpiod_flags flags)
struct gpio_desc *gpiod_get_optional(struct device *dev,
                                     const char *con_id,
                                     enum gpiod_flags flags);
```

你也可以使用这些 API 的设备管理变体，它们定义如下：

```
struct gpio_desc *devm_gpiod_get_index(
                            struct device *dev,
                            const char *con_id,
                            unsigned int idx,
                            enum gpiod_flags flags);
struct gpio_desc *devm_gpiod_get(struct device *dev,
                            const char *con_id,
```

```
                              enum gpiod_flags flags);
struct gpio_desc *devm_gpiod_get_optional(
                              struct device *dev,
                              const char *con_id,
                              enum gpiod_flags flags);
```

如果未将给定函数分配给任何 GPIO，则上面的两个非_optional 函数[devm_gpiod_get_index()和 devm_gpiod_get()]都将返回-ENOENT。如果发生其他错误，则返回错误码。如果成功，则返回与 GPIO 对应的 GPIO 描述符结构：devm_gpiod_get_index()返回特定索引处 GPIO 的 GPIO 描述符结构（当指定符是 GPIO 列表时很有用），devm_gpiod_get()则始终返回索引 0 处的 GPIO（单个 GPIO 映射）。devm_gpiod_get_optional()对于需要处理可选 GPIO 的驱动程序非常有用，它会在你没有向设备分配 GPIO 时返回 NULL。

dev 是 GPIO 描述符所属的设备，如 i2c_client.dev、spi_device.dev 或 platform_device.dev。con_id 是消费者接口内部 GPIO 的功能，它对应于设备树中属性名称的<name>前缀。idx 是 GPIO 的索引（从 0 开始），如果指定符包含 GPIO 列表，则需要使用该索引。flags 是一个可选参数，用于确定 GPIO 初始化标志，以配置方向和（或）初始输出值。它是 gpiod_flags 枚举的一个实例，这个枚举定义在 include/linux/gpio/consumer.h 中，如下所示：

```
enum gpiod_flags {
    GPIOD_ASIS = 0,
    GPIOD_IN = GPIOD_FLAGS_BIT_DIR_SET,
    GPIOD_OUT_LOW = GPIOD_FLAGS_BIT_DIR_SET |
                    GPIOD_FLAGS_BIT_DIR_OUT,
    GPIOD_OUT_HIGH = GPIOD_FLAGS_BIT_DIR_SET |
                     GPIOD_FLAGS_BIT_DIR_OUT |
                     GPIOD_FLAGS_BIT_DIR_VAL,
};
```

下面演示如何在驱动程序中使用这些 API：

```
struct gpio_desc *red, *green, *blue, *power;

red = gpiod_get_index(dev, "led", 0, GPIOD_OUT_HIGH);
green = gpiod_get_index(dev, "led", 1, GPIOD_OUT_HIGH);
blue = gpiod_get_index(dev, "led", 2, GPIOD_OUT_HIGH);

power = gpiod_get(dev, "power", GPIOD_OUT_HIGH);
```

上面的代码没有执行错误检查。LED GPIO 高电平有效；但电源 GPIO 低电平有效，即 gpiod_is_active_low(power)在这种情况下返回 true。

flags 参数是可选的，因而可能存在未指定初始标志或需要更改 GPIO 初始功能的情况。为了解决这个问题，驱动程序可以使用 gpiod_direction_input() 或 gpiod_direction_output() 函数来更改 GPIO 方向。这两个函数定义如下：

```
int gpiod_direction_input(struct gpio_desc *desc);
int gpiod_direction_output(struct gpio_desc *desc, int value);
```

其中，desc 是所需 GPIO 的 GPIO 描述符，value 是在将 GPIO 配置为输出时要应用于 GPIO 的初始值。

与基于整数的 GPIO 接口一样，在这里，驱动程序必须判断底层 GPIO 芯片是内存映射的（因此可以在任何上下文中访问）还是位于慢速总线上（这将要求在进程或线程上下文中独占地访问芯片）。这可以使用 gpiod_cansleep() 函数来实现，该函数定义如下：

```
int gpiod_cansleep(const struct gpio_desc *desc);
```

如果底层硬件可以让调用者在访问时进入睡眠状态，则该函数返回 true。在这种情况下，驱动程序应该使用专用 API。

以下 API 用于在位于慢速总线上的控制器上获取或设置 GPIO 值：

```
int gpiod_get_value_cansleep(const struct gpio_desc *desc);
void gpiod_set_value_cansleep(struct gpio_desc *desc, int value);
```

如果底层 GPIO 芯片是内存映射的，则可以使用以下 API：

```
int gpiod_get_value(const struct gpio_desc *desc);
void gpiod_set_value(struct gpio_desc *desc, int value);
```

只有当驱动程序打算从中断处理程序或任何其他原子上下文中访问 GPIO 时，才必须考虑上下文；否则只需要使用正常的 API，即没有 _cansleep 后缀的 API。

gpiod_to_irq() 用于获取与映射到 IRQ 的 GPIO 描述符相对应的 IRQ 号：

```
int gpiod_to_irq(const struct gpio_desc *desc);
```

获取的 IRQ 号可以与 request_irq()[或其线程版本 request_threaded_irq()] 一起使用。如果驱动程序不需要关心底层 GPIO 芯片支持的上下文，则可以改用 request_any_context_irq()。也就是说，驱动程序可以使用这些函数的设备管理变体，即 devm_request_irq()、devm_request_threaded_irq() 和 devm_request_any_context_irq()。

如果出于某种原因，模块需要在基于描述符的 GPIO 接口和基于整数的 GPIO

接口之间切换，则可以使用 desc_to_gpio() 和 gpio_to_desc() 函数，这两个函数定义如下：

```
/* Convert between the old gpio_ and new gpiod_ interfaces */
struct gpio_desc *gpio_to_desc(unsigned gpio);
int desc_to_gpio(const struct gpio_desc *desc);
```

gpio_to_desc() 会从参数中获取旧的 GPIO 编号并返回与之关联的 GPIO 描述符，desc_to_gpio() 执行的操作则正好相反。

使用设备管理的 API 的优点是，驱动程序不需要再关心如何释放 GPIO，这将由 GPIO 核心处理。但是，如果使用非设备管理的 API 来请求 GPIO 描述符，则必须使用 gpiod_put() 函数显式地释放 GPIO 描述符，该函数定义如下：

```
void gpiod_put(struct gpio_desc *desc);
```

下面的驱动程序总结了我们在基于描述符的 GPIO 接口中引入的概念。这里需要 4 个 GPIO，两个用于 LED（红色和绿色，然后配置为输出），两个用于按钮（因此配置为输入）。实现的逻辑是，只有当按钮 2 也被按下时，按下按钮 1 才会切换两个 LED。

考虑设备树中的以下映射：

```
foo_device {
    compatible = "packt,gpio-descriptor-sample";
    led-gpios = <&gpio2 15 GPIO_ACTIVE_HIGH>, // red
                <&gpio2 16 GPIO_ACTIVE_HIGH>, // green

    btn1-gpios = <&gpio2 1 GPIO_ACTIVE_LOW>;
    btn2-gpios = <&gpio2 31 GPIO_ACTIVE_LOW>;
};
```

GPIO 已被映射到设备树中，下面编写将要利用这些 GPIO 的平台设备驱动程序：

```
#include <linux/init.h>
#include <linux/module.h>
#include <linux/kernel.h>
#include <linux/platform_device.h>  /* platform devices */
#include <linux/gpio/consumer.h>    /* GPIO Descriptor */
#include <linux/interrupt.h>        /* IRQ */
#include <linux/of.h>               /* Device Tree */

static struct gpio_desc *red, *green, *btn1, *btn2;
static unsigned int irq, led_state = 0;
```

```
static irq_handler_t btn1_irq_handler(unsigned int irq, void *dev_id)
{
    unsigned int btn2_state;

    btn2_state = gpiod_get_value(btn2);
    if (btn2_state) {
        led_state = 1 - led_state;
        gpiod_set_value(red, led_state);
        gpiod_set_value(green, led_state);
    }

    pr_info("btn1 interrupt: Interrupt! btn2 state is %d)\n",led_state);
    return IRQ_HANDLED;
}
```

从 IRQ 处理程序开始，切换逻辑由 led_state = 1 − led_state 实现。接下来实现驱动程序的探测函数：

```
static int my_pdrv_probe (struct platform_device *pdev)
{
    int retval;
    struct device *dev = &pdev->dev;

    red = devm_gpiod_get_index(dev, "led", 0, GPIOD_OUT_LOW);
    green = devm_gpiod_get_index(dev, "led", 1, GPIOD_OUT_LOW);

    /* Configure GPIO Buttons as input */
    btn1 = devm_gpiod_get(dev, "led", 0, GPIOD_IN);
    btn2 = devm_gpiod_get(dev, "led", 1, GPIOD_IN);

    irq = gpiod_to_irq(btn1);
    retval = devm_request_threaded_irq(dev, irq, NULL,
                        btn1_pushed_irq_handler,
                        IRQF_TRIGGER_LOW | IRQF_ONESHOT,
                        "gpio-descriptor-sample", NULL);
    pr_info("Hello! device probed!\n");
    return 0;
}
```

驱动程序的探测函数非常简单：首先请求 GPIO，然后将按钮 1 的 GPIO 线转换为有效的 IRQ 号，并为对应的 IRQ 注册处理程序。注意，这里使用了设备管理的 API。

最后，在填充和注册平台设备驱动程序之前建立设备 ID 表，如下所示：

```
static const struct of_device_id gpiod_dt_ids[] = {
```

```
    { .compatible = "packt,gpio-descriptor-sample", },
    { /* sentinel */ }
};

static struct platform_driver mypdrv = {
    .probe    = my_pdrv_probe,
    .driver   = {
        .name = "gpio_descriptor_sample",
        .of_match_table = of_match_ptr(gpiod_dt_ids),
        .owner = THIS_MODULE,
    },
};
module_platform_driver(mypdrv);
MODULE_AUTHOR("John Madieu <john.madieu@labcsmart.com>");
MODULE_LICENSE("GPL");
```

有时你可能需要知道为什么既没有释放 GPIO 描述符也没有释放中断。这是因为我们在探测函数中专门使用了设备管理的 API。正是由于这些 API，才不需要显式释放任何东西。

如果使用非设备管理的 API，则需要编写如下代码：

```
static void my_pdrv_remove(struct platform_device *pdev)
{
    free_irq(irq, NULL);
    gpiod_put(red);
    gpiod_put(green);
    gpiod_put(btn1);
    gpiod_put(btn2);
    pr_info("good bye reader!\n");
}
static struct platform_driver mypdrv = {
    [...]
    .remove = my_pdrv_remove,
    [...]
};
```

这里使用常规的 gpiod_put() 和 free_irq() 来分别释放 GPIO 描述符和 IRQ 线。

你已经完成了 GPIO 管理的内核代码，包括控制器和客户端。但在某些情况下，你可能希望避免编写特定的内核代码。接下来学习如何避免编写 GPIO 客户端驱动程序。

16.5　学习如何避免编写 GPIO 客户端驱动程序

在有些情况下，编写用户空间代码可以达到与编写内核驱动程序相同的目标。GPIO 框架是用户空间中十分常用的框架之一。本节将介绍在用户空间中处理 GPIO 的几种可能方式。

16.5.1　告别旧的 sysfs 接口

相当长时间以来，在用户空间中处理 GPIO 时使用的一直是 sysfs 接口。尽管已计划移除 sysfs 接口，但 sysfs 接口还有一段时间可以使用。sysfs 接口允许通过一组文件来管理和控制 GPIO。以下是涉及的常见目录和属性。

- /sys/class/gpio/：这是一切的开始。此目录中有两个特殊文件——export 和 unexport，此外还有与系统注册的 GPIO 控制器一样多的子目录。

  - export 文件：通过将 GPIO 编号写入此文件，可以要求内核将 GPIO 的控制权导出到用户空间。例如，输入 echo21>export，如果内核尚未请求 GPIO#21，则为 GPIO #21 创建一个 gpio21 节点（并产生同名的子目录）。

  - unexport 文件：通过将相同的 GPIO 编号写入此文件，可以实现撤销导出到用户空间的效果。例如，输入 echo21>unexport，即可删除使用 export 文件导出的 gpio21 节点。

    成功注册 gpio_chip 后，将出现一个路径为/sys/class/gpio/gpiochipX/的目录，其中 X 是 GPIO 编号的起点（提供从编号 X 开始的 GPIO 控制器），属性如下。

  - base，其值与 X 相同，对应于 gpio_chip。base 如果是静态分配的，　则相应的 GPIO 将是 GPIO 芯片管理的第一个 GPIO。

  - label，用于诊断。

  - ngpio，用于指明 GPIO 控制器提供了多少个 GPIO（取值范围为 $N \sim N + ngpio$ -1）。这与 gpio_chip.ngpios 中定义的相同。

- /sys/class/gpio/gpioN/：该目录对应于 GPIO 编号 N，可以使用 export 文件导出或直接从内核导出。/sys/class/gpio/gpio42/（对应 GPIO #42）是一个例子。此目录中包含以下读/写属性。

  - direction：用于获取/设置 GPIO 方向。可能的取值是 in 或 out。此属性通常会被写入，写入 out 时默认会将 GPIO 值初始化为 low。为确保无故障操作，可写入 low 和 high 以将 GPIO 配置为具有该初始值的输出。但是，如果 GPIO

已从内核导出（请参阅 gpiod_export()或 gpio_export()函数），则此属性将丢失，同时禁用方向更改。

➢ value：用于根据 GPIO 方向、输入或输出获取/设置 GPIO 线的状态。如果将 GPIO 配置为输出，则写入任何非零值都会将输出设置为高电平，写入 0 则会将输出设置为低电平。如果可以将引脚设置为中断生成线，则可以使用 poll()系统函数，并在中断发生时返回。使用 poll()时需要设置事件 POLLPRI 和 POLLERR。但是，如果改用 select()，则文件描述符应设置在 exceptfds 中。poll()返回后，用户代码应该要么 lseek()到 sysfs 文件的开头并读取新值，要么关闭文件并重新打开以读取值。这与此前讨论的可轮询 sysfs 属性的原则相同。

➢ edge：该属性决定了 poll()或 select()返回的信号边沿。可能的取值为 none、rising、failing 或 both。只有当 GPIO 可以配置为中断产生输入引脚时，可读可写文件才存在。

➢ active_low：读取时，该属性返回 0（表示 false）或 1（表示 true）。写入任何非零值都会反转读取和写入的 value 属性值。

以下是一个简短的命令序列，它演示了如何使用 sysfs 接口从用户空间驱动 GPIO：

```
#   echo 24 >/sys/class/gpio/export
#   echo out > /sys/class/gpio/gpio24/direction
#   echo 1 > /sys/class/gpio/gpio24/value
#   echo 0 > /sys/class/gpio/gpio24/value
#   echo high > /sys/class/gpio/gpio24/direction # shorthand for out/1
#   echo low > /sys/class/gpio/gpio24/direction # shorthand for out/0
```

16.5.2　欢迎使用 GPIO 库 libgpiod

sysfs 接口已被弃用并且即将停止使用。sysfs 接口存在很多问题，具体如下。
- 状态不与进程绑定。
- 缺少对 sysfs 属性的并发访问管理。
- 不支持批量 GPIO 操作，即不支持使用单个命令（单次）对一组 GPIO 执行操作。
- 仅仅设置一个 GPIO 值就需要执行很多操作（打开并写入导出文件、打开并写入方向文件、打开并写入值文件）。
- 不可靠的轮询——用户代码必须轮询/sys/class/gpio/gpioX/，并且对于每个事件，都必须在重新读取新值之前关闭/重新打开文件或在文件中进行查找。这可能导致事件丢失。

- 无法设置 GPIO 电气属性。
- 如果进程崩溃，GPIO 将保持导出状态，没有上下文的概念。

为了解决 sysfs 接口的这些问题，基于描述符的 GPIO 接口应运而生。它带有 GPIO 字符设备——一个新的用户 API，已合并在 Linux 4.8 中。基于描述符的 GPIO 接口有了以下改进。

- 每个 GPIO 芯片一个设备文件：/dev/gpiochip0、/dev/gpiochip1、/dev/gpiochip2 等。
- 与其他内核接口类似：open() + ioctl() + poll() + read() + close()。
- 可以使用与批量操作相关的 API 一次请求多行（用于读取/设置值）。
- 可以通过名称查找 GPIO 线和芯片，更加可靠。
- 开放源代码和开放式输出标志、用户/消费者字符串和 uevent。
- 可靠轮询，防止事件丢失。

GPIO 库 libgpiod 附带了一个 C API，以允许充分利用系统中注册的任何 GPIO 芯片。libgpiod 也支持 C++和 Python 语言。基本用例通常遵循以下步骤。

（1）通过调用 gpiod_chip_open*函数打开所需的 GPIO 芯片字符设备，比如调用 gpiod_chip_open_by_name() 或 gpiod_chip_open_lookup()。这将返回一个指向 struct gpiod_chip 实例的指针，后续 API 调用将使用该指针。

（2）通过调用 gpiod_chip_get_line()检索所需 GPIO 线的句柄，这将返回一个指向 struct gpiod_line 实例的指针。虽然之前的 API 会将句柄返回到单个 GPIO 线，但如果单次需要多个 GPIO 线，则可以调用 gpiod_chip_get_lines()。gpiod_chip_get_lines()将返回一个指向 struct gpiod_line_bulk 实例的指针，这个指针稍后可用于批量操作。另一个可以返回一组 GPIO 句柄的 API 是 gpiod_chip_get_all_lines()，它返回的是 struct gpiod_line_bulk 中给定 GPIO 芯片的所有 GPIO 线。当拥有这样一组 GPIO 对象时，便可以使用 gpiod_line_bulk_get_line()请求位于这组 GPIO 对象的特定索引处的 GPIO 线。

（3）通过调用 gpiod_line_request_input()或 gpiod_line_request_output()，请求使用 GPIO 线作为输入或输出。对于一组 GPIO 线上的此类批量操作，可以改用 gpiod_line_request_bulk_input()或 gpiod_line_request_bulk_output()。

（4）对于单个 GPIO，可通过调用 gpiod_line_get_value()读取输入 GPIO 线的值；而对于一组 GPIO，则调用 gpiod_line_get_value_bulk()。对于单个 GPIO 输出，可通过为单个 GPIO 线调用 gpiod_line_set_value()来设置电平；而对于一组 GPIO 输出，则调用 gpiod_line_set_value_bulk()。

（5）GPIO 线不再使用后，可通过调用 gpiod_line_release()或 gpiod_line_release_bulk()来释放。

（6）当所有的 GPIO 线都被释放后，使用 gpiod_chip_close()释放相关芯片。

在释放 GPIO 线时，需要将它作为参数传递给 gpiod_line_release()。但如果需要释放一组 GPIO 线，则应改为使用 gpiod_line_release_bulk()。需要注意的是，如果这些 GPIO 线不是之前一起请求的（没有用 gpiod_line_request_bulk() 函数来请求），则 gpiod_line_release_bulk()函数的行为是未定义的。

值得一提的是，还有一些 Sanity API，比如：

```
bool gpiod_line_is_free(struct gpiod_line *line);
bool gpiod_line_is_requested(struct gpiod_line *line);
```

其中，gpiod_line_is_requested()用于检查调用者是否拥有这个 GPIO 线。如果已经请求了该 GPIO 线，则返回 true，否则返回 false。它与 gpiod_line_is_free()不同，后者用于检查调用者是否在既没有请求 GPIO 线的所有权的同时，也没有设置任何事件通知。如果该 GPIO 线是空闲的，则返回 true，否则返回 false。

还有其他 API 可用于更高级的功能，例如为上拉或下拉电阻配置引脚模式，或注册回调函数以便在事件发生时调用等。

事件（中断）驱动的 GPIO 处理

事件（中断）驱动的 GPIO 处理包括获取一个（struct gpiod_line）或多个（struct gpiod_line_bulk）GPIO 句柄，并在 GPIO 线上无限期监听或定时监听事件。

GPIO 线上的事件可以用 struct gpiod_line_event 抽象出来，该数据结构定义如下：

```
struct gpiod_line_event {
    struct timespec ts;
    int event_type;
};
```

其中，ts 是时间说明符数据结构，用于表示等待事件超时时间；而 event_type 是事件类型，可以是 GPIOD_LINE_EVENT_RISING_EDGE 或 GPIOD_ LINE_EVENT_ FALLING_EDGE，分别表示上升沿事件或下降沿事件。

在使用 gpiod_chip_get_line()、gpiod_chip_get_lines()或 gpiod_chip_get_all_lines()获得 GPIO 句柄后，应使用以下 API 之一请求这些 GPIO 句柄上让你感兴趣的事件：

```
int gpiod_line_request_rising_edge_events(
        struct gpiod_line *line,
        const char *consumer);
int gpiod_line_request_bulk_rising_edge_events(
```

```
        struct gpiod_line_bulk *bulk,
        const char *consumer);

int gpiod_line_request_falling_edge_events(
        struct gpiod_line *line,
        const char *consumer);
int gpiod_line_request_bulk_falling_edge_events(
        struct gpiod_line_bulk *bulk,
        const char *consumer);

int gpiod_line_request_both_edges_events(
        struct gpiod_line *line,
        const char *consumer);
int gpiod_line_request_bulk_both_edges_events(
        struct gpiod_line_bulk *bulk,
        const char *consumer);
```

上述 API 用于在单个 GPIO 线或一组 GPIO 线上请求上升沿事件、下降沿事件或同时请求上升沿事件和下降沿事件。

请求完事件后，可以等待你感兴趣的 GPIO 线，并使用以下 API 之一等待请求的事件发生：

```
int gpiod_line_event_wait(struct gpiod_line *line,
        const struct timespec *timeout);
int gpiod_line_event_wait_bulk(
        struct gpiod_line_bulk *bulk,
        const struct timespec *timeout,
        struct gpiod_line_bulk *event_bulk);
```

其中，gpiod_line_event_wait()函数在单个 GPIO 线上等待事件，而 gpiod_line_event_wait_bulk()函数则在一组 GPIO 线上等待事件。在单个 GPIO 监视的情况下，line 是要等待事件的 GPIO 线；而在批量 GPIO 监视的情况下，bulk 是一组 GPIO 线。event_bulk 是一个输出参数，用于保存 GPIO 事件已经发生的一组 GPIO 线。以上都是阻塞 API，它们只有在你感兴趣的事件发生或超时后才会继续执行。

一旦阻塞 API 返回，就必须使用 gpiod_line_event_read()函数来读取前面提到的监控函数所返回的 GPIO 线上发生的事件。该函数定义如下：

```
int gpiod_line_event_read(struct gpiod_line *line,
                          struct gpiod_line_event *event);
```

　　当发生错误时，该函数返回-1，否则返回 0。line 是要读取事件的 GPIO 线，event 是输出参数，事件数据将被复制到事件缓冲区。

　　以下是请求事件并读取和处理事件的示例：

```
char *chipname = "gpiochip0";

int ret;
struct gpiod_chip *chip;
struct gpiod_line *input_line;
struct gpiod_line_event event;
unsigned int line_num = 25; /* GPIO Pin #25 */

chip = gpiod_chip_open_by_name(chipname);
if (!chip) {
        perror("Open chip failed\n");
        return -1;
}

input_line = gpiod_chip_get_line(chip, line_num);
if (!input_line) {
        perror("Get line failed\n");
        ret = -1;
        goto close_chip;
}

ret = gpiod_line_request_rising_edge_events(input_line, "gpio-test");
if (ret < 0) {
    perror("Request event notification failed\n");
    ret = -1;
    goto release_line;
}
while (1) {
        gpiod_line_event_wait(input_line, NULL); /* blocking */
        if (gpiod_line_event_read(input_line, &event) != 0)
            continue;

        /* should always be a rising event in our example */
        if (event.event_type != GPIOD_LINE_EVENT_RISING_EDGE)
            continue;

        [...]
}

release_line:
```

```
    gpiod_line_release(input_line);
close_chip:
    gpiod_chip_close(chip);
    return ret;
```

上面的例子首先通过名称查找 GPIO 芯片，并使用返回的 GPIO 芯片句柄来获取 GPIO 线（编号为 25）的句柄；然后请求在 GPIO 线上进行上升沿事件通知（中断驱动）；最后循环等待事件发生，读取事件类型并验证这是上升沿事件。

下面是另一个更复杂的示例，我们将在其中监视 5 个 GPIO 线。让我们从提供所需的头文件开始：

```c
// file event-bulk.c
#include <gpiod.h>
#include <error.h>
#include <stdlib.h>
#include <stdio.h>
#include <string.h>
#include <unistd.h>
#include <sys/time.h>
```

然后提供要在程序中使用的静态变量：

```c
static struct gpiod_chip *chip;
static struct gpiod_line_bulk gpio_lines;
static struct gpiod_line_bulk gpio_events;

/* use GPIOs #4, #7, #9, #15, and #31 as input */
static unsigned int gpio_offsets[] = {4, 7, 9, 15, 31};
```

其中，chip 用于保存你感兴趣的 GPIO 芯片的句柄；gpio_lines 用于保存事件驱动的 GPIO 线的句柄；gpio_events 则被传递给 libgpiod，以便在监视过程中被填充为已发生事件的 GPIO 线的句柄。

下面实现 main() 函数：

```c
int main(int argc, char *argv[])
{
    int err;
    int values[5] = {-1};
    struct timespec timeout;

    chip = gpiod_chip_open("/dev/gpiochip0");
    if (!chip) {
```

```
        perror("gpiod_chip_open");
        goto cleanup;
    }
```

在上面的 main()函数中，我们简单地打开了 GPIO 芯片设备并保留了一个指向它的指针。接下来，我们必须获取感兴趣的 GPIO 线的句柄并将它们存储在 gpio_lines 中：

```
err = gpiod_chip_get_lines(chip, gpio_offsets, 5, &gpio_lines);
if (err) {
    perror("gpiod_chip_get_lines");
    goto cleanup;
}
```

使用这些句柄来请求对底层 GPIO 线的事件监控。由于需要对多个 GPIO 进行处理，因此应当使用 gpiod_line_request_bulk_rising_edge_events：

```
err = gpiod_line_request_bulk_rising_edge_events(
                    &gpio_lines, "rising edge example");
if(err) {
    perror("gpiod_line_request_bulk_rising_edge_events");
    goto cleanup;
}
```

gpiod_line_request_bulk_rising_edge_events()将请求上升沿事件通知。你已经请求了 GPIO 的事件驱动监视，因此可以调用这些 GPIO 线的阻塞监视 API，如下所示：

```
/* Timeout of 60 seconds, pass in NULL to wait forever */
timeout.tv_sec = 60;
timeout.tv_nsec = 0;
printf("waiting for rising edge event \n");
marker1:
err = gpiod_line_event_wait_bulk(&gpio_lines,&timeout, &gpio_events);
if (err == -1) {
    perror("gpiod_line_event_wait_bulk");
    goto cleanup;
} else if (err == 0) {
    fprintf(stderr, "wait timed out\n");
    goto cleanup;
}
```

由于需要有时间限制的事件轮询，我们设置了一个包含所需超时时间的数据结构 struct timespec，并将其传递给了 gpiod_line_event_wait_bulk()函数。

也就是说，到达这一步（通过轮询函数）意味着阻塞监视 API 已经超时，或者至少有一个被监视的 GPIO 线上发生了事件。发生事件的 GPIO 线的句柄存储在 gpio_events 中，它是一个输出参数，而受到监视的 GPIO 线的列表则被传递给 gpio_lines。需要注意的是，gpio_lines 和 gpio_events 都是批量 GPIO 数据结构。

如果对读取发生事件的 GPIO 线的值感兴趣，可以执行如下操作：

```
err = gpiod_line_get_value_bulk(&gpio_events, values);
if(err) {
    perror("gpiod_line_get_value_bulk");
    goto cleanup;
}
```

如果需要读取所有被监视的 GPIO 线的值，而不是在发生事件的 GPIO 线上读取值，则可以用 gpio_lines 替换上述代码中的 gpio_events。

接下来，如果你对 gpio_events 中每个 GPIO 线上发生的事件类型感兴趣，则可以执行如下操作：

```
for (int i = 0; i < gpiod_line_bulk_num_lines(&gpio_events); i++) {
    struct gpiod_line* line;
    struct gpiod_line_event event;
    line = gpiod_line_bulk_get_line(&gpio_events, i);
    if(!line) {
        fprintf(stderr, "unable to get line %d\n", i);
        continue;
    }
    if (gpiod_line_event_read(line, &event) != 0)
        continue;

    printf("line %s, %d\n", gpiod_line_name(line),
        gpiod_line_offset(line));
}
marker2:
```

上述代码将遍历 gpio_events 中的每个 GPIO 线，gpio_events 表示 GPIO 线上已发生事件的列表。gpiod_line_bulk_get_line() 函数检索线批量（line bulk）对象中给定偏移量的 GPIO 线句柄，该偏移量是相对于本地的 GPIO 线批量对象。但需要注意的是，为了达到相同的目的，也可以使用 gpiod_line_bulk_foreach_line() 函数。

然后在线批量对象的每个 GPIO 线上，调用 gpiod_line_event_read()、gpiod_line_name() 和 gpiod_line_offset() 函数。其中的第 1 个函数将检索与该 GPIO 线上发生的事件

相对应的事件数据结构。我们可以通过采用类似 if (event.event_type != GPIOD_LINE_ EVENT_RISING_EDGE)的语句来检查实际发生的事件类型是否符合预期，尤其是在同时监测两种事件类型时。第 2 个函数是一个辅助函数，用于检索 GPIO 线名。而第 3 个函数 gpiod_line_offset()将检索 GPIO 线偏移量，这个偏移量是针对正在运行的系统的全局偏移量。

如果对无限或有限次数地监测这些 GPIO 线感兴趣，可以将 marker1 和 marker2 之间的代码放入 while 或 for 循环中。

最后，执行一些清理操作，如下所示：

```
cleanup:
    gpiod_line_release_bulk(&gpio_lines);
    gpiod_chip_close(chip);

    return EXIT_SUCCESS;
}
```

上述代码将释放所请求的所有 GPIO 线并关闭关联的 GPIO 芯片。

注意

对 GPIO 批量的监控必须在每个 GPIO 芯片的基础上进行。也就是说，不建议将来自不同 GPIO 芯片的 GPIO 线嵌入同一个线批量对象中。

命令行工具

如果只需要执行简单的 GPIO 操作，可以使用 gpiod 库。gpiod 库提供了一组命令行工具，这些工具对于交互式探索 GPIO 功能特别方便，并且可以在 shell 脚本中使用，以避免编写 C 或 C++代码。

- gpiodetect：显示系统中所有 GPIO 芯片的列表、名称、标签，以及 GPIO 线的数量。
- gpioinfo：显示所选 GPIO 芯片的所有 GPIO 线的名称、使用者、方向、活动状态和其他标志。gpioinfo gpiochip6 就是一个例子。如果没有给出 GPIO 芯片，该命令将遍历系统中的所有 GPIO 芯片并列出关联的 GPIO 线。
- gpioget：获取指定 GPIO 线的值。
- gpioset：设置指定 GPIO 线的值，并且可能会一直保持导出状态，直至出现超时、用户输入或信号。
- gpiofind：给定 GPIO 线名，以查找相关联的 GPIO 芯片名称和 GPIO 线偏移量。
- gpiomon：通过等待 GPIO 线上的事件来监控 GPIO。该命令允许指定要监视哪些事件，以及在退出之前应该处理多少个事件，或者是否应将事件报告给控制台。

我们已经列出了一些可用的命令行工具，下面继续学习 GPIO 子系统提供的另一种机制——GPIO 聚合器，从用户空间可以使用该机制，进而使用前面介绍的命令行工具。

16.5.3　GPIO 聚合器

目前 GPIO 访问控制使用一种新接口设置/dev/gpiochip*的访问权限。对这些字符设备而言，典型的 UNIX 文件系统可以为之启用所有的访问控制权限。与早期的/sys/class/gpio 接口相比，这种新接口具有许多优势，详见 16.5.2 节。但它也有缺点，就是需要为每个 GPIO 芯片创建设备文件，这意味着访问权限是在每个 GPIO 芯片的基础上定义的，而不是在每个 GPIO 线上定义的。

于是，GPIO 聚合器被引入并合并到 Linux 内核的 5.8 版本中。它允许你将多个 GPIO 组合到一个虚拟 GPIO 芯片中，该虚拟 GPIO 芯片显示为一个额外的/dev/gpiochip*设备。

使用上述特性可以方便地将一组 GPIO 指定给某个用户并实现访问控制。此外，将 GPIO 导出到虚拟机变得更加简单和可靠，因为虚拟机可以直接获取整个 GPIO 控制器，而不用再考虑要获取哪些 GPIO，从而减小了攻击面。你可以在 Documentation/admin-guide/gpio/gpio-aggregator.rst 中找到相关文档。

如果要在内核中启用 GPIO 聚合器支持，则必须在内核配置中设置 CONFIG_GPIO_AGGREGATOR=y。此功能可以通过 sysfs 或设备树进行配置。

使用 sysfs 聚合 GPIO

聚合的 GPIO 控制器是通过在 sysfs 中写入只写属性文件来实例化和销毁的，此操作主要在/sys/bus/platform/drivers/gpio-aggregator/目录中执行。

该目录中包含以下属性。

- new_device：用于请求内核实例化聚合的 GPIO 控制器。这是通过编写一个字符串来实现的，该字符串描述了要聚合的 GPIO 控制器。new_device 属性支持格式 [<gpioA>] [<gpiochipB> <offset >]…。
  - ➢ <gpioA>是 GPIO 线名。
  - ➢ <gpiochipB>是 GPIO 芯片标签。
  - ➢ <offsets>是由破折号表示的 GPIO 偏移量和/或 GPIO 偏移量范围的逗号分隔列表。
- delete_device：用于在使用后请求内核销毁聚合的 GPIO 控制器。

以下示例通过将 e6052000.gpio 的一个 GPIO 线（编号为 19）和 e6050000.gpio 的两个 GPIO

线（编号分别为 20 和 21）聚合成一个新的 gpio_chip 来实例化新的 GPIO 聚合器：

```
# echo 'e6052000.gpio 19 e6050000.gpio 20-21' > /sys/bus/
platform/drivers/gpio-aggregator/new_device
# gpioinfo gpio-aggregator.0
    gpiochip12 - 3 lines:
    line 0: unnamed unused input active-high
    line 1: unnamed unused input active-high
    line 2: unnamed unused input active-high
# chown geert /dev/gpiochip12
```

假设创建的 GPIO 聚合器名为 gpio-aggregator.0，它可以使用以下命令来销毁：

```
$ echo gpio-aggregator.0 > delete_device
```

聚合得到的 GPIO 芯片为 gpiochip12，其中包含 3 个 GPIO 线。可以使用 gpioinfo gpiochip12 命令来代替 gpioinfo gpio-aggregator.0 命令。

从设备树聚合 GPIO

设备树也可以用来聚合 GPIO。你只需要定义一个带有 gpio-aggregator 作为兼容字符串的节点，并将 gpios 属性设置为想要成为新 GPIO 芯片一部分的 GPIO 列表即可。这种技术的特点是，像任何其他 GPIO 控制器一样，GPIO 线可以被命名，并且随后可以由用户空间应用程序使用 libgpiod 库进行查询。

下面演示如何通过设备树中的多个 GPIO 线来使用 GPIO 聚合器。为此，首先在引脚控制器节点下枚举需要在新 GPIO 芯片中使用的 GPIO 线，方法如下：

```
&iomuxc {
  [...]
  aggregator {
    pinctrl_aggregator_pins: aggretatorgrp {
      fsl,pins = <
        MX6QDL_PAD_EIM_D30__GPIO3_IO30      0x80000000
        MX6QDL_PAD_EIM_D23__GPIO3_IO23      0x80000000
        MX6QDL_PAD_ENET_TXD1__GPIO1_IO29    0x80000000
        MX6QDL_PAD_ENET_RX_ER__GPIO1_IO24   0x80000000
        MX6QDL_PAD_EIM_D25__GPIO3_IO25      0x80000000
        MX6QDL_PAD_EIM_LBA__GPIO2_IO27      0x80000000
        MX6QDL_PAD_EIM_EB2__GPIO2_IO30      0x80000000
        MX6QDL_PAD_SD3_DAT4__GPIO7_IO01     0x80000000
      >;
    };
```

```
    };
}
```

GPIO 线已经配置好了，可以按照以下方式声明 GPIO 聚合器：

```
gpio-aggregator {
    pinctrl-names = "default";
    pinctrl-0 = <&pinctrl_aggregator_pins>;
    compatible = "gpio-aggregator";

    gpios = <&gpio3 30 GPIO_ACTIVE_HIGH>,
            <&gpio3 23 GPIO_ACTIVE_HIGH>,
            <&gpio1 29 GPIO_ACTIVE_HIGH>,
            <&gpio1 25 GPIO_ACTIVE_HIGH>,
            <&gpio3 25 GPIO_ACTIVE_HIGH>,
            <&gpio2 27 GPIO_ACTIVE_HIGH>,
            <&gpio2 30 GPIO_ACTIVE_HIGH>,
            <&gpio7 1 GPIO_ACTIVE_HIGH>;

    gpio-line-names = "line_a", "line_b", "line_c",
            "line_d", "line_e", "line_f", "line_g","line_h";
};
```

其中，pinctrl_aggregator_pins 是 GPIO 线节点，它必须在引脚控制器节点下实例化。gpios 包含新 GPIO 芯片所需要包括的 GPIO 线列表。gpio-line-names 的含义如下：在 GPIO 控制器 gpio3 中使用第 30 个 GPIO 线，并将其命名为 line_a；在 GPIO 控制器 gpio3 中使用第 23 个 GPIO 线，并将其命名为 line_b；在 GPIO 控制器 gpio1 中使用第 29 个 GPIO 线，并将其命名为 line_c；依此类推，一直到 GPIO 控制器 gpio7 的第 1 个 GPIO 线，并将其命名为 line_h。

从用户空间中，我们可以看到 GPIO 芯片及其聚合的 GPIO 线：

```
# gpioinfo
[...]
gpiochip9 - 8 lines:
    line 0: "line_a" unused input active-high
    line 1: "line_b" unused input active-high
    [...]
    line 7: "line_g" unused input active-high
    [...]
```

可以通过 GPIO 线名来搜索 GPIO 芯片和 GPIO 线的编号：

```
# gpiofind 'line_b'
gpiochip9 1
```

也可以通过名称来访问 GPIO 线：

```
# gpioget $(gpiofind 'line_b')
1
#
# gpioset $(gpiofind 'line_h')=1
# gpioset $(gpiofind 'line_h')=0
```

还可以更改 GPIO 芯片设备文件的所有权，以允许用户或组访问所连接的 GPIO 线：

```
# chown $user:$group /dev/gpiochip9
# chmod 660 /dev/gpiochip9
```

由 GPIO 聚合器创建的 GPIO 芯片可以在/sys/bus/platform/devices/gpio-aggregator/目录中通过 sysfs 检索到。

使用通用 GPIO 驱动程序聚合 GPIO

如果没有特定的内核驱动程序，则 GPIO 聚合器可以用作通用驱动程序，以适用于设备树中描述的简单 GPIO 操作设备。修改 gpio-aggregator 驱动程序或写入 sysfs 中的 driver_override 文件都是将设备绑定到 GPIO 聚合器的选项。

driver_override 文件位于/sys/ bus/platform/devices/.../driver_override 目录中。此文件指定了设备的驱动程序，它将覆盖标准的设备树、ACPI、ID 表和名称匹配，就如你在第 6 章中看到的那样。需要注意的是，只有驱动程序名与写入 driver_override 文件的值匹配的驱动程序才能绑定到设备。可以通过将字符串写入 driver_override 文件（echo vfio-platform > driver_override）来设置覆盖，也可以通过将空字符串写入 driver_override 文件（echo > driver_ override）来清除覆盖，这会将设备恢复为使用默认的匹配规则进行绑定。但需要注意的是，写入 driver_override 文件不会解除设备与其现有驱动程序的绑定，也不会自动尝试加载提供的驱动程序。如果当前内核中没有加载任何与驱动程序名匹配的驱动程序，则设备不会绑定到任何驱动程序。设备还可以使用诸如 none 的 driver_override 名称，以选择退出驱动程序绑定。这里不支持解析分隔符，并且在覆盖中只能给出单个驱动程序。

例如，给定一个 door 设备，它是在设备树中描述的 GPIO 操作设备，使用自身的兼容值，如下所示：

```
door {
```

```
        compatible = "myvendor,mydoor";

        gpios = <&gpio2 19 GPIO_ACTIVE_HIGH>,
                <&gpio2 20 GPIO_ACTIVE_LOW>;
        gpio-line-names = "open", "lock";
};
```

这个 door 设备可以通过以下两种方法绑定到 GPIO 聚合器。

● 在 drivers/gpio/gpio-aggregator.c 的 gpio_aggregator_dt_ids[]中添加设备的兼容值。

● 使用 driver_override 进行手动绑定。

第一种方法使用起来非常简单：

```
$ echo gpio-aggregator > /sys/bus/platform/devices/door/driver_override
$ echo door > /sys/bus/platform/drivers/gpio-aggregator/bind
```

以上命令首先将驱动程序名（在此情况下为 gpio-aggregator）写入 /sys/bus/platform/devices/<device_name>/driver_override 文件中，然后通过将设备名称写入驱动程序目录/sys/bus/<bus_type>/drivers/<driver_name>/下现有的绑定文件中来将设备绑定到驱动程序。需要注意的是，<bus_type>对应于驱动程序所属的总线框架，它的值可以是 i2c、spi、platform、pci、isa、usb 等。

绑定完成后，新的名为 door 的 GPIO 芯片将被创建。你可以使用以下方式查看它的相关信息：

```
$ gpioinfo door
gpiochip12 - 2 lines:
    line   0:      "open"      unused  input  active-high
    line   1:      "lock"      unused  input  active-high
```

接下来，你可以像在任何其他（非虚拟）GPIO 芯片上一样，在此 GPIO 芯片上使用库 API。

你现在已经完成了特定于用户空间的 GPIO 聚合以及一般用户空间的 GPIO 管理，并掌握了如何创建虚拟 GPIO 芯片以隔离一组 GPIO，以及如何使用 GPIO 库来驱动这些 GPIO。

16.6　总结

本章介绍了引脚控制框架并描述了它与 GPIO 子系统的交互。你学习了如何从内核空间和用户空间处理 GPIO，而无论是作为控制器还是作为使用方。尽管旧的基于整数的 GPIO 接口已被弃用，但由于此类 GPIO 接口仍在广泛使用，本章也对这类 GPIO 接口做了介绍。另外，本章还介绍了一些高级主题，例如 GPIO 芯片中的 IRQ 芯片支持以及 GPIO 与 IRQ 之间的映射。最后，通过编写 C 代码或使用标准 Linux GPIO 库 libgpiod 提供的专用命令行工具，你从用户空间学习了如何处理 GPIO。

第 17 章将介绍基于 GPIO 实现的输入设备。

第 17 章
利用 Linux 内核输入子系统

输入设备是可以用来与系统进行交互的设备。输入设备包括按钮、键盘、触摸屏、鼠标等。它们通过发送事件来工作,这些事件被输入核心捕获并在系统中广播。本章将解释由输入核心用于处理输入设备的每个数据结构,以及如何从用户空间管理事件。

本章将讨论以下主题:
- Linux 内核输入子系统简介;
- 分配和注册输入设备;
- 使用轮询输入设备;
- 生成和报告输入事件;
- 处理来自用户空间的输入设备。

17.1 Linux 内核输入子系统简介

Linux 内核输入子系统的主要数据结构和 API 可在 include/linux/input.h 文件中找到。任何输入设备驱动程序都需要包含以下头文件:

```
#include <linux/input.h>
```

无论输入设备是什么类型,也无论发送什么类型的事件,Linux 内核都以 input_dev 结构体实例来表示输入设备。该数据结构定义如下:

```
struct input_dev {
    const char *name;
    const char *phys;

    unsigned long evbit[BITS_TO_LONGS(EV_CNT)];
    unsigned long keybit[BITS_TO_LONGS(KEY_CNT)];
```

```
        unsigned long relbit[BITS_TO_LONGS(REL_CNT)];
        unsigned long absbit[BITS_TO_LONGS(ABS_CNT)];
        unsigned long mscbit[BITS_TO_LONGS(MSC_CNT)];
        unsigned int repeat_key;
        int rep[REP_CNT];
        struct input_absinfo *absinfo;
        unsigned long key[BITS_TO_LONGS(KEY_CNT)];

        int (*open)(struct input_dev *dev);
        void (*close)(struct input_dev *dev);

        unsigned int users;
        struct device dev;

        unsigned int num_vals;
        unsigned int max_vals;
        struct input_value *vals;

        bool devres_managed;
};
```

以上数据结构中各个字段的含义如下。

● name 是设备的名称。

● phys 是系统层次结构中设备的物理路径。

● evbit 是设备支持的事件类型的位图。事件类型如下。

  ➢ EV_KEY 用于支持发送按键事件的设备（如键盘、按钮等）。

  ➢ EV_REL 用于支持发送相对位置事件的设备（如鼠标、数位板等）。

  ➢ EV_ABS 用于支持发送绝对位置事件的设备（如游戏手柄）。

  事件列表可在内核源代码的 include/linux/input-event-codes.h 文件中查看。你可以
  使用 set_bit() 宏根据输入设备的能力设置适当的位。当然，一个设备可以支持多种
  类型的事件。例如，鼠标驱动程序允许同时设置 EV_KEY 和 EV_REL，如下所示：

```
set_bit(EV_KEY, my_input_dev->evbit);
set_bit(EV_REL, my_input_dev->evbit);
```

● keybit 是针对启用了 EV_KEY 的设备的一个位图，它描述了该设备公开的按键
  或按钮的集合，如 BTN_0、KEY_A、KEY_B 等。完整的按键/按钮列表可以在
  include/linux/input-event-codes.h 文件中查看。

- relbit 是针对启用了 EV_REL 的设备的一个位图，它描述了该设备的相对坐标轴集合，如 REL_X、REL_Y、REL_Z 等。完整的相对坐标轴列表可以在 include/linux/input-event-codes.h 文件中查看。

- absbit 是针对启用了 EV_ABS 的设备的一个位图，它描述了该设备的绝对坐标轴集合，如 ABS_X、ABS_Y 等。完整的绝对坐标轴列表可以在 include/linux/input-event-codes.h 文件中查看。

- mscbit 是针对启用了 EV_MSC 的设备的一个位图，它描述了该设备支持的杂项事件集合。

- repeat_key 存储了按下的最后一个按键的键码，可在软件实现自动重复功能时使用。

- rep 存储了当前的自动重复参数值，通常包括延迟和速率等。

- absinfo 是由&struct input_absinfo 元素组成的数组，用于保存关于绝对坐标轴（当前值、最小值、最大值、平坦度、模糊度和分辨率）的信息。你可以使用 input_set_abs_params()函数来设置这些信息。

```
void input_set_abs_params(struct input_dev *dev,
                          unsigned int axis, int min,
                          int max, int fuzz, int flat)
```

其中，min 和 max 分别指定下限值和上限值。Fuzz 表示给定输入设备的指定通道上预期的噪声。在以下示例中，我们设置了每个通道的边界：

```
#define ABSMAX_ACC_VAL      0x01FF
#define ABSMIN_ACC_VAL      -(ABSMAX_ACC_VAL)
[...]
set_bit(EV_ABS, idev->evbit);
input_set_abs_params(idev, ABS_X, ABSMIN_ACC_VAL,
                     ABSMAX_ACC_VAL, 0, 0);
input_set_abs_params(idev, ABS_Y, ABSMIN_ACC_VAL,
                     ABSMAX_ACC_VAL, 0, 0);
input_set_abs_params(idev, ABS_Z, ABSMIN_ACC_VAL,
                     ABSMAX_ACC_VAL, 0, 0);
```

- key 反映设备按键/按钮的当前状态。

- open 回调函数会在第一个用户调用 input_open_device()时被调用。在这里，你可以准备设备，如 IRQ、轮询线程启动等。

- close 回调函数会在最后一个用户调用 input_close_device()时被调用。在这里，你可以停止轮询（轮询会消耗大量资源）。

- users 存储打开设备的用户（输入处理程序）数量。该字段由 input_open_device() 和 input_close_device() 使用，以确保仅在第一个用户打开设备时调用 dev-> open()，以及仅在最后一个用户关闭设备时才调用 dev->close()。
- dev 是与设备关联的 struct device（用于设备模型）。
- num_vals 是当前帧中排队的值的数量。
- max_vals 是一个帧中排队的值的最大数量。
- vals 是当前帧中排队的值的数组。
- devres_managed 表示设备受 devres 框架管理，不需要显式注销或释放。

你已经熟悉了主要输入设备的数据结构，下面让我们在系统中分配和注册此类备。

17.2　分配和注册输入设备

在输入设备支持的事件可以被系统看到之前，需要首先使用 devm_input_allocate_ device() 为设备分配内存，然后使用 input_device_register() 将设备注册到系统中。 devm_input_allocate_device() 会在设备离开系统时释放内存并注销设备。但是，非托管分配仍然可用，所以不建议使用 input_allocate_device()。若使用非托管分配，则驱动程序需要负责在其卸载路径上调用 input_unregister_device() 和 input_free_device() 以注销设备并释放内存。以上这些函数的原型如下：

```
struct input_dev *input_allocate_device(void);
struct input_dev *devm_input_allocate_device(struct device *dev);
void input_free_device(struct input_dev *dev);
int input_register_device(struct input_dev *dev);
void input_unregister_device(struct input_dev *dev);
```

设备分配可能处于睡眠状态，因此不能在原子上下文中或持有自旋锁时进行。I^2C 总线上输入设备的探测功能如下（仅列出了部分代码）：

```
struct input_dev *idev;
int error;
/*
 * such allocation will take care of memory freeing and
 * device unregistering
 */
```

```
idev = devm_input_allocate_device(&client->dev);
if (!idev)
    return -ENOMEM;

idev->name = BMA150_DRIVER;
idev->phys = BMA150_DRIVER "/input0";
idev->id.bustype = BUS_I2C;
idev->dev.parent = &client->dev;

set_bit(EV_ABS, idev->evbit);
input_set_abs_params(idev, ABS_X, ABSMIN_ACC_VAL,
                    ABSMAX_ACC_VAL, 0, 0);
input_set_abs_params(idev, ABS_Y, ABSMIN_ACC_VAL,
                    ABSMAX_ACC_VAL, 0, 0);
input_set_abs_params(idev, ABS_Z, ABSMIN_ACC_VAL,
                    ABSMAX_ACC_VAL, 0, 0);

error = input_register_device(idev);
if (error)
    return error;
error = devm_request_threaded_irq(&client->dev,
            client->irq,
            NULL, my_irq_thread,
            IRQF_TRIGGER_RISING | IRQF_ONESHOT,
            BMA150_DRIVER, NULL);
if (error) {
    dev_err(&client->dev, "irq request failed %d,
            error %d\n", client->irq, error);
    return error;
}
return 0;
```

正如你可能已经注意到的那样，当发生错误时，以上代码不会执行内存释放或设备注销操作，因为我们对输入设备和 IRQ 使用了托管分配。也就是说，输入设备有一条 IRQ 线，这样我们就可以获知底层设备的状态变化。但情况并非总是如此，因为系统可能缺乏可用的 IRQ 线。在这种情况下，输入核心将不得不频繁轮询设备，以免错过事件。

17.3　使用轮询输入设备

轮询输入设备是依靠轮询来感知设备状态变化的特殊输入设备，而通用输入设备则依赖于 IRQ 来感知变化并将事件发送到输入核心。

在内核中，轮询输入设备用 input_polled_dev 结构体实例来描述。struct input_polled_dev 是对通用的 struct input_dev 的一种封装。struct input_dev 定义如下：

```
struct input_polled_dev {
    void *private;

    void (*open)(struct input_polled_dev *dev);
    void (*close)(struct input_polled_dev *dev);
    void (*poll)(struct input_polled_dev *dev);
    unsigned int poll_interval; /* msec */
    unsigned int poll_interval_max; /* msec */
    unsigned int poll_interval_min; /* msec */

    struct input_dev *input;
    bool devres_managed;
};
```

以上数据结构中各个字段的含义如下。

- private 是驱动程序的私有数据。
- open 是可选的回调函数，用于准备设备进行轮询（启用设备，有时还会刷新设备的状态）。
- close 也是可选的回调函数，当设备不再需要轮询时被调用，用于将设备置于低功耗模式。
- poll 是必选的回调函数，每当需要轮询设备时就会调用它。它以 poll_interval 的频率被调用。
- poll_interval 是 poll 回调函数应该被调用的频率。除非在注册设备时进行了重写，否则默认为 500ms。
- poll_interval_max 指定轮询间隔的上限，默认值为 poll_interval 的初始值。
- poll_interval_min 指定轮询间隔的下限，默认值为 0。
- input 必须由驱动程序初始化（通过 ID、名称和位）。轮询输入设备只是提供了一个接口以使用轮询而不是 IRQ 来感知设备状态的变化。

可以使用 devm_input_allocate_polled_device() 为轮询输入设备分配内存。这是一个托管的 API，负责释放内存并在适当的时候注销设备。同样，也可以使用非托管的 API 分配内存，如 input_allocate_polled_device()，此种情况下必须自行调用 input_free_polled_device() 来释放内存。这 3 个函数的原型如下：

```
struct input_polled_dev
    *devm_input_allocate_polled_device( struct device *dev);
struct input_polled_dev *input_allocate_polled_device(void);
void input_free_polled_device(struct input_polled_dev *dev);
```

对于资源管理设备，input_dev->devres_managed 字段将被输入核心设置为 true。然后，你必须初始化 struct input_dev 的必填字段，还必须设置轮询间隔（默认为 500ms）。

一旦分配并初始化字段，就可以使用 input_register_polled_device()注册轮询输入设备，成功后返回 0。对于托管分配，注销由系统处理，但仍需要自行调用 input_unregister_polled_device()来执行反向操作。这两个函数的原型如下：

```
int input_register_polled_device(struct input_polled_dev *dev);
void input_unregister_polled_device(struct input_polled_dev *dev);
```

接下来定义驱动程序数据结构，以收集所有必要的资源：

```
struct my_struct {
    struct input_pulled_dev *polldev;
    struct gpio_desc *gpio_btn;
    [...]
}
```

一旦定义驱动程序数据结构，就可以实现探测函数了。

```
static int button_probe(struct platform_device *pdev)
{
    struct my_struct *ms;
    struct input_dev *input_dev;
    int error;
    struct device *dev = &pdev->dev;
    ms = devm_kzalloc(dev, sizeof(*ms), GFP_KERNEL);
    if (!ms)
        return -ENOMEM;
    ms->polldev = devm_input_allocate_polled_device(dev);
    if (!ms->polldev)
        return -ENOMEM;

    /* This gpio is not mapped to IRQ */
    ms->gpio_btn = devm_gpiod_get(dev, "my-btn", GPIOD_IN);
    ms->polldev->private = ms;
    ms->polldev->poll = my_btn_poll;
    ms->polldev->poll_interval = 200;/* Poll every 200ms */
    ms->polldev->open = my_btn_open;
```

```
 /* Initializing the underlying input_dev fields */
input_dev = ms->poll_dev->input;
input_dev->name = "System Reset Btn";
/* The gpio belongs to an expander sitting on I2C */
input_dev->id.bustype = BUS_I2C;
input_dev->dev.parent = dev;
/* Declare the events generated by this driver */
set_bit(EV_KEY, input_dev->evbit);
set_bit(BTN_0, input_dev->keybit); /* buttons */

retval = input_register_polled_device(ms->poll_dev);
if (retval) {
    dev_err(dev, "Failed to register input device\n");
    return retval;
}
return 0;
}
```

由于使用了托管分配，因此当发生错误时，设备注销和内存释放都由系统处理，我们什么也不用做。

用于准备设备所需资源的 open 回调函数定义如下：

```
static void my_btn_open(struct input_polled_dev *poll_dev)
{
    struct my_strut *ms = poll_dev->private;
    dev_dbg(&ms->poll_dev->input->dev, "reset open()\n");
}
```

至于是否应该实现轮询输入设备，判断方法很简单。如果 IRQ 线可用，则使用普通的输入设备，否则使用轮询输入设备：

```
if(client->irq > 0){
    /* Use generic input device */
} else {
    /* Use polled device */
}
```

上面只是建议，在实践中，你还需要考虑其他因素。

17.4　生成和报告输入事件

设备分配和注册非常重要，但如果设备无法向输入核心报告事件，则分配和注册设备就毫无意义了，而这正是输入设备的设计目的。根据设备支持的事件类型，内核提供了适当的 API 来将事件报告给输入核心。

对于支持 EV_XXX 事件的设备，相应的报告函数将是 input_report_xxx()。表 17.1 显示了最为重要的事件类型与相应的报告函数。

表 17.1　　　　　　　　　　　　事件类型与相应的报告函数

事件类型	报告函数	代码示例

EV_KEY	input_report_key()	`input_report_key (`
		`    poll_dev- >input,`
		`    BTN_0,`
		`    gpiod_get_value (`
		`    ms- >reset_btn_desc) & 1) ;`

EV_REL	input_report_rel()	`input_report_rel(`
		`    nunchuk - >input,`
		`    REL_X,`
		`    nunchuk- >report.joy_x-128)/1`
		`0) ;`

EV_ABS	input_report_abs()	● `input__report_abs (`
		`    bma150->input,`
		`    ABS_X,x_value) ;`
		● `input_report_abs (`
		`    bma150->input,`
		`    ABS_Y, y_value) ;`
		● `input_report_abs (`
		`    bma150->input ,`
		`    ABS_Z,z _value ) ;`

这些报告函数的原型如下：

```
void input_report_abs(struct input_dev *dev, unsigned int code, int value);
void input_report_key(struct input_dev *dev, unsigned int code, int value);
void input_report_rel(struct input_dev *dev, unsigned int code, int value);
```

可用的报告函数可以在内核源代码的 include/linux/input.h 文件中找到。它们都具有相同的基本结构。

- dev 表示负责事件的输入设备。
- code 表示事件代码，如 REL_X 或 KEY_BACKSPACE。事件代码的完整列表可以在 include/linux/input-event-codes.h 文件中找到。
- value 是事件携带的值。对于 EV_REL 事件类型，它携带相对变化量。对于 EV_ABS（如游戏手柄等）事件类型，它包含一个绝对新值。对于 EV_KEY 事件类型，它设置为 0 表示键释放，设置为 1 表示按键，设置为 2 表示自动重复。

一旦所有这些变化都已报告，驱动程序就应该在输入设备上调用 input_sync() 以指示事件已完成。Linux 内核输入子系统会将这些事件收集到一个单独的数据包中，并通过 /dev/input/ event<X> 进行发送。在这里，<X> 是输入核心分配给驱动程序的接口编号。input_sync() 函数的原型如下：

```
void input_sync(struct input_dev *dev);
```

以下代码摘自 drivers/input/misc/bma150.c 中的 bma150 数字加速度传感器驱动程序：

```
static void threaded_report_xyz(struct bma150_data *bma150)
{
 u8 data[BMA150_XYZ_DATA_SIZE];
 s16 x, y, z;
 s32 ret;

 ret = i2c_smbus_read_i2c_block_data(bma150->client,
                BMA150_ACC_X_LSB_REG,
                BMA150_XYZ_DATA_SIZE, data);
 if (ret != BMA150_XYZ_DATA_SIZE)
     return;

 x = ((0xc0 & data[0]) >> 6) | (data[1] << 2);
 y = ((0xc0 & data[2]) >> 6) | (data[3] << 2);
 z = ((0xc0 & data[4]) >> 6) | (data[5] << 2);

 /* sign extension */
 x = (s16) (x << 6) >> 6;
 y = (s16) (y << 6) >> 6;
 z = (s16) (z << 6) >> 6;

 input_report_abs(bma150->input, ABS_X, x);
 input_report_abs(bma150->input, ABS_Y, y);
```

```
    input_report_abs(bma150->input, ABS_Z, z);
    /* Indicate this event is complete */
    input_sync(bma150->input);
}
```

input_sync()用于告诉输入核心将这 3 个报告视为同一事件。这是有道理的，因为位置有 3 个坐标（x 坐标、y 坐标和 z 坐标），我们不希望将 x 坐标、y 坐标和 z 坐标分别报告。

报告事件的最佳位置在所要轮询设备的轮询功能中，或在启用 IRQ 设备的 IRQ 例程（无论是否为线程部分）内部。如果需要执行一些可能休眠的操作，则应该在 IRQ 处理程序的线程部分处理报告。每当需要轮询设备时就会调用的 poll 回调函数定义如下：

```
static void my_btn_poll(struct input_polled_dev *poll_dev)
{
    struct my_struct *ms = polldev->private;
    struct i2c_client *client = mcp->client;

    input_report_key(polldev->input, BTN_0,
                     gpiod_get_value(ms->rgpio_btn) & 1);
    input_sync(poll_dev->input);
}
```

从中可以看出，输入设备报告了 0 键码。接下来，我们将讨论如何处理这些报告事件和键码。

17.5　处理来自用户空间的输入设备

针对每个已经成功注册到系统的输入设备（无论是轮询还是非轮询输入设备），系统都会在/dev/input/目录下创建一个节点。在这种情况下，由于目标板上只有一个输入设备，因此该节点对应于 event0。你可以使用 udevadm 工具来显示有关该输入设备的信息：

```
# udevadm info /dev/input/event0
P: /devices/platform/input-button.0/input/input0/event0
N: input/event0
S: input/by-path/platform-input-button.0-event
E: DEVLINKS=/dev/input/by-path/platform-input-button.0-event
E: DEVNAME=/dev/input/event0
E: DEVPATH=/devices/platform/input-button.0/input/input0/event0
E: ID_INPUT=1
E: ID_PATH=platform-input-button.0
E: ID_PATH_TAG=platform-input-button_0
E: MAJOR=13
```

```
E: MINOR=64
E: SUBSYSTEM=input
E: USEC_INITIALIZED=74842430
```

另一个可用工具是 evetest，它可以输出设备支持的按键，并且可以在设备报告事件时捕获并输出这些事件。以下代码展示了如何在我们的输入设备上使用该工具：

```
# evtest /dev/input/event0
input device opened()
Input driver version is 1.0.1
Input device ID: bus 0x0 vendor 0x0 product 0x0 version 0x0
Input device name: "Packt Btn"
Supported events:
  Event type 0 (EV_SYN)
  Event type 1 (EV_KEY)
    Event code 256 (BTN_0)
```

使用 evetest 工具不仅可以管理我们为之编写驱动程序的输入设备，在以下示例中，笔者正在使用连接到计算机上的 USB-C 耳机。它具有输入设备的功能，因为它提供了与音量相关的按键：

```
jma@labcsmart-sqy:~$ sudo evtest /dev/input/event4
Input driver version is 1.0.1
Input device ID: bus 0x3 vendor 0x12d1 product 0x3a07 version 0x111
Input device name: "Synaptics HUAWEI USB-C HEADSET"
Supported events:
  Event type 0 (EV_SYN)
  Event type 1 (EV_KEY)
    Event code 114 (KEY_VOLUMEDOWN)
    Event code 115 (KEY_VOLUMEUP)
    Event code 164 (KEY_PLAYPAUSE)
    Event code 582 (KEY_VOICECOMMAND)
  Event type 4 (EV_MSC)
    Event code 4 (MSC_SCAN)
Properties:
Testing ... (interrupt to exit)
Event: time 1640231369.347093, type 4 (EV_MSC), code 4 (MSC_SCAN), value c00e9
Event: time 1640231369.347093, type 1 (EV_KEY), code 115 (KEY_VOLUMEUP), value 1
Event: time 1640231369.347093, -------------- SYN_REPORT ------------
Event: time 1640231369.487017, type 4 (EV_MSC), code 4 (MSC_SCAN), value c00e9
Event: time 1640231369.487017, type 1 (EV_KEY), code 115 (KEY_VOLUMEUP), value 0
Event: time 1640231369.487017, -------------- SYN_REPORT ------------
```

evetest 工具甚至可以与键盘一起使用，唯一的条件是必须在/dev/input/中标识相应的输入设备节点。

每个已注册的输入设备都由/dev/input/event\<X\>字符设备表示，它可以用来帮助我们从用户空间读取事件。应用程序将以 struct input_event 数据结构接收事件数据包，该数据结构定义如下：

```
struct input_event {
    struct timeval time;
    __u16 type;
    __u16 code;
    __s32 value;
}
```

以上数据结构中各个字段的含义如下。

- time 是一个时间戳，对应于事件发生的时间。
- type 是事件类型。例如，EV_KEY 表示按键按下或释放，EV_REL 表示相对位置，EV_ABS 表示绝对位置。事件类型定义在 include/linux/input-event-codes.h 文件中。
- code 是事件代码，例如 REL_X 或 KEY_BACKSPACE。完整的事件类型列表可以在 include/linux/input-event-codes.h 文件中找到。
- value 是事件携带的值。对于 EV_REL 事件类型，它携带了相对变化量。对于 EV_ABS（如游戏手柄）事件类型，它包含了绝对新值。对于 EV_KEY 事件类型，它设置为 0 表示键释放，设置为 1 表示按键，设置为 2 表示自动重复。

用户空间应用程序可以执行阻塞和非阻塞读取，还可以执行 poll()或 select()系统调用。下面举一个 select()系统调用的例子。首先枚举实现该例所需的头文件：

```
#include <unistd.h>
#include <fcntl.h>
#include <stdio.h>
#include <stdlib.h>
#include <linux/input.h>
#include <sys/select.h>
```

然后必须将输入设备路径定义为宏：

```
#define INPUT_DEVICE "/dev/input/event0"

int main(int argc, char **argv)
{
    int fd, ret;
    struct input_event event;
    ssize_t bytesRead;
    fd_set readfds;
```

接下来，我们必须打开输入设备并保留其文件描述符以供以后使用。如果无法打开输入设备，则视为出错，必须退出程序：

```
fd = open(INPUT_DEVICE, O_RDONLY);
    if(fd < 0){
        fprintf(stderr,
            "Error opening %s for reading", INPUT_DEVICE);
        exit(EXIT_FAILURE);
    }
```

现在，我们有了一个表示已打开的输入设备的文件描述符。于是，我们可以使用select()系统调用来感知任何按键的按下或释放：

```
while(1){
    FD_ZERO(&readfds);
    FD_SET(fd, &readfds);
    ret = select(fd + 1, &readfds, NULL, NULL, NULL);
    if (ret == -1) {
        fprintf(stderr, "select call on %s: an error ocurred",INPUT_DEVICE);
        break;
    }
    else if (!ret) { /* If we used timeout */
        fprintf(stderr, "select on %s: TIMEOUT", INPUT_DEVICE);
        break;
    }
```

我们已经对select()的返回路径进行了必要的健全性检查。请注意，如果在任何文件描述符准备好之前超时，则select()返回0。

更改已生效，让我们读取数据以查看对应的内容：

```
/* File descriptor is now ready */
if (FD_ISSET(fd, &readfds)) {
    bytesRead = read(fd, &event,
                    sizeof(struct input_event));
    if(bytesRead == -1)
       /* Process read input error*/
       [...]
    if(bytesRead != sizeof(struct input_event))
       /* Read value is not an input event */
       [...] /* handle this error */
```

如果执行到此处，则表示一切进展顺利。我们可以遍历输入设备支持的事件，并将它们与输入核心报告的事件进行比较，然后做出决策：

```
        /* We could have done a switch/case if we had many codes to look for */
        if (event.code == BTN_0) {
            /* it concerns our button */
            if (event.value == 0) {
                /* Process keyRelease if need be */
                [...]
            }
            else if(event.value == 1){
                /* Process KeyPress */
                [...]
            }
        }
    }
    close(fd);
    return EXIT_SUCCESS;
}
```

为了进行进一步的调试，如果输入设备基于 GPIO，则可以连续按下/释放按钮并检查 GPIO 的状态是否已更改：

```
# cat /sys/kernel/debug/gpio | grep button
 gpio-195 (gpio-btn        ) in  hi
# cat /sys/kernel/debug/gpio | grep button
 gpio-195 (gpio-btn        ) in  lo
```

此外，如果输入设备具有 IRQ 线，则检查 IRQ 线的统计信息可能是有意义的。例如，这里必须检查请求是否成功以及它被触发了多少次：

```
# cat /proc/interrupts | grep packt
160:      0     0     0      0 gpio-mxc  0  packt-input-button
```

在本节中，我们学习了如何从用户空间处理输入设备，并提供了一些出错时的调试技巧，比如使用 select() 系统调用感知输入事件。当然，你也可以使用 poll() 系统调用。

17.6　总结

本章介绍了 Linux 内核输入子系统，并强调了轮询输入设备与中断驱动的输入设备的区别。你现在应该已经具备编写任何类型的输入设备驱动程序所需的必要知识，并能够支持任何输入事件。本章还讨论了用户空间接口，并提供了一个示例。